THE
DEATH OF INDUSTRIAL CIVILIZATION
The Limits to Economic Growth and the Repoliticization of Advanced Industrial Society

Joel Jay Kassiola

産業文明の死

経済成長の限界と先進産業社会の再政治化

ジョエル・J・カッシオーラ
[著]

松野 弘
[監訳]

岡村龍輝／帯谷博明／孫 榮振／所 伸之
[訳]

ミネルヴァ書房

THE DEATH OF INDUSTRIAL CIVILIZATION
by
Joel Jay Kassiola.
Copyright©1990 by State University of New York Press.
All rights reserved.

Japanese Translation rights arranged with
State University of New York Press in New York
through The Asano Agency, Inc. in Tokyo.

生涯，最高の友であり，伴侶でもある，アニーに捧ぐ。

この世の中にはね，二つの悲劇があるだけさ。
一つは，欲するものが得られないこと，もう一つは，それを得ることだ。
後者の方がはるかに悪いよ。
後者こそ，真の悲劇だ。

——Oscar Wilde, *Lady Windermere's Fan.*

＊訳出に際しては，下記の文献を参照。
オスカー・ワイルド（西村孝次訳）『サロメ・ウィンダミア卿婦人の扇』新潮社，1973年，169頁。

（岡村龍輝）

推薦のことば

佐和隆光

　私が地球環境問題に関心を持ち始めたのは，1990年のことである。その年6月，関西財界の有志が音頭をとって，関西の経済界，自治体，学界の面々が一堂に会して地球環境問題を考える場として，地球環境関西フォーラムが設けられ，図らずも私がフォーラムの「基本理念検討部会」の座長を仰せつかることになったのが，そもそものきっかけだった。もともと計量経済学を専門としてきた私は，仮にこの機会がなかったなら，環境問題にのめり込むことはなかったはずである。地球環境問題，とりわけ地球温暖化問題は，経済学者としての私の関心を惹きつけるに足る大問題である。私が最初にたどり着いた結論のひとつは，「地球環境問題は，大量生産・大量消費・大量廃棄を旨とする20世紀型産業文明に対し見直しを迫っている」との環境問題の所在の認識だった。今，必要なのは「産業社会的価値観と社会制度の変革を通じて，今日の産業文明そのものに対する変革が必要だ」とする本書の著者ジョエル・J．カッシオーラの指摘は，1990年代初めに私が抱いた所感と，まさしく軌を一にしている。

　その頃すでに，地球環境問題に関心を抱く経済学者は少なくなかった。とはいえ，その大部分は，計量経済モデルを用いて，環境税（当時は炭素税と呼ばれていた）の導入が経済成長率をいかほど低下させるのか，10年後の二酸化炭素排出削減の目標値を定めれば，その達成のために，可処分所得がいかほど減少し，光熱費がいかほど上昇するのかといった，10年先の経済指標をこと細かに予測することを専らとしていた。1年先の経済予測すらが「当たるも八卦当たらぬも八卦」であるにもかかわらず，10年先のことを予測するなど，ラプラスの悪魔ならいざ知らず，計量経済学者にとって可能性の範囲内にあろうはずがない。

　にもかかわらず，長らく計量経済学者の予測がもてはやされてきたのは，何ゆえのことだったのか。それは，計量経済学者の予測が，コンピュータと空疎な経済理論に基づく"でっち上げ"であることを恐らくは承知の上で，温暖化

対策(二酸化炭素排出削減のための経済的措置)への拒否感を,「経済成長という支配的な価値観」にとらわれた庶民の脳裏に刷り込もうとする,マテリアリズムを盲信する政府・産業界の保守派にとっての,格好の武器としての利用価値があったからだ。そんなわけで,環境経済学は悪用されることはあっても,地球環境問題についての知見の深化に寄与するところはどだい乏しかった。

1990年代から2010年過ぎにかけて,私は中央環境審議会等の場で,主として地球温暖化対策について積極的に発言する機会を持った。この種の会議には,工学,経済学,法律学の学者,産業界の代表,生活者の代表,官界の元高官,マスコミの記者らが居並ぶのだが,結局のところ,産業界&経済産業省 vs. 環境省の対立という省益システム──いずれの省が時の政権により支持されるか──が,議論のゆくえの決め手となる。政府のお役人たちは,総じて言えば,学者の意見に耳を傾けるという真摯な姿勢をいささかたりとも持ち合わさず,平然と「カラスは白い」という虚言を,屁理屈を弄して理系の学者たちに信じ込ませる,すご腕の持ち主ぞろいである。しかも,産業界の圧力に対して,彼らは何ともはや脆弱なようである。かくして,地球環境問題へのわが国の対応策は,産業界の意向を斟酌して決まるのが常である。

その意味で,わが国の環境政策は,経済合理性への配慮を欠く,経済成長至上主義とマテリアリズムにくみする政治の産物にほかならなかった。にもかかわらず,わが国の政治学者のあいだでは,環境問題への関心はほとんどなきに等しかった。私自身,これまで地球環境問題を政治経済学的に考察する数冊の著書を刊行してきたが,私の所説と本書の主張には,相呼応する点が多々見出される。

本書は,まさしく環境政治学のテキストにほかならない。驚くべきことに,本書が出版されたのは1990年のことである。1988年6月,トロントで開催された先進7ヵ国サミットにおいて,初めて地球環境問題が議題に取り上げられた。翌1989年のパリ・アルシュ・サミットにおいては,経済宣言の3分の1を地球環境問題が占めるというほどまでに,地球環境問題への関心は年を追っての高まりを見せた。わが国の学界,官界,マスメディア業界のいずれもが,地球環境の破壊がもたらす危害への認識が,欧米のそれに比べて周回遅れの有り様だったことは否めず,トロント・サミットの直後に開催されたカナダ政府主催

の「地球環境問題を巡る国際会議」を傍聴した日本人は，ごく数人しかいなかったそうだ。

　その後も，わが国における環境問題を巡る論議の場に参加するのは，工学者，エンジニア風情の経済学者，民法学者，国際法学者に限られ，私のように政治経済学的な意見を述べる者は数少なかった。1990年に刊行された原著の日本語訳が，四半世紀近くの時間差を経て，ようやく刊行の運びとなったのは，地球環境問題の政治学的考察への関心が，わが国おいて，きわめて乏しかったためである。地球環境問題を政治学的に考察するという，少なくともわが国では稀有な視点を提供してくれる本書，政治学徒のみならず経済学徒にとっても必読の啓蒙書である本書訳出の意義には，きわめて深甚なものがある。本書が，多くの読者を得ることを祈念して筆を置きたい。

　　　　　　　　（さわ　たかみつ：滋賀大学学長，京都大学名誉教授）

日本語版への序文

　私の著書,『産業文明の死─経済成長の限界と先進産業社会の再政治化』(*The Death of Industrial Civilization: The Limits to Economic Growth and the Repoliticization of Advanced Industrial Society*) の日本語版に序文を寄せることができ，大変うれしく思います。本書の副題には，世界的に重要な先進産業社会(Advanced Industrial Society) に関する私の考え方が反映されていますが，その先進産業社会には，日本も含まれています。2012年の世界の国内総生産（GDP）では，世界第3位に位置する日本はアメリカや中国と並んで，そうした社会の上位3カ国のうちの一つです。したがって，本書で提示している先進産業社会に関するさまざまな議論が新たに日本語版に翻訳されるということには大きな意義がある，と私は思っています。そして，もちろん，日本では，2011年3月11日に，東日本大震災と呼ばれる，大規模な地震とそれによる津波が東北地方を中心として発生し，また，その結果として，東京電力の福島第一原子力発電所において災害が発生・進行して放射性燃料棒（radioactive rods）と放射能汚染水（radioactive water）の処理が現在でも，世界から関心を集めています。このことから，世界の他の先進産業社会諸国よりも日本の皆さんの方がおそらく，本書で論じている地球環境危機の脅威をより理解しやすいと思います。私の願いは，2011年3月11日の大災害の悲劇性とその教訓によって，本書における私の議論が日本の皆さんの間でさらに進展し，今日の環境危機の緊急性を世界の指導者たちが十分に理解できるように日本がリーダーシップを発揮することで，本書の第Ⅳ部で議論している，社会的な価値観と制度における不可欠な社会変革を含む効果的な政策的対応へと結実することです。

　本書が日本の政策決定者や日本の皆さんにとって，（1）「環境的持続可能性」(Environmental Sustainability) から，「エコロジー的持続可能性」(Ecological Sustainability) への転換を実現し，（2）社会的正義を進歩させるために，さらに，（3）社会的な価値観と慣行の両面を変革し，〈エコロジー的に持続可能な社

会〉が構築される契機となることを私は望んでいます。したがいまして，本書を通じて，私の所説が日本の影響力のあるオピニオン・リーダーの方々に届けられることを誇らしく思っています。『産業文明の死』の英語版を翻訳するに際して，このとても時間のかかる仕事を細心の注意を払って行っていただいた，友人の千葉商科大学人間社会学部教授（前千葉大学大学院人文社会科学研究科教授）の松野　弘博士と共訳者各位（岡村龍輝〔明海大学経済学部専任講師〕，帯谷博明〔甲南大学文学部准教授〕，孫　榮振〔高崎商科大学商学部講師（兼任）〕，所　伸之〔日本大学商学部教授〕）に心からの感謝と賞賛を送ります。彼らは，現在の環境危機――この本が最初に出版された時よりも今の方がさらに深刻になっていますが――とその結果として，経済成長依存型の環境社会の変革が必要とされているという，本書の今日的な意義のあるメッセージを日本の方々にわかりやすく読んでもらうことができるようにしてくれました。

　本書がテーマとしている事柄や環境危機とその根源的な価値が現代産業社会を構造変革する基盤になるべきだ，という本書の中心的な主張との関係でみると，エコロジー的には生態系の破壊，地球環境資源の枯渇，大気汚染，地球温暖化，オゾン層の破壊等のさまざまな社会的に深刻な課題が生じましたが，残念なことに，私たちの，経済成長型の産業社会的価値観や既存の社会制度に対する変革の兆しはあまりみられませんでした。すでに指摘しましたように，本書の議論の核心を成しているのは，産業社会的価値観――とりわけ，「経済成長」（Economic Growth）という支配的な価値観――と社会制度や社会システムの変革を通じて，今日の産業文明そのものに対する変革が必要だ，という点です。

　本書の英語版が出版されてから，1990年代には，「成長の限界」論者による科学的に厳密な予測について激しい論争が行われました（第1章，特に，［注5］を参照して下さい）。それにもかかわらず，増大化し続ける人口や資源の枯渇の進行，高濃度の汚染レベル，そして，気候変動など，私たちの地球環境危機は悪化の一途を辿ってきました。最も気掛かりなのは，私が「限界なき競争的な物質主義」（第7・8章），「成長マニア」，ないし，「限界なき経済成長」（第2章）といったキーワードとしてまとめて名づけた，私たちの産業社会的価値観を変革する機会を20年間にわたって，私たち人類が見逃してきたように思

日本語版への序文

われることです。

　本書が最初に出版されてからというもの，次のような現象がみられたことを言い添えておくべきでしょう。それはグローバル化や強力な世界貿易機関 (World Trade Organization) の創設，そして，「ネオ・リベラリズム」(Neo-liberalism) や「自由貿易」(Free Trade) の名のもとに，また，GDP が国家的な成功の目標や指標として支配的になったことを下敷きに，産業社会的なイデオロギーと生活様式が世界的にヘゲモニーを握るようになったことです。今や私たちは，「成長の限界」を支持する人たちや現代産業社会を批判する人たちが描く環境崩壊に，ますます近づいてさえいるのです。本書を執筆するきっかけもここにありました。

　第1章で言及している「現代の産業危機」を見直すと，今となっては，マルサス主義的な産業社会的な世界観と生活様式に対立する「悲観主義的な未来」(doom and gloom) が立証されています。地球上の人口が増大化するにつれて，この地球の生態系は1990年よりもますます危機にさらされています。多くの人々が産業文明的な価値観や活動を熱望していますし，そうした価値観や活動をグローバルな規模ですでに達成しています。私は本書の冒頭で，環境・社会両面における「産業文明の危機の論」を提示しようとしました。それは，環境危機が存在しているという「成長の限界」論者に反対する人たちに，それを証明するためです。1980年代から年月を経ているとはいえ，第1章で提示した「産業社会の問題と環境危機」は，今日の産業社会にも今でも当てはまりますし，グローバル化の進展と共に，現在，グローバルな規模で産業社会的価値観が共有されているということからしても，そうした「産業社会の問題と環境危機」という重要なテーマは，ますます悪化すらしているのです。

　1980年代以来，こうしたエコロジー的な脅威とエコロジー的に望ましくない社会状態がより悪化したことをみたからといって，本書で引用した環境主義派の批判家の，「末期症状的な悲観主義」(terminal pessimism) に陥るべきではありません。現代産業主義がグローバル化していることは，中国，インド，ブラジルといった現代の世界における開発途上大国がもつ経済的・環境的な意義が大きくなりつつあることを示しています。1990年の英語版では，2013年でおよそ70億の人たちが日本，アメリカ，ドイツの人たちのような生活を望んでいる

という事実がもっている，エコロジー的，かつ，社会的な影響を示すことはできませんでした。

しかしながら，本書が最初に出版されてからいままでの間には，積極的な発展もあったことについて付言しておく必要があります。今日，地球気候変動問題やとりわけ，石油の場合に顕著ですが，枯渇にいたる地球環境資源の限界といった，「環境危機」がますます顕著になりつつあることなど，この地球という惑星が直面している環境問題について，科学的，かつ，公共的なレベルでの大きなコンセンサスがグローバルなレベルで共有されています。2009年にコペンハーゲンで行われた「国際連合気候変動枠組条約締約国会議」(United Nations Climate Change Framework Conference) ［訳注：第15回締約国会議（COP15）］の結果は残念なものでしたが，世界の指導者と市民は今や，地球温暖化がもたらす悲惨な結果についてますます多くの情報を得ていますし，「環境問題に対する予防的行動」(Preventive Action) に対する取り組みも20年前よりも改善されています——また，この序文を執筆している間に，「国際連合の気候変動に関する政府間パネル」(Intergovernmental Panel on Climate Change : IPCC) はさらに，最も深刻な警告を公表しました。それは統計的にみて，95％の確実性をもっているように思われますが，それによると，人類の活動によって気候変動の悪化がもたらされたというものです（2013年9月27日のIPCCレポートを参照して下さい）。こうした情報の進展が温室効果ガスを抑制するための効果的な対応へと世界の人々と指導者たちを駆り立てるか否かについては，いまだに定まっていませんし，憂慮すべき問題ですが——。世界にとって，京都議定書とその枠組みの締結は私が本書を執筆した，1980年代以来の意義のある成果です。「環境的正義」(Environmental Justice) の必要性についての認識と「社会的正義」(Social Justice) と「環境的持続可能性」(Environmental Sustainability) との間の関係について，過去20年の間に大きな進歩がありました。「環境的正義」を実現するために必要とされている是正措置と健全な環境に対して，人種・階級・性別がもっている影響力は本書が最初に出版された時よりも，社会の理解度は高まってきています。

もう一つ，本書を執筆した際の最初の目的からすると，私が個人的に喜んでいる積極的な発展があります。『産業文明の死』の出版が社会科学としての，

新しい学問領域の立ち上げに貢献したということです。その学問領域とは，「環境政治理論」(Environmental Political Theory) のことで，本書が最初に出版された時には，まだ，存在していませんでした。「環境政治理論」の登場と発展は，本書の副題にある「再政治化」(repoliticization) という用語のよい例となっています。

「政治学の還元主義と近代経済学」(第Ⅱ部) は，自由主義のイデオロギーがいかに誤っているのか，そして，人類が直面している環境危機の政治的な本質にもとづいて，このイデオロギーを是正することが必要なことを明らかにしています。本書の主な主張は産業社会の危機は規範的，ないし，価値観に基づいた試練への対応姿勢であり，（自然科学的な分析と技術革新に加えて）規範的で政治理論的な対応が必要だ，ということです。学生に学位を付与する教育課程，新しい授業科目，会議，図書，専門雑誌などを兼ね備えた，本格的な「環境政治理論」の学問領域が発達していることは，私の議論の正当性が科学的な研究者だけでなく，環境問題を学ぶ学生にも認められ，また，受け入れられたことを示しています。

本書の中で，私は政治理論の力を訴えました。その政治理論は，環境（生態系）の限界と持続可能性に矛盾しない，「新しい社会」（私はそうした社会を「超産業社会的」〔Transindustrial〕と呼んでいます。なぜならば，そうした社会は産業社会的価値観と生活様式を超越するからです）の原理と価値観や社会的慣行に焦点を当てています。環境問題に関する科学的な研究は社会的正義の重要性を無視することがしばしばあります。今日のグローバルな社会秩序は国家間の社会的・経済的に劣悪な不平等という性質をもっています。世界を見渡しますと，平均寿命と生活の質に大きな違いがありますが，教育や医療，住居などの面での大きなギャップがそれをもたらしているのです。

政治理論は将来の社会秩序のあり方が問われている時に最も必要となります。実際，ソクラテスとプラトンが生きていた，古代ギリシアにおける「ポリス」（都市国家）の危機から，現在の産業文明の危機に至るまで，政治理論が最良の状態にある時というのは，激動の，そして，危機の時代でした。

私は本書をユダヤ人の賢者について言及することで締めくくっています。彼は次のように述べています。「人類の前に立ちはだかる課題は大きく，かつ，

人類は愚かである」と。また，私たちの前に立ちはだかる課題をなくすことなどできない。しかし，それでも私たちはその課題から逃れられない。なぜならば，主［神］がそれを求めているからである（第10章を参照して下さい）。

　グローバルな環境危機に関して，このメッセージが今日的な意味をもっていること，また，それが緊急のものだということは明らかです。なぜならば，2011年3月11日の日本の地震と津波が象徴するように，過去20年の間にこうした危機が潜在的に進行したからであり，そして，産業社会における飽くなき欲望を求める消費者という社会的な価値観と慣行が世界を席巻し，支配的となっているからです。一冊の本，一人の著者がこの深刻な課題を解決することはできません。しかしそれでも，私たちは，21世紀の日本と世界中に生きる人々が直面している，環境的・規範的な「成長の限界」の問題に挑戦し続けなければなりません。日本の読者の方々がこの大きな試みの中で，本書を役立てて下さることを心より望んでいます。

2014年1月1日

サンフランシスコ州立大学
リベラル・クリエイティブアーツ学部教授
ジョエル・J. カッシオーラ (Ph.D.)

凡　例

一．[　]は訳者の挿入，（　）は原著者のものである。
一．原書の［注］は，各章末にまとめた。
一．訳者の［注］については，本文の必要な箇所に入れた。
一．原文の" "は，原則的に「　」で示した。
一．原文のイタリック（強調を示す）は，原則的に傍点で示した。
一．固有名詞（人名，組織名等）の各章の初出には，原則的に（原語）を入れた。

［備　考］
(1) 本書に頻繁に登場してくる，「産業的」(industrial) という用語であるが，近代産業社会や現代産業社会の共通概念である「産業社会」としての意味を含意しているので，著者との協議の上，基本的には「産業社会的」と訳出している。具体的には，第2章の見出しの「産業社会的な幻想」(industrial illusions)，第Ⅳ部の見出しの「超産業社会的価値観」(tranindustrial values)，第7章の「産業社会的価値観」(industrial values)，等のように。ただし，文脈的に「産業的」の意味を意図したが妥当な場合には，第1章の見出しの「現代の産業危機」(The Contemporary Industrial Crisis) のように訳出している。本文においても，著者との協議の上，こうした意図で訳出していることを留意していただきたい。
(2) 「action, act, behaviour」等の用語は社会学的には，行為 (action) や行動 (behavior) として訳出されるのが一般的であるが，本書では，基本的には著者の意図を汲んで，活動と訳している。文脈によっては，行為，行動として訳出していることもある。
(3) 「economistic」の意味は経済学者的，あるいは，エコノミスト的と訳出するのが一般的であるが，著者と協議の上，過度の経済学的志向性，として訳出している。
(4) 「イングランド」(England) については，文脈に応じて，①英国全体を指していると思われる場合には，イギリス，②狭義のイングランド地域（イングランド，ウェールズ）を体現していると思われる場合には，イングランド，として訳出している。

(5) 「価値の非認知主義」(value non-cognitivism), は哲学用語, あるいは, 心理学用語であるが, 本書の第Ⅱ部「政治学の還元主義と近代経済学」では, 小見出し（第5章の2）が政治の経済還元主義と並びになっているので, 小見出しは「価値の非認知主義と政治の経済還元主義」に修正している。

産業文明の死
　　──経済成長の限界と先進産業社会の再政治化──

　　　　　　目　　次

推薦のことば……佐和隆光
日本語版への序文……J・J・カッシオーラ
凡　例

第Ⅰ部　先進産業社会の危機——「経済成長」中毒症の帰結

第1章　現代の産業危機と「成長の限界」をめぐる論争 …………3
1　産業危機の兆候の概要と「成長の限界」論争に関する序論 ……5
2　「成長の限界」による産業危機への対応方策とその非終末論的な可能性 ……………17
3　産業主義批判と「成長の限界」論の新しい要素 ………20
4　産業危機の政治的な性質 ………………28
5　産業文明の終焉は世界の終焉を意味しない ………33

第2章　産業社会的な幻想の終焉 ………………49
1　社会的な幻想の終焉の解放的な側面 ………49
2　限界なき経済成長という産業社会的価値観の幻想への抵抗 ……53
3　カミュの「限界の哲学」と先進産業社会の妥当性 ………59
4　産業社会への限界なき経済成長という幻想とその政治的な意味の深遠性 ………63
5　限界なき経済成長と産業社会的価値観について ………68

第Ⅱ部　政治学の還元主義と近代経済学

第3章　近代における経済学の登場と政治学の崩壊 …………83
1　経済成長に関する政治学的研究の欠如——その意味と重要性 ………83
2　経済主義と「成長の限界」の挑戦 ………89
3　近代経済学と近代社会 ………………90
4　政治的に独立した経済学のイデオロギー的な含意 ………100

第4章 産業社会と経済還元主義 …………………… 112
―――限界なき成長への過剰な依存による脱政治化
 1 経済学者が政治学，特に再分配を恐れ，抑圧する理由 ……… 112
 2 政治の経済還元主義と「パレート最適」の経済目標 ………… 117

第5章 自由主義と政治の経済還元主義 …………………… 129
 1 自由主義の試み――政治の抑制と下降移動とその恐怖から逃れるための支配の隠蔽 …………………… 129
 2 価値の非認知主義と政治の経済還元主義 …………………… 138

第6章 相対的富の概念 …………………… 145
―――成長への依存を打破し，再政治化を促進する成長の社会的限界

第Ⅲ部 物質主義の価値観――限界なき競争的な物質主義と規範的な「成長の限界」論争

第7章 生物物理学的な「成長の限界」を超えて …………………… 167
―――産業社会的価値観の評価
 1 産業文明とその物質主義の歴史的な特徴 …………………… 167
 2 産業社会的物質主義とその政治的な重要性 ………………… 172
 3 産業社会的物質主義と非物質的で規範的な構成要素 ……… 179

第8章 物質主義と近代政治哲学 …………………… 188
 1 ホッブズ主義的人間観対ルソー主義的人間観，および，その現代的関連性 …………………… 189
 2 依存症の精神病理学と物質主義との関連性 ………………… 202
 3 産業社会的価値観と商品 …………………… 214

第Ⅳ部 超産業社会的価値観──限界なき経済成長への中毒症から，非物質主義と非競争，参加民主主義，および，共同体(コミュニティ)への置換

第9章 超産業社会的な共同体(コミュニティ)への社会転換 …………227
1 産業主義に対する「成長の限界」批判──その複雑で，不完全な性質 ……………227
2 文明の移行に対する不安とポスト産業社会の転換に対する楽観主義 ……………247
3 超産業社会的な共同社会へと社会転換させるダイナミクスの可能性 ……………259

第10章 結論──新しい超産業社会に向かって…………289
1 超産業主義の性質 ……………289
2 新しい社会運動と産業社会の転換──終焉なきものの始まり………304

参考文献……315
監訳者あとがき……337
人名索引……343
事項索引……347

第Ⅰ部

先進産業社会の危機
―――「経済成長」中毒症の帰結―――

第1章
現代の産業危機と「成長の限界」をめぐる論争

　　　　西欧文明は閉ざされたトンネルの中を酸素を求めて，ますますスピードを
　　　あげながら走り続けている人と同じだ。もっとスピードを緩めれば，もっと
　　　長く生き延びることができると彼に伝えるのは，至極もっともなのだが，彼
　　　がそうすることはありそうもない。
　　　　　　　　　　　　　　　　　　　　　——フィリップ・スレイター（Philip Slater）[1]

　　　　神は死すべき運命の人間を罰するために，人々の願いを聞き入れた。しか
　　　し，それをネメシス［訳注：ギリシア神話の「応報天罰」の女神］のものだ
　　　と理解してもしなくても，いろいろな出来事の解釈から想い起こされる未来
　　　図は恐怖に満ちている。その未来図とは，啓蒙の文明，科学の文明，さらに
　　　は，高い希望と前途の光明が見える中で生まれた西洋文明というものは，ま
　　　さに地獄の淵で小鳥がさえずっているようなものだという未来図である。そ
　　　して，西洋文明は依然として腐敗の進んだ泥沼の中で破滅に向かって突き進
　　　んでいる。
　　　　　　　　　　　　　　　　　　　　——エドワード・J. ミシャン（Edward J. Mishan）[2]

　　　　歴史上のいついかなる時でも，人類は岐路に直面してきた。ある一つの道
　　　は絶望と無気力へと通じており，もう一つの道は完全な絶滅へと通じている。
　　　正しい道を選ぶ叡智をもつことを祈りたい。
　　　　　　　　　　　　　　　　　　　　　　　　——ウッディ・アレン（Woody Allen）[3]

　何年か前から私は，経済的な「成長の限界」がもたらす政治的結果に関する
論文を書きはじめた。それは次のようなものである。

　近年の西欧思想が悲観的になっているという事実は，もはや疑う余地もなく，また
議論する必要もないだろう。たとえ社会科学や自然科学の学術文献を調べてみたと
ころで，あるいは，世論や大衆メディアの動向を調べてみたとしても，産業文明を
特徴づけていた楽観主義がそれほど遠くない昔から，私たちの社会のまさに存続に

第Ⅰ部　先進産業社会の危機

ついて根強い不安を抱くように変化してきていることは明らかである。世界的な反響を呼んだあのローマクラブの最初の著作，あるいは，1973年の OPEC［訳注：石油輸出国機構のこと。Orgauization of Petroleum Exporting countries の略称］による石油の輸出禁止とそれに伴う石油価格の4倍にも及ぶ上昇，インフレの昂進と失業者の増大，ドルの価値の下落，さらには過去に起きたいくつかの出来事。これらの劇的な変化をこれからの展望の中にどのように位置づけようとも，それは関係ない。(4)

　近年の西欧思想は悲観的だという私の仮説に対して，ある匿名の評論家から批判を受けたのだが，これには率直にいって驚いた。彼は，私が明らかにしたことを支持する論拠に対して，さらに，それを説明する議論を求めたのである。そこで，私はこれまでのささやかな研究の中で行ってきたように，先進産業社会には一般的に危機意識があるのだとみなしたり，この危機について説明しはじめたりするのではなくて，この評論家の反論に直接，取り組むことから議論をはじめたい。つまり，現代の先進産業社会において，悲観主義の方へと見方が劇的に変化しているとすれば，その変化の本質とは一体，何なのか，また，その変化の論拠とは何なのか，そして，世界で最も豊かな社会の中に不平不満が増えているという潮流をもたらした原因は何なのか，という反論である（ところで，この「先進産業社会」〔advanced industrial society〕という用語については，アメリカと日本，あるいは，西ドイツといった例を指す時に用いている。また，語彙を豊富にするために，「現代産業社会」〔contemporary industrial society〕と「ポスト産業社会」〔postindustrial society〕も，これの同義語として用いている）。

　これらの疑問に答えることで，いくつかの目的を達成することができるだろう。第一に，くだんの評論家のように，先進産業社会とその思想の中に生じているとされる危機とそれに付随する変化というものは，本当に起きているのだろうか，と疑うあらゆる批判的な読者に答えることができる。第二に，これらの意見はさまざまな制度や私たちの文化の奥底にある社会的な価値観を網羅する最も幅広いレベルの産業社会的な思想・文明についてのものなので，それは抽象的で複雑なものにならざるをえない（これは，この種の社会が複雑な本質をもっていることに由来している）。このため，ポスト産業社会的な制度と価値観については，いくつかの異なった理解と解釈ができるということである。

第三に，産業主義の危機が内包している本質について明示的に検討することで，20世紀の最後の10年間で明らかになった制度や価値観に対する挑戦の本質についての私の考えが明確になるだろう。また，ポスト産業社会における社会秩序の本質と，それが地球全体に与えるインパクトは，地球の存続を深刻な脅威に晒す。これらの危機は，私が本書で述べる喫緊の課題を生むだけではない。この危機は産業社会的な生活様式にまだ十分組み込まれていない，およそ30億人の人々を含む，すべての人類にとって決定的に重要なのである。

第四に，もしも私たちが産業社会の危機の結果について，その本質的な問題を明らかにして，また，それについて何ができるのかを示すことができるのならば，産業社会の本質について検討することが必要になるだろう。社会理論は医学と同じように，処方箋を書く前に正確な歴史分析の方を優先しなければならないのである。

このため，本章では，現在の先進産業社会の危機について，その本質と結果，そして，そこから得られる示唆を簡単に説明する。ここでの目的は，本書の内容，つまり，（1）先進産業社会の危機とその結果としての崩壊とは何か，また，（2）どのような型（タイプ）の社会秩序がその代わりとなるのか，そして，（3）ポスト産業社会の秩序を転換するプロセスはいかにして生じるのか，という点について詳しく検討する本書の内容の基礎的作業を行うことにある。

1　産業危機の兆候の概要と「成長の限界」論争に関する序論

先進産業社会における危機は，至るところにあらわれている。過去20年間に出版された学術書の中身を分析すると，この危機をテーマとして，さまざまな学問分野でいろいろなアプローチから，重要な文献が数多く出版されていることがわかる。私は，産業危機の進展についての文献を焼き直しするつもりはないし，批評家たちが「最後の審判の日」(doomsday)であるとか，「悲観的」(doom and gloom)，「ネオ・マルサス主義」(neo-Malthusian)などと呼んでいることについて改めて論じるつもりもない。また，この世界とその将来における正確な生態学的な状態について，科学的な議論をするつもりもない（これは私の能力を超える）。その代わりに，カークパトリック・セイル（Kirkpatrick Sale）が示し

た包括的なリストを引用することが，先進産業社会の中で私たちが直面している危機について説明する最もよい方策だろう（これらの危険が複合的に捉えられる時，それを社会の「危機」〔crisis〕と呼ぶ）。

　　生態系の危機，回復不可能な大気汚染や海洋汚染，過剰人口，飢餓の世界的な蔓延，資源の枯渇，環境破壊による疾病，原生自然の消失，技術の制御不能，化学物質による水質・大気・食料の汚染，そして，地上・海洋の種の危機。
　　権威に対する根強い疑問，体制に対する不信，家族の絆の崩壊，地域社会の衰退，宗教的義務の腐敗，法の侮辱，伝統の軽視，倫理・道徳の混乱，文化的な無知，芸術の無秩序，そして，美意識の不確かさ。
　　都市の劣化，超巨大都市（圏）のスプロール化，ゲットーの逼迫（訳注：マイノリティを中心としたスラム街的居住地域），超過密地域，交通渋滞，未処理の廃棄物，スモッグと煤煙，財政の破産状態，不適切な学校，増え続ける文盲率，大学の水準の低下，人間性の欠如した福祉制度，警察による暴力，過密状態の病院，裁判日程の妨害，非人間的な刑務所，人種差別，性差別，貧困，犯罪，そして，破壊行為と恐怖。
　　孤独感の増大，無気力，不安定，不安，アノミー［訳注：欲求や行為の無規制的な社会規範の崩壊等によって生じる状態］，怠惰，困惑，離反，粗暴，自殺，精神病，アルコール依存症，麻薬，慣習，離婚，そして，性機能障害の増加。
　　政治離れと政治に対する不満，官僚機構の融通のなさ，行政の非効率性，不適当な立法，不平等な司法，汚職，腐敗，抑圧的な機械の利用，権力の乱用，増大化し続ける国の負債，2大政党制の崩壊，防衛費の支出超過，核拡散，軍拡競争と軍事ビジネス，核戦争による絶滅の脅威。
　　経済的な不確実性，失業，インフレ，ドルの価値下落と基軸通貨からの転落，資本不足，エネルギー危機，欠勤の常習化，従業員の職務怠慢と盗み，企業経営の誤り，産業スパイ，企業絡みの贈収賄，ホワイトカラーの犯罪行為，擬装商品，ムダと非効率，計画的陳腐化，欺瞞的で絶え間ない広告，増大化する個人の借金，そして，富の不均等分配。
　　国際社会の不安定，世界的なインフレ，国際戦争と内戦，軍拡，核原子炉，プルトニウムの貯蔵，海洋法についての論争，不適当な国際法，国連の失敗，多国籍企業に

第1章 現代の産業危機と「成長の限界」をめぐる論争

よる搾取,第三世界の貧困と返済不能な債務,そして,パックス・アメリカーナの終焉。

　先進産業社会の危機に関するこの長いリスト（1982年出版）には,現在のエイズをめぐる健康の危機や,近年明らかになってきたオゾン層の破壊,酸性雨,森林伐採,二酸化炭素による「温室効果」(greenhouse effect),ないし,地球温暖化といった,生態系の側面からの産業社会の危機は含まれていない。

　もちろん,産業社会的な文化の中にある幾重もの危機や問題に関するこうしたリストには議論の余地があるので,その詳細を明らかにすることが不可欠であるし,また,それを支持する論拠を示さなければならない。しかしながら,ここで主張されている危機のわずか半分でも,実際に産業社会における生活の重要な領域にあらわれているとすれば,先進産業社会が歴史的に重大な岐路に立たされているという不安の原因にはなるだろう（これは地球規模のインパクトをもっているので,非先進産業社会的な社会にも影響を及ぼす）。これらの数多くの重大な問題に対処する私たちの能力について悲観的になるということは,いみじくも,この社会秩序のまさに生き残りについて疑いをもつということになるのである。

　実際のところ,こうした悲観論は今日,産業危機に関する文献を著している学者の間に広まっているだけではなく,幅広い世論調査の結果からも明らかなように,現代産業社会に生きる一般市民の間にも同じように広まっている。ハーマン・カーン（Herman Kahn）は,すぐれた楽観主義者で「成長の限界」を批判してもいるが,その彼でさえも,「大多数の人々は理想の実現について悲観的である」(Majority Pessimistic on Reaching Ideal) という題名のルイ・ハリス（Louis Harris）の調査に注目して,「3分の2のアメリカ人が,ネオ・マルサス主義の考え方に強く影響を受けており,その主張の多くを共有している」と述べている（本章と本書全体の参考文献の多くは,アメリカ社会に関するものである。しかし,私が言及しているのは,先進産業社会全体だということをはっきりとさせておくべきだろう。アメリカは,単に,産業化した他の社会の——たとえ極端な例だとしてもその——典型として取り上げているにすぎない。アメリカは,産業が発達した先進国という点でも,また,危機の深刻さという点でも顕著なので,それを強調するために取り上げているのである。主にアメリカの資料に依拠しているアメリカ人研究者に向けら

第Ⅰ部　先進産業社会の危機

れた偏狭な批判に答えるためには，この点が必要である。先進産業社会で表明される特定の制度は，国民国家ごとにさまざまだが，本書の政治理論的な議論の中で私が主として関心をもっているのは，産業文明全体に深く横たわっている価値観であり，その分析レベルは万国共通である)。

　私たちは，アメリカの大統領が，アメリカ国民と世界に向けた国営テレビの放送で，次のように伝えている珍しい光景を目のあたりにさえしている。すなわち，アメリカは，

　　信頼の危機に直面している。その危機は，国家としての意思のまさに心と魂と精神に打撃を与える。［そして，さらにそれが］このアメリカ人の精神の危機の兆候は，至るところにある。わが国の歴史上初めて，次の5年間は過去の5年間よりも悪くなるだろうと，国民の大多数が信じているのである。

　1979年のジミー・カーター（Jimmy Carter）のこうした見解が，孤立していて洞察力に乏しく，結局は敗れたアメリカ大統領が社会情勢をいくらか読み間違ったのだともしも考えるならば，次の点についても指摘しておくべきだろう。すなわち，当時，「TIMES-CBSの調査で実に77％の人々が，また，AP-NBCの調査では79％の人々が，『今日，この国には道徳・精神の危機，つまり，信頼の危機がある』という質問にイエスと答えている」のである。

　カーターのこの憂鬱な見解は，たとえそれがその当時には真実だったとしても，対立候補だったロナルド・レーガン（Ronald Reagan）による1980年の政策の変更とその成功，そして，いわゆる「レーガン革命」（Reagan Revolution）によって，時代遅れになったという批判を受けやすい。1979年7月15日の国民演説からわずか1年あまりの後に，カーターがレーガンによって地滑り的な敗北を喫した——カーターが現職だったことを考えるとなおのこと驚くべき敗北だった——のは，実際のところ，カーターがアメリカの社会情勢を「悲観的」（doom and gloom）だと誤解したからだという，ありうべき批判については，後段で述べることにしよう。カーターの社会診断を批判する人たちは，これはその当時は正しかったかもしれないが，しかし，1981年の第1次レーガン政権の発足による政権交替と政策の変更によって，もはやそうではなくなった，と主

第1章　現代の産業危機と「成長の限界」をめぐる論争

張するだろう。この批判は，次のような幅広い論点を提起している。すなわち，1980年と1984年の２度にわたってレーガンが大勝したことと（それに引き続いて1988年の大統領選挙では，副大統領だったジョージ・ブッシュ（George Bush）が，選挙で華々しい勝利をあげている），レーガン政権が経済成長推進政策を熱狂的に支持したということが，社会の危機というカーターの主張が本質的に時代遅れ，あるいは，間違っていることをも意味するのかどうか，また，産業危機，「成長の限界」という立場全体が本質的に間違った考え方だということをも意味するのかどうか，という論点である。

　本書の議論を始めるにあたって，レーガン統治下の1980年代における一つの見方と，失われた楽観主義とかつての栄光のアメリカを取り戻そうとしたレーガン政権の試みは，そうした経済成長の推進という未来展望の終焉を告げる最初の兆しにすぎず，それがすべてを引き起こしたのだということを明言しておくべきであろう。それは危険（danger）を否定し，より自信に満ちたアメリカ，かつてのように卓越したアメリカの象徴としての「丘の上の町」（city on the hill），「アメリカの夜明け」（morning in America）を語るレーガンを選び，危機を語るカーターを拒絶したアメリカ国民を反映した，「最後の応援歌」（last hurrah）だったのである。1980年にレーガンを大統領に選んだことで，アメリカ国民は，「アメリカ人の精神の危機」というカーターの評価から予想される，より慎重で痛みを伴う結果を避けたのだといえるかもしれない。しかしながら，1988年の大統領選挙で，レーガンの副大統領だったブッシュが勝利したにもかかわらず，レーガンの活力と楽観主義は反映されなかった。ブッシュは，単なるレトリックではなく，レーガン政権の二つの政策の現実的な結果に強い感銘を受け，謙虚になっているようにみえたのである。

　1980年代のレーガンの時代は，集団的な夢想と根本的な政策の誤りにもとづく空白にすぎないと思われるかもしれない。このことは，レーガン政権の末期に後づけ的に裏づけられている。経済学者のフランク・レヴィ（Frank Levy）は，「私たちは，繁栄し続けるための仕掛けを使い果たした。衰退は1973年から始まっていたのだが，それを隠し続けてきたのだ」という題名の記事の中で，次のように記述している。「1984年［大統領選挙の年］には，1980年代は1950年代や1960年代のような経済的な繁栄を謳歌できるものとまだ信じられていた。

9

第Ⅰ部　先進産業社会の危機

しかし，もはやその確信はない」と。[12]

1987年10月の株式市場の世界的な大暴落の4カ月前に書かれた，投資家で社会評論家でもある，フェリックス・ロハティン（Felix Rohatyn）の「瀬戸際」（On the Brink）という題名の記事に込められた彼の悲壮感は，これに関連しているし，また，レーガン時代のその始まりとは正反対の不満と，その時代の終焉を予兆する特徴を映しだしている。

>　今日のアメリカは財政的，経済的な危機へと突き進んでいる。わずか5，6年前には可能性（possibility）だとみられていたものが，最近では見込み（probability）に変わり，今やそれは実質的に確実（virtual certainty）なものとなった。もはや問題は，いつ，どのように，ということだけなのだ。[13]

世界中の人々は，私たちを（本章の冒頭の題句にあるミシャンの終末論的な用語を使えば）「崖っぷち」（brink of the abyss）に追い込んだ，レーガン政権下の社会的価値観と目標——その最も顕著なものが限界なき経済成長である——，そして，それを実施するための政策という遺産に苦しみながらも，ポスト・レーガンのアメリカについてじっくりと検討しなければならない——単なる財務的な問題ではないのだ！　都市や病院，学校，刑務所，環境，経済の内面を見渡した時，「国家としての意思のまさに心と魂と精神に打撃を与える危機」というカーターの言葉が，今や正しく聞こえないだろうか。

最も楽観的なアナリストでさえも，国内外における巨額の負債やその他の正反対の結果をもたらして機能不全に陥ったレーガン主義的な政策からの脱却をめざすポスト・レーガンの時代は，きわめて困難な時代になると予想している。

1981年にレーガンを熱狂的に支持していた人たちへの返答の核心は，もう一度レヴィを引用することで口火を切ることができるだろう。

>　過去10年以上にわたって，アメリカ人はますます繁栄するという幻想を味わってきた。しかし，実際のところ，私たちは借金と借りものの楽観主義に頼って生きてきたのだ。つまるところ，私たちは自ら墓穴を掘ってきたのである。[14]

第1章　現代の産業危機と「成長の限界」をめぐる論争

　第1次レーガン政権の初期にみられた，楽観主義と精神の高揚は明らかに終わりを迎えている。おそらく，レーガン流の「現実逃避」(escapism) が終わった1990年代という現在ならば，(1979年のカーターの演説を反映した) 1970年代の国家の危機という診断を，アメリカ国民は理解し，また，受け入れることができるのではないだろうか。経済的な問題は別としても，道徳や精神的な環境が大幅に改善してきているだとか，あるいは，1990年代の10年間とその後に来る21世紀を楽観的にみることができるだとかと論じる覚悟のある人は，もはやほとんどいないのは確実である。2000億ドル以上の費用をアメリカ国民に負担させると思われる貯蓄やローンの財政的な崩壊に何よりも象徴されている，レーガンの政策，行動，怠慢が残した問題を緩和させる最高責任者にふさわしく，ブッシュ大統領のレトリックと提案はいずれも，アメリカの現状に対する冷静な見方を反映したものであるようにみえる。

　産業危機とそれに伴う産業界内部の落胆を支持する証拠は，自然科学者や社会科学者から公表されているだけではなく，カート・ボネガット, Jr. (Kurt Vonnegut Jr.) のように，産業社会における大衆文化の研究者によっても同じように観察されている。SF作家のスタニスラフ・レム (Stanislaw Lem) の作品の批評を書いているボネガットはレムを，「世界で最も人気のある科学小説作家の一人である［と同時に，］人間がいまだにやり続けている究極の狂気のありとあらゆるものにゾッとさせられた，究極の終末論的悲観主義の第一人者である」[15]と称した。現代の産業思想におけるこの「究極の終末論的悲観主義」について，ボネガットは自分でも，医学生である彼の息子からの手紙を引用して次のように述べている。

　　「私たちはこの星を壊している。そのことについてできることなんて何もない。それはとてもゆっくり長々と見苦しく進んでいるのかもしれないし，あるいは，その進行があまりにもはやくて，違いがわからないのかもしれない」。こういった気分が漂っている今は，誰にとっても，ものを書くには悪い時期だ。[16]

　もちろん，1986年4月のチェルノブイリ原子力発電所の事故は，現在の悲観主義を増大させるという観点から語られなければならない。原子力発電に依存

することに反対してきた人たちがそのエネルギーの危険性について懸念してきたものが実際に生じ，グローバルな影響が予測されるのだということを認めるのは，恐ろしいことであるし，また，落胆させられることでもある。さらにいえば，これは，地球上のすべての生命が相互に依存しているという，環境運動と「成長の限界」運動の主要なテーマの一つを実証している。ある専門家は，次のように述べている。

> チェルノブイリの事故は，世界がかつて経験したものの中で，最も深刻な原発事故だった。チェルノブイリの放射線は，私たちのすべてが地球環境を共有していることを如実に──また，悲劇的に──，示したのである。[17]

本章の冒頭の題句で引用した意見や一節だけでなく，次の一節も，産業危機に関する文献にみられる終末論的な性質を示す代表的な例だと思われる。これは，ある国際政治学者によるものである。

> 政治や経済，公共的な課題の世界には，亡霊が出る。その亡霊は，国境を知らない。また，国交についての古くからのルールも関係なく，過去の豊かな伝統に敬意を払うこともない。国際秩序を統べる教義を知ることもなければ，国際秩序の形成を助ける規範や価値観を知ることもほとんどない。その亡霊は，未来をコントロールすることなどできないので，過去から学ぼうともしない。それは，徐々に終わりに近づいていく世紀のおそるべき亡霊，欠乏という亡霊 (the ghost of scarcity) なのである。[18]

『西暦2000年の地球』(The Global 2000 Report to the President)──アメリカ政府が実施した，現在と将来の環境の状態についての最も大規模な研究──に添えられた送付状の中で，海洋・国際環境科学問題担当国務次官補と「環境の質に関する諮問委員会」(The Council on Environmental Quality) の委員長は，カーター大統領宛に次のように述べている。

> 以下のページにまとめられた私たちの結論は，憂慮すべきものです。この結論は，

第1章 現代の産業危機と「成長の限界」をめぐる論争

グローバルな問題が西暦2000年までに驚くべき割合になる可能性を示唆しています。環境，資源，そして，人口の緊張が増しており，それがこの惑星の人たちの生活の質をますます決定づけるようになるでしょう。こうした緊張は，何百万人の人々が必要としている食糧や住居，健康，そして，仕事を提供することができないほどに十分に深刻ですし，それが改善する望みもありません。また，地球がもっている環境収容力――人々が必要としている資源を提供する生態系の能力――も，蝕まれています。『西暦2000年の地球』の研究に示されている傾向によれば，地球の天然資源基盤の劣化と窮乏化が進んでいることを強く例示しています。[19]

これと同じ段落には，成長推進派で危機否定派のジュリアン・L.サイモン（Julian L. Simon）とカーンが，『西暦2000年の地球』の手法と結論に激しく反対しているということを示すために，彼らが非難していること，また，大幅な書き換えを要求していることも記述されている。[20]

絶望についての決定的な発言は，おそらく，経済学者のロバート・L.ハイルブローナー（Robert L. Heilbroner）による次の発言だろう。

人類の前途は，苦痛と困難に満ちており，おそらく絶望的だと私は思う。実際のところ，人類の将来的な見通しについて抱くことのできる希望はきわめてか細いもののように思われる。このため，私たちの調査の結論を先取りすると，かつての暗黒さや残酷さ，無秩序さのようなものの他の未来はないのかどうか，という質問に対する答えは，「ノー」だと私には思われる。そして，これからもっと悪くなるかどうかという質問に対する答えは，「イエス」である。[21]

産業危機に関する文献を批判しているカーンですら認めざるをえなかったように，私たちは明らかに「衰退の時代」（L'epoque de Malaise）にあるようだ。カーンは今日のアメリカ，カナダ，東西ヨーロッパ，ソビエト連邦を衰退期だ，と述べている[22]（後で述べるように，限界なき経済成長という価値観は資本主義体制か，社会主義体制か，という体制の問題とは独立しており，普遍的である。また，この普遍的な価値観が有害な結果をもたらすことについても，後述する）。おそらく，レーガンとそのイメージづくりをしていた人たちは，この衰退が蔓延することから私

13

第Ⅰ部　先進産業社会の危機

たちを遠ざけようとした。それは束の間はうまくいった。しかし今，こうしてその幻想が打ち砕かれてみると，失われた時間とさらなる被害を取り繕い，（できるところは）修復しなければならないし，そうしたやり方は危険な空想だったということを認めざるをえない。

　先進産業社会の危機という主張とそれが生んだ憂鬱な反応は，知的な流行として，また，現代の大衆文化の一部として（1988年の深刻な環境問題に対する，市民とメディアの反応を参照されたい），ポスト・レーガン時代に再度，現れている。こうした進展があってもなお，次のような疑問を呼び起こすことになるかもしれない。それは，その危機というのは表面的な兆候で，誇張されているとみることができるのではないか，あるいは，特に産業文化には流行りもの好きという特徴があることを考えると，「成長の限界」の立場から社会の暗い見通しを広めている人たちの方が，全く間違っているとさえみることができるのではないだろうか。大災害が迫っているという話は，反対派が批判しているように，「最後の審判の日症候群」(doomsday syndrome)，ないし，「神話」(myth)といった類のものなのではないか。さもなければ，社会的なムードで時と共に移ろい変わっていく——レーガンのような——単なる人気のファッションの一つで，社会的な意味は長続きしないのではないだろうか。産業危機という見方や「成長の限界」論は，定期的に流布する自然災害を描いたホラー映画のようなものなのではないか。そしてついには，私の以前の研究に懐疑的なある評論家のように，こんな疑いがもたれるかもしれない。産業文明が危機に陥っている，と主張している人たちは頭が狂っているのではないか，と。

　これらの疑問への有力な回答を検討する上で，「成長の限界」論争の一つの重要な要素について指摘しておきたい。その要素というのは，成長推進派の議論が内包している本質的な特徴でもあるし，また，産業社会の文化に危機が存在することを否定している現状維持派や，さらには，継続的，かつ，限界なき経済成長を産業社会の最も重要な価値観や目標に据えている既存の政策を支持している人たちがもつ，本質的な特徴でもある。「成長の限界」を批判する人たちは，「成長の限界」の擁護者が主張している環境問題や社会問題の多くについて，合理的に否定することができない（ただし，サイモン＝カーンの文献がよい例だが，そうした人たちの何人かは，生物物理学的，かつ，環境的な「成長の限

第1章　現代の産業危機と「成長の限界」をめぐる論争

界」という視点から科学的な議論を行っている)。このため，こうした人たちは，産業文明の危機という「成長の限界」論に対して，感情的 (ad hominem) なやり方で反撃せざるをえない。成長推進という現状を擁護する人たちによる感情的な反応は産業の危機や「成長の限界」という主張に対するいくつかの批判的な議論の中にみることができる。

　この感情的な議論は環境保護の立場からの産業社会批判に対する有名な反論にみられる中心的な要素なので，「成長の限界」論争の本質を検討するための手段として便利である。この誤った作戦を最も広く用いているのはおそらく，ウィルフレッド・ベッカーマン (Wilfred Beckerman) の『豊かな社会への二つの励まし』(Two Cheers for the Affluent Society) であろう。彼の見方を要約すれば，次のようになるだろう。

　　経済成長をどう用いるのかという問題は，どんな過激派だろうとそれを引き継ぐことなどできないほどに，あまりにも深刻な問題であるし，自分たちの相対的な豊かさが決して影響を受けないような間違いのないやり方で，自分たちの罪のコンプレックスを緩和させたいと思っている豊かな人々にとっては，一種の心理療法となる[25]。

　この一文には，一連の産業社会的価値観の擁護者が「成長の限界」論争における対抗勢力に対して用いている，三つの主要な反論が盛り込まれている。それは，(1) 過激主義と，(2) 心理的な問題 (大抵は，彼らの相対的な豊かさに対する罪悪感)，そして，これが理論的に最も重要なのだが，(3) 彼らの物質的な相対的優位性という真偽の不確かなものを守るという，人を欺くような利己的なやり方である。

　ベッカーマンはこれに続けて，成長に反対する立場を支持するさまざまな人たちが抱えている，集団的な罪の意識について論じている。

　　科学者：科学界では，過去20〜30年以上にわたる着実な科学の発展，特に原子爆弾や，生物学や植物学の「進歩」(progress) の結果として，人類を一掃することのできるような，より一層破壊的な方法についての知識が増えていることについて，

ある種の集団的な罪のコンプレックスをおそらく抱いている。

中産階級：今日の中産階級は，これまでと比べて自分たちが相対的に豊かになっていることに対して，より強い罪の意識を感じている。さらにいえば，中産階級が成長に反対するのは，経済成長はさまざまな特権を失わせることにもなる，という感覚を部分的には反映しているようだ。[26]

カーンも成長推進を支持する一人であるが，彼は，「成長反対派のトライアド」（Anti-Growth Triad）と呼ばれる三つの派閥について述べている。それは，「（1）裕福な急進主義者と改革派，（2）ソースタイン・ヴェブレン（Thorstein Veblen）のいう『有閑階級』（leisure class），そして，（3）私たちが新興階級の新自由主義者と呼ぶ，上流中産階級の知識層のグループ」である。[27]彼はさらに，この成長反対派のトライアドは，14の「新しい」（new）点（ないし，価値観）を重視していると主張しており，[28]これらの成長に反対する価値観だとされるものに対する彼の批判的な意見の多くは（すべてとはいわないまでも），成長推進派が成長反対派の批判に応える際の定番の3点セット，つまり，（1）過激主義と，（2）精神病理学，そして，（3）エリートのために人を欺くような自己奉仕，という3点セットと一致している。カーンが「成長の限界」という立場にみられる価値観のうち，「過激主義」（extremism）の項目に対応するのは（私のこうした分類は徹底したものではないが），「リスクの選択的な回避，快適さ，安全，健康，幸福，快楽主義」である。また，「精神病理学」（psychopathology）には「無気力，意思の減退，悲観，自信喪失，道徳心の欠如」が，そして，「階級差別主義的な自己奉仕」（classist self service）には「地域主義，環境と生態系の保護」が対応している。[29]

産業社会を「成長の限界」から批判している人たちが重視している具体的な価値観の変化のうち，成長擁護者が反撃のために選ぶものはさまざまである。しかし，限界なき経済成長に献身したせいで産業文明が行き詰まっているのだということを信じない人たちの弁明は大抵の場合，これらの三つの要素によって特徴づけられることがわかる（限界なき経済成長とそれにもとづいた産業社会の社会秩序の擁護者が「成長の限界」論者による産業主義批判に対抗するために展開しているエリート主義的な重要な反論について，簡単に説明することにしたい）。

2 「成長の限界」による産業危機への対応方策と
その非終末論的な可能性

　経済成長には限界があるのか，ということに関する論争と産業社会的価値観としての限界なき経済成長を実現することができるのか，ということに対する批判は次のような疑問を生み出している。それは，産業危機はある，と主張する人たちや産業社会の基本的な価値観としての限界なき経済成長に批判の矛先を向けている人たちは，その対抗相手が信じ込ませようとしているように，実のところ，（精神病理学，ないし，利己心という理由から）極端すぎて，間違っているのではないか，という疑問である。「成長の限界」についての議論にとって重要なこの疑問に答えるためには，産業の成長についての批判が危機だとするものの本質をより詳しく検討しなければならない。

　まず初めに，産業社会の危機の本質がどのように形成されたのかについて，それがもつ重要性を検討しよう。イマニュエル・ウォーラーステイン（Immanuel Wallerstein）は，「資本主義経済が崩壊する危機」があることは受け入れているものの，「危機についての多くの議論は，論調が大げさすぎる。［また,］危機についての分析には，はなはだしい思い違いがある。これでは，幻滅されるのも当たり前だ」と警告している。産業主義を批判する人たちの「悲観的」(doom and gloom) 分析のいくつかは，──たとえその分析が正しいとしても──身のすくむような絶望を招き，「完全な終末論的悲観主義」(utterly terminal pessimism) を生み出す可能性がある。これらは，集団的な取り組みを失敗させて，災厄の日を早めることにしかならないだろう，というのである。社会的な麻痺状態と，こうした終末論的悲観主義に関する点との関連でいえば，「成長の限界」の文献で一般的にみられる終末論的な記述には，「収穫逓減の法則」(the law of diminishing returns) を適用することができるかもしれないということを指摘したい。核反対派が核戦争について行っている終末論的な説明について，ある解説者は次のように述べている。

　　だが，このアプローチには限界がある。「収穫逓減の法則」は繰り返し示される大災害にも当てはまる。強いていうならば，原爆記念日（Ground Zero Day）の式典

は，一度や二度なら行われるだろうが，まもなくその効果は弱まりはじめる。どんな運動でも，危機感や災難の切迫感をずっと維持し続けることはできないのが普通だということと同じで，些細な要素を麻痺させる効果がプラグマティックな核反対運動の人気を下火にさせているのである。[31]

　チャールズ・クラウサマー（Charles Krauthammer）のこの主張が核戦争反対運動に対してどのように貢献したのかについては省略するが，ここで彼が指摘している点は「成長の限界」の支持者，特に，ローマクラブの最初の報告書である，『成長の限界』の生物物理学的なアプローチを採用している人たちが繰り返し示している，人類（と地球全体）の絶滅に関するさまざまな予測にも適用することができる。この見方を支持するならば，こうした考え方に留意すべきである！
　リチャード・フォーク（Richard Falk）は，産業社会的価値観を批判して，新しい世界秩序を提唱する人たちの一人である。彼は，こうした終末論的悲観主義は社会的な麻痺状態をもたらしたり，必要な社会活動を行う能力を失わせたりすることに繋がり，それが結果的に，現状をそのまま凍結させることになるという。とりわけ，これは富の再分配という大いに政治的な問題についてそうだ，と指摘している。[32]
　ここで気をつけなければならないことは，「成長の限界」という立場から産業文明を批判する人たちは，今の富裕層の利益だけを現状のまま維持することを必然的に求めているのではない，ということである。後で述べるように，ほとんど見過ごされている側面ではあるものの，実際のところ，影響力の大きなローマクラブの最初の報告書はこの保守的な偏向した見方を認めていないのである。
　「成長の限界」という立場から産業社会的価値観を批判する人たちを恐ろしくて，気の滅入るようなメッセージがある，ということだけで孤立させないように気をつけなければならない。こうしたメッセージは，オルタナティブな社会秩序［訳注：このオルタナティブという言葉には，今日の社会（本書の刊行時）に代わる"もう一つの"，ないし"代替的な"という意味が込められている］についての議論と組み合わせられるべきだし，また，そうしたオルタナティブな社会を実

第1章　現代の産業危機と「成長の限界」をめぐる論争

現する可能性のある，設計プロセスや変革プロセスについての提案とも関連づけられるべきである。要するに，どのようにすれば，先進産業社会を社会的に変革させることができるのか，というその根拠の問題である。この点については第Ⅳ部で検討するが，そこでは，大きな励みとなる次のような事実についての洞察と評価を提供したい。その事実というのは，産業文明の終焉は，必ずしも文明全体の終焉を意味するものではない，ということである。

　ウィリアム・スローン・コフィン（William Sloane Coffin）による物語は，「成長の限界」の攻撃をショックと絶望から無気力になってしまうほどの大異変だ，とみている人々の不安を描き出している。この物語は，ハーバード大学のある科学者が北アラバマの湖水地方の上空を飛行しながら，測定器具を使って魚の個体群を調査した時のものである。調査の結果，この湖にはもう魚はいないと結論づけたのだが，ちょうどその折に二人の漁師をみつけた。そこで彼は，自分のこの発見を漁師たちにわかりやすいジェスチャーで教えようと思った。

　　すると，漁師たちはたちまちひどく怒りだして，どこに飛行機やら機材やらをもち込んでいるんだとか，それで何をしているんだなどと，強い南部なまりの罵声を科学者に浴びせかけてから，また，すぐに針にエサをつけ直して釣りを続けた。科学者は，何が何だかわからないままその場を離れた。後に彼がいうところでは，「落ち込むとは思ったが，怒るとは思わなかった」のだそうだ。(33)

　同様に，社会活動や社会変革のために必要な条件についてよく知っている産業社会の研究者のように，産業社会の文化が危機に瀕しているという主張を私たちがたとえどれほど正しく理解していたとしても，先進産業社会の市民や政策決定者が取りそうな態度に気づく必要がある。クラウサマーがいうように，繰り返し示されている終末論的な説明にも当てはまる収穫逓減の法則が作用するかもしれないからである。

　幸いなことに，このことはそうした行きすぎた恐怖心というこの危機の側面を無視するということを意味しているわけではない。ポスト産業社会に関する最も悲観的な分析においても，社会的に意味があり，また，励みとなるような要素が存在している。それは，「産業文明の死」（the death of industrial civilization）は，世界の終焉を意味しているのではない，という認識である。産業危機に対する対応方策はできるだけ正確なものでなければならないし，この危機が内包しているさまざまな示唆や結果を反映したものでなければならない。危機に対するそうした対応方策は人類全体の破滅を意味するものではなく，実際にはむしろ，「先進産業文明を変革する」ための活動の刺激となり，前向きな結果をもたらすのだという理解にもとづいてこれらの目的が達成されるならば，この危機は深刻だと主張している社会理論家も，コフィンの物語に登場してきたあの思いやりのある科学者のようになることはないだろう。つまり，くだんの相手から無視されたり，怒られて追い出されたりして，何が何だかわからなくなったようなあの科学者のようになることはない，ということだ。

3　産業主義批判と「成長の限界」論の新しい要素

　産業社会の存続という問題，限界なき経済成長は産業社会的な世界観の中心的な要素としてどんなメリットをもっているのかという問題，さらには，産業社会全体の根底に流れている価値観を受け入れることができるのか，という問題はさして目新しいものではない。アダム・スミス（Adam Smith）とトマス・ロバート・マルサス（Thomas Robert Malthus）という二人の古典派経済学者自身が，限界なき経済成長を実現できるかどうかについて不安を抱いていたし，それぞれ異なる理由からではあるものの，どちらもそれは不可能だということを認めていた。また，J. C. L. シモンド・ド・シスモンディ（J. C. L. Simonde de Sismondi），ジョン・ラスキン（John Ruskin），ジョン・A. ホブソン（John A. Hobson），リチャード・H. トーニー（Richard H. Tawney），といった19世紀から20世紀の経済学者たちもみな，経済成長の価値について疑っており，また，経済成長という信念にもとづく産業文明にも批判的だった。そしてもちろん，チャールズ・ディケンズ（Charles Dickens）やマシュー・アーノルド（Matthew Arnold），ラスキンのように，産業主義を文化的に批判するものもいる。このように，産業社会的価値観についての一般的な批判には長い歴史があり，特に，その中心は経済成長という価値観をめぐるものである。こうしたことを考えると，およそ1960年代の後半から70年代の初め頃からみられる，経済的な「成長の限界」

第1章　現代の産業危機と「成長の限界」をめぐる論争

をやり玉にあげて産業文明を批判する動きには，何かしらの新しさや意義があるのだろうか。

まず初めに，さすがに文明全体を分析しているだけあって，現代は産業危機に瀕しているという考えと産業主義に対する批判が文化的な広がりをみせているということがある。これらはどちらも，産業社会における社会生活のすべての面にある程度影響を及ぼしているが，この危機が内包している政治的・経済的・精神的・環境的な兆候に及ぼしている影響が特に重要である。この最後の面——つまり，産業危機の環境問題的な側面——は，厳密な科学的手法や最新の科学的な知見，そして，かつての産業社会の危機の場面では使うことのできなかった最新の技術を利用しているというところに，新しさがある。ポスト産業社会に対する「成長の限界」批判がもつ環境問題的な内容とその社会が危機に瀕している，という主張には，地球には人口の増加を制限する限界があるとするマルサスの推測が再現されており，この推測はあらゆる生活様式を危機にさらす環境汚染であるとか，再生可能な天然資源と再生不能な天然資源をどれくらい利用することができるのか，といった類の環境問題にも当てはめることができる。このため，「成長の限界」論のこの種の見方は「ネオ・マルサス主義」（neo-Malthusian）と呼ばれている。

ベストセラーとなって広く引用されているローマクラブの報告書，『成長の限界』（The Limits to Growth）は，現代が産業危機に瀕していること，そして，そのことに一般大衆と学者は気づいているということを綴った最初の著作だといえるかもしれない。『成長の限界』は，1972年に初版が出版されてから，数多くの言語に翻訳されて何百万部も売り上げている。いずれにしても一面的なものではあるが，この報告書の影響の大きさは，「世界中の政治的・社会的なリーダーに1万5000部が献本された」という事実に象徴されているといえるのではないだろうか。

この重要な著作が核心をついている点の一つは，報告書の執筆者たちが，いろいろと主張されている危機の間には，相互作用関係がある，と強く指摘しているところである。ローマクラブのメンバーたちが「世界的な複合問題」と呼ぶこの相互作用関係が，産業社会が直面している多面的な危機をもたらしており，このことが彼らの最初のプロジェクトのタイトル，「窮地に立つ人類」に

もあらわれている。この主張でローマクラブが力説しているのは，先進産業社会が直面しているさまざまな問題は複雑に一体化しているので，全体論的な，ないし，地球レベルの分析にもとづいて検討し，また，集団的な行動をとる必要があるということである。このことから，報告書の執筆者たちは，システム・エンジニアのジェイ・フォレスター (Jay Forrester) が設計したグローバル・モデルに依拠するようになったのである。その後のローマクラブの数々の報告書においても，この地球レベルでの探求が特色となっている。

　産業社会の文化が直面している試練は相乗的に相互関連しているために，地球レベルで集計して研究しなければならない，というローマクラブの強い論点は現代の産業危機についての研究に大きく貢献した。個別の集団でみると，人類は（人類が破壊したものを含む）あらゆる型の環境の脅威に直面してきたし，絶滅させられてもきた。しかし，今日の危機というのは，地球規模の脅威を引き起こしており，その結果，全人類を危機にさらすと共に，おそらく地球の生態系全体をも危機に落とし入れている。チェルノブイリの原子雲がまざまざとみせつけたように，地球上のすべての生命は相互に関連しており，また，相互に依存している。産業危機を主張する人たちが恐れているのは，地震がもたらすような局所的な災害ではない。すでに示したリストに部分的に示されているように，産業危機にはあらゆるものが含まれており，それがこの星に生きるすべての種を荒廃させてしまうことを恐れているのである。

　この新しい世界的な規模の危機と，おそらくそれが相乗的な相互関係にあることから，私たちにはこうした危機への認識能力をさらに高め，相互作用する複雑な現象を整理し，うまく処理できる創造力をもっと鍛えることが必要とされている。現在の世界的，かつ，複合的な問題から生じていると考えられる，地球規模と相乗効果という二つの特徴は「成長の限界」を批判する人たちにさえも，今日の産業の危機がもつ独自性と深刻さを正しく理解させることになった。ベッカーマンのように「成長の限界」に反対する人でさえも，「現代社会に関するあらゆる批判の中でも，経済成長に対する批判は，最も広く知られている——また，広く受け入れられている——ものの一つとなった」ことを受け入れている。また，カーンでさえも次のように認めている。

進歩という考えについての批判は，新しいものではない．何が新しいのかというとそれは，今日の批判が効果的だということと，上流・中産階級と専門家のエリートたちがこの批判を広く支持しているということだ．近代性(モダニティ)についてかつて批判していた人たちは，空想主義的な集団，懐古主義的な集団，貴族主義的な集団，審美的な集団，そして，さまざまな宗教的・イデオロギー的な集団だった．これらの多くも，ローマクラブに便乗している．しかし，経済成長に対する反対キャンペーンの基盤となる勢力は，依然として，平均をずっと上回る教育を受けて平均よりもずっと豊かな「現代的」で，「進歩的」な，「見識のある」個人や集団である．その結果，世界中，特に豊かな先進国の知識人や高学歴のエリートたちの間に，ここ10年で成長反対症候群が蔓延していったのである．[42]

また，経済成長推進派の経済学者であるヘンリー・C. ワーリック (Henry C. Wallich) は，社会問題に言及しながら，「平和の維持を別にすれば，「成長の限界」論争よりも深みのある論争をしている人はいない[43]」と述べている．この点についてフォレスターは，「『成長の限界』をめぐる議論は，私たちの時代で最も大切なテーマを扱っている[44]」と明快にまとめている．

フォレスターの見解に注目すれば，「成長の限界」の問題を世界平和と分離したり，世界平和のもとに位置づけたりするワーリックの前提は誤っている．なぜならば，世界平和でさえも（あるいは，世界平和については「特に」というべきかもしれないが），産業文明に対する地球規模の相互に関連した試練という脅威にさらされている社会的な目標の一つだからである．例えば，中東の原油といった必要不可欠な資源の支配権をめぐって軍事的に衝突する可能性を考えてみれば，最近では，イラク戦争において，原油タンカーを守るために先進産業諸国がペルシャ湾でとった軍事行動にその兆候がみられる．

ある研究者によれば，産業危機に関するもう一つの，かつてない基本的な特徴は，先進産業社会のさまざまな問題はこの社会秩序に先天的に備わっている欠陥や外的な要因によって引き起こされている，というよりも，むしろ，この社会秩序の成功そのものによって引き起こされているというところにある．ローマクラブの第2報告書の執筆者である，ミハイロ・メサロヴィッチ (Mihajlo Mesarovic) とエドゥアルド・ペステル (Eduard Pestel) は次のように述べてい

第Ⅰ部　先進産業社会の危機

る。

  しかし，かつての危機と今の一連の危機とを分かつ，最も大切な要素は危機の原因
の特質にある。かつての主だった危機の原因は否定的なものだった。強引な支配者
や政府の悪意から引き起こされたり，あるいは，疫病や洪水，地震といったように，
人間の価値観からすると悪いものだとみなされる自然災害によって引き起こされた
りしたものだった。これと比べて，今の危機の多くは肯定的な原因からきている。
つまり，そうした今の危機ははじめから，人々の善意の行為がもたらした結果なの
である。(45)

　成長という考え方の代替案について論じている著作の二人の著者は，産業社
会の「成功」(success)がもたらす望ましくない結末について説明している。
これは，「成長の限界」支持者にとっては，なおさら説得力があるものだろう。
彼らは，次のように述べている。

  例えば，疫病や干ばつのように，みるからに否定的な要因から引き起こされてきた
歴史上の他の危機と比べて，今の危機の「原因」(cause)——つまり，物質的な成
長——は，一般的には「善なるもの」(good)だと考えられている。こうした何か
「善なるもの」に立ち向かおうとする時，同じような協力や貢献を得ることが難し
いというのは明らかである。(46)

　カール・マルクス(Karl Marx)のいう，資本主義の内在的な矛盾の他に，産
業社会(資本主義)の内在的な危機を論じたものの中で最もよく知られている
ものの一つは，資本主義はそれ自体の成功から結果的には崩壊するという，
ジョセフ・シュンペーター(Joseph Schumpeter)の結論である。

  ……資本主義システムの実際の，また，予想される成果はこのシステムが経済的な
失敗の重みで崩壊する，という考えが誤っていることを証明［原文のまま］してい
るようだ。しかし，資本主義システムの大きな成功は，このシステムを支える社会
制度を蝕んでいき，そのシステムが存続不可能な状況を「不可避的に」(inevita-

bly）つくり出す。⁽⁴⁷⁾

　第2次世界大戦以降，西側諸国では，持続可能な経済成長と繁栄がもたらされた。このために，経済学者や経済成長をベースとする政治思想家は，シュンペーターのこの「自己破壊」(self-destructive) という命題を，それが最初に発表された1942年から1970年代までの間，無視し続けた。1960年代の高度成長期，経済的な見通しに大きな——傲慢でさえある——信頼が寄せられていたことは，次のようないくつかの声明にも映し出されている。まずはじめは，アメリカのリンドン・ジョンソン（Lyndon Johnson）大統領によるものである。

　　私たちはもはや，経済的な生活を厳しい浮き沈みの繰り返しだとみることはない。私たちはもはや，オートメーションや技術の進歩がより豊かになることを助けてくれるものではなく，労働者から仕事を奪うものだとおそれることもない。私たちはもはや，貧困や失業を経済活動の目標だと考えることもない。⁽⁴⁹⁾

　二つ目の声明は，「戦後の偉大な再発見」についてのマックス・ウェイズ（Max Ways）によるものである。

　　資本主義は減り続ける見返りの上限についての話ではない。イノベーションは，自己を消耗させるプロセスではない。私たちが今経験している，この急進的な変革の時代というのは，新しい「休息地点」（point of rest）に向かっているのではない。進歩という平原にいるバッファローがすべて撃ち尽くされることはない。実のところ，バッファローはますます急速に増え続けているのだ。⁽⁵⁰⁾

　1960年代初頭のポスト産業社会的な思想にみられた成長を支持する楽観主義と，今の悲観主義とでは全く対称的だということに注意すべきだろう。事実，その通りである。なぜならば，経済史家のアルバート・O．ハーシュマン（Albert O. Hirschman）がいうように，1960年代初頭にみられた熱狂と信頼は消え失せてしまったのだから。

第Ⅰ部　先進産業社会の危機

　1930年代と1940年代に特徴的にみられた，危機が広がっているという感覚は1970年代にも再発した。その一部はまだあまり理解されていなかった大衆運動の余波として現れ，もう一部は当時の衝撃的な出来事と混乱に即座に反発するという形で出現している。[51]

　産業資本主義の自滅的な傾向は，シュンペーターや他の社会理論家が指摘したように，[52] その存続のために必要な価値観を資本主義が損なうからなのか，それとも，デニス・ピラージェス (Dennis Pirages) とポール・R. エーリック (Paul R. Ehrlich) が述べたように，[53] 例えば，寿命が延びたことが過剰人口の問題を生み出して，あらゆる生態学的な結果をもたらすというように，善意が意図せざる悪い結果をもたらしているからなのかどうか，という問題はもう一つの決定的に重要な問題に比べれば，それほど重要ではない。その問題とは，つまり，自滅についてのこれらの異なる命題は，産業社会的な社会秩序の「強さ」だとかつて歓迎されていたものについて言及しているので，それを批判したり，修正を提案したりすることについては，相当の抵抗を受けることになる，ということである。

　今日の産業危機に特徴的な面の一つは，産業革命とそれに続いて生じた文化によってとてもうまくいったと認められている価値観と制度を巻き込んだものだ，というところにある。さしあたり，産業社会の自滅とそれに最終的にとって代わるものについてのさまざまな分析について，ここで詳細に検討する必要はない。ここで私が強調したいことは，かつて受け入れられていた──経済成長のように，場合によってはいまだに広く支持されている──価値観が生んだ，現代の危機に特有の規範的な側面についてである。

　最後に，産業社会の自滅という命題がもしも正しいとすれば，それは危機の分析を困難にさせるし，また，その治療法を混み入ったものにさせる。なぜならば，それは産業文明の根本的な価値観を疑うものであると共に，この危機の価値基準と産業社会における現在の権力配分との間の関係を疑うものでもあるからである。産業社会的価値観が社会的に決定的に重要だということ，そしてまた，「成長の限界」の支持者はその価値観を批判しているということ，これが本書の中心的なテーマである。

第1章　現代の産業危機と「成長の限界」をめぐる論争

　これまでのところではっきりさせておくべきことは，物質的な資源の枯渇といった環境への関心に刺激されているのか，それとも，かつてないほどの物質的な富を生み出した（また，それに見合う廃棄物も生み出した）産業文明の「成功」からくる他の要因に刺激されているのかにかかわらず，「成長の限界」論争で争われていることは産業文明の基本的な価値観についてなのだ，ということである。産業社会的価値観をめぐる議論では，社会的な価値観の検討と評価を含む政治哲学的な分析との深い関連性を明らかにすべきだ。驚くべきことに，また，残念ながら，産業社会における生活様式や思想に対する「成長の限界」からの批判を政治哲学的に扱っているものはいまだにほとんどない。これがないことが経済成長とポスト産業社会の将来をめぐる議論を進める上で，大きな障害となっていると強く思う。私は以前の著書で，次のように書いた。

　　（経済成長論争についての）議論を検討すると，「成長の限界」の立場からの政治学者の貢献もなければ，政治学的なすぐれた研究発表もないということに，とりわけ，驚かされる。経済成長の性質や結果，利点，欠点についての分析は，他の学問分野の研究者から取り残されている。「成長の限界」についての研究発表を占めているのは経済学者やシステム・エンジニア，そして，生態学者や物理学者，人口統計学者，地勢学者といった環境問題に関心をもつ自然科学者たちなのである。[54]

　『成長の限界』の出版からこれまでの間に，わずかながら貴重な例外があるものの，一般に，政治学者——特に政治哲学者——は，「成長の限界」論争とそれが提起している政治的に深い関連のある問題をおざなりにしている，というこの見解は残念ながら今でも当てはまる。この本の目的の一つは生物種の生死にかかわる問題といったような，産業危機によって引き起こされている重大な問題に取り組むように，政治学者——特に，政治的価値観についての研究者——を鼓舞することで，この深刻なギャップを埋める足がかりとなることにある。ヘンリー・デビッド・ソロー（Henry David Thoreau）は，「根を腐らせるものが一つあれば，数え切れないほどの悪い枝を落とすことになる」[55]という鋭い指摘を行っている。後に述べるように，先進産業社会についての研究によくみられることは，多くの研究者がその規範的な根本を正すのではなく，「悪い枝

4 産業危機の政治的な性質

　科学的な方法についての研究の中では，課題の設定がきわめて重要な地位を占めている。科学者が科学的な研究プロジェクトの全般で行わなければならない数々の方法論的な判断にとっては，科学者が取り組んでいる課題の性質と課題の正確な設定について完全に理解することが欠かせない。さらに，その後の判断の妥当性も，元々の課題の定義にふさわしいかどうかということとの関連で決まる。もしもこれらが厳密に定義されたものとして提起された課題に相応しくないものなら，それが受け入れることのできる決定だとしても，それは誤っているかもしれないし，不都合なものかもしれない。哲学者のカール・R. ポパー（Karl R. Popper）が自らの科学哲学や知識理論の中で強調してきたように，もしも人間の合理性が全体として問題を孕んでいるとするならば，現代の産業文明の特徴となっている危機を構成している一連の問題について，その問題の打開策と問題の理解に対して十分に注意を払うことが重要だということを誇張するのは難しい。

　今日の産業危機のはっきりとした起源は環境問題の出現であり，また，この危機を促進しているものも環境問題であるという点について，社会の評論家の大半は同意すると思う。1973年の「エネルギー危機」は，石油に依存している先進産業社会にとって安い石油は不足しているのだ，ということをそれらの社会の市民と政策立案者に明確に示した。また，ごく最近の1989年3月に起きた，エクソン社の「バルディーズ号」によるアラスカ沖原油流出事故や1988年夏の大西洋沿岸における海岸汚染など，環境を汚染する原油流出事故も大々的に報道されている。これらはいずれも，人為的な自然環境の汚染をまざまざとみせつけてくれた。これらの環境危機は先進産業社会の市民やリーダーの多くに，第2次世界大戦後の世界で育まれた自分たちの文化の将来に対する楽観的な見方に疑問を抱かせたし，また同じように，産業社会的な世界観と価値観のシステムが暗示する限界なき経済成長と，持続可能な経済的「進歩」という前提にも疑問を抱かせた。

評論家の多くが，1960年代末から1970年代初頭に産業主義の危機が始まったと考えているのは，環境問題という大事件があったからである。この時期にはベトナム戦争やそれに対する批判，世界規模での学生の抗議活動といった一般的な政治的混乱に加えて，環境保護運動や人類の生存のためには生態系の維持が重要である，というより大きな社会的意識の目覚めが表面化しはじめた。もちろん，1973年に OPEC 諸国が石油価格を4倍につり上げたことのインパクトとそこから派生した世界的な影響がその数年前から高まっていた環境問題についての感性や関心を補強する役割を果たした[59]。また，『成長の限界』が出版されたことの大きな意義についても，ここで同じように指摘しておかなければならない。

　この時期の悲惨な出来事によって，環境問題に対する無知から目覚めた多くの政策立案者と市民はこうした環境問題の脅威の範囲とその重大さをよく理解するようになった。新しく認識された環境問題がもたらす影響は産業社会における生活様式のすべての側面に及ぶものだと受け止められ，また，全人類，いや，この地球上のすべての生命を危うくすると認められるほどに，産業社会における生活様式のまさに土台を危機にさらすものだとも受け止められた。こうして，近年，先進産業社会では環境意識と環境運動が高まっているものの，しかし，その歴史を克明に綴ったものはいまだにない。さらに，この運動は前進し続けているし，地球温暖化や成層圏のオゾン層の破壊といった脅威が深刻化するにつれて，おそらくは強まってもいる。それでもなお，環境問題や脅威について現代の一般大衆が抱いている関心が産業社会における社会秩序の危機という広い文脈の中でいかなる特質と役割をもっているのかを検討しなければならない。そうすることで，現在の産業危機が内包している政治的な性質という本質を明らかにすることができるだろう。

　生物学者のギャレット・ハーディン（Garret Hardin）が書いた「共有地の悲劇」（The Tragedy of the Commons）[60]という論文は，社会的に強い影響力をもっており，また，広く読まれてもいる。この論文の最も大きな貢献の一つは，今，私たちが直面している複雑な環境問題の一つの要素である，人口問題についての理解を強調したところにある。ハーディンは，核軍備競争に関する二人の研究者を引用している。彼らはよりよい安全保障を確保するために，敵対国間で

第Ⅰ部　先進産業社会の危機

軍備を拡大するという問題には「技術的解決策はない」(61)と主張しているのだが，ハーディンはこの軍拡競争の性質についての彼らの考え方を過剰人口の問題に当てはめている。

　ハーディンは「技術的解決策」を「人間の価値観や道徳的な考え方を変える方法をほとんど，あるいは，全く必要とせずに，自然科学的な技術の変化を求めるもの」(62)と定義している。この定義を念頭に置くと，ハーディンの議論の要点は，地球上にあまりにも多くの人々が暮らしているという問題には技術的解決の道は開かれていない，ということになる。これはつまり，「人間の価値観や道徳的な考え方の変化」を全く伴わずに，単に「自然科学の技術だけが変化」しても，問題を解決することはできないだろう，ということだ。要するに，ハーディンは，その当時には科学技術の問題だと考えられていた（悲しいことに現在でもそう考えられている）ものは本質的に価値観に基礎づけられた規範的で道徳的なものなのだ，と主張しているのである。

　ここで，問題を定式化して理解する上で重要，かつ，基本的な例を考えてみよう。もしも，ハーディンが正しいとすれば（私はそう思っているが），技術の変化（例えば，より効果的な出生制御装置のようなもの）だけを追い求めても，過剰人口の問題を解決することにはならないだろう。社会問題の根底にある価値観を検証すること，そして，適切な価値観へと変えるための対応方策を示すことが求められるのだ。これは，政治哲学的なプロセスの典型である。(63)

　新しい価値観を受け入れること，また，対応方策をもった価値観への変化を実現することについて社会の同意を得ていく実践的な政治的プロセスを考えれば，政治哲学的な分析は，ハーディンが注目した一つの側面——過剰人口の問題——の他にも，環境問題に広範に当てはめることができるかもしれない。この章だけでなく，本書の全体を貫く主要な目的の一つは，現代の産業危機は基本的に規範的で，政治的な性質をもっているということ，を示すことにある。これは，価値観を変えるための対応方策を示したり，オルタナティブな社会制度と調和したりすることについて体系的に考えるようになるだろう。つまり，差し迫るさまざまな災難を避けるために新しい社会秩序を設計すること，また，そうすることで，先進産業社会を変革し，産業危機を終わらせることが本書の目的なのである。

第1章　現代の産業危機と「成長の限界」をめぐる論争

　歴史家のフリッツ・スターン（Fritz Stern）は，「資本主義はあまりにも深刻すぎて，経済史家の手にあまる」と述べて，「それは産業主義の場合でも同じだ」と言葉を足している。私は，このどちらの意見にも賛成する。実際のところ，私は次のように主張したい。産業危機は大衆メディアの報道と同じくらいにアカデミズムの世界でも関心を集めている。しかし，危機に関する考察の多くは不当にも，技術的で科学的な生態学的分析か，あるいは，技術的な経済的分析のどちらか，である。政治的な議論――特に規範的で，政治的な議論――ないし，道徳的な議論を試みたものは，たとえあったとしても，ほんのわずかなものにすぎないのだ，と。

　産業危機についての政治的分析が少ないということに加えて，学問領域（ディシプリン）の間にさまざまな分化がみられることもまた，産業危機が提起するまさに総合的・学際的な問題についての研究を妨げた（妨げ続けている）ことについて指摘しておくべきだろう。不幸なことに，これらのさまざまな学問的な分化がコミュニケーションと洞察を妨げており，先進産業社会を包括的に理解するための障害となっている。一方では，経済学と政治学が対立しているが（この点は第Ⅱ部において論じる），この対立は社会科学と自然科学的な環境研究の分離によってその度合をますます強めている。また他方では，こうした科学的な環境研究と科学性を志向する社会科学のどちらも，成長に基礎を置くポスト産業社会について規範的に批判することから距離を置いている。

　事実，「成長の限界」の立場から産業社会における社会秩序を批判する人たちは，産業危機にみられる環境問題的な側面を認識するように強く主張しているが，大抵のところ当の本人たちが産業主義が直面している問題が内包している規範的で，かつ，政治的な本質についてきわめて誤解しているし，また，それを軽視してもいる。経済成長の生物物理学的な限界について研究している自然科学者には，自分たちの議論が及ぼす政治的な影響を考えることなく，さっさと自分の研究を終わらせている人たちがあまりにも多い。産業危機と，「成長の限界」による産業社会の批判とがもつ二重の性質――科学的でもあり，規範的でもある要素――を理解することで，経済成長論争についての既存の文献を特徴づけている深刻なギャップが明らかになるだろう。そして，こうした理解はまた，産業文明の性質と生存能力についての複雑な課題に取り組もうとす

31

るこれからの努力を伝えることになるだろう。

　人体に害のない鉛の許容量や，生命に深刻な悪影響をもたらすことのない大気中の二酸化硫黄の濃度，魚に含まれる水銀の量，あるいは，これに類する課題といったものは，いずれも人類の生存にとっての生物物理学的な限界であり，また，問題であるということは間違いない。しかし，それにもかかわらず，ポスト産業社会がこれらの限界や問題に対応する「方法」(これには，生物物理学上の限界に近づいていくことによって，産業社会的価値観とそのプロセスが，どのように，また，なぜ，これらの問題をもたらすのか，ということについての包括的な理解も含まれる) には，政治的で道徳的な面をもつ人間の価値観が不可避的に伴っている。私の議論の中で決定的に重要なところは，ここである。現代の産業危機を形づくっている基本的な社会問題には，技術的解決策はない。しかし，科学的，かつ，政治的な価値分析は必要であるし，また，持続可能，かつ，将来の社会の性質とそうした社会を構築していく方法について，政治的な創造性が求められているのだということを私たちは忘れてはならない。

　産業危機とその中心的な問題，つまり，産業主義の中核的な教えの一つである継続的で限界なき経済成長は望ましいのか，また，それは実現可能なのか，という問題はさまざまな分野の自然科学者や全般的にみて技術的解決策だけを追求している経済学者に任せておくには，あまりにも重大なテーマになっているのだ，と主張したい。「成長の限界」の支持者が示しているように，産業文明が直面している数々の問題には，——政治的，かつ，道徳的な分析と，おそらくは（規範的な議論の要素をすべてそろえるためには）審美的，かつ，神学的な分析をも含んだ——規範的な分析が必要とされているのである。

　いくつかの注目すべき例外はあるが，産業社会が内包している「成長の限界」という問題についての研究は根本的に政治的なものだということは明らかである。それにもかかわらず，この問題を扱う数多くの文献の圧倒的大多数は，政治的な問題や価値観を除外しているし，また，体系的，かつ，政治学的に洞察力のある分析も行っていない。私が思うところでは，これは，訓練を受けた自然科学者や現代の経済学者は政治的な議論を避けることが普通だというところからきている，と思われる。また，現状の価値評価を重視する規範的な議論もなければ，産業主義の危機に応じた価値観の変化に対応可能な方策を書くこ

ともない。繰り返しになるが，ポスト産業社会における価値の非認知主義が一般的に受け入れられていることを考えれば，これは無理もないことだ。つまり，自然科学者と社会科学者，特に経済学者（一般大衆も同じだが）の多くは，価値観に関するさまざまな問題というのは合理的な討議や解明の対象とはならないという信念をもっているのである。これについては，第Ⅱ部でより詳しく検討しよう。

したがって，以下の議論では，次の点について規範的，政治的な検討を行う。それは，（1）産業危機の性質，（2）来たるべき産業社会の終焉，そして，（3）ダニエル・ベル（Daniel Bell）によって広く知られることになった漠然とした一時的な意味での「脱ポスト産業社会的な」（post-postindustrial）社会秩序だけでなく，今まさに試練と危機に陥っている産業社会的価値観（前産業社会的価値観もいくらか含まれるかもしれないが）を乗り越えるオルタナティブな価値観を土台として築かれる超産業社会的（transindustrial）な社会の構築についてである。この検討を通じて，産業社会的価値観を診断したり，その変化の必要性を評価したり，すぐれたオルタナティブな価値観を提唱したり，守ったりするという難しい問題に取り組むことで，一つの前例を政治哲学者に示したい。これから述べるように，もしも，現代の危機の結果として，先進産業社会が再政治化されてきたのだとすれば，そうした社会理論がなくてはならないのである。

5 産業文明の終焉は世界の終焉を意味しない

もしも，産業危機の政治哲学的な要素に取り組もうとする時，また，そうする時にだけ，産業文明にとっての一連の脅威がもつ全体的な意味を適切に理解することができるだろう。しかし，こう断言するなら，懐疑的な人たちや批判者たちによる次のような妥当な質問を検証することが必要になる。その質問というのは，（1）現代の産業主義の危機について「悲観的」（doom and gloom）反応が広まっているが，それは当たり前のことなのかどうか，また，（2）この見方を支持する証拠にはどんなものがあるのか，というものである。

これについて私は，現代の産業思想を特徴づける悲観主義（もしも「産業文明の死」という私の分析が信頼できるものだとすると，残念ながら，ボネガットのいう

「完全に終末論的な悲観主義」(utterly terminal pessimism) という表現が適切なのかもしれない）そのものが，暗黙的にではあるけれども，その土台にある規範的な判断によって生み出されたものなのだ，と主張したい。既存の産業社会的な社会秩序とその価値観の望ましさを擁護している成長推進派は，その規範的な判断についてはっきりさせるべきだ。またもしも，オルタナティブな超産業社会的価値観がこの価値判断をはねつけたり，それに取って代わったりするのならば，経済的な「成長の限界」という形で産業文化が直面している試練を扱う研究の質が低下することはなく，人類の将来に希望を与えるものになるだろう。この目標を完全に実行することはできないかもしれない。しかし，歴史家のL. S. スタブリアノス (L. S. Stavrianos) の広く知られている著書，『来たるべき暗黒時代への展望』(*The Promise of the Coming Dark Age*)[67] から言葉を借りれば，価値観の変化と共に，人類は「展望」(promise) をもって，未来に臨むことができるのかもしれない。スタブリアノスによれば，

> これは，人類史の中で活気をもたらす瞬間である。苦しい時代，疎外感のある時代，不安な時代から遠く離れ，むしろ，古くからある生きていくための葛藤から，人間性の認識へとつながる自己実現のための新しい葛藤へと転換する，人類最初の時代なのだ。[68]

　私が理解しているところでは，英語の「危機」(crisis) に当たる中国語は，およそ，「物事を改善するための危険な機会」という意味をもっている。生物学者のポール・R. エーリック (Paul R. Ehrlich) とアン・H. エーリック (Anne H. Ehrlich) は彼らの著作の冒頭の題句に中国の諺を引用し，これと同じ中国語の概念について述べている。それは，「災難は大きな機会だ」というものである。[69] もしも，危機はリスクと共に，改善のための機会を示しているのだというこの中国の金言を産業社会の危機についても当てはめられるのならば，こう問い掛けることができる。この場合の危機とは，何にとっての危機なのだろうか，と。それは，富や権力の分配はもちろんのこと，産業社会の価値観や制度という，産業社会の現状の中で進行しているものと関係している。この社会構造の中で差し迫っている変化を否定的に評価する必要はない。実のところ，現在の

社会情勢についての人々の評価によっては、また、この危機が明らかにしている変化のための機会の可能性について、人々がどのように評価するかによっては、それらを肯定的に評価することもできる。そうすれば、危機という英語に対する一般的な理解につきものの、恐怖を乗り越えられるかもしれない。

経済学者のアンドレ・グンダー・フランク（Andre Gunder Frank）もまた、危機の概念について、社会的な変革と結びついた肯定的な要素を指摘している。

> 危機は終焉を意味しているのではない。それどころか、危機はもしもそれができるならば、新しく適応することで終焉を避ける決定的な時を意味しており、それに失敗した時にだけ、終焉は避けられないものになる。『コンサイス・オックスフォード英語辞典』では、危機を次のように定義している。「転換点、特に、病気の転換点のこと。内閣や財政のように、政治などについての危険、ないし、不安な時期のこと。ギリシャ語のKrisis、決定に由来する」と危機というのは、社会や経済、政治体制やそれらのシステムが病にかかり、それまでのようには機能できなくなる期間のことであり、それらの体制やシステムには、死の苦しみを伴いながらも、新しく生き長らえるための変革を行うことが強いられる期間でもある。したがって、危機の期間というのは、もしもあるとすれば、そうしたシステムやその新しい社会的・経済的・政治的な基盤の将来的な発展を決定するような、重大な意思決定と変革が行われる間の、歴史的に危険で不安定な時期なのである。

危機が意味するものについていえば、病気を患っている個人なのか、それとも文明全体なのかにかかわらず、その危機を経験している主体（entity）が変わる時なのだということを重視しているし、また、改善していくために、近い将来にその主体が変わっていくための機会なのだということを重視している、という深い理解が求められる。こうした理解は本書の議論にとって決定的に重要である。今の産業危機を世界の終わりであるかのように終末論的にみるのではなくて、むしろ、今の産業社会とその価値観、そして、社会構造が取り返しのつかないほどに損なわれて（「蝕まれて」）おり、また、その結果として衰退しつつあることを、この危機——ないし、ギリシア語でいう「決定の瞬間」、中国語でいう「大きな機会の瞬間」——は指し示しているのだということを認識

することが，何よりも大切だと私は思う。危機を認めることで，こうした価値観や社会制度を今の形のまま生き返らせることも，生き長らえさせることもできないのだ，ということを私たちは知ることになるのである。

　私は，この意味での危機が今の産業文明を特徴づけている，と考える。この社会秩序の中で暮らす人々は自分たちの社会的・個人的な生活を変えることになる重大な意思決定と価値判断に迫られている。技術的解決策がこれまで役に立たなかったのは，取り立てて不思議なことではない！　産業文明が経験してきた危機の本質について上述したことを一度，理解すれば，この危機に対する反応の中でポスト産業社会思想の多くにみられる悲観的な見通しは，今の先進産業的な秩序を支える深く，かつ，広い価値判断を基礎としていることがわかるだろう。その価値判断というのは，公式にはっきりと述べられなければならないものでもあり，また，徹底的に守られなければならないものでもあると共に，不確かな未来について人々が絶望と恐怖を訴えている時には，ほとんど前提とされないものでもある。

　本章では，問題を定式化して理解すること（本章の場合は，産業危機の意味を定式化した上で，理解すること）の意義について論じてきた。これを補強するために，政治哲学者のヘルベルト・マルクーゼ（Herbert Marcuse）による，奴隷と解放についての見解を引用しよう。彼は，「あらゆる解放は，隷属の意識に左右される」という。また，社会理論家のフィリップ・スレイター（Philip Slater）は，「私にとって真の希望というのは，ジレンマを認識し，また，識別するところからはじまる」と述べているが，これはマルクーゼと類似した点について，さらに一般化して表現したものである［訳注：マルクーゼは，人々の権利が寛容に扱われている時，それを寛容にしている人々を脅かさない限りにおいてのみ，寛容に扱われるとしている。つまり，寛容は，人々を隷属させる一つの手段である。こうした隷属に気づくことで，「解放」は訪れる。この意味で，スレイターの言葉は，マルクーゼに近い視点をもっている］。

　マルクーゼとスレイターはどちらも，否定的な状況を改善するためには，そうした状況を前向きに捉える価値観が必要不可欠だ，と主張している。「成長の限界」論者がまさにはっきりと描き出しているように，産業文明の否定的な状態から解放される上で，20世紀の最後の10年間に人類が直面している課題の

いくつかは，産業危機とこの社会が患っているさまざまな病の存在とまた，その基本的に規範的な本質を認めることができなかった，ということなのである。この危機には，技術的解決策（ないし，いくらか期待されている常温の核融合などといった「ハイテク」の万能薬）では十分ではないということが広く注目されている生物物理学的な限界（国連機関がいうところの「外的限界」〔outer limits〕）[74]だけが関係しているのではなく，社会も関係している。そして，その社会には，産業社会における基本的な価値観（「内的限界」〔inner limits〕）と，そこで実施されている，セイルがリストアップしたような諸制度によって，さまざまな社会的問題がもたらされている。その解決までには至らなくても，それをやわらげるためには，基本的な価値観の変化と社会的な変革が必要なのである。本書の一つの目的は，まさにこうした改善のために必要な第一歩として，この危機の性質と意味を解明することにある。

スレイターは先進産業社会に関する考察の中で，なぜ，産業危機が誤解されるのか，あるいは，かつては正しく評価されていたのに，それが抑圧さえされるのはなぜか，ということについて説明している。さらに，スレイターは危機についての定式化の中で最も悲惨なものでさえも，完全な絶望につながらずにすむにはどうすればよいのか，についても論じている。実際のところ，彼は，社会的現実についてのそうした憂鬱にさせるような描写が私たちの生活を改善するために必要とされる，苦しいけれども必要な行動を引き出すことによって，いかに絶望を終わらせることに役立つのか，また，いかにもっと望ましい状態をつくり出すことに貢献するのか，を示している。

彼は，心理学者のアレクサンダー・ローウェン（Alexander Lowen）による「喜びへの道は，絶望から来たる」という興味深い題句を議論の冒頭に掲げて，次のように説明している。ローウェンによれば，

> 幻想を治療する薬は，絶望だけである。絶望することがなければ，現実に対する私たちの忠誠を変えることはできない——絶望は，ある種，空想に対して，喪に服する期間なのである。この絶望に耐えられない人もいるが，それがなければ，人の内面が大きく変わることはない。この絶望が不完全な時，つまり，幻想の希望の糸がまだ残っている時，人々は絶望にとらわれてしまう。[75]

第I部　先進産業社会の危機

　この心理学的な分析は現代産業社会の市民と文化が抱えている苦しい状況の多くを理解する手掛りになると思われる。限界なき経済成長という幻想は，産業文明の基盤を形づくっているだけでなく，限界なき経済成長がすべての人々に繁栄をもたらすという願いと「限界なき進歩」という価値観を形づくっている。しかし，実際のところ，この幻想は近年の出来事によって試練に晒されている。その出来事には，「成長の限界」の支持者が主張する生物物理学的な限界や最近の環境的，かつ，政治・経済的な衝撃的な出来事があげられる。産業主義を強く擁護する人たちでさえも，危機はあるということを自分たちが完全に否定していることに気づいているし，「成長の限界」という立場から産業社会を批判する人たちに反撃し続けている，ということも理解している（このことは，経済成長推進派の文献やサイモン＝カーンの著作への寄稿者たちのように，産業文化の支持者によって例証されている）。つまり，そうした人たちは，産業文化は限界なき経済成長を含む基本的な価値観をそのまま維持しつつ，救われる可能性がある，という考えをもち続けている。だからこそ，自分たちが不完全な絶望という罠にはまって痛みにあえいでいることにも気づいているのである。

　産業社会的な保守主義者は，ベッカーマンやカーン，サイモンという学者たちにはじまって，前大統領のレーガンや郡・市の指導者といったほとんどすべての政策決定者に至るまで（ただし，アメリカ西部では成長反対運動が盛上っているが）[76]，限界なき成長という葬り去られるべき幻の概念に別れを告げるのではなく，それにすがりついているのである。こうした概念から自分たちを解き放つことによって，そしてまた，その概念は望ましくもなければ役にも立たないことを認識することによって，産業社会に暮らす人々は，すべての人々にとってもっと満足のいく新しい社会秩序をつくり出すことができるようになる。自分たちの幻想に別れを告げている間には，一時的に悲しみに暮れるだろうし，これがまさに移行期を特徴づけているのだが，それと共に概念の見直しも進むことになる。「人は物事がよくなると思っている限り，根本的な前提を見直すことはない」[77]のである。

　マルクーゼとスレイター，ローウェンの考えを結びつけると，前向きな社会変革は次のことに依存しているのだ，と結論づけることができる。すなわち，私たちの今の社会的価値観を形づくっている信念は望ましいものでも，また，

38

実現できるものでもないということを認識できるかどうか，また同時に，そうした間違った価値観と幻の願いは実現されない運命にある，と認識することによる悲しみを克服できるかどうか，に依存しているのである。私たちは限界なき経済成長のような産業社会的価値観とそれに付随している社会政策を捨ててよりよいものを選ぶ前に，これらの価値観や政策を完全にあきらめなければならない。私たちは，確かに成功することができる。しかしそれは，人心を惑わすような価値観を捨てることによって，一時的に絶望を経験することによってのみ可能である。

こうした視点からみると，現在の先進産業文明の中にある絶望は，終息させなければならない。私たちは，今の欠陥のある価値観の一部だけを捨てて，それを維持するということにとらわれてはならない。この章で意図していることがもしも理解されるのならば，次の言葉はすべての深刻な社会的な結果にも当てはまるだろう。

> 実際には，私たちは世界の終わりではない事象に直面しているのである。確かに，私たちが慣れ親しんできた世界は終わるだろうが，しかしそれは，新しくて，潜在的により高度な，また，より人道的なポスト［超＝（trans）］産業文明の形を共につくり出すための，大きな機会でもある。[78]

文明の死には，価値観や制度，生活様式を失うという悲しみが伴う。この悲しみはローウェンとスレイターがいうように，社会の改善にとっては仕方のないことだし，また，必要なことでもある。しかし，それだけではない。私たちの新しい洞察の結果として，元の場所によりよい社会秩序をつくるための新しい機会へと向かう励みとなり，また，元気づけられるような見方ももたらされる。

産業社会の危機とその崩壊は，極端な絶望をもたらすものではないということについて論じてきた，この章を締めくくるに際して，社会変革に関する有名な観察者である，アルビン・トフラー（Alvin Toffler）の意見に耳を傾けよう。

> 産業文明が経済的に破綻する苦しみをみる時，誰もがそれは間違いなく悪いものだ，

とみるだろう。そう解釈する人たちの多くは，その文明の申し子だし，また，その文明が維持されることに，仕事やキャリア，権力，エゴといった大きな利害関係をもっている。産業文明が斜陽しているという解釈は，「神々の黄昏」(gottendammerung)の暗さを私たちに投げかけるのだ。

それでも人は，迫りくるトラウマの時代を旧来からの問題を正すための，長らく求められてきた機会だ，とみるかもしれない。つまり，人類史上ほとんど誰も経験しなかったような，荘厳で心浮き立つような仕事に取り掛る機会なのだ。新しい文明をデザインするという仕事に(79)。

後の章では，産業文明の危機についてより詳しく検討していくが，新しい超産業社会の社会秩序を構想していくための対応方策について，その（第Ⅳ部の）概略を述べておきたい。政治哲学にとって，よく考えられた「新しい文明のデザイン」を示し，また，それを守ることで，今の産業社会における文化の危機がもつ価値観にもとづいた本質を慎重に，かつ，妥当に解釈することほど大切なことはないと思われる。こうした差し迫った仕事に取り組むための時間は，少しずつなくなってきている。なぜならば，レーガン主義やますます悪化する環境問題の現状——例えば，ますます進む森林破壊や，人口の増加と１人当たりの食糧の減少，有害廃棄物処分場の放置，海洋汚染，地球温暖化，酸性雨，土壌汚染，オゾン層の破壊など——にみられるように，経済成長への産業主義の執着が「最後のあがき」(last gasps)をみせているからである。こうしたポスト産業社会の変革というきわめて重要な目的の達成を間にあわせるためには，大変な量の集団的な思考と行動が求められる。

政治哲学の歴史に暗い人たちにとって心強いことは，この決定的に重要な社会的役割は，議論の進め方としては新しいものではないということである。先進産業社会の「再政治化」(repoliticization)は，政治哲学の実践的な意義に対する人々の認識を目覚めさせ，また，公共政策の策定をめぐる根本的な社会的価値観についての十分な議論も呼び起こすだろう。これは，社会的な危機という，社会を変革する機会を伴いながらも，危険な時期においては，特に重要である。古代ギリシアのポリスにみられた危機をはじめとして今に至るまで，この時期というのは，政治哲学が最も必要とされる時期であり，また，励みになること

に，それが最も活発で洞察に富んだ時期でもあるのである。

〔注〕
(1) Philip Slater, *Earthwalk* (Garden City, N. Y. : Anchor Books, 1974), p.44.
(2) Edward J. Mishan, *The Economic Growth Debate : An Assessment* (London : George Allen and Unwin, 1977), pp.266-267.
(3) Robert Byrne ed., *The 637 Best Things Anybody Ever Said* (New York : Atheneum, 1982), p.79, ＃386 での引用。
(4) Joel Jay Kassiora, "The Limits to Economic Growth : Politicizing Advanced Industrial Society," *Philosophy and Social Criticism* 8 (Spring 1981), p.89.
(5) 以下に列挙するのは有名なローマクラブの報告書のうち，初期のものだけをリストアップしたものである。ローマクラブの最初の報告書は，Donella H. Meadows, Dennis L. Meadows, Jorgen Randers and William W. Behrens III, *The Limit to Growth : A Report to the Club of Rome's Project on the Predicament of Mankind*, 2nd ed. (New York : New American Library, 1975)（大来佐武郎監訳『成長の限界』ダイヤモンド社，1972年）であり，これがローマクラブという名前の由来となっている。引き続いて次のような報告書が出された。Mihajlo Mesarovic and Eduard Pestel, *Mankind at the Turning Point : The Second Report to the Club of Rome* (New York : E. P. Dutton, 1974)（大来佐武郎・茅陽一訳『転機に立つ人間社会』ダイヤモンド社，1975年），Jan Tinbergen coord., *Rio : Reshaping the International Order : A Report to the Club of Rome* (New York : New American Library, 1976)（茅陽一・大西昭訳『国際秩序の再編成』ダイヤモンド社，1977年）．

　世界的に著名な学者や企業人がローマクラブとして集まってまとめられたこれら三つの報告書は，絶大な反響を呼び，学術的な反響を引き起こした最初の報告書であった。これらの報告書は，「成長の限界」と産業危機に関する文献の触媒としての役割を果たしたのかもしれない。

　この豊富な文献への他の著名な執筆者には次のような人々がいる。Robert L. Heilbroner, *An Inquiry into the Human Prospect* (New York : W. W. Norton, 1975); Robert L. Heilbroner, *Business Civilization in Decline*, (New York : W. W. Norton, 1976); E. F. Schumacher, *Small is Beautiful : Economics as if People Mattered* (New York : Harper and Row, 1975); Edward Goldsmith, Robert Allen, Michael Allaby, John Davoll and Sam Lawrence, *Blueprint for Survival* (New York : New American Library, 1972); Paul R. Ehrlich and Anne H. Ehrlich, *The End of Affluence : A Blueprint for Your Future* (New York : Ballantine Books, 1974); Alvin Toffler, *The Eco-Spasm Report* (New York : Bantam Books, 1975); Lewis Mumford, *The Myth of the Machine*, 2 vols. (New York : Harcourt, Brace Jovanovich, 1967, 1970); Rufus E. Miles, Jr., *Awakening from the American Dream : The Social and Political Limits to Growth* (New York : Universe Books, 1976); William Ophuls, *Ecology and the Politics of Scarcity : A Prologue to a Political Theory of the Steady State* (San Francisco :

第Ⅰ部　先進産業社会の危機

W. H. Freeman, 1977); Fred Hirsch, *Social Limits to Growth* (Cambridge: Harvard University Press, 1976); Murray Bookchin, *Toward an Ecological Society* (Montreal: Black Rose Books, 1980); Murray Bookchin, *The Modem Crisis* (Philadelphia: New Society Publishers, 1986); Dennis Pirages and Paul R. Ehrlich, *Ark II: Social Response to Environmental Imperatives* (San Francisco: W. H. Freeman, 1974); Lester R. Brown, *The Twenty-Ninth Day: Accommodating Human Needs and Numbers to the Earth's Resources* (New York: W. W. Norton, 1978); W. Jackson Davis, *The Seventh Year: Industrial Civilization in Transition* (New York: W. W. Norton, 1979); Joseph A. Camilleri, *Civilization in Crisis: Human Prospects in a Changing World* (Cambridge: Cambridge University Press, 1976); William R. Catton, jr., *Overshoot: The Ecological Basis of Revolutionary* Change (Urbana: University of Illinois Press, 1982); Herman E. Daly, *Steady-State Economics: The Economics of Biophysical Equilibrium and Moral Growth* (San Francisco: W. H. Freeman, 1977); Herman E. Delay (ed.), *Toward a Steady-State Economy* (San Francisco: W. H. Freeman, 1973); Gerald O. Barney, study director, *The Global 2000 Report to the President: Entering the Twenty-First Century* (Charlottesville: Blue Angel, 1981); そして最後に，環境問題に関する最もすばらしく，最も包括的な研究成果として，次のものを参照されたい。Paul R. Ehrlich, Anne H. Ehrlich and John P. Holden, *Ecoscience: Population, Resources, Environment* (San Francisco: W. H. Freeman, 1977).

　最近の生態学的な発展やデータが網羅されたポール・エーリッヒとジョン・P. ホールデン(John P. Holden)の著作の最新版で，私は次の文献を推奨したい。Charles H. Southwick (ed.), *Global Ecology* (Sunderland, Mass: Sinauer Associates, 1985); Jessica Tuchman Mathews, Project Director, *World Resources 1986,* A Report by The World Resources Institute and The International Institute for Environment and Development (New York: Basic Books, 1986), 同じく，J. アラン・ブルースター (J. Alan Brewster) 監修の，*World Resources 1988-1989* (New York: Basic Books, 1988), および，「国連の環境と開発に関する世界委員会」による『われらの共有する未来』(*Our Common Future*—Oxford: Oxford University Press, 1987)。そして，最後に，レスター・R. ブラウンと彼の同僚が1984年以降毎年刊行している，ワールドウォッチ研究所のアニュアル・レポート，『地球白書』(*State of the World*—W. W. Norton) があげられる。このレポートでは毎年，環境問題に関するさまざまな内容が盛り込まれている。最新の報告書は，Lester R. Brown *et. al., State of the World 1989: A Worldwatch Institute Report on Progress Toward a Sustainable Society* (New York: W. W. Norton, 1989).

　環境政策に関するニューヨーク州立大学出版部の本も必携の書として言及すべきであろう。Lester W. Milbrath, *Envisioning a Sustainable Society: Learning Our Way Out* (Albany: State University of New York Press, 1989)。残念ながら，この本は本書での議論が完結した後で出版された。それゆえに，私はこの本についてはごく簡単に言及することしかできなかった。

第1章　現代の産業危機と「成長の限界」をめぐる論争

1970年代以降，近年の生態学的な目覚めについての深い影響を正しく認識するためには，産業危機についての文献を知る必要がある。Norman Birnbaum, *The Crisis of Industrial Society* (New York : Oxford University Press, 1969) は，前述の文献とは対照的であり，生態学的な関心が全く欠如している。

(6) 成長の限界や産業危機の立場をとる影響力のある批評には次のようなものがある。B. Bruce-Biggs, "Against the Neo-Malthusians," *Commentary* (July 1974), pp.25-29 ; Rudolph Klein, "Growth and Its Enemies," *Commentary* (June 1972), pp.37-44 ; H. S. D. Cole, Christopher Freeman, Marie Jahoda and K. L. R. Pavitt, *Models of Doom : A Critique of the Limits of Growth* (New York : Universe Books, 1975) ; John Maddox, *The Doomsday Syndrome* (London : Macmillan, 1972) ; Peter Passell and Leonard Ross, *The Retreat from Riches : Affluence and its Enemies* (New York : Viking Press, 1974) ; Herman Kahn, William Brown and Leon Martel, *The Next 200 Years : A Scenario for America and the World* (New York : William Morrow, 1976) ; Herman Kahn, *World Economic Development : 1979 and Beyond* (New York : William Morrow, 1979) ; Wilfred Beckerman, *Two Cheers for the Affluent Society : A Spirited Defense of Economic Growth* (New York : Saint Martins Press, 1975) ; Julian L. Simon, *The Ultimate Resource* (Princeton : Princeton University Press, 1981) ; Edward Walter, *The Immorality of Limiting Growth* (Albany : State University of New York Press, 1981) ; Charles Maurice and Charles W. Smithson, *The Doomsday Myth : 10,000 Years of Economic Crises* (Stanford, Cal. : Hoover Institution Press, 1984) ; そして，『グローバル2000報告書』(*The Global 2000 Report*) に対する特定の批判については，Julian L. Simon and Herman Kahn (eds.), *The Resourceful Earth : A Response to Global 2000* (New York : Basil Blackwell, 1984), pp.1-49, がある。

前の脚注で引用した生態学的な危機を取り上げた文献を議論している成長推進派のより楽観主義的な展望としては，Simon and Kahn, *The Resourceful Earth* (1984) の注意を参照されたい。また，Robert Repetto (ed.), *The Global Possible : Resources, Development, and the New Century* (New Haven : Yale University Press, 1985) ; そして，Robert Repetto, *The Global Possible : Resources, Development and the New Century* (New Haven : Yale University Press, 1986) も参照。

「ポスト産業社会の夢想家」と呼ばれるものについては，Boris Frankel, *The Post-industrial Utopians* (Madison : University of Wisconsin Press, 1987) の中で詳細な検証，および，批判がなされている。そして最後に，成長の限界論争に関して議論する余地のない冴えた評価として，John S. Dryzek, *Rational Ecology : Environment and Political Economy* (New York : Basil Blackwell, 1987), とりわけ，第2章の，"Is There an Ecological Crisis?" pp.14-24, を参照されたい。

(7) Kirkpatrick Sale, *Human Scale* (New York : G. P. Putnam's Sons, 1982), pp.21-22.

(8) Kahn, 1979, p.70, を参照のこと。ハリスのデータは，The Harris Survey, December 25, 1975, から引用されている。

(9) こうした批判の例としては，Johan Galtung, "'The Limits to Growth' and Class Politics," *Journal of Peace Research,* nos. 1-2（1973）, pp.112-113, fn.3, を参照のこと．
(10) 1979年6月15日のジミー・カーター大統領の国民に向けた演説。*New York Times,* July 16, 1979, p.A10, より引用。
(11) Sale, 1982, p.420, で引用されているデータ。
(12) Frank Levy, *Washington Post National Weekly Edition*, December 29, 1986, p.19.
(13) Felix Rohatyn, "On the Blink," *New York Review of Books*, June 11, 1987, p.3.
(14) Levy, 1986, p.18.
(15) Kurt Vonnegut, Jr., "Only Kidding Folks," *Nation*, May 13, 1978, p.575.
(16) *Ibid*.
(17) Christopher Flavin, "Reassessing Nuclear Power," in Lester R. Brown *et al*., *State of the World 1987*（New York: W. W. Norton, 1987）, p.67.
(18) Arpad von Lazar, Foreward, in Dennis Piragas, *the New Context for International Relations: Global Ecopolitics*,（North Scituate, Mass: Duxbury Press, 1978）, p.vii.
(19) Thomas R. Pikering and Gus Speth, "Letter of Transmittal," in *The Global 2000 Report to the President,* 1981, p.iii.
(20) Simon and Kahn, 1984, p.45.
(21) Heibroner, *An Inquiry into the Human Prospect,* 1975, p.22.
(22) Kahn, 1979, p.185, table 4-1, pp.260-294.
(23) Maddox, 1972, Maurice and Smithson, 1984, を参照のこと。
(24) SimonとKahnの著作に加えて，こうした立場の一例は，Mancur Olson, Hans H. Landsberg and Joseph L. Fisher, Epilogue, in Mancur Olson and Hans H. Landsberg（eds.）, *The No-Growth Society*（New York: W. W. Norton, 1973）, pp.229-241.
(25) Beckerman, 1975, p.23.
(26) *Ibid*., 第2章全般, pp.24-48を参照のこと。特に引用については，pp.27-28, 30, 35, 37, より。
(27) Kahn, 1979, p.54.
(28) *Ibid*. 反成長の価値観のリストについては，p.141の表3-2を，さらに，このリストについてのカーンの詳しい叙述については，pp.153-177, を参照のこと。
(29) *Ibid*.
(30) Immanuel Wallerstein, "Crisis as Transition," in Samir Amin, Giovanni Arrighi, Andre Gunder Frank and Immanuel Wallerstein, *Dynamics of Global Crisis*（New York: Monthly Review Press, 1982）, p.11.
(31) Charles Krauthammer, "On the Nuclear Moralty," in James E. White（ed.）, *Contemporary Moral Problems*, 2nd ed.（St. Paul: West, 1988）, pp.403-404.
(32) Richard Falk, Foreward, in David W. Orr and Marvin S. Soroos（eds.）, *The Global Predicament: Ecological Perspectives on World Order*（Chapel Hill: The University of North Carolina Press, 1979）, p.xii.

第1章　現代の産業危機と「成長の限界」をめぐる論争

(33) この部分は，Sale, 1982, p.20, から引用。
(34) K. L. R. Pavitt, "Malthus and Other Economists: Some Doomsdays Revisited," in Cole et al., pp.137-143, を参照のこと。
　「商業社会の道徳問題，および，それが18世紀における商業（産業）社会の誕生で明確に認識され理解されたことについての議論」に関しては，Thomas A. Horne, "Envy and Commercial Society: Mandeville and Smith on 'Private Vices, Public Benefits,'" *Political Theory 9* (November 1981), pp.551-569, および, Thomas A. Horne. *The Social Theory of Bernard Mandeville: Virtue and Commerce in Early Eighteenth Century England* (New York: Colombia University Press, 1978) を参照。消費社会の誕生に関する鋭い洞察の歴史的研究，詳細な研究としては，Neil Mckendrick, John Brewer and J. H. Plumb, *The Birth of a Consumer Society: The Commercialization of Eighteenth-Century England* (Bloomington, Ind.: Indiana University Press, 1985), がある。
(35) Gerald Alonzo Smith, "The Teleological View of Wealth: A Historical Perspective," in Herman E. Daly (ed.), *Economics, Ecology, Ethics: Essays Toward a Steady-State Economy* (San Francisco: W. H. Freeman, 1980), pp.215-237, および, Smithが提供している四人の思想家すべての著作を参照のこと。Gerald Alonzo Smith, "Epilogue: Malthusian Concern from 1800 to 1962," in William M. Finnin, Jr. and Gerald Alonzo Smith (eds.), *The Morality of Scarcity: Limited Resources and Social Policy* (Baton Rouge: Louisiana State University Press, 1979), pp.107-128.
(36) Martin J. Wiener, *English Culture and the Decline of the Industrial State: 1850-1980* (Cambridge: Cambridge University Press, 1981), chapter 3, "A Counterrevolution of Value," pp.27-40. 産業主義に関する他の文化的批評としては，Arthur O. Lewis, Jr., *Of Men and Machines* (New York: E. P. Dutton, 1963), part 4, "The Machines as Enemy," pp.183-291。
(37) Galtung, 1973, p.112, fn. 2.
(38) William Watts, Foreward, 2nd ed. of *The Limits to Growth*, Meadows et al., 1975, pp.x-xi.
(39) *Ibid.*, p.26, 脚注を参照のこと。
(40) 例えば, Mesarovic and Pestel, 1974, Tinbergen, 1976, Ervin Laszlo et al., *Goals for Mankind: A Report to the Club of Rome on the New Horizons of Global Community* (New York: New American Library, 1978), James W. Botkin, Mahdi Elmandjra, and Mircea Malitza, *No Limits to Learning: Bridging the Human Gap: A Report to the Club of Rome* (Oxford: Pergamon Press, 1981), を参照のこと。
(41) Beckerman, 1975, p.viii.
(42) Kahn, 1979, pp.59-60.
(43) Henry C. Wallich, "More on Growth," *Newsweek*, March 13, 1972, p.86.
(44) Jay Forrester, "New Perspectives on Economic Growth," in Dennis L. Meadows, (ed.), *Alternatives to Growth-I: A Search for Sustainable Futures* (Cambridge, Mass: Ballinger Publishing, 1977), p.121.

(45) Mesarovic and Pestel, 1974, p.11.（強調点，原文のまま）
(46) Joan Davis and Samuel Mauch, "Strategies for Societal Development," in Meadows (ed.), 1977, p.225.
(47) Joseph A. Schumpeter, *Capitalism, Socialism and Democracy*, 3rd ed. (New York: Harper and Row, 1962), p.61.
(48) Albert O. Hirschman, "Rival Interpretations of Market Society: Civilizing, Destructive or Feeble?" *Journal of Economic Literature* XX, (December 1982), p.1469.
(49) Michael Harrington, *The Twilight of Capitalism* (New York: Simon and Shuster, 1976), pp.321-322, での引用。
(50) David S. Landes, *The Unbound Prometheus: Technological Change and Industrial Development in Western Europe from 1750 to the Present* (Cambridge: Cambridge University Press, 1977), pp.536-537.（強調点，原文のまま）
(51) Hirschman, "Rival Interpretations of Market Society," 1982, p.1469.
(52) Schumpeter, 1962, Chapter 13, 特に p.143, を参照のこと。同じ見解をもつ他の思想家の著作としては，R. H. Tawney, *The Acquisitive Society* (New York: Hartcourt, Brace and World, 1948), Chapter 4; Munford, 1967, 1970, volume 1, *Technics and Human Development,* 1967, p.277, および, Hirsch, 1976, Part 3, "The Depleting Moral Legacy," pp.115-158, を参照のこと。
(53) Pirages and Ehrlich, 1974, p.47.
(54) Joel Jay Kassiola, "Limits to Economic Growth," 1981, p.90.
(55) Henry David Thoreau, *Walden* in *Walden and Civil Disobedience*, Owen Thomas (ed.) (New York: W. W. Norton, 1966), p.51.
(56) Dickinson McGraw and George Watson, *Political and Social Inquiry* (New York: John Wiley, 1976), Chapter 4, pp.84-107.
(57) ポパーの多くの著作の中から以下のものを参照のこと。"The Nature of Philosophical Problems and Their Roots in Science,"，および，"Truth, Rationality and the Growth of Scientific Knowledge,"いずれも，Karl R. Popper, *Conjectures and Refutations: The Growth of Scientific Knowledge* (New York: Harper and Row, 1968), pp. 66-96, pp.215-250に収録されている。
(58) 生態学的な関心に対するアメリカの一般大衆や政治的指導者たちの自覚が大きくなっていったことを歴史にとどめる書物として，また，1970年代を通じてみられたこうした自覚や提案された対応方策に抵抗する者たちが「環境の質に関する大統領の諮問機関」(the President's Council on Enuiroumental Quality) のメンバーの一人によって書かれた本を協議したものとして以下の文献がある。Robert Cahn, *Footprints on the Planet: A Search for an Environmental Ethic* (New York: Universe Books, 1978), の各所を参照のこと。

継続的な経済成長に関する産業政策の短期の歴史を扱った文献としては，H. W. Arndt, *The Rise and Fall of Economic Growth: A Study in Contemporary Thought* (Chicago: University of Chicago Press, 1978), がある.
(59) これらの出来事や「私たちの時代の暗い月」(p.20) に直面したこの時代の他の

第1章　現代の産業危機と「成長の限界」をめぐる論争

出来事を簡潔に記述したものとして，Heilbroner, *An Inquiry into the Human Prospect,* 1975, chapter 1, 2 ; pp.13-58, がある。

1973年という重要な年に関しては，Catton, 1982, chapter 4, "Watershed Year [1973]: Modes of Adaptation," pp.58-74を参照のこと。

(60) ハーディンのこの記事に対する原文の引用は，*Science* 162（13 December 1968），pp.1243-1248。

数多くの再販の一つの出所として，Daly (ed.), *Economics, Ecology, Ethics* 1980, pp.100-114, がある。以下，この論文を引用する場合は，再販版となる。

(61) *Ibid*., p.100.

(62) *Ibid*., pp.100-101.

(63) 人口増加に関する重要な問題については，Lester R. Brown, "Stopping Population Growth," in Lester R. Brown *et al.*, *State of the World 1985*（New York: W. W. Norton, 1985), pp.200-221, を参照のこと。この議論の中で，ブラウンは土地の肥沃度に与える社会的影響力について述べている。彼は「[世界の土地肥沃度調査は]肥沃度に対する多くの経済的・社会的影響を調べているとし，家族の規模を縮小することで社会的利益が得られ，女性に対する質の高い教育と雇用機会を与えることが他のいかなる社会的指標よりも肥沃度の低下とより密接な相関がある」と結論づけている（p.202）。

(64) Wiener, 1981, p.ix., からの引用。

(65) 産業危機の科学的，生態学的分析において，おそらく最も顕著で，人々に意識される政治要因の分類は「成長の限界」の中で著者たちが経済成長に対する社会的必要性と名づけた部分を省略した箇所であろう。すなわち，それらは「平和，社会的安定，教育，雇用，そして，確固とした技術進歩」である。なぜ，省略したかといえば，それは「これらの要素は評価したり，予測することがより困難」だからである。この本，および，発展におけるこの段階の私たちの世界モデルはいずれもこれらの要素を明示的に取り扱ってはいない。Meadows *et al.,* 1975, p.55. 彼らの著作の他の箇所も指摘されるべきである。彼らは社会的価値の重要性を認識している（e.g., p.186）。しかしながら，彼らのモデルにおいて「明示的に取り扱うことができないがゆえに」，これらの政治的要素を省略したことは「成長の限界」に関する生物物理学的な文献における典型的な誤りである。

(66) Daniel Bell, *The Coming of the Post-Industrial Society*（New York: Basic Books, 1976), を参照のこと。

(67) 出版社は，(San Francisco: W. H. Freeman, 1976), である。

(68) *Ibid*., p.vii.

(69) Ehrlich and Ehrlich, 1974, p.1.この中国の諺を現代の出来事にいかに適合させるか。中国はこれまでに大きな不幸を経験してきており，依然としてこうした不幸に関して社会をよりよく改善していくための大いなる機会を伴った希望を保持している。この不運な連鎖の最も新しい動きは，1989年6月に起きた学生の民主化運動に対する野蛮な鎮圧である。

(70) Andre Gunder Frank, "Crisis of Ideology and Ideology of Crisis," in Amin, Arrighi,

Frank and Wallerstein, 1982, p.109.

(71) トーニーの声明を参照のこと。「個人主義の社会は道徳上の危機と精神革命の中にある」。*Religion and the Rise of Capitalism*（New York: New American Library, 1961), p.227.

(72) Herbert Marcuse, *One-Dimensional Man: Studies in the Ideology of Advanced Industrial Society*（Boston: Beacon Press, 1970), p.7.

(73) Slater, 1974, p.2.

(74) John McHale and Magda Cordell McHale, *Basic Human Needs: A Framework for Action*（New Brunswick, N. J.; Transaction Books, 1978）へのムスタファ・トルバ（Mustafa Tolba）による序文。p.21.

(75) Slater, 1974, pp.1-2.

(76) *Los Angeles Times*, Four-part, front-page series の "A Slow Growth Revolt," July 31, 1988-August 3, 1988, および, Timothy Egan, "Like the West Coast City It is, Seattle is Tired of Developing," *New York Times*, May 7, 1989; Week in Review section, を参照のこと。

(77) Slater, 1974, p.3.

(78) Ophuls, 1977, p.243.

(79) Tofller, 1975, pp.104-105.

第2章
産業社会的な幻想の終焉

幻想が必要なくなる状況をつくり出すためには，幻想を壊さなければならない。
——エーリッヒ・フロム（Erich Fromm）[(1)]

1　社会的な幻想の終焉の解放的な側面

　フロムは実在の「所有」(having) 形態と「存在」(being) 形態の差異について分析し，それが個人と社会に及ぼす影響について検討している。彼は仏陀とヘブライの預言者，イエス，マイスター・エックハルト (Master Eckhart—訳注：中世ドイツのキリスト教神学者)，ジークムント・フロイト (Sigmund Freud)，カール・マルクス (Karl Marx) のような「存在」形態についての思想家たちの考え方に依拠しながら，知的行為の本質 (the nature of knowing)，という問題に取り組んだ。そして，これらすべての思想家たちのメッセージに共通する点は，[(2)]世間で受け入れられている現実についての見方は間違っていると考えているところにある，と結論づけている。彼らは，真の知識は，こうした幻想的な信念を打ち破ってこそ始まるのだ，と主張しているのである。
　後ほど，フロムの「所有」と「存在」の差異の重要性について，主として，物質主義的な産業社会を支配している「所有」形態との関連で，その意味するところについて検討したい（また同時に，物質主義的な産業社会的価値観の本質についても述べる）。しかしながら，このような段階の議論では，どの社会的価値観が受け入れるに値するのかどうか，について，産業社会の一般市民が理解するよりも先に，まずは，限界なき経済成長や物質的な繁栄，そして，すべての人々が成功できるなどといった，産業社会的な世界観がもつ幻想的な目的とい

うのは，その幻から目覚めるプロセスがどれほどの痛みを伴うものであっても，捨て去らなければならないのだ，ということを理解しなければならない。

社会の現実についての幻想を捨て去ることによって，より善き社会生活についての知識の意義や個人や集団をより充実させるためにそうした知識を解き放つことでどのようになるのかについては，カール・R. ポパー (Karl R. Popper) の可謬主義的な知識理論へのアナロジーを引用することで明確になるだろう。

ポパーの理論の核心は人類が長い間，一途に追い求めてきた，絶対的で完璧な，疑いようもない知識というのは，人間的な見地からみても，また，論理的にも不可能なものだとして，否定しているところにある。人間的な見地から不可能だというのは，人間は間違えるものだということによる。また，論理的に不可能だというのは，絶対的で疑いのない知識の究極的な根拠を探し出すという意味で人間の知識を基礎づけるのは，間違っているからである[3]（訳注：知識という一種の信念は，その信念を正当化する基本的な信念によって根拠づけられているという考え方を，「基礎づけ主義」と呼ぶ。これに対して，知識についてのあらゆる主張は原理的に誤りうるとする考え方は，「可謬主義」と呼ばれる。ポパーは，この「可謬主義」の代表的な論者である）。

ポパーによれば，完璧な知識とその根拠を追い求める昔ながらの無益な探求が有害な理論的結果をもたらした，という。懐疑主義から導き出された無限遡及問題と非合理主義が暗示した教条主義的な絶対主義との間のジレンマ，という間違ってはいるものの，歴史的には重要なジレンマに陥らせたのがこれだというのである[4]。

ポパーの大きな貢献の一つは，伝統的な西欧哲学は，幻想にすぎない重要な目的がもたらした悪影響に苦しめられているのだ，ということを人々に認識させたところにある。「批判的合理主義」(critical rationalism) として知られるポパー自身の知識理論は，西欧思想で長い間保有されていた致命的に誤った理解を認識して，それを退けると共に，この不可謬主義的で欺瞞的な考え方にメスを入れることで，オルタナティブな説明を提示した。そこでは，あらゆる知識に関する主張への反論が検証され，さらに，反論に対する論理的な脆弱性が考究される。したがって，完成の域に達することはありえない，とされる[5]。

ポパーの洞察がもつ大きな利点は，絶対的で疑いようのない知識という幻の

目的がもたらした間違ったジレンマを否定することで，人類の知識に関する二つの望ましくない結果，つまり，懐疑主義と教条主義から，人々を解放したところにある。この成果を達成したのは，二つの否定的な結果を生み出した基本的な目的がもっている誤った性質を白日の下にさらした，知識理論の力である。絶対的で間違いのない知識という幻想は壊されなければならなかった。ポパーの可謬論はいかに懐疑主義と教条主義に陥らずに，この間違いのなさという幻想を不必要なものにするのか，ということについて説明しているのである。

　ポパーの批判的合理主義の可謬論はかつての西欧哲学の基本的な狙い，つまり，決して誤ることのない知識というのは間違っている，ということを示した。これと同じように，現代産業社会の一般市民もまた，産業文明の基本的な価値観，つまり，限界なき経済成長が間違っているということを認めなければならない。この二つの基本的な考え方のどちらも，人類の目的として実現不可能な見当違いのものから構成されている。それらは，幻想的な目的なのである。私たちは，それが何かということを見分けなければならないし，本当の問題，解決可能な問題を浮かび上がらせて，それを追及できるように，そうした幻想を捨て去らなければならない。

　ポパーの知識理論は，次のような問題を提起している。それは，不可謬論がいうところの，間違いのない知識に代わるのはどんなオルタナティブな哲学的な目的であるべきか，という問題である。これと同じことを，産業文明を「成長の限界」という立場から批判する人たちは，次のように問い掛けるだろう。すなわち，産業文明が抱える限界なき経済成長に代わる社会的価値観というのは，いかなるものであるべきか，と。さらにいえば，私たちはこの幻想を打ち破るプロセスが暗示しているラディカルな社会変革をどのように実行に移していけばよいのだろうか。先進産業社会の価値観と制度にかかわるこの二つの問題は，本来，政治的なものであるし，政治的・哲学的・科学的に体系的に探求するテーマであるはずだ。本書では，そうした事柄の探求に取り掛かりたいと思う。

　この論題の最後に，一点指摘しておきたい。生物物理学的な「成長の限界」にもとづいて産業主義を批判する環境主義的な議論は，厳密にいえば，産業社会的価値観を規範的な視点から批判しているのではない。産業社会的価値観を

望ましいものとして支持しつつ，そうした「成長の限界」が限界なき経済成長を不可能にさせているのだ，と悔やんでいると受け止めることができるのである。

環境問題は本質的に規範的なものではないとしても，社会的な環境運動のおかげで，経済成長には限界があるという意識を産業社会の下で生活している人たちがますますもつようになっていることについては，同意することができる。環境運動はいろいろな汚染のさまざまな汚染源や原子力の危険性について批判したり，生命線となる再生不可能なエネルギー資源や鉱物，動植物の量には限りがあることに配慮したり，それらを保護したりすることで，産業社会の文化の根幹を形成している，限界なき経済成長がもつ意味に注意を向けてきたし，また，この基本的，かつ，産業社会的価値観がもたらした，数多くの社会的な悲惨な結末を明らかにもしてきた。

このようにして環境運動は，痛みを伴うけれども必要不可欠な，産業社会の幻想から抜け出すプロセスの足掛りとなった。このことは，環境の稀少性がもたらした科学的に検出可能な問題が深い規範的な意味をもつことができるのだということ——また，これまでにももってきたのだということ——を示している。ちょうど，ある建物に住んでいる人たちに火事だと知らせるということは，はやく逃げろという言外の意味を含んでいるのと同じように。

産業主義を生物物理学や環境，「成長の限界」という立場から批判することと産業社会的価値観を規範的な視点から批判することとは，各々の批判に相応しい理論的な立場と証拠の型（パターン）という点で，哲学的には異なっている。しかし，これらが社会活動にとってさまざまな示唆をもたらしていることには関係している。価値観とその環境との関係については，「成長の限界」に関する二人の研究者による次のような見解が参考になる。

　……現在の成長という時代の流れが続き，たとえきれいな空気と水があったとしても，それが非人間的な社会をもたらすのだとすれば，そうした状況のもとでは，生物物理学的な環境の質が受け入れられるほどのものであろうとなかろうとも，生活の質は悪くなる。このため，「成長の限界」についての研究は生物物理学的な環境の質に加えて，この社会に暮らすすべての人々の人生の包括的な質についても考え

なければならない。

したがって，これまでに述べてきたように，それが本質的に政治哲学的な研究を伴うものでないのならば，生物物理学的な環境の分析では不十分である。つまり，政治哲学的な研究というのは，「社会のすべての成員のための人間らしい生活の包括的な質」を探求することを指しており，その「包括的な質」(comprehensive quality) というのは，きれいな空気や水などのことを示しているだけではなく，「社会のすべての成員」のために，正当，かつ，自己実現的な生活をつくり出す社会秩序のことをも意味している。環境問題の研究には，社会的価値観の選択とその擁護に対する研究上の配慮を徹底させる必要がある。「成長の限界」についての研究の中でこの規範的な要件を満たしているものは，残念ながらほとんどない。このため，人類の正義と自由，そして，自己実現（および，その他の政治的価値）は，生き残りのための生物物理学的な必要条件と並んで，検討するに十分値するものだと判断されるべきである。

2 限界なき経済成長という産業社会的価値観の幻想への抵抗

人々が幻想から抜け出すことがもつ積極的な影響という点は心理学的な響きを帯びているとはいえ，人々の失望が社会生活の中では大切だ，とする経済学者のアルバート・O. ハーシュマン (Albert O. Hirschman) の反論には弱い。ハーシュマンは，心理学の中でよく知られている，レオン・フェスティンガー (Leon Festinger) の「認知的不協和」(cogutive dissonance) の研究について，次のように述べている。彼によれば，フェスティンガーの発見は，人々は不適切な情報を避けて，自分たちがかつて下した判断のメリットを確かめるために使うことのできるデータだけを探そうとすることを明らかにした，という。

フェスティンガーは人々の絶望は抑圧されているので，社会生活にとって大切な面にはならない，とみた。これに対して，ハーシュマンは，フェスティンガーの発見というのは自分たちの間違いを認めたり，自分たちの判断や行為に失望したくないという人々の恐怖がいかに強いものになるかを示す証拠にすぎない，と解釈している。どうやら人は，自分たちの不安が和らいでいくと，そ

れにつれて失望も和らぐし，失望を押さえつけもする生きもののようだ。

　失望に対して，人々がみせる反応とその意義を，「人間の関心事における動因」(driving force in human affair)として大切だと捉えるハーシュマンの解釈において注目されるのは，失望を味わうことを拒否したり，過ちを失望の原因として受け入れるのを拒否したりするために，人がどれほど現実を再構築（誤解）するのか，ということに重点を置いているところである。

　　……実践された現実を否定するというのは，失望という経験が，パ̇ワ̇ー̇と̇バ̇イ̇タ̇リ̇
　　テ̇ィ̇をもっていることの証しである。私たちは，失̇望̇させられる前に，ありとあら
　　ゆる巧妙な策略をめぐらし，さらに，先延ばししようとする。その理由として，あ
　　る程度確かなのは，失望によって私たちは，自分たちの選好と優先順位についてつ
　　らい見直しをせざるを得なくなるからである。(10)

　失望を否定することによって，私たちは過去の判断が誤っていたと認めることを避け，そうした判断がもたらすかもしれない不運な結果を避けようとするだけではなく，さらに，「自分たちの選好と優先順位を見直す」こと——つまり，自分たちの価値観を検討することで変えていくこと——によってつらい思いをするのを防ごうとする，とハーシュマンはいう。

　絶望が人々の経験においてもつ役割について，このハーシュマンの評価は正しいとしよう（こうした心理学的な主張について詳しく検討することは，本書の範疇を超えている）。そうだとすると，先述した，幻想から抜け出すプロセスは重要で積極的な価値をもつ，という私の主張に対する反論は次のようなものになるだろう。もしも，人々がかつてもっていた価値観が誤っていることを認めて，それを打ち破ることでその価値観を見直したり，できれば取り替えたりすることによって苦しみがもたらされることを含めて，そうしたプロセスが失望を必ずもたらすとするならば，またさらに，多くの人々がそうした結果を望まず，それに強く抵抗するとするならば，幻想から抜け出すプロセスが社会的に有益な意味をもつという主張は大きく損なわれるのではないか，という反論である。

　産業文明が不満と人類の存続の危機を数多くもたらしてきたことは，事実である。それにもかかわらず，産業文明の中で暮らす多くの人々や政策立案者は，

根本的に規範的な意味で産業危機に陥っていることを認めようとしない。この危機は先ほど述べたように，限界なき経済成長のような基本的な価値観の変化を引き起こすからである。その代わりに，私たちは産業主義の中心的な教え――これには当然，限界なき経済成長という教義も含まれている――を夢中になって守り続けている。このことは産業文明の中で経済成長の社会的価値について，世界の多くの人々が国を超えて支持していることや今のほとんどすべての社会秩序の中で，経済成長という普遍的な政策目標を政策立案者たちが守り続けていることにあらわれている。「成長するのか，滅亡を選ぶのか」というのが，限界なき経済成長に対する動かしがたい対案として，産業社会的価値観のスローガンとなっているようだ。どちらに転んでも，産業社会的な悲観主義をもたらすし，また，「成長の限界」という見方が示した試練についても，（失望することから逃げ，また，幻想から抜け出すことを避けながら）否定することにつながる。

　産業主義が今や危機に瀕していることを認めようとしない人たちや産業社会的社会価値観を守ろうとする人たちは，成長を推進する見解を提言している。彼らは経済成長をめぐる議論の中で，産業文明を批判する人たちに対する返答を数多く執筆しているが，そこでは，産業社会的な選好と優先順位を攪乱するような再評価をしたラディカルな考え方は敬遠されている。危機に瀕していること，そして，その危機からもたらされる失望を否定することで，産業社会における社会秩序の今のいわゆる先進的な段階について，どんなものであれ，規範的な再評価を下す必要をなくしているのである。

　ハーシュマンによれば，「失望というのは，それが意識的に公言されるまではいくらか敷居が高くなりがちである。そうだとはいえ，まさにこの初動の遅れから，しっぺ返しを食らうかもしれない」という。私たちの議論にとって，この主張は二つの点で重要である。一つは，この主張は産業危機にかかわる終末論的な悲観主義がもっている，無力でどうしようもない絶望感を説明できるかもしれない，ということである。もう一つは，産業危機の本質とその厳しさについての一般の人々の関心を高めるために，「成長の限界」の支持者が差し迫った努力（無理からぬことではあるが，時折，その努力は行きすぎてしまうが）をしていることをこの主張によって説明できるかもしれないということである。

こうした主張は，私たちが簡単に臨界点に達してしまうかもしれないことを恐れている。臨界点に達してしまえば，一般の人々が今日の「成長の限界」を認識したとしても，それは必要不可欠の価値観を再評価したり，社会変革に拍車をかけたりするには手遅れになる。つまり，その時には，受けたダメージが取り返しのつかないものになるだろう。そうなれば，全人類と地球上のあらゆる生命にとって，何もできなくなるほどの絶望に見舞われるのが妥当なところである。なぜならば，実際のところ，私たちの誤った優先順位について，何かいい手を打とうとしても遅すぎるからである。つまり，「致命的などん底に落ちる」寸前になるのである。私たちに残されるのは，ウッディ・アレン（Woody Allen）がいうところの，絶望か，それとも，絶滅か，というつらい選択だけということになるだろう。

　うまくいけば——それに，あらゆる社会的な研究，特に，政治哲学は社会的な病理を診断することが社会のためになる何らかのインパクトをもたらすという前提をもっているので，楽観的な仕事だと考えられるのかもしれない——，手遅れになる前に，今日の産業危機が絶望を否定するごまかしと行動の遅れから人々と政策立案者を目覚めさせるだろう。さらにそれが，政治哲学的な研究と価値観の変革を刺激することで，社会変革の他の要素（例えば，社会運動）と共に，産業社会の生活様式を根本的に変えることになるかもしれない。

　ポスト産業社会の現状を擁護する人たちは，「成長の限界」の支持者による産業危機に直面している，という主張や産業社会的価値観の再評価を求める訴えに対して強く抵抗するが，この抵抗は，ハーシュマンがいうところの，「回避」（avoidance）の態度をとる傾向にある。このような観点からみると，ポスト産業社会のそこかしこで，ロナルド・レーガン（Ronald Reagan）やその他の成長推進派の人たちが当選しているということと，すべての人々のための止まることなく，限界なき経済成長という彼らのメッセージに対して，一般の人々が熱狂しているということは，この絶望を否定する現象の一部だとみることができるだろう。アメリカが復活すること，そして，来たるべき限りなき成長——アメリカの夜明け——というメッセージは，その基盤は幻想にすぎないのだということを認めたり，私たちの価値観と社会秩序を変えることが必要だということを認めたりするよりも，ずいぶんと耳ざわりがよかったのである。

第2章 産業社会的な幻想の終焉

　それにもかかわらず，人は絶望を味わったり，過ちを認めることを渋るものだということ——そしてまた，私たちは目標を達成するために現実を否定する傾向にあること——を考えると，仮にも「成長の限界」についての終末論的な研究と批判的な環境運動が存在しているという事実，また特に，学際的な学会や大衆メディアの中にそれが広がって影響力をもつようになっており，広く一般の人々の中にもゆっくりとではあるが，かなりの広がりと影響力をもつようになっているという事実(12)は，社会的な状況が悪化するにつれて，また，産業社会的価値観が望ましくない結果をもたらしているということをますます多くの先進産業社会の人々が味わうにつれて，人々の否定的な現象が打ち破られつつあることの証しである。

　本書の議論に説得力をもたせるためだけではなく，現在と未来の人間の幸せのためにも，現実の生態学的な限界と社会的な限界がこの地球のすべての生命を危機に晒す前に，絶望と幻想から抜け出すことを拒否することの限界——人々が否定できる限度に達して，現実的な意識をもたらす限界——に達することに期待するしかない。また，否定的な限界に達した時に，古い間違った価値観と社会秩序を新しく，かつ，「社会のすべての人々の包括的な生活の質」をより善くするものへと変革させていくために十分な，時間や物財，人々のエネルギー，創造性，そして，意思などの資源が残っていることを望まなければならない。もしも，産業危機を主張する人たちや，産業主義を「成長の限界」という立場から批判する人たちが，——彼らの反対者がいうように——過激主義のそしりを免れないとすれば，私たちは次のことを肝に銘じておかなければならない。つまり，彼らが主張している産業社会的価値観と産業文明の危機を心理学的に否定すれば，彼らが強い情熱を傾けて対応方策を縛っている必要不可欠でラディカルな社会変革は，大きく妨げられてしまうということである。さらに，危機に晒されていることの大きな意味は，今の経済成長を基礎とした産業社会的価値観と社会秩序から利益を得ている人たちによる強い抵抗と支配力とワンセットで評価されなければならない。その利益を得ている人たちというのは，ポスト産業社会のエリート層である。

　作家のジェレミー・リフキン (Jeremy Rifkin) は，古いフランスの諺を引用して，「歴史をつくるのは幸せな人々ではない」(*Les gens heureux n'ont pas d'his-*

toire）ことを伝えた上で，次のように言葉を継いでいる。

> あなたや私が，自分たちが過ごしてきた人生について本当に幸せで満足していると感じる時，私たちが物事を進めるやり方をラディカルに変えるという考えをもつことはほとんどない。なぜ，そうなのだろうか。それは諺にあるように，「うまくいっていることに口を挟んではならない」からである。

　現代の産業社会とその危機を研究対象としている研究者として，私たちは，——産業化されていてもいなくても，人口の圧倒的多数を占める不幸な人々に注意を向けなければならない。心理学者であり，社会理論家でもあるフロムが，最も豊かな先進産業社会の人々について述べているように，「私たち［アメリカ人］は，悪名高い不幸な人々の集まりだ。つまり，孤独で不安にかられており，不景気で破壊的で，他人に依存している。そして，カネを貯めるために死にものぐるいになって時間を浪費することに喜びを感じる，そうした人々の集まりなのだ」と。自分たちの生活における分け前に失望しなければならないのは，また少なくとも，自分たちの価値観と社会を再評価したり，変えたりすることを潜在的にでも受け入れなければならないのは，こうした——先進産業社会内外の——人々である。「歴史をつくる」準備ができているのは，産業危機への失望と幻想から抜け出すことを否定して十分に満足していたり，だからこそ価値観の再評価や社会変革のプロセスに反対したりする，相対的にみてごくわずかな人々ではなく，むしろ，ここでいう人々なのである。
　こうしたポスト産業社会的価値観の構造を頑なに守り，すべての人々にこの価値観の構造の対応方策を考えるほんのわずかの豊かで満ち足りた人たち——ポスト産業社会のエリート層——は，その価値観の構造をほぼ普遍的に適用するという点ではきわめて効果的だったが，しかし，その価値観の構造を実現することは不可能なこと，そして，それは幻の約束だということを認めるという点では効果的ではなかったというのが，本当のところである。実際のところ，この惑星に暮らす不幸で恵まれない人々の行動を思い起こすと，その多くはこの社会秩序の危機を受け入れるのではなく，無益にも産業社会のエリート層の一員になることを強く望んでいる。その結果，彼らは自分たちの価値観の優先

順位を変えないために，社会制度と社会的慣行の変革に失敗している。こうして，これらの産業社会のエリート層にあこがれる人々は，ほとんどの競争相手が果てしなくもがき苦しむ中でほんの一握りの人たちだけが勝つことを許される，そうした悪質，かつ，競争的な産業社会的価値観によって，人間の本当の喜びを得ることができない運命にあるのである。

3　カミュの「限界の哲学」と先進産業社会の妥当性

　人間は，絶望と自分たちの目的が幻想にすぎないこと（つまり，人間の満足の限界）を否定し，また，人間は死すべき運命にあること（つまり，生命の限界）をも否定する。さらに，人間は，自分たちが誤りやすいものだということ（つまり，人知の限界）を否定するし，物的生産性を最大化よりも低い水準で維持し続けること（つまり，経済的な「成長の限界」）も否定する。より一般的にいえば，人間は限界を否定するのである。このように，人間は人間の条件からくる中心的な要素を否定するが，これこそが人間に特有の性質である。

　フランスの小説家で社会思想家でもある，アルベール・カミュ（Albert Camus）は「限界の哲学」（philosophie des limites）の中で，「人間は，現在の自分を拒む唯一の生きものである」と――つまり，人間は限りある世界と相対する限りある存在だということを否定する生きものだと――主張している。カミュによれば，限界を認めることを拒むこと，あるいは，それを完全に否定すること（カミュの言葉では，限界を認めることからの「逃避」〔escaping〕），そして，これらの選択による深刻な結果が近代の（産業社会的な）人間の特徴だ，という。これがカミュの世界観の中心的な要素であり，自分たちの限界を十分に認めることを勧めている。カミュの中心的な概念である「不条理」（absurdity）について，私たちの議論にとって最も適切な定義は，それが「その限界に気づくような明快な推論」であること，あるいは，それが「欲望に満ちた心と失望の世界とを切り離すこと」だというものである。

　ところで，人間の限界という考え方と人間と限界を孕む世界との間の不条理な関係という考え方を推進力としてもつカミュのような哲学は救いようのない悲観主義だ，と考える人もいるかもしれない。実際のところ，それほどカミュ

の哲学について明るくない読者はそうした印象をもつだろう。しかし，不条理，ないし，人間の条件の限界を認識することはカミュの思想の結論ではなく，むしろその出発点である。[19] 人間性の特徴である不条理があるからこそ，人は自分たちの存在の限界と世界の限界がわかるようにならなければならない。こうした限界の中で，私たちはできるだけ理性的に生きなければならない，とカミュはいう。この狙いが実現すれば，カミュが『シーシュポスの神話』(*The Myth of Sisyphus*) の冒頭の題句に取り上げた，ピンダロス (Pindar) の次のような目的を果たすことができるだろう。

「ああ，私の魂よ，不死の生に憧れてはならぬ。可能なものの領域を汲みつくせ」。[20]

カミュは近代人の「形而上学的反抗」(metaphysical rebellion) に焦点を当てて，政治学的な著作を著した。この抵抗が19世紀と20世紀における，歴史的で，際限のない暴力的な革命をもたらしたのであり，自分たちの不条理な——制限された——状況に抗う現代の人々の中にも，それは体現されている。[21] 産業社会の人々は今，限界なき経済成長という幻想の概念に頼ることで，私たち人間の条件を特徴づけている限界を否定したり，それから逃れたりしようとしている。私のみるところでは，カミュの限界の哲学はこうした事態に対する対抗手段として相応しい。

歴史にみられる形而上学的な反抗の中で，人間には限界があるという生まれながらの性質——主として，死すべき運命にあることと間違えやすいことという性質——と，この世界には限界があるという生来の性質が否定されたが，カミュはこれを批判している。こうした兆候はフランス革命以来，近代革命の形で具現化されている。これと同じように，近代の産業市民がつくり出した幻想——つまり，限界なき経済成長という幻想——がもつ非現実的で，現実逃避的な性質とその結果としてもたらされる重大な社会的な結末に焦点を当てたい。

「成長の限界」の支持者が予測する災難（その始まりのいくつかの兆候がすでにみられる。例えば，飢餓や環境汚染，そして，それが人間——その他——の生命に及ぼす逆作用がそれである）を避け，また，すでに唖然とするほどに行着くところまで行着いた20世紀の暴力を目撃したカミュが予測する災難を避けようとするな

らば，産業社会の基本的な特徴を見抜いて，それを変えなければならない。近代が，人間には限界があるという社会的な現実——これには無数の形がある——から逃れようとしなくなれば，こうした避けがたい限界と「限りある生を精一杯生きて」，それに止めることに調和した社会秩序をつくることができるかもしれない。神話ではシーシュポスは，巨岩を山の頂きに運び，それをまた，落とすことを永遠に繰り返すという神の罰を受けた。人間がただ一つの幸せを実現できるのは，人間の条件の限界を認めた時だけである。

シーシュポスと「何の意味もないことに全精力を捧げるという筆舌に尽くしがたい罰」についての彼の意識を引き合いに出して，カミュは次のように述べている。

> 彼を苦しめ続けた明晰さが同時に，彼の勝利を完璧なものたらしめる。……（中略）……「私はすべてよし，と判断する」とオイディプスはいうが，畏敬すべき言葉だ。この言葉は，人間の残酷で有限な宇宙に響きわたる。……（中略）……ぼくはシーシュポスを山の麓に残そう。……（中略）……彼もまた，すべてよし，と判断しているのだ。……（中略）……頂上をめざす闘争ただそれだけで，人間の心を満たすのに十分足りるのである。シーシュポスは幸福なのだと想わなければならない。[23]

近代についての他の研究者は，限界の否定がもつ主な特徴について指摘している。例えば，ダニエル・ベル（Daniel Bell）は，次のように述べている。

> 人間の深遠なる本質，近代の形而上学が明らかにした人間の本質の神秘性は，自分自身を超えていくことを人間は求め，また，消極性——死——は限られたものであることを知りながらも，それを受け入れることを拒むというところにある。近代人の千年至福説の裏には，自己を無限だと捉える誇大妄想がある。その結果として，現代人の自信過剰が限界を受け入れることを拒ませるのである。[24]

産業主義についての有名な研究者であるルイス・マンフォード（Lewis Mumford）は産業社会的な世界観を早い段階から特徴づけている限界のなさの意味について，次のように説明している。

第Ⅰ部　先進産業社会の危機

　限りなき生命への欲望はメガマシン（機械化された産業社会における社会秩序）という手段によって何よりも大きな力を集めたことで，限界目標をあまねく引き上げていくために欠かすことのできないものだった。死すべき運命という弱さにもとづく人間のさまざまな弱さのいずれについても，異論が唱えられ，また，抵抗を受けた。人間の生命という観点から，実際にはあらゆる有機体という観点からみると，絶対的な力というこの主張は心理学的な未熟さを告白するものだった。つまり，誕生と成長，成熟と死という自然のプロセスについての理解が根本的に間違っていたのである。[25]

　こうした産業人による限界の否定と誇大妄想は，次のようないくつかの形をとる。すなわち，（1）政治的な絶対主義やカミュが光を当てた不条理，ないし，限界から逃れることからくる政治的な暴力，（2）マンフォードが注目するところの，絶対的な力と機械化，スピード，軍国主義への陶酔[26]，そして，（3）「成長の限界」論者が重視する，限界なき経済成長とその普遍的な反映という幻想がもたらす経済成長への依存，である。

　産業人が現在の自分を拒んだり，私たちの社会生活がもつ限界を認めることを拒んだりする実例は，それが内的なところ——人間性そのもの——から課せられているのかどうか，それとも，私たちが自分自身を見い出すその世界から課せられているのかどうかにかかわらず（不条理，ないし，限界という人間の条件は単に人間性の特徴だというのではなくて，人間性とその世界の関係であるというカミュの指摘を思い出してもらいたい），産業市民の根本的な社会的なビジョン，つまり，絶え間なき経済成長というビジョンを強める。絶え間なき経済成長というのは，幻想の経済的なビジョンである。マンフォードはそれを「神話」（myth）と名づけ，フィリップ・J・スレイター（Philip J. Slater）は「幻想」（fantasy）と表現した。また，カミュはこれを「逃避」（escape）と呼んだし，ハーシュマンは「否定」（denial）と述べた。この概念は，産業文明にとってあまりにも大切な意味をもっているために，それを幻想だと認めることは死すべき運命にあることや誤りやすいことなどといった，他の経験的な限界が突きつけられた時に味わった不安と匹敵するものである。

4 産業社会への限界なき経済成長という幻想と
その政治的な意味の深遠性

　プラトン（Plato）を思想的根源とする政治哲学者たちは，常に，社会秩序の根底にある価値観がもつ哲学的な意味を評価してきた。しかし，それだけでなく，さらに，特定の社会秩序が維持されることについて，そうした社会的価値観がもっている実践的な意義についても検証し，評価してきた。この問題は正当性（legitimacy）の問題として知られている。この問題について最も明確に表現しているのは，おそらく，18世紀のフランス人政治哲学者であるジャン＝ジャック・ルソー（Jean-Jacques Rousseau）である。彼は，次のように記している。

> どれほど強い者であっても，その強さを権利に移し，また，服従を義務にさせない限りは，常に主人であるために十分なほどに強くはない。このため，権力が権利を生み出すのではないことを，そしてまた，私たちは正当な権力にのみ従う義務があるのだということを認めることができる。[27]

　社会の支配者層が望んでいることは，「強さを権利に移行させ，また，服従を義務にさせる」ために，市民の圧倒的大多数によって正当化されたものとして，自分たちの価値観とそれを前提とする社会構造に対する支持を確立することにある。このため，いかなる有力なエリート層の支配権もまた，その社会秩序の中にある社会的な調整も正当化の原理，あるいは，支配権を基礎づけている一連の原理が前提となっている。

　産業社会のエリート層は最上位階級のエリート層のことでもなければ，社会秩序をつくり出す一連の正当な考え方――マルクスの概念では，イデオロギー――に頼った第一党（the first ruling group）のことでもないことは明らかである。産業文明のイデオロギーの中で新しい点は，私たちの文明はその第一義的に正当な価値を宗教や君主に置くのではなく，限界なき経済成長に置いた点にある。この価値観に対するいかなる試練であっても，それはまさに産業社会における社会秩序の土台に対する試練となる。最近20年間の出来事と同時発生的に，

第Ⅰ部　先進産業社会の危機

「成長の限界」の支持者がこぞって産業危機を助長してきた理由がここにある。
　フロムは，産業主義の「限界なき進歩という大いなる約束」（Great Promise of Unlimited Progress）と，産業社会の時代を特徴づける「進歩」（Progress）と呼ばれる新しい宗教について論じている。

> 限界なき進歩という大いなる約束は自然の支配と物質的な豊かさ，最大多数の最大の幸福，そして，人々の何ものにも妨げられない自由を約束した。機械や原子のエネルギーが動物や人間のエネルギーの代わりになったことから，コンピュータが人間の頭脳の代わりになったことに至るまで，産業の進歩に伴って，私たちは限りない生産と限りない消費の中にいるのだ，ということを感じることができた……（中略）……［そして］限りない生産と絶対的な自由，そして，束縛されない幸福というこの三位一体が進歩という新しい宗教の核を形づくったのである。[28]

　この産業社会的な約束と限界なき成長と消費，という大衆的な宗教を政治的に重要にさせているのは産業社会的（資本主義的）な文化の正当性についてそれがもつ役割からである。資本主義のある研究者は，資本主義的な社会秩序に対する政治的な正当性と限界なき経済成長について，私たちの議論にとって重要な点を説明している。

> ［わずかしかいない資本家の利益の］社会的な正当性は資本家階級を封建領主や古代の奴隷主，あるいは，東洋の専制君主といった階級に対置させている。これらはすべて，資本家階級が現在しているのと同じように，生産プロセスを支配するものである。しかし，これらのかつての支配階級は自らのイデオロギー的な優越性とルールを決める権利の基礎をすぐれた経済的な能力に置くのではなく，正当な権利に置いていた。ある階級は宗教上の権利をもっていたし（ヘブライの聖職者や中世の教会，そして，「神から」選ばれた王），また，ある階級は軍事的な権利をもっていた（中世の領主やローマ皇帝，そして，アメリカ先住民戦争の指揮官［訳注：族長と隊長。19世紀のアメリカ西部開拓時代の先住民〔インディアン〕と白人との戦争のこと］）。その他の階級でも，政治的権利や文化的権利，あるいは，その他の権利をもっていた。その特権的な権利の基礎を市場で財を売ることで利益を生み出す能

第2章　産業社会的な幻想の終焉

力に直接，置いているのは，ただ一人，資本家階級だけである。⁽²⁹⁾

産業社会的価値観についてのもう一人の研究者も同じような主張をしているが，私たちの議論にとって重要なことに，彼は自分の見解を資本主義に限定せず，産業社会全体に当てはめている。

現代社会は安定や権威といったものを代々受け継がれてきた特権や伝統的な人為的集団(アソシエーション)という，かつてのパターンに見い出すのではなく，むしろ経済的に生産することやニーズを満たすことに見い出している，初めての壮大な試みである。もっと具体的にいえば，すべての個人の幸福は国民総生産の安定的な成長と同じものだ，と考えられている。現代社会における正当化の原理は今や消費水準を永遠に上昇させることにあるのである。今日，この原理は政府が管理する資本主義社会（北アメリカや西ヨーロッパ）だけではなく，産業化された社会主義諸国（東ヨーロッパやソビエト連邦）においても機能している。⁽³⁰⁾

この注目すべき点については，後に詳しく述べる。しかし，産業社会の正当性が独自の経済的な基盤にもとづいているというこの主張は，現代の政治的なレトリックと活動の多くが依拠している資本主義か，あるいは，社会主義か，をめぐる対立を超えた，産業社会的価値観を主張しているのだということを，ここで指摘しておくべきだろう。私が考えるところでは，政治的に最も大切なこととは，世界中の国々の実質的にすべてのエリート層が産業社会的価値観，もっとはっきりいえば，継続的で，最大限の限界なき経済成長——進歩と限りなき繁栄という新しい宗教——に献身しているということにあるのであって，この献身がもつさまざまな個人的で文化的な兆候だとか，こうした産業社会的な目的を達成するための異なる技術的な手段だとかといったことではないのである。

　ジョン・ケネス・ガルブレイス（John Kenneth Galbraith）⁽³¹⁾の言葉を借りれば，私たちはこの主張を「産業社会的な収斂のテーゼ」(industrial convergence thesis)と呼ぶことができるかもしれない。この言葉は，産業化の進展した資本主義社会と社会主義社会はイデオロギー的，また，制度的には異なっているが，それ

65

にもかかわらず，政治的，かつ，制度的な違いが意味するところよりも，深い規範的なレベルで相通ずるところがずっと多いという考え方を伝えている。このようにみると，ある経済が資本主義的な市場志向型なのか，それとも，社会主義的な国家統制型なのか，ということはどちらのシステムも限界なき物質的な豊かさと消費を追い求めているということほどには重要ではない（もちろん，社会主義国のいずれも完全な先進産業国になっていないので，社会主義経済は上記の目的を果たすには明らかに不利な状況にある。このため，以下の議論の多くは，社会主義経済には——今のところ——当てはまらない）。

もしも，現代の政治思想家や政策立案者，そして，一般大衆のすべてが左右のイデオロギーだとか，超大国の対立だとか，という視点から，今の政治的な世界をみることを強く主張するとすれば，現代の社会生活のダイナミクスとその苦しみの根底にある多くのものを見落とすことになるだろう。この大切な点は次の問い掛けの中にあらわれている。「もしも，経済成長のために献身しないのならば，ソビエト連邦——ないし，日本やアメリカ——は，社会的な目的として国民に何を提供することができるのだろうか」。(32)

根本的で限界なき成長をベースとした目的が一度，受け入れられれば，生態学的な欠乏と危機は国境，あるいは，経済的な手段も無視することになる。

> 簡単にいえば，東側と西側に共通する産業社会的な生産システムが要請するのは，環境的な苦しみを収斂させるということである。これは産業社会システムの基本的な前提——そしてまた，政治的な名目上の制度が資本主義であろうと社会主義であろうと，このシステムに根ざした政治制度の多くの特徴がもつ基本的な前提——に疑問を投げ掛けるものである。(33)

産業社会的な収斂のテーゼは，資本主義と社会主義という二つの産業社会がもつ正当性の基盤として，類似した産業社会的価値観があるということを強調している。その意義を最も的確な意味でいえば，「還元」(reduction) である。この用語は賛否両論のある科学的な方法論上の用語だが，それはそれまでに依拠していた説明のレベルよりも，より根本的で，そしてだからこそ，より洞察力のある説明のレベルを求められるのである。(次の章では，この要求が誤ってい

ることについて触れた上で，これを「要素還元主義の誤謬」と名づける）。その上でさらに，産業社会的な収斂のテーゼは，一般にいわれている典型的なイデオロギー上の差異よりも，産業危機がもつより深い原因に注意を向けている。それはつまり，資本主義だろうと社会主義だろうと，あらゆる産業社会における社会秩序の基礎を形成する，基本的で産業社会的価値観である。

　以下の議論で私が描写したり，引用したりするものの多くは，資本主義社会についてのものである。しかし，だからといって産業社会的な収斂のテーゼから距離をとっているだとか，あるいは，それと矛盾するだとか，というように捉えられるものではない。私がここで，現代の社会主義社会についての議論を割愛しているのは，紙幅に限りがあることと，社会主義社会についての私の知識が不足していること，そして，最も重要なことには，人口に見合うだけの贅沢品や生活必需品を社会に供給するということについては，現代の社会主義社会は一般に，「先進的な」産業社会（advanced）ではない，というのが本当のところだからである。このことから，私の議論では，物質的に豊かな資本主義社会と比べて，社会主義社会についての説明が少ない。とはいっても，この見方からすれば，毛沢東が主導するようになってからの中華人民共和国と，ゴルバチョフ体制下におけるソビエト連邦と東欧圏諸国のどちらでも市場志向の劇的な変化が起きているということが明らかに収斂のテーゼを立証しているのだ，と考えてもよいだろう。

　産業社会的な収斂のテーゼには，次のような考え方も含まれている。それは，資本主義における生産手段の私的な管理と社会主義における生産手段の公共的な支配との間には大きな違いがあるものの，この違いというのは概して，限界なき経済成長と，継続的に増大化し続ける物質的な富と消費という，類似した産業社会的な目的を成し遂げるための手段に配慮しているところにあるのだ，ということである。資本主義と社会主義の政治システムは，共にその体制の正当性にとって欠かすことのできない同じ基本的な産業社会的価値観を映し出している。それこそが限界なき経済成長であり，限りなき進歩という大いなる約束なのである。

　日本の松下電器（現，パナソニック）の社歌には，経済成長への産業社会的な献身が明確に謳われている。

新しい日本を建設するために
力と心を一つにして
生産増進のためにベストを尽くし
世界中の人々に製品を届けよう！
いつまでも，絶えることなく
泉から湧きいずる水のように
産業を育てよう！…成長，成長，成長。[34]

　ここで決定的に重要なのは，限界なき経済成長という価値観が産業社会の生活とその正当性において果たしている役割である。産業社会の中では——また，一般大衆ではなくても，エリート層が産業社会的価値の構造を受け入れている多くの産業化されていない社会の中においても——，公共政策の課題として経済成長に執着していることは明らかである。現代政治学のある研究者によれば，今日，経済成長というのは「［産業社会における］社会組織における決定的な目標であり，また，その産業社会的な社会組織の最高の言い訳なのである」[35]。

　この章を締めくくり，限界なき経済成長と，それが先進産業社会に対してもつ意味についてより詳しい議論をはじめる前に，限界なき経済成長に依存することが孕む産業社会的な重大な欠陥について，いくつか追加的な説明をしておくべきだろう。

5　限界なき経済成長と産業社会的価値観について

　成長反対派の異端の経済学者，ハーマン・E. デイリー（Herman E. Daly）は限界なき経済成長がもっている本質的に産業社会的な特質について，次のように説明している。

> 「成長マニア」（growthmania）という言葉は，成長をいつも優先するパラダイムや思考様式を——十分なものなどないという姿勢や十分すぎるほどよい状態というのは想像できないという姿勢を——皮肉るものとしてはまだ甘い。……（中略）……手に入れたパイをもっと味わうには，パイを大きくすればいいのだ。

成長マニアは経済理論における姿勢である。経済理論では，限りなき欲望（wants）という前提をまず，置いた上で，果てしなく思い上った仮定がそれに続く。その仮定とは，限りなき欲望という原罪には，技術という全知全能の救世主から賜った贖罪があり，終わりなき世界で増え続ける人間のために，財を生産し続けることがその第一の戒律だという仮定である。そして，これは可能であり，また，望ましくもあるのだという仮定である。[36]

　デイリーとその研究仲間は経済成長という産業文明の基盤にある価値観について，「成長の限界」の立場から批判することを支持しており，次のことを私たちに説明している。つまり，「終わりなき世界で増え続ける人間のために，財を生産し続けること」という社会的な目標を達成するために必要な環境条件というのは今は存在していないし，また，決して存在することもない，ということである。

　生態学的な欠乏を認めることによって，継続的な経済成長を妨げる，絶対的，かつ，回避不可能な環境の限界がある，という現実が浮き彫りになる。それがたとえ，この限界が今は知られておらず，また，それが科学者の間で議論されているテーマだとしても，そうである。ポスト産業社会について政治哲学的な見方が示している洞察力のある理解には，次のような中心的な考え方が含まれている。それはすべての人々のニーズ（needs）と欲望（wants）は無限でもないし，また，経済成長だけでそれを満たすこともできない，ということである。西欧の政治思想では，ニーズと欲望の間にある，重要な違いが主張されてきた。[37]この違いは限界なき経済成長の望ましさに必然的に対抗するオルタナティブな価値観があることと，そうした価値観を基礎とした限界が存在していること，を明らかにしている。

　私たちが経済成長に依存していることを分析するという文脈からみると，「成長の限界」をめぐる研究は，二つのグループに分けられるかもしれない。一つ目は，環境汚染と資源の欠乏による生態学的な限界があるために，限界なき経済成長は不可能だという点に焦点を当てて，産業社会的な社会秩序を批判するものである。二つ目は，欲望とニーズ，理想，そして，限界なき経済成長にひたむきに献身することで到来する型（タイプ）の社会についての価値判断と関連させ

て，人間の条件について自分たちがもつ考え方にもとづいて，終わりなき経済成長は望ましくないものだということを強調する，産業批判のグループである。

　実質的に（文化や政治的なイデオロギー，政治システム，あるいは，経済構造を問わず）すべての国々のエリート層は可能性としても，また，人間の本質とその環境の状態についての前提が組み込まれた社会的価値観としても，終わりなき経済成長を妄信している。実際に，経済成長という産業社会的価値観を「成長の限界」という立場から批判する人たちは彼らに対立する成長推進派に対して，この議論で本当に過激主義なのは誰かと問い掛けることで，効果的な反論をすることができるだろう。

　産業危機の大きな結果は，産業文明の基礎となっている成長の推進への依存が大きな社会的課題になってきているということである。このような課題はアメリカでは，新しいアジェンダ（政策的な協議事項），他の先進産業国，特に西ヨーロッパにおける公共政策の議論の場では，これは最前線の問題となっている。その結果として，ポスト産業社会における社会秩序に対する「成長の限界」の立場からの批判は，終わりなき成長という前提を受け入れることによる社会的な影響に取り組んできたのであり，また，それを根本的に明らかにもしてきたのである。

　ここ20年の間，私たちの文明が成長路線に酔いしれていることからくる悪い結果を認識して，「成長の限界」に気づきはじめた時の私たちの反応は，閉ざされたトンネルの中で酸素を求めて必死にあがいている人間という，スレイターがイメージしたものと似たようなものになっていった。ペースを落として汚染を減らし，エネルギーや天然資源を節約することで，私たちの苦しみの根本にあるものを検証することよりもむしろ，私たちはまさに困難の原因――つまり，限界なき経済成長という社会的な目的――に向けた努力と献身を同じように自滅的な結果をもたらしながらも倍増させてきたのである。

　次に，経済「成長」（growth）という理想そのものについて検討したい。デイリーは「成長すること」という動詞について辞書で初めに取り上げられている意味は，「生まれること，また，成熟に向けて発展すること」だと読者に伝えている。[38] 私が調べた辞書では，「成長すること」の第一義的な意味は，「何らかの生命体のように，自然な発育によって増殖すること[39]」となっている。これら

二つの定義を組み合わせると，成長とは，（成熟という点に限っていえば）限界があり，また，自然のものなのだと考えることができる。

> ヒトを含む哺乳類は，幼児期と青年期に成長し，その後は成長が止まる。普通の発育のどんな段階でも，指数関数的に〔つまり，限界のない，増え続ける，継続的な〕成長が起きることはない。[40]

人間の成長は成熟点，ないし，成熟の限界に達するまで続くとするこのモデルでは，成長には限界があると理解している。この理解は経済成長の産業社会的価値観についての私たちの議論にも適用することができる。私たちは50歳の人をみて，彼，ないし，彼女の身長がもうこれ以上伸びないからといって，何か問題があると考えることはない。ありえないことではあるけれども，もしも人間（ないし，何らかの生命体）が限りなく成長し続けるとすれば，それは破滅的な——まさに健康と生存が危機に瀕するような——ことになるだろう。[41]

自然な成長には限度があるということ，そしてまた，一般に「癌」だと（あるいは，速さと数という点で細胞の健全な成長の限度を超えていると）診断される一連の病理学的な性質が，先進産業社会に最も多くみられることを前提とすると，産業社会に対する環境保護の立場からの批判が，「成長という目的のために成長するのだというのは，癌細胞のイデオロギーだ」[42]と非難するスローガンをつくるのも当然のことである。

ちょうど，止まることを知らない限界なき成長が個々の人間の発達にとって望ましいものではないのと同じように，この基本的な社会的価値観としての成長についての行きすぎた——限界を避けようとする——考え方は産業文明全体にとって望ましくない。産業文明についての批判はそのような非難を受けているのである。この点について，成長反対派と成長推進派の議論の中では，限界なき成長とその他の産業社会的価値観を支持する人たち（ハーマン・カーン〔Herman Kahn〕やジュリアン・L．サイモン〔Julian L. Simon〕のような人たち）は，次のように反論するかもしれない。「社会的なレベルにおける集計的な経済成長は自然や個人をベースにした「成長の限界」とは類似していない。限界なき集計的な経済成長という価値観を批判する人たちは個人とのアナロジーを想定して

いるが，それは間違っている。このため，限界なき集計的な経済成長という価値観は，そうした前提にもとづいた批判とは無縁のものである」，と。こうした産業社会的な成長の擁護者はその対抗相手に対して，決まって合成の論理的誤謬という観点から批判する。つまり，個人にとって正しいことは全体にとっても正しい，という仮定が間違っているのだ，と。

　もちろん，こうした議論において成長推進派は，社会全体のレベルについての限界なき経済成長がもつ価値は，──そうした社会秩序の便益を最終的に受け取ることになる──個々の人間がもつ限界という性質とは何の関係もないし，また，その個人的な性質によって条件づけられることもないという主張を支持するに違いない。となると，次のように問い掛けることができるだろう。つまり，限界なき社会的な成長は非人間的なものなのだろうか，という問いである。限界なき経済成長の支持者が行う集団主義的な議論は個人主義者による典型的な反論，つまり，集団主義者による荒唐無稽な計画と幻想が個人的な生身の人間に損害を与えてきたのだ，という反論には弱いのではないだろうか。

　本質的に形而上学的な，個人主義論者対全体主義論争から抜け出すための効果的な回答は次のようなものかもしれない。つまり，（成長推進派が個人と全体をまさに分裂させたことを逆手にとって）集計的なレベルでの限界なき経済成長の可能性と将来の方向性についての全体論者的な(ホーリスト)議論は，そこで想定されている社会的なレベルでの成長はすべての個人にとって利益になるものではないのだという強力な批判に晒される，というものである。あるいは，経済政策のための費用を支払っていながらそれに見合うだけの利益をほとんど得ていない人々をよそに，社会のその他の人々がそこから利益を得ているという批判である。もっといえば，生態学的な限界を個人が罪もなく超えることができないのだとすれば，それは集団についても同じことがいえる。実際には，生態学的な限界を個人的に（ないし，局所的に）超えることよりも，より大きな社会集団がその限界を超える方が地球規模，あるいは，広範囲にわたって有害な結果を引き起こすようである。

　成長という概念がもつもう一つの大切な側面は，ミハイロ・メサロビッチ (Mihajlo Mesarovic) とエドゥアルド・ペステル (Eduard Pestel) による「分化されていない」成長 (undifferentiated) と「有機的な」成長 (organic) との間の区

第2章　産業社会的な幻想の終焉

別である。彼らによると，前者のタイプの成長は，細胞分裂による細胞の単なる複製と定義されており，普通は指数関数的に数だけが増える。これに対して，後者のタイプの成長は，

> 分化のプロセスを含んでいる。この分化というのは，細胞のさまざまなグループが構造と機能という面で違いをみせはじめることを意味する。分化している間，また分化した後でも，細胞は増え続けることができるし，器官もその規模を成長させる。しかし，ある器官は成長するかもしれないが，その他の器官は縮小するかもしれない。

　メサロビッチとペステルは，世界の今の危機の多くは分化されていない成長，ないし，単なる数の増加——コンピュータや贅沢な車，デジタル時計，インスタント・カメラ，ビデオカセット・レコーダー，電子レンジ，電動歯ブラシ，コードレス電話，自動車電話，CDプレーヤー，プロジェクション・カラーテレビなど，「先進的な」産業社会における消費財の増殖，つまり，「増え続ける人間のために，財を生産し続ける」こと——が生み出したものだと，あるいは，国民総生産（GNP）をより増やすことが生み出したものだと，している。そして，彼らは有機体のある部分については縮小する部分もあるが，しかし，より大きな分析単位に対しては適応性をもつような，そうした分化した成長という有機的な考え方を支持している。たった一つの細胞ではなく，有機体全体という見方が分化されていない成長，ないし，量的な成長という，単純ではあるけれども，危険で誤解を招くような考え方に取って代わらなければならないのである。

　継続的な経済成長の将来の方向性を必要とする公共政策にとって，この区別は次のような決定的な意味をもっている。「成長の限界」を受け入れるということは，経済成長を産業社会の中心的な価値観として重視することを止めなければならなくなる。しかし，その一方で，金持ちの国も貧しい国も含めたすべての国民国家が普遍的に反成長的な政策をとることになる必要もない。分化された成長という考え方は生物物理学的な絶対的なニーズが満たされていないために，絶望的な貧困の中にある世界の多くの人々にとって，経済成長を成し遂

73

げること，そしてまた，物質的な必需品の生産性を向上させることが何百万人の人々の生死にかかわる問題として残されているのだ，という事実に光を当てることができる。

　限界なき経済成長というイデオロギーの支持者は貧困を減らすために経済成長は必要なのだと主張して，「成長の限界」を主張する人たちをエリート主義者だと批判する。だからこそ，彼らはあらゆる成長推進政策が正当化されることを望むのである。[46]しかしながら，もしも分化した成長という考え方が適用されるならば，「成長の限界」を主張する人たちの多くが提言しているように，彼らの立場がエリート主義に結びつくことはない。貧しい第三世界の人々とそのリーダーは，産業危機と限界なき経済成長に対する「成長の限界」という試練が何百万人もの人々に死と惨めさをもたらすような包括的で地球規模の反成長的な政策を生み出すのではないか，という恐れを抱かなくてもよい。分化した成長という概念を第三世界のリーダーが一度，理解すれば，「成長の限界」とその政策的な示唆を支持することには気が引けるということもなくなるはずだ。そうすれば，自国民の基本的な必要を満たすために自分たちの経済を成長させることと，反成長というのは依然として一貫しているのだということがわかり，この見方を支持することもできるだろう。グローバルな正義は「成長の限界」という考え方と両立できるし，また，両立させなければならないのである。

　この本質的な点は，ローマクラブの委員会が最初に発行した有名な報告書の中の「ローマクラブの見解」において指摘されているものである。限界なき経済成長というイデオロギーの支持者は産業主義に対する批判の信頼性を失墜させるために，彼らをエリート主義だと非難することに大きく依存しているために，この点について見て見ぬ振りをしてきた。ローマクラブのメンバーは次のように述べている。

　　世界の人口の増加と経済成長の悪循環にブレーキをかけることが世界各国の経済成長を今のまま凍結させることになってはならない，という主張を私たちは全面的に支持する。もしも，裕福な国々がこうした提案をしたとするならば，それは新植民地主義の最後の試みだと受け止められかねないだろう。……（中略）……経済的に

発展した国々が最大のリーダーシップを発揮することが必要だからである。なぜならば，そうした目的に向けた最初のステップは，先進諸国自らが自分たちの物的生産の成長を減速させるように努めること，そしてまた，これと同時に，発展途上の国々がより急速に自らの経済を発展させるように努力することを促進することにあるからである。(47)

　これは世界のいくつかの（成長する必要があまりない）国々では，マイナス成長でありながら，他の国々ではより差し迫った経済成長の必要と権利を保ち続けるという点で，分化した成長の考え方である。前産業的な社会から破壊的な貧困と悲惨さをなくすために経済成長が求められる時にはいつでも，世界の比較的豊かな先進産業諸国が提供することのできるあらゆる支援によって補強された公共政策の狙いはこの社会的な目的にあるべきだし，そうでなければならない。世界のまさに貧しい人々――これには，先進産業社会の中の貧しい人々も含まれる――は，自らの生命が危機に晒されており，また，その惨めさと死は防ぐことができるのだから，すでに裕福な人々よりも物的な財やグローバルな天然資源を要求する強い道徳的・政治的な権利をもっている。防止可能な死と苦しみから人々を救うという義務と，それが産業社会における社会的価値観とその変革についてもたらす，ありとあらゆるものはその他のポスト産業社会的な富裕層連中の目的よりも，道徳的・政治的に優先されるのは明らかなように思われる。(48)

　分化した有機的な成長という概念の強みは，限界と分化を兼ね備えているところにある。ある構成要素（このケースでは，貧しい国）にとって，自国の住民の基本的なニーズを育み，それを満たすためには，すべての生産物を成長させる必要はない。全人類のおよそ4分の1の人々が必死に求めてきた物的な生活の質の改善がこれから進んでいくだろう。

　それと同時に，真に分化した成長プロセスと非産業社会的，かつ，非成長主義的なオルタナティブの価値観が実現すれば，いくつかの国々――相対的にも絶対的にも裕福な先進産業諸国――は，経済的，ないし，物質的な面での現状維持か，縮小かを実際に経験することになるだろう（ただし，例えば，余暇の時間と活動が増えるといったように，非物質的な面では必ずしも縮小しない）。このよう

な価値観の変化は成長しすぎた先進産業社会が環境を脅威に晒したり，行きすぎた産業的な成長がもたらす病的な結果に苦しんだりすることを防ぐだろう。そして，最も大切なのは，このことが国内と世界のどちらについても正義を強めることになる，ということである。

この成果を実現するために，私たちは鍵となる規範的で政治的な問題に取り組まなければならない。その問題とは，まさに富のグローバルな再分配の性質とそれを実現する方法という問題である。第II部は，この本質的に政治的な問題と，それが「成長の限界」論争においてもつ役割，そして，限界なき経済成長という教義によって社会的正義を実現することに失敗したその結末という問題に当てることにしよう。

〔注〕
(1) Erich Fromm, *To Have or to Be?* (New York: Harper and Row, 1976), p.40.
(2) *Ibid*., pp.39-40.
(3) 認識論に関するポパーの数多くの著作の中で次のものを参照のこと。"On the Sources of Knowledge and of Ignorance,"，および，"Science: Conjectures and Refutations" in Popper 1968, pp.3-30 and 33-65.
(4) Popper, "On the Sources of Knowledge and of Ignorance," *Ibid*.
(5) ポパーの認識論に関するさらなる文献としては，彼の，Objective Knowledge: An Evolutionary *Approach* (Oxford: Oxford University Press, 1972), Paul Arthur Schilpp, (ed.), *The Philosophy of Karl Popper*, 2 vols. (La Salle, III.: Open Court, 1974)，の各所を参照のこと。膨大な二次資料については，ポパーの研究が参考になる。
(6) 絶対的に確かな知識を探求する西欧哲学に関して，ここで引用した数多くの議論の一つとして，リチャード・J. バーンスタイン (Richard J. Bernstein) による，「デカルト派の懸念」と彼が呼ぶものについての評価と誤っているが大きな影響力をもつ，現代のポスト経験主義に対する評価を参照のこと。*Beyond Objectivism and Relativism: Science, Hermeneutics, and Praxis* (Phila: University of Pennsylvania Press, 1985), pp.16-34, がある。
(7) Davis and Mauch, 1977, pp.221-222.
(8) Albert O. Hirschman, *Shifting Involvements: Private Interest and Public Policy* (Princeton: Princeton University Press, 1982), の各所を参照のこと。
(9) *Ibid*., p.16.
(10) *Ibid*. (強調点，原文のまま)。かつて失望を意味する言葉として引用された「人間の関心事における動因力」(driving force in human affairs) という言葉が，p.15 で使われている。

第2章　産業社会的な幻想の終焉

(11)　*Ibid*., pp.16-17.
(12)　手近なもので環境危機について広く認識され，鮮明に説明されているものとして，Robert H. Boyle, "Forecast for Disaster," *Sports Illustrated*, November 16, 1987, pp. 78-92, がある。また，1988年1月の1週間，公共放送ネットワーク（The Public Broadcasting System television network）が「廃棄物の危機」(garbage crisis) に関する三つの異なる番組を放送した（私はニューヨーク放送局のものを視聴した）。放送メディアの中でもABC放送（American Broadcasting Company）は，夜のニュースで1988年9月の第1週をすべて費やし，環境に関する1時間の特集を組み，さまざまな環境危機について報道している。さらに1989年には，少なくとも週に1回は，環境に関するアメリカのアジェンダ（政策的な協議事項）をシリーズで放送した。

　乾燥化，温暖化，そして，1988年夏のアメリカにおける海洋汚染を報道する責任がある，と考えた多くのメディアがここでは引用されている。ニュース雑誌を含む活字媒体に限定されたサンプルはさまざまな記事を網羅している。*Newsweek*, July 11, 1988, pp.16-24では，温室効果ガスの影響と地球温暖化を取り上げている。また *New Republic*, September 12-19, 1988, pp.5-8 ; *Time*, August 1, 1988, pp.44-50 ; *Newsweek*, August 1, 1988, pp.42-48は，海洋汚染を扱っている。1988年夏のさまざまな視覚的環境危機とそれがアメリカ世論を動かした強力な影響は環境活動団体を支援し，また，公共政策の変更を後押しする結果となった。なぜならば，環境の脅威が報道されたからである。Clifford D. May, "Pollution Ills Stir Support for Environment Groups," *New York Times*, August 21, 1988, p.30. そして最後に，*Los Angels Times*, のカリフォルニアにおけるゆっくりとした経済成長をめぐる政治的動きを扱った四つの記事シリーズがある。「敵も味方もゆっくりとした成長への動きを10年前に財産税削減に関する『議案13』が提出されて以来，カリフォルニア州を一新する最も重要な政治的・社会経済的現象である，とみなしている」。William Trombley, "Slow-Growth Sentiment Builds Fast," *Los Angels Times*, July 31, 1988, p. 1, を参照のこと。

　1988年夏に起きた環境汚染事故は，アメリカの世論をポスト産業主義の現状によって生起される諸問題に向けて変化させる触媒としての役割を果たしたといっても過言ではない。環境主義者のレスター・R．ブラウン（Lester R. Brown）とワールド・ウォッチ研究所の彼の同僚たち——同研究所はベストセラーとなった『地球白書』(*The State of the World*) の年次レポートの出版社である——は，1988年の環境脅威について社会的な重要性を深く理解している。1989年に出版された本の中で，彼らは次のように書いている。「1988年を振り返って歴史家は，この年が環境，および，世論の両方において分岐点となった年であった，と述べるであろう。劣化した地球環境が注目されるようになっていく」と。Lester R. Brown, Christopher Flavin and Sandra Postel, "A World at Risk," in Lester R. Brown *et al*., *State of the World 1989* (New York : W. W. Norton, 1989), p.3.

　1989年を通じてみられた環境危機に対する世論の関心の劇的な高まりや環境活動団体への支援については，Howard Youth, "Boom Time for Environmental Groups,"

World Watch, 2 (Nov. -Dec. 1989), p.33, を参照のこと。
(13) Jeremy Rifkin (with Ted Howard), *Entropy: A New World View* (New York: Bantam Books, 1980), pp.63-64.
(14) Fromm, 1976, p.6.

発展途上国の増大する負債に関する現代的諸問題について，最近のデータを簡潔に取り上げている資料としては，レスター・R. ブラウンが "Analyzing the Demographic Trap", で示している表やグラフがある。In Brown *et al.*, *State of the World 1987*, 1987, pp.28-29. また，McHale and McHale, 1978, p.33の図表3では，1976年のデータで世界の貧困の状況を簡潔に集約しており，13億の人々の年間所得が90ドル以下であること，また，10億3000万の人々が適切な住居が必要であること，などの衝撃的なデータが含まれている。

さらに，最近の資料，絶望を省みることなしに世界の貧困について生活の質の劣化を詳細に記述した文献として，Repetto (ed.), 1985, Robert Repetto, "Population, Resource Pressures and Poverty," Jorge E. Hardoy and David E. Satterthwaite, "Third World Cities and the Environment of Poverty," pp.131-169, 171-210, を参照のこと。

(15) Albert Camus, *The Rebel: An Essay on Man in Revolt*, Anthony Bower (trans.) (New York: Alfred A. Knopf, 1956), p.11.
(16) 以下の文献における，「不条理な推論」(absurd reasoning) に関するカミュの議論を参照のこと。*The Myth of Sisyphus and Other Essays*, Justin O'Brien (trans.) (New York: Alfred A. Knopf. 1955), pp.3-8, 特にp.7を参照のこと。
(17) *Ibid.*, p.36.
(18) *Ibid.*, p.37.
(19) *Ibid.*, p.2.
(20) *Ibid.*
(21) Camus, *The Rebel* の各所。とりわけ，pp.24-25，および，pp.100-111を参照のこと。
(22) 「50年間という時間において根絶され，奴隷化され虐殺された7000万の人」という，20世紀前半に対するカミュの評価を参照のこと。*Ibid.*, p.3.
(23) Camus, *The Myth of Sisyphus*, 1955, pp.89-91.
(24) Daniel Bell, *The Cultural Contradictions of Capitalism* (New York: Basic Books, 1976), pp.49-50.
(25) Mumford, *op. cit.*, vol. 1, p.203.
(26) Mumford, *op. cit.*, vol. 2, *The Pentagon of Power*, の各所を参照のこと。
(27) Jean Jacques Rousseau, "The Social Contract," G. D. H. Cole (trans.) in *The Social Contract and Discourses* (New York: E. P. Dutton, 1950), Chapter 3, pp.6-7.
(28) Fromm, 1976, pp.1-2.
(29) Richard C. Edward, "The Logic of Capital Accumulation," in Richard C. Edwards, Michael Reich and Thomas E. Weisskopf (eds.), *The Capitalist System: A Radical Analysis of American Society*, 2nd ed. (Englewood Clifts, N. J.: Prentice Hall, 1978),

(30) William Leiss, *The Limits to Satisfaction : An Essay on the Problem of Needs and Commodities* (Toronto : University of Toronto Press, 1976), p.4. (筆者の強調) 私たちはライス (Leiss) のリストに, ポスト毛沢東主義の文献を付け加える。これらは恒久的に上昇を続ける消費水準に関して国家に残る正当性を示したものである。少なくとも, 産業化された社会主義国家を鼓舞するものではある。この視点はゴルバチョフ政権下のソビエト連邦によって補強されている。

(31) John Kenneth Galbraith, *The New Industrial State*, 2nd ed. Rev. (New York : New American Library, 1972), pp.374–376.

(32) Bell, 1976, p.238.

(33) Ophuls, 1977, p.203. 社会主義社会, および, 資本主義社会における環境の限界と脅威の視点に関しては, Sabine Rosenbladt, "Is Poland Lost? Pollution and Politics in Eastern Europe," *Greenpeace* 13, no. 6 (November/December 1988), pp.14–19, を参照のこと。

(34) Herman Arthur, "The Japan Gap : A Country Moves Ahead – But At What Price?" *American Educator* (Summer 1983). p.44. (強調点, 原文のまま)

(35) Camilleri, 1976, p.137.

(36) Herman E. Daly, 1973, pp.149–151.

(37) Patricia Springborg, *The Problem of Human Needs and the Critique of Civilization* (London : George Allen and Unwin, 1981), の各所を参照のこと。および, その中で引用されている文献である。基本的な人類のニーズの本質に関する詳細なレポートについては, McHale and McHale, 1978, の各所を参照のこと。

(38) Daly, *Steady-State Economics*, 1977, p.99. (強調点, 原文のまま)

(39) Jess Stein (ed.), *The Random House Dictionary of the English Language unabar* (ed.) (New York : Random House, 1962), p.626.

(40) Mesarovic and Pastel, 1974, p.8. "Brief on Growth," figure D, "Growth of Human."

(41) 植物の世界の成長に注目のこと。「植物はその生命の終焉にあたり, 成長は鈍化する。150年間の生命をもつ樫の木は毎年約3インチずつ成長する。初期の段階は人間の胎児のように植物の成長は指数関数的に伸びるが, 成長が終わると一定の臨界質量となる。この段階を過ぎると有機体の成長は先細りとなる」。*Ibid*., p.8, figure B, "Growth of an Oak Tree."

(42) Richard Neuhaus, *In Defense of People : Ecology and the Seduction of Radicalism* (New York : Macmillan, 1971), p.18, での引用。

(43) Mesarovic and Pastel, 1974, chapter 1, pp.1–9.

(44) *Ibid*., pp.3–4.

(45) *Ibid*., pp.7–9.

(46) このエリート主義者に責務を負わせることを主張している著者の文献としては, Neuhaus (1971), Beckerman (1975), Kahn, (1979), Olson, Landsberg and Fisher, 1973, Passell and Ross, (1974), 等がある。

(47) Meadows *et al*., 1975, pp.197–198, のローマクラブの代表委員会による「コメン

ト」を参照のこと。
(48) 防止可能な死から人々を守る義務を無視した自明の理に関しては，William Aiken, "World Hunger and Foreign Aid: The Morality of Mass Starvation," in Burton M. Leister (ed.), *Values in Conflict: Life, Liberty and the Role of Law* (New York: Macmillan, 1981), pp.189-201, を参照のこと。

第Ⅱ部

政治学の還元主義と近代経済学

第3章
近代における経済学の登場と政治学の崩壊

　経済問題の重要性を過大評価してはならない。あるいは，必要だと思われる経済問題のために，より大きく，かつ，恒久的に重要な問題を犠牲にしてはならない。経済問題は歯科医のような専門家の問題であるべきだ。もし経済学者が歯科医と同じくらい謙虚で有能な人たちだと自分を考えることができるならば，それはとてもすばらしいことだ。
　　　　——ジョン・メイナード・ケインズ（John Maynard Keynes）[1]

　元より，問題は経済学の破綻だけではない。経済学はいつでも政治学を偽装したものに他ならないということだ。経済学は脳障害の一形態なのである。
　　　　——ヘイゼル・ヘンダーソン（Hazal Henderson）[2]

1　経済成長に関する政治学的研究の欠如——その意味と重要性

　すでに述べたように，「成長の限界」に関する文献はその数という点でも専門分野の幅という点でも膨大にある。それにもかかわらず，私もそうだが政治学的な感性をもつ人であれば，この分野では政治学者（政治理論学者を含む）の貢献が乏しく，さらに，この立場から政治的に発表を行うことも，その発表について回答することもあまりみられないという印象を受けるだろう[3]。第1章でみたように，経済成長の本質やその環境への影響や将来の方向性を含む経済成長についての研究とそれに関連した議論の多くは自然科学者や経済学者といった他の分野の研究者に委ねられてきたのである。

　経済成長に関する政治的な側面の問題は地球全体の未来，特に成長への依存に苦しむ先進産業社会にとってきわめて重要な問題である。しかし，それにもかかわらず，この側面についての探求にはこうしたすき間がある。だからこそ，

「成長の限界」論争の政治的な含意を探求しようとする本研究には，存在理由(raison d'être) がある。また，これに加えて，経済成長の政治的な側面の問題は私の議論の重大な要素を示してもいる。

その重大な要素とは，政治学からほぼ完全に分離している近代経済学の分野で，現在広く受け入れられている信念と関係している。経済学は新しい分野ではあるが，一般大衆や専門的な社会科学者の学界からの尊敬の念を独り占めすることで，政治学の輝きを失わせてきたように思われる。経済学は社会科学の中でも科学的に最も洗練されていると考えられているために，政策立案者は経済学を実践的に最も重要なものだ，と捉えているのである。経済学と政治学という二つの領域に対する科学的・社会的意義についての認識は同じではない。その証拠としては，アメリカ大統領経済諮問委員会（政治学者が関与しているこの種の公的機関は存在しない）とノーベル経済学賞[4]（同じように，政治学，あるいは，他の社会科学には，この種の賞はない）の存在をあげれば十分だろう。

経済成長についての政治学的な著作が少ないのは，近代経済学と政治学がこのように分離しているからである。また，「成長の限界」研究が政治学者にあまり影響を及ぼしていないのも，そのためである。なぜならば，このテーマはまさにその本質からして経済学の得意分野の中心的な位置にあるようにみえるからである。私の議論の基本的な主張の一つはこうした分離からきている。つまり，政治的な生活・思考と近代経済学とが分離していることこそが近代産業社会の深刻な特徴を浮き彫りにしている，ということである。本章では，近代では，経済学が一つの専門分野として広く，尊敬されている（ノーベル賞の紛らわしい演出の影響を受けており，また，強化されている）ことと，近代市民にとって，経済的富と購入可能な財の獲得と蓄積という，経済活動と経済的価値が優勢となっていることについて述べる。これと並行して，近代市民は一様に，政治的——お決まりの軽蔑的な意味での「政治的」——活動という政治学の分野をきわめて低く評価している。この評価によって，この分野に焦点を当てた研究の地位も低くなっているのである。

本章の一つの狙いは，近代経済学と経済的価値がいかにして政治学，および，政治的価値の還元主義的な代用品[5]としてみられるようになり，近代社会の脱政治化をもたらしているのか，を理解することにある。それに加えて，近代の際

第3章　近代における経済学の登場と政治学の崩壊

だった特徴の一つ——限界なき成長という社会目標——が，いかにして富と所得の政治的再分配のイデオロギーに満ちた代用品として用いられるようになったのか，という問題に取り組みたい。これらの狙いを達成するために，近代経済学の興隆について考察する。これには，次のような内容が含まれるべきだろう。（1）近代経済学は「自由」市場に立脚しているが，その自由市場は，社会的な善と悪（goods and bads）を配分する非政治的手法だと考えられていること，（2）近現代の先進産業社会では，経済的価値，特に経済成長という価値観が優勢となり，最近ではそれが支配権を握っているということ，そして，（3）これらの進展が，政治学と政治活動にもたらした影響について，である。経済学と経済的価値，そして，経済活動が先進産業社会で果たしている役割を理解することによって，産業社会的価値観の全体像をよりよく理解することができるだろう。また，その意味で第II部での議論は，これらの価値観の本質について考察する第III部の格好の導入部となっている。

　西欧思想の起源を考えた場合，西欧思想と近代思想の違いがおそらく最もはっきりしているのは，社会の中で経済活動がもつ意義という点であろう。今日では，重要な経済問題や経済活動だと考えられているものは，古代文明では一般家庭の領域に割り当てられており，政治学のすべての重要な研究と「ポリス」（都市国家）における市民生活への参加とは区別されていたし，また，それに従属していた。古代ギリシアでは，政治圏は自由の領域であると同時に，本質的に高等な人間の努力の領域であったのに対して，経済圏は人間の生存の必要によって決められていたのである。古代の生活におけるこの特徴的な性質について，ハンナ・アーレント（Hannah Arendt）は次のように表現している。

　　したがって，［古代の経済学の単位である］家庭における自然共同体(コミュニティ)は必要性から
　　生まれたのであり，この必要性が共同体で営まれるすべての活動を律していた。
　　　これとは対称的に，「ポリス」の世界は自由の領域だった。もしもこの二つの領
　　域に関係があるとすれば，当然のことながらそれは，家庭生活における必要性の克
　　服が「ポリス」における自由の条件だった，ということである。[6]

　近代市民は経済活動と経済的価値，そして，経済学を近代社会内の分析的な

85

カテゴリーとして最も重視し，また，社会科学の中で経済学の分野を最上位に位置づけることに慣れている。このため，古代社会で，経済現象とその探究の価値が低くみられていたということを理解することは難しい。それだけでなく，古代の思想家たちは古代における政治思想と政治活動の重要性に照らして，こうした経済的事象は明らかに劣ったものである，と考えていた。

> 政治の世界に参加する上で，生計を立てたり，生命現象を維持したりする目的にしか役立たない活動は許されなかった。ポリス内の人たちに限っていえば，家庭生活［管理（management）はギリシア語の *oikonomia* に由来している］はポリスにおける「善き生活」（good life）［すなわち，政治プロセスの目的］のために存在していたのである。(7)

経済学と政治学の関係に対する古代ギリシアの見方に関して，おそらく最もすぐれた資料はアリストテレス（Aristotle）の『政治学』（*Politics*）だろうし，この『政治学』についての解説者としては，アーネスト・バーカー（Ernest Barker）の右に出るものはいないだろう。バーカーは『政治学』の第1作でアリストテレスが示している経済学に対する主張について，次のように述べている。

> 倫理学に従属する（あるいは，おそらく倫理学の頂点という人もいるであろうが）政治学のさらにその下に位置づけられるそうした経済理論には，探求の分野として経済的動機を分離したり，また，経済的事象を抽象化したりすることは認められていない。経済理論は善き生活をよりよくするために使うことができる手段を家庭と都市が適切に用いる方法の理論である。この前提からして，富とは，道徳的な目的を達成するための手段なのであって，そうした手段であるからには，必然的にその目的によって制約されるし，また，その目的が要求するものを超えてはならない——同じように，その要求に不足してもならない——のである。(8)

バーカーが明らかにしているように，アリストテレスの思想では，経済活動と経済的価値観（特に，近代では富の蓄積への執着という価値観）は，非経済的な

目的,より厳密にいえば,「善き生活」という政治的な規範的概念の下に位置づけられている。古代ギリシアの観点では,一般的な家事(あるいは,現代用語でいう「経済学」〔economics〕)への関心に支配された暮らしを送ることは,「私的な」(private)という用語の軽蔑的な用法で言い表わされていた。つまり,共同体(コミュニティ)における社会生活や政治上の「栄誉」という,「大切なものを奪われること」を意味していたのである。しかも,ギリシア人の見方では,こうした経済的な関心に支配された私生活は「馬鹿馬鹿しいこと」であったし,また,人間らしいものでもなかった。[9]

　古代の評価では,政治学を頂点として,経済学は政治学や倫理学の二の次とされていたが,今日の世界観は明らかにこれと逆である。近代経済学の台頭から今日のポスト産業社会に至るまでの間に,経済学は社会的重要性と一般大衆からの尊敬という両方の面で,政治学と倫理学という人間知識の分野を追い越してきたのである。それでもなお,本章の議論の根底にある一つの主題は経済活動と経済的価値,そして,その研究を超えるものとして,道徳的価値観や(政治哲学を含む)政治学とその対象を頂点とする前近代的な評価を再検討するための対応方策について著し,また,それを支援することにある。その結果,経済思想と経済活動の社会的価値を多少なりとも低く評価することになるだろう。それは,政治的・倫理的に高い目標の実現を促進するための単なる手段で十分なのである(これは,おそらくは冒頭の題句の中でケインズが提案した線に沿うものであるが,これについては後述する)。

　富は倫理上の価値を達成するための単なる手段である,というアリストテレスの論点に加えて,ケインズの忠告にも耳を傾ける必要があるだろう。ケインズがいうように,「経済問題の重要性を過大評価してはならないし,必要だと思われる経済問題のために,より大きく恒久的に重要な問題を犠牲にしては」ならない。経済学者は歯科医と同じように社会的に必要とされている。しかし,社会にとっての経済学者の重要性はそうした経済活動や経済的価値という特定の対象にあるのであって,私たちが考えたり,実践したりすることのすべてを左右するような人間の最大の関心事であるべきではない。ポスト産業社会では,一般的な物質が満ちあふれていて,また,社会のすべてのメンバーが生存に必要なレベルの富と必需品を自ら手に入れることができるという——おそらく歴

史上初の——事実があるので，もっと多くの資産を手に入れるという経済問題が「過大評価」されているのである。

現代の世界では，産業社会的な発展を遂げていないような社会でさえも，「善き生活」をもっぱら経済的な用語で定義しているように思われる。経済的な強い願望が達成されているかいないかにかかわらず，世界的な範囲でそうなっているようにみえるのである。現代社会の中で，経済成長を公共政策の最も重要な価値観や目的として掲げていない社会はあるだろうか。

現代では，政治に対する社会的尊敬が失われているが，これは経済学を下位に位置づける古代の見方と類似しているようにみえるかもしれない。ただし，古代ギリシアでは，公共的・政治的な生活が尊重されており，経済的な領域は相対的に下位のものと評価されていたとはいっても，経済的な領域——または，不可欠な領域——から完全に「抜け出す」ことはできなかった。前掲の一節の中でアーレントがいうように，より善き政治生活を送るための必要条件を扱う経済学は，不可欠な分野だったのである。実のところ，現代の観察者にとって，古代思想の中で政治学と経済学の社会的な価値が異なっていたことは，不毛なことのように映るに違いない。政治活動は近代思想と近代的な社会生活と共に尊重されなくなっている。さらに，この社会秩序の次に到来した先進産業社会化の段階では，多くの市民が意図的な政治活動を完全に放棄していることが特徴的である。[10]

古代思想では，政治思想と政治活動を最も大切なものとし，経済思想と経済活動の上位に位置づけていた。近代ではこれが逆転し，さらにポスト産業社会では，後者が前者を圧倒している。私は，このことが数々の望ましくない結果をもたらしていることについて論じたい。私の考えでは，産業主義と結びついたこの革命的な価値観の変化をもう一度検討し，この変化をさらに逆転させて，かつての状態を取り戻すべきである。そのかつての状態とは，経済学の研究とその対象が手段的な価値しかもたず，したがって，政治と倫理を含んだ人間の経験の非経済的な目的の下に位置づけられる状態である。社会を「脱政治化」しようとする近代の試みは，もっともらしくみえる。経済還元主義にもとづく現代の「脱政治化」は望まれてはいるが，間違っている。なぜ，また，どのようにこの「脱政治化」は実現してきたのだろうか。これを理解する時にのみ，

先進産業社会化の時代に生きる私たちは，脱政治化の結果としてもたらされた社会病理現象を治療するための行動をとることができるようになる。私たちは，現代の社会秩序を「再政治化し」(repoliticize)，また，そのために必要な価値観と制度の変革を成し遂げなければならないのだ，と強く主張したい。

2　経済主義と「成長の限界」の挑戦

　今日の先進産業文明の本質的な要素は経済的な見方が覇権を握り，政治の評価が低くなっているところにある。この新しい社会的価値観の受容が他の進歩と共に産業主義と近代化の台頭を構成しているのである。しかし重要なのは，「成長の限界」という状況がこの近代の価値観の変化が象徴するものを重大な危機に晒している，ということである。したがって，この状況は一般的には暗黙的に，また時には，公然と政治学を経済学に従属するものとして捉える産業社会的な世界観の前提の誤りを示しているのである。この議論の根本的な主張の一つは，現代のエリート層と一般大衆が経済的な「成長の限界」がもつ重要な意味を十分に理解する時――また，おそらくは，その前でも――，価値観の革命（あるいは，反革命）の一部として本格的な「再政治化」(repoliticization) が生じるということである。

　こうした予測的な（ある面では，現代の産業危機ですでに経験されている）再政治化は先進産業文明の人々を古典的な政治の賛美へと引き戻すものでは必ずしもない。そうではなくて，経済的な価値観と活動，そして，経済的に規律づけられた研究が政治的な価値観と活動，そして，その研究よりもすぐれたものだとされている現代の趨勢を変革できるような社会秩序をもたらそうとしているのである。

　現在，「成長の限界」の危機を経験している（アメリカのような）先進産業社会では，この「再政治化」のプロセスが開始されはじめている，と私は信じている。また，ポスト産業文明における生活をよくしていく――「成長の限界」支持者は「生き延びる」(survive) と呼ぶだろうが――ためには，再政治化のプロセスが起きなければならない，と確信している。前よりもよい「新しい」(new) ものを求めることに取り憑かれている文化では，古い価値観が必ずしも

間違っているわけでも,劣っているわけでもないという——実際には今のものよりも理性的に好ましいという——見方を受け入れるのは難しいだろう。特に,限界なき経済成長という産業社会的価値観,ないし,私たちが「経済主義」(economism) と呼ぶものが普遍的になっていることや社会生活で経済的な価値観と活動に過度に傾倒していたり,また,それを過大に評価したりすることが普通となっていることを考えると,この見方を受け入れることは難しいだろう。

　したがって,ポスト産業社会における個人は自分の価値観をよく検討し,再考した方がいいだろう。実のところ,産業社会化以前の社会で支持されていたいくつかの価値観を再検討したり,また,それを無理なく受け入れはじめる上で,「成長の限界」はこの不安で規範的な分析に繋がる十分な刺激となるだろう。特に,政治や倫理のような生活上の非経済的な目的に高い敬意を払うことに関係している価値観が重要である。これらの価値観は古代と中世の社会でそうであったように,経済的な目的と活動を制限する役割を果たしている。アリストテレスに関するバーカーの議論を引用すれば,経済学は基本的に,規範的な目的を達成するための手段であって,こうした手段としての経済学は必然的にその目的によって制限されなければならないし,その目的が要求するものを超えてはならないのである。

　社会について学ぶすべてのものにとって,また特に,現在のポスト産業社会について学ぶものにとって,政治と経済の社会的カテゴリーを社会秩序の中に適切に位置づけ,また,それを相対的に評価することは本質的な課題である。すでにみてきたように,ポスト産業社会を特徴づける経済主義と政治の経済還元主義によって,これらの問題は大いに無視されてきた。それでは,経済的な「成長の限界」がもつ政治的な含意を分析することによって,この溝を埋めることに着手することにしよう。

3　近代経済学と近代社会

　近代経済学が創始されたのは,伝統的にアダム・スミス (Adam Smith) と1776年に初めて出版された彼の著作『諸国民の富』(*An Inquiry into the Nature and Causes of the Wealth of Nations*) によるものだ,とされている。スミスの研究は近

第3章　近代における経済学の登場と政治学の崩壊

代の経済学研究の草分けである。しかし、経済史家ならば何よりもまず、スミスに先立つ二つの経済学派の重要性を付け加える必要があるだろう。それは重農主義者と重商主義者である。スミスに始まり近代経済思想に至る一連の経済思想については、すぐれた歴史家たちの間で合意が形成されている。しかし、本論の目的にとって重要なのは、一方の重農主義者・重商主義者と他方のスミスの研究との違いである。この両者の違いには、政治学と経済学の関係についての違いが含まれている。

　17〜18世紀の「重商主義者」と呼ばれる論者は、私たちが経済学と政治学とに分類する現象を結びつけていた。彼らは、経済現象を政治形態の観点から捉えていたのである。また［著名な重農主義者の一人である］フランソワ・ケネー（François Quesnay）によれば、経済学は政治学から決然と独立しているものでもなければ、道徳から分断されているものでもなかった。

　スミスはグラスゴー大学で道徳哲学の教授を務めており、この分野で『道徳感情論』(*The Theory of Moral Sentiments*)を著しているのだが、彼の研究から近代経済思想の発展を理解することができる。近代経済思想の特徴は政治学と倫理学からの独立を宣言し、また、この二つの古い研究分野よりも大きな社会的意義が認められているところにある。道徳哲学者としてのスミスはまだ経済学を道徳から切り離していなかったが、経済学と政治学を分離させる契機を生み出した（これはその後、一般に「新古典派」(neoclassical)経済思想と呼ばれるポスト・スミス派、ないし、ポスト古典思想の中で発展していく）。こうした分割が近代社会における両者の評価の逆転を導いたのである。『諸国民の富』には、次のような一節がある。

　　自らの状況を改善するための個人の自然な努力は自由で安全な状態で努力を発揮することに耐えるならば、きわめて強い原理である。この努力はいかなる助力をも必要とせずに単独で、社会に富と繁栄をもたらすことができる。また、その実践を人間の本質的な愚かさがいつも妨げてしまう、という多くの厚かましい障害を乗り越えることもできる。

91

このスミスの言及に対して，アルバート・O. ハーシュマン（Albert O. Hirschman）は次のように論じている。

> スミスはここで，経済学は自律できる，と証言している。つまり，忍耐の限度が大きければ，経済が進歩するためには政治の進歩は必要ないというのだ。この見方では，政治学は「人間の愚かさ」（folly of man）の領域である。そしてその一方で，かなり幅広く，かつ，柔軟性に富んだ忍耐の限度をこの愚かさが超えることがなければ，カンディードの畑は見事に耕されるのである[16]［訳注：カンディードは，フランスの啓蒙思想家，ヴォルテール（Voltaire）の『カンディード，あるいは，楽天主義説』の主人公である。領主の甥にあたるカンディードは，当初楽天主義者として育てられたが，さまざまな苦難を経て楽天主義と決別し，自らの畑を耕すという労働に喜びを見いだすようになる］。

ハーシュマンの解釈によれば，スミスが「『人間の愚かさ』の領域」だとして政治学の価値を引き下げたことと共に，人間の探求の一領域として独立した経済学が形づくられはじめた。こうして，経済学は近代経済思想と近代思想の特徴的な要素として一般的に生まれ変わったのである。ここで重要なのは，スミスとデーヴィッド・リカード（David Ricardo），トマス・ロバート・マルサス（Thomas Robert Malthus），ジョン・スチュアート・ミル（John Stuart Mill）らの古典派経済学者によって創始された近代経済学の台頭が近代社会の台頭と時を同じくして生じたということである[17]。さらに近代の概念によれば，この近代経済学の起源とその産業社会における優位は中世の価値観と社会構造を覆した近代の価値観の革命を成している，と考えることができるだろう。

アーレントは，経済学は，「近代に至るまで倫理学と政治学のそれほど重要ではない部分」[18]だった，と特徴づけている。この特徴づけは近代経済学の起源と発展を探求し，それが現代の社会に対して啓示するものを探求している私たちにとって，格好の出発点を提供している。近代経済学の誕生について，まず，はじめに指摘すべきなのは，西欧文明における探求と社会的カテゴリーの一学問分野としての近代経済学が生まれたのはむしろ後のことだった，ということである。その一つの理由は，経済現象はそれ以前に存在していた政治学の研究

第3章　近代における経済学の登場と政治学の崩壊

領域と古代期と中世期について私が述べた哲学によって統合されていたからである。もう一つの理由は，近代経済学は善と悪を社会的に配分する手段である自由市場に依存している，ということである。次に，これらの点を取り上げることにしよう。

　ルイ・デュモン（Louis Dumont）は次のように述べている。

　　近代は人間の現象に対する新しい思考様式が生まれたこと，そして，それが個別領域として彫拓されてきたこと，を目の当たりにした。その思考様式とは，経済学（economics），または，経済（economy）という用語で，今日の私たちが思い浮かべるもののことである。この新しいカテゴリーは，どのようにして，近代の思考と一体となり，また同時に分割された部分を構成するようになったのだろうか。また，科学の専門分野の一大領域となったのだろうか。さらにこの新しいカテゴリーは，どのようにして近代世界において最も大切な価値観を多少なりとも体現するようになったのだろうか。

　私もこのデュモンの問いに取り組むことにしよう。つまり，独立した領域としての経済学はいかにして生まれたのか，どのように最高の社会的地位を獲得したのか，そして，これは近代社会，特に政治学について何を明らかにしているのか，ということについてである。

　すでにみたように，古代の思想では，経済学的カテゴリーと経済活動のいずれもが政治思想と政治活動の二の次であったし，また，従属していた。さらに，古代の政治学の目は「善き生活」の創造と維持に向けられていて，これに規範的に方向づけられていたので，古代の社会では，経済学は倫理学の一部分であったし，同じようにその下に位置づけられていた。

　古代期から下った中世の思想においても，「倫理学と政治学のそれほど重要ではない部分」として併呑された（おそらく，いくらかの経済学者は「還元主義者」だといいたいだろうが）経済学の定義が引き継がれていた。古代の先達と同じように，中世の考え方においても，経済活動は倫理的・宗教的に審査されていたのである。中世の行動基準はこうした倫理的・宗教的な観点から生まれており，また，その行動基準は財の適正価格の本質と高利貸しを防ぐ，というこ

93

の時代の重要な社会的課題にも適用されていた[22]。

中世思想における経済的な大前提は次のようなものであった。

> 経済的利益は救済となる現実の生業の二の次である。また，経済的行為は個人的な行為の一つの側面であり，この個人的な行為はその他の部分と同じように，道徳的な規律に束縛されていた[23]。

これらのことから，西欧文明における前近代のすべての期間にわたって，経済的カテゴリーはほとんど存在していなかった，といえる。この経済的現象が範囲を限定した概念の中にあるものとして理解される限りにおいて，経済現象は政治学と倫理学の大きく，かつ，重要な（「高等な」）個別領域の構成要素だと考えられていたが，独立した地位が与えられていたわけではなかった。経済学の専門分野とテーマが自律性と優位性を獲得するには，近代社会の台頭を待たなければならなかったのである。

すでに示したように，何人かの経済学者は近代に至るまで，また，経済学が独立した分野として立ち上がるまで，経済学の領域そのものが政治学と倫理学に対して誤って貶められていた，というかもしれない。彼らは歯科医と同じように，謙虚で特定化された仕事だとするケインズの考えよりも大きなものとして，経済学を捉えている。おそらくこれは，独自の解釈を持ち，正当で独立した領域としての経済学が歴史的に存在していなかったことへの反応なのだろう（産業社会とポスト産業社会で，経済学とその価値観が優勢となっていることを批判する人たちは，これを「過剰反応」と呼ぶだろう）。この反応が近代経済学を創始する動機となったのである。確かなことは，経済学と政治学，そして，倫理学がもつ社会的価値の優先順位にこのような変化がみられるということこそ，前近代文明と近代文明の間にある大きな価値観の違いを明らかにしているということである。経済史家のカール・ポランニー（Karl Polanyi）は19世紀の社会革命がイギリスの市場社会にもたらした影響について論評しながら，この重要な点を把握している。

「自己調整的市場」（a self-regulating market）が要求するものは，社会を経済的な

第3章　近代における経済学の登場と政治学の崩壊

領域と政治的な領域に制度的に分断することに他ならない。事実上，このような二分法は自己調整的市場の存在を社会全体の観点から再表示しているにすぎない。あらゆる時期のあらゆる社会において，この二つの領域への分割がみられる，という主張がなされるかもしれない。しかし，この種の推論は誤謬にもとづくものであろう。確かに，財の生産と分配の秩序を保証する何らかのシステムをもちあわせていない社会というものは存続することができない。しかし，これは切り離された経済制度が存在することを意味しているわけではない。通常，経済秩序というものは，それを包含している社会秩序の一つの機能にすぎない。すでにみたように，部族の状況のもとでも，封建主義の状況のもとでも，また，重商主義の状況のもとでも，独立の経済システムが社会に存在しているということはなかった。経済活動が孤立化され，また，この経済活動が個別の経済的な動機に帰属させられている19世紀の社会は，実際のところ，特異な逸脱的な事例なのである。[24]

ごくまれにではあるが，近代の産業社会的で，非宗教的な大衆社会秩序の成立──一般に「産業革命」(industrial revolution) と呼ばれるもの──は，「価値観の革命」(revolution in values)[25]であるとか，「道徳観の危機」(moral crisis) や「精神の革命」(spiritual revolution)[26]だ，と理解されている。これらは伝統的な価値観が捨てられ，新しい価値観によって取って代わられたことを意味している。おそらく，その新しい価値観というのは何よりもまず，典型的に近代になってから生まれた自律的な社会的カテゴリーとしての経済学のことであり，これが近代的な価値構造の中で優位を占め，また，独立した学問分野としても優先されているということである。この近代における価値観の革命は，政治が上位にあった歴史的な政治学と経済学の関係を変え，その代わりに，社会全体と個別のアクター（行為者）のいずれにおいても，経済的な目的と活動が称賛されるようになった。さらに，これに合わせて政治活動の価値が低下し，社会的カテゴリーとしても，また，社会的価値の面でも高く位置づけられていた政治学が排除されるまでに至った。産業社会における政治学の信用は失墜し，ついには倫理学と宗教もまた，「価値の非認知主義」(noncognitivism) によって非論理的だと呼ばれる立場に追いやられ，その社会的価値を劇的に低下させたのである。

95

第Ⅱ部　政治学の還元主義と近代経済学

　ルイス・マンフォード（Lewis Mumford）は資本主義（または，「近代産業主義」（modern industrialism）と呼ばれるもの）について述べる中で，この驚くべき近代の価値観の革命の広がりについてきわめて明確に述べている。

> 新しい資本主義の精神はキリスト教的精神を表わす基本的な倫理観への挑戦である。事実，資本主義者の価値観の枠組みはキリスト教の七つの大罪のうちの五つ——傲慢・嫉妬・暴食・強欲・色欲——をすべての経済的なビジネスにとって不可欠の誘因であるとして，肯定的な社会的美徳へと変えた。またその一方では，愛や人間性をはじめとする基本的な美徳は，「ビジネスにとって悪いもの」（bad for business）として排除されたのである。[27]

　近代経済学の分野が独立し，また，高く称賛されるようになったという変化と社会的尊敬の中で経済活動が高く評価し直されたということはいずれも，（この類のあらゆる一般的で社会的な革命的変化がそうであったように）一夜のうちに生じたわけではなかった。さらに，それまでは政治的・倫理的な価値観によって厳しく制約されていた人間の一部の行動に対する新たな見方は確かに経済学を解放したが，しかし，おそらくはそれがまた，現代の限界なき経済成長への依存を生み出しもしたのである。
　もう一人の著名な古典派経済学者，トマス・マルサス（Tomas Malthus）に目を転じてみると，（ハーマン・E. デイリー〔Herman E. Daly〕が「政治経済学の最初の教科書」と呼ぶ文献の中に）次の主張をみることができる。

> 政治経済学の成果は人間科学の他の多くの領域の成果よりも厳密科学の性質を強くもっているといわれてきたし，また，おそらく，それは事実であろう。政治経済学には，多くの一般法則が存在している。〔しかし〕政治経済学は，数学よりも道徳科学や政治学との近似性をもっていることを認めざるをえないだろう。[28]

　すなわち，「政治経済学」（political economy）として知られていた古典派経済学者の時代でも（1980年に出版されたアルフレッド・マーシャル（Alfred Marshall）の教科書『経済学原理』（*Principles of Economics*）までは，「経済学」と呼ばれることは

第3章　近代における経済学の登場と政治学の崩壊

なかった), その分野には, 政治と道徳に特権を認めるかつての伝統が残されていたのである。もしも経済学がこれまでに探求分野として完全に独立し, また, その研究対象が独自の人間行動の社会的なカテゴリーとして正当性をもっていると認められたのであれば——いうまでもなく, 近代社会ではそれが支配的な見方となっている——, 政治学と倫理学という旧来の分野と経済学との伝統的な関係を逆転させるだけではなく, さらに政治学と倫理学から経済学を切り離すことが必要となったのである。

> 近代世界では, 経済的な視点が優位を占めていることを考えると, この視点は近代人の精神構造に深く根ざしていると思われる。もしも, 政治的な領域から個別の領域が開拓されたのならば, 経済学の観点は, 政治的な領域からの解放を求めた。その後の歴史は, この「解放」(emancipation) にはもう一つの側面があったことを教えてくれる。それは, 経済学は道徳性からも自らを解き放たなければならなかった, ということである。

古典派経済思想のすぐ後の後継者, つまり, 新古典派経済学が発展するまでは, こうした政治学と道徳性からの経済学の必然的な「解放」は完全には生じていなかった。今でも影響をもっているこの経済思想の一学派について徹底的に分析することはここでの議論の範囲を超えるが, この学派のリーダーたちは20世紀の最後の四半世紀にこの思想について書き記しており, 現代の経済的思考にいまだに多大な知識を与えている。現在の経済学者の多くにとって, 彼らの専門分野の土台は今もなお, 新古典派の範疇内に置かれているのである。

それでもやはり, 今でも影響力をもっていて, 私たちのテーマに関連している新古典派経済学の主な教義のいくつかについては, 書き留めておくだけの価値がある。その教義の第一は, 経済的な探求を厳密な自然科学にしようとする新古典派の努力である。これをポール・エーリックとアン・エーリック (Paul and Anne Ehrlich) は, 「『物理学への羨望』(phsyics envy) の進行症例を患っている」と呼んだ。科学的であろうとする努力は新古典派経済学者が経済学の規範的な伝統を排除することを導いた。モーリス・ドッブ (Maurice Dobb) は古典派以前の経済学と古典派経済学に由来する, 経済学のこの規範的な伝統に応え

97

て次のように報告している。

>　[非合理的なものとして規範的な言説を排除する]実証主義者（positivist）は，[規範的な言説は]異質な要素であるし，また，領域侵犯でもあるので，科学的な学問領域（ディシプリン）として，経済理論にそれらを持ち込むのを避ける傾向がある。実証主義者はいわば，何であるかということについての実証主義的な言明には関心はあるが，何であるべきかということについては関心がないのだ。

また，「経済学におけるイデオロギー」というテーマについて，ある経済学者は次のことを認めている。

>　経済学者は一般的に，イデオロギーの問題に不快感を感じる。なぜならば，この問題は専門家のアイデンティティを脅威に晒すし，また，この分野の一連のツールや概念，研究の手続き，そして，分析に対する信念をも脅威に晒すからである。「科学者」（scientists）としての地位に経済学者が望むものを考えると，まさにイデオロギーという概念はそれを脅かすのである。

　価値判断を避け，「価値の非認知主義」を支持する論理実証主義者の科学的な姿勢が経済学の中でとられはじめたのは，いずれも新古典派経済学によるものだ，といってもよいだろう。
　新古典派経済学者は古典派経済学が信頼していた経済分析単位のレベルをも変えた。古典派経済学者の広範で，社会的レベルの問題点，例えば，古典派経済学のリーダーの一人であるリカードが「政治経済学の根本問題」だと考えた，富の社会的分配などといった社会問題はミクロ経済学という新古典派の下位領域を成す，より小規模な意思決定者——家計，企業，産業——の経済行動分析に取って代わられた。「この転換についてある解説者は次のように述べている。すなわち，古典派では非常に重要な問題であった成長と分配の問題を，例えば，『なぜ，一個の卵の費用が一杯の紅茶の費用よりも高いのか』といったような些末な問題に置き換えるようなものだ」と。もう一人の経済学者は，新古典派経済学者が研究課題を変えていること，特に分配の優先順位を下げていること

に対して，次のように述べている。「私たちはミクロ理論を一つの学期で教え，マクロ理論をその次の学期に教えるという強制的な命令に真面目に従っているので，分配理論を教えるのに適した時機は，たった一つしかない。それは，この二つの期間の間のクリスマス休暇である」と。[37]

　消費者の期待効用に対する主観的な知覚を経済活動の鍵だとみなす，「限界効用逓増」（marginal increments of utility）という考えが新古典派経済学者によって発見されたこと——これをドッブは「ジェヴォンズ主義者の革命」（Jevonian Revolution）と呼んでいる——に加えて，新古典派は自然科学的な方法論としての，論理実証主義の説明に夢中になった。彼らは経済学と経済問題を自由市場の働きと同一視する自らの経済研究にこの知的方法論を適用することを試みたのである。ここで私たちの議論にとっておそらく最も大切なことは，シドニー・ワイントラウブ（Sidney Weintraub）が強調した，富と所得の分配の問題のように，それまでは古典派経済学の先行研究の中で中心的な経済問題として捉えられていた問題の重要性が低下したことを新古典派経済学者は示している，ということである。

　古典派経済学は財産の所有についての政治的・社会的な制度や政治権力との関係に含まれている階級関係といったような，社会的な善と悪の分配を決定する非経済的で，因果関係的な要素に焦点を当てていた。しかし，新古典派経済学者はこれらの要素を財産と社会関係がもつ政治的な側面から独立しているとみなされている市場での経済的な取引条件という，純粋に経済的な要因に差し替えた。[38]この古典派経済学と新古典派経済学の関心の違いは，政治学と経済学の関係と政治経済を再生できるか，どうかの可能性に大きく影響する。ある政治学者は新古典派経済学を用いて政治経済の領域を再生するには，主として，次のような壁があると述べている。

　　［市場主導の新古典派］経済学の核心となる象徴(メタファー)は市場であり，政治学のそれは権力であるが，この二つの概念はうまく適合しない。もしも市場が円滑に機能するのであれば，権力の行使は不可能である。これは理論を統合するための出発点としては，きわめて不都合なことである。[39]

新古典派経済学にはこのような性質があるため，政治学と経済学はほぼ完全に分離して発展してきたし，実践面でも，お互いに分離されながら，個別の研究が行われてきた。こうした政治学との分離はスミスが部分的に手掛けたものであるが，新古典派経済学が実証主義にもとづいて規範的な言説を棄却することで，経済学は政治学から完全に分離した。この時機をもって，経済学は完全に自律したのである。経済的な財の分配という特定の問題についてみれば，新古典派への移行は何よりもまず，それまでは中心的であった（古典的な）経済問題を不用意に説明するという点で，重大な変化を伴うものであった。分配についての分析の焦点が社会・政治的な原因から，交換関係という「純粋経済的」（purely economic）な市場内部の原因へと変わったのである。この根本的な還元主義は分配パターンの主な要因として，政治的にきわめて重要な権力関係を（大抵の場合，暗黙的ではあるが）除外するという性質を必然的にもっていた。産業経済が発展するにつれて，また，競争的な資本主義が先進産業社会の中で会社資本主義へと進化するにつれて，政治面を縮小した市場の議論は（かつては受け入れられていたとしても）もはや受け入れられないということを念頭において置かなければならない。もしも，実際に19世紀の市場社会で一度，政治権力が失われたとするならば——私はこれを否定するが——，現在の資本主義で市場支配が進み，また，多国籍化と企業の寡占化が進むと共にそれは逆転し，手痛い仕返しを食らうに違いない。[40]

4 政治的に独立した経済学のイデオロギー的な含意

研究分野を自律させようとする近代経済学の動機，また，政治学と倫理学のどちらからも「解放」させようとする動機は，トマス・S. クーン（Thomas S. Kuhn）の研究の影響を強く受けている現代世代の科学者であれば容易に理解できるはずだ。クーンは，独立した分野の地位にある研究者がもつ理論的・非理論的な利益について研究している。[41] 独立した存在であることが科学者の学会組織にもたらす優位性は特に，経済学に強くみられるが，理論枠組みの考え方を共有することで，同じ専門分野にいる他の研究者とのコミュニケーションが容易になるだけではなく，他の学会組織と同じように，学会組織の財の分配に

第3章　近代における経済学の登場と政治学の崩壊

すぐれていることにある。つまりこれが，彼らが研究することになっているまさにその経済の中で，実際に役職についている経済学者の立場なのである（経済学者は学会組織の外で雇用されるという点については，すべての社会科学者をリードしている[42]）。

　著名な経済学者である，グンナー・ミュルダール（Gunnar Myrdal）は経済学におけるイデオロギーと規範的判断の役割を反映している，「御用経済学者」問題（captive economic scientist）との関連で，経済学者の「関心と偏見」について次のように論じている。「当たり前のことだが，一番大切なものは社会全体の影響力である。この影響力は経済学者の研究にまさに直接的に圧力を加えるので，有力な利害関係者や先入観に沿った結論を導かせてしまう[43]」と。成長反対論者のヘンダーソンはこの御用経済学者の問題について，経済学者のジョン・ケネス・ガルブレイス（John Kenneth Galbraith）を解釈しつつ，「経済学者はほとんどの場合，自分を支えてくれたり，雇ってくれたりする既存の取決めの支持者，または，擁護者になっているとガルブレイスは批判している」と述べている。さらに，彼女はこれに続けて，この現象を次のように描写している。「中心市街地の再開発や高速道路，そして，競技場といったような，私的，ないし，公的な事業計画の立案者が経済学者を雇うことがよくある。それは自らの計画を必ずや正当化してくれるための費用便益分析を準備するためである[44]」と。

　科学者たちの研究活動には社会学的・心理学的な要因が影響を及ぼしていることを重視するクーンやその後継者たちの研究と前述の経済学者の発言から，ある分野の研究者とその研究課題や方法論，そして，その結論には，その分野の外にある認知不可能な影響力が重要な影響を及ぼしていることを理解することができる。実際のところ，その分野の研究領域の定義そのもの，つまり，例えば，「経済学」（economics）や「政治学」（politics）のように，その領域の範囲を確定する概念の定義そのものでさえも，外部要因から影響を受けているといってもよい。「経済学と政治学の分野の分裂は，同族的，組織的，社会学的な構成要素，そしてまた，知的な構成要素を伴っている[45]」のである。

　私は，ここには「イデオロギー的」な（ideological），あるいは，規範的な構成要素が明らかに含まれていることに同意するし，むしろそうであることを望

んでいる（ただし「同族的」〔tribal〕，ないし，「社会学的」〔sociological〕が「イデオロギー的」〔ideological〕を意味する場合を除く）。すでにみてきたように，経済学と政治学の場合には，こうした核となる概念が定義するものの範囲がとりわけ，重要であり，また，価値を担ってもいる。政治から独立し，切り離された経済学が台頭している状況の中で私たちが経験しているものは，環境運動のある部分についてリチャード・ノイハウス（Richard Neuhaus）が批判しているもの，つまり，「政治学の中で最も悪い類のものは，自らを政治学として理解することを止めてしまった政治学だ」という事実なのかもしれない。翻ってみてみれば，「政治的」なものすべてを軽蔑的にみてしまうポスト産業社会の一般大衆は近代経済学そのものが政治的ではないものの象徴だ，と誤解しているのだろう。経済学は政治的ではないというこの誤ったイメージが，結果的に，一般大衆の経済学に対する尊敬を強めているのである。

　ある言説や世界観に政治的な要素が含まれているのは避けられないのだが，それが公表されていない場合，それはしばしば，本当の政治現象を（本章の冒頭の題句にあるヘンダーソンの用語を用いれば）「偽装している」（disguise）のではないかと疑われる。この偽装は，一般的に，イデオロギー的な目的や階級利害の目的のために行われる。近代経済学は政治的ではないというイメージは誤ってはいるものの，広く受け入れられている。おそらくはこのイメージを，ヘンダーソンは「脳障害の一形態」（a formot brain damage）という言葉で表現しようとしたのだろう。この認知的な病状は，還元不可能な政治的な構成要素が近代の経済関係の中にあるということを理解することもできなければ，想像することもできない，というところからきているといえる。その原因は経済主義，あるいは，近代では，政治が経済に還元されているところにある。

　政治学的な領域についての広範，かつ，前近代的な概念は経済問題を本質的な要素の一つとして含んでいたし，また，経済問題にとっての規範的な目的にも伴っていたが，この概念は次のような問題についても一連の価値観を示していた。つまり，公共的生活は個人的な関心よりも上に位置づけられていたし，物的対象を手に入れることを求める目的よりも，物的ではない目的（精神的な目的，または，道徳的な目的）の方が優先されていた。また，国家が市民生活に関与する責任とその範囲は広く，規範的な言説の合理性も認められていた。こ

れに対して，政治的だと思われるものから解放された経済学分野の還元主義的で，近代的な概念はこれよりもずっと狭く，個別的であり，科学的なものに限定されていて，価値中立的である。こうした概念は政治学と政治を優位的合理性（superior rationality）なものとしてその社会的な価値を批判しつつ，前述と同じ問題に対して，全く逆の順位づけを行っている。つまり，個人的生活の方が公共的生活よりも重要であるし，また，物質主義は非物質的な価値観にまさっているのである。さらには，国家の責任とその活動範囲は狭く限定的であって，また，規範的な言説も非合理的だとされるのである。

政治学と道徳というかつての上位の領域から分離することで，自律的な経済学が確立されたが——これに伴って政治学と道徳は今や不評を買い，無意味なものだと考えられている——，この自律的な経済学の確立が暗示している価値観の変化は，私たちの近代的な価値構造が大きく変化したことの本質を映し出している。古代と中世の哲学者だけではなく，初期の前古典派である重商主義者と重農主義者でさえも，政治権力や道徳上の善，宗教的な救済，あるいは，その他の非経済的価値に対する一つの手段として，経済学と経済活動を捉えていた。重商主義者についていえば，「これらの実践を理論化する人たちは，自分たちのことを経済学者とは呼ばなかった。彼らは，自らの政策と活動を説明し，正当化しようとする政治家でもあり，商人でもあった」とヘンダーソンは述べている。

これまでのすべての文明社会の人々の経済活動と経済関係は人間存在の非経済的な側面や政治学や道徳といった彼らが尊重していた価値観の陰に埋もれており，また，それらによって正当化され，制約されていた。これは，ポランニーが自らの重要な研究の中で展開した中心的な主張である。彼は先進産業社会に生きるすべての人々が考えるべき歴史的事実について，次のように簡潔に述べている。

> あらゆる種類の社会は経済的な要因によって制約されている。ただ一つ，19世紀の文明だけはこれとは異なる独特の意味で経済的であった。つまり，彼らは人間社会の歴史の中で正当なものだと認められたことのほとんどない動機，また，日々の生活における活動や行動の大義名分のレベルにまでもち上げられたことなどこれまで

に全くない動機を自らの基礎に置くことを選んだのである。その動機とは，利潤(gain)である。[49]

したがって，経済学として知られている知識部門の自律性が確立され，また，正当化された時点で，経済活動の大義名分としての役割を非経済的な目的が果たすことは，もはやできなくなった。実際のところ，もしも非経済的な目的が大義名分として受け入れられていたならば，それは経済活動の制約となっていただろう。こうして，飽くなき経済的な目的と活動に意味と大義名分を与えるために，純粋に経済的な目的が必要となったのである。非経済的な目的（主として政治的・道徳的な価値観）が取り除かれ，価値の非認知主義に沿った価値中立的で科学的な立場が強まる中で，前近代社会ではもっぱら道具的であった経済的な手法は固有の目的へと変貌を遂げた。なぜかといえば，目的のない手段は，非合理的だからである。

近代経済学の分野では，価値観からの独立を主張し，また，価値観を排除することを主張することで，いかなる価値観も選択しないようにしている。しかし，実のところ，これが経済成長という選りすぐりの経済的な手段を自己正当化して，固有の目的に変えてしまっている，というのは皮肉なことである。伝統的に経済的な手段の目的となっていた社会的な目的を取り除き，経済的な手段だけを残して，経済的な手段そのものにかつての全体的な目的の役割を果たさせているということこそ，近代経済学の還元主義的な点なのである。

伝統的な前近代社会の目的は，主として，政治学と倫理学，そして，神学に由来している。近代というのは，この社会の目的を取り除くという価値観の革命にもとづいているということを理解すれば，近代の産業文明の始まりと共に人間のものの見方が劇的に変わったことをより正しく理解することができる。取引が拡大したということと，新しい経済的な階級が政治権力へと成長したということだけでは，西欧文化を経済的価値観と経済学が支配するようになったことや「限界なき経済成長」イデオロギーの台頭と近代を構成するその支配を部分的にしか理解できない。[50]これらに加えて，社会の世俗化や経済学と同じように政治学の研究から価値観を取り払おうとする試み[51]（あるいは，産業危機を論じているマーレイ・ブックチン〔Murray Bookchin〕がいうところの，「政治学の脱規範

第3章　近代における経済学の登場と政治学の崩壊

化」〔denormatization of politics〕(52)），そして，政治プロセスにつきまとう中傷といったもののすべてが，中世から近代にかけて世界観が変化した重大な要因なのである。

　マルクス主義者でなくとも，19世紀の資本家階級が直面した問題とその解決法を理解することはできる。自分たちの社会で富と所得が不均等に分配されていることを正当化するために，また，経済をより一層成長させることは正当なことなのだと弁明するために，政治的・倫理的・宗教的な価値観を取り除いてしまったので，この伝統的な正当化のやり方を排除したことでできたすき間を埋めるべく，新しい社会秩序から利益を得ている人たちは新しい一連の社会的カテゴリーと価値観（マルクスならば，「イデオロギー」と呼ぶだろう）を必要としている。ドイツの社会学者，ハンス・ペーター・ドライツェル（Hans Peter Dreitzel）は正当化に関する産業危機について，次のように述べている。

　　……有産階級（bourgeois）は宗教を排除した正当性の問題を解決する方法をそのルールの経済的な基盤の中に見い出した。市場資本主義の時代では，有産階級のルールを正当化する主な根拠は市場では，誰もが同じようにチャンスを与えられている，というアイディアであった。しかし，独占資本主義と国家の介入が進んでからというもの，有力な有産階級による支配と持続的な不平等は，1人当たり所得が安定的に増えること［つまり，経済成長］によって，うまく正当化されるようになった。すべての産業社会が相変わらず富と所得の不均等分配という絶えざる特徴をもったままではあったが，経済生産が成長し続けたので，生活水準は確実に上昇した。下層階級であっても，この生活水準の上昇によって，それまでの経験をはるかにしのぐ水準の物的な満足をすべての世代が享受したのである。(53)

　自律した近代経済学が台頭したことやその意味が含意されているけれども，否定されている価値観（価値中立性と自己調整的市場メカニズムを主張しているにもかかわらず，そうした価値観の最たるものは「限界なき」成長である）が受け入れられたことによって，この大義名分，あるいは，イデオロギーのすき間がうまく埋められた。この点を踏まえれば，先に引用したデュモンの主張をよりよく理解することができるだろう。経済学は，「近代人の精神構造に深く根ざした」

一つのカテゴリーとなっているのである。

　この終わりなき経済成長を政治的に決定的に正当化していることと，そのイデオロギー上の役割は経済的な「成長の限界」とこの限界の認識とを結びつけることで発生しているポスト産業社会を変革しようとする社会運動とそのオルタナティブな価値観によって，根本的な危機に晒されている。このことはそうした限界と運動が政治的に大きな影響力をもっていることを明らかにしている。こうした運動は自らの存在を強調すると共に，成長を基盤としない価値観と社会制度を受け入れることを重視し，限界なき経済成長という普遍的な政策目標を先進産業社会の繁栄のために掲げることを止めなければならない，ということを強調しているのである。

　近代化と結びついて価値観が変化したことを示す重要な例証は人間労働の意味と目的に関するものである。近代社会には，伝統的な家父長制や封建制にみられる労働に対する義務がないために，生物学的に生き延びるという域を超えて働き続けるためには，何らかの新しい理由が必要となる。この点で，個人的な富を際限なく蓄積すること——これこそまさに，限界なき経済成長のイデオロギーとポスト産業社会の本質である——が決定的な役割を担っている。この時代のある政治学者は，次のように述べている。

　　これらのすべての制約［蓄積に対する伝統的な制約］は取り除かれなければならないし，そこでまた，他の制約を考え出す理由もない。実のところ，あらゆる制約はおそらく，市場システムを妨害する何かの道徳的な原理に照らして正当化されなければならないだろう。肝心なのは，伝統的な制約と共に道徳からも逃れることなのだ。[54]

　いうまでもなく，経済的な蓄積を制約するという役割を担っていた前近代社会における非経済的価値観（例えば，高利貸しの禁止）が切り捨てられた時に，終わりなき消費という規範的な目標を達成するために何よりも大切な，限界なき経済成長と限界なき経済活動を基礎に，一つの文明が築かれたのである。[55]

第3章　近代における経済学の登場と政治学の崩壊

〔注〕
(1) Keynes, John Maynard, "Economic Possibilities for Our Grandchildren," in John Maynard Keynes, *Essays in Persuasion* (New York : W. W. Norton, 1963), p.273. (救仁郷繁訳『説得評論集（新装版）』ぺりかん社, 1987年)
(2) Henderson, Hazel, *The Politics of the Solar Age : Alternatives to Economics* (Garden City, N. Y. : Anchor Press/Doubleday, 1981), p.124, fn. 11 ; and p.181.
(3) この言及に関して, 特筆すべき例外はウィリアム・オフュルス (William Ophuls) とレスター・W. ミルブレイス (Lester W. Milbrath) の研究である。前者については, 以下の研究を参照されたい。"Leviathan of Oblivion?" in Daly (ed.), *Toward a Steady-State Economy,* 1973, pp.215-230, "The Politics of the Sustainable Society," in Dennis Clark Pirages (ed.), *The Sustainable Society : Implications for Limited Growth* (New York : Praeger, 1977), および, *Ecology and the Politics of Scarcity,* 1977。

ミルブレイスの研究には, 次のものがある。*Environmentalists : Vanguard for a New Society* (Albany : State University of New York Press, 1984), *Envisioning a Sustainable Society,* 1989.

また, リントン・K. コールドウェル (Lynton K. Caldwell), ハロルド・スプラウトとマーガレット・スプラウト (Harold and Margaret Sprout), デニス・C. ピラージェス (Dennis C. Pirages) の研究にも言及しておくべきであろう。コールドウェルについては, Lynton K. Caldwell, *Man and His Environment : Policy and Administration* (New York : Harper and Row, 1975) を, スプラウト両氏については, Harold and Margaret Sprout, *The Ecological Perspective in Human Affairs with Special Reference to International Politics* (Princeton : Princeton University Press, 1965), および, *The Context of Environmental Politics : Unfinished Business for America's Third Century,* 1978, を, そして, ピラージェスについては, Pirages and Ehrlich, *Ark II,* 1974 ; Pirages, *The New Context for International Relations,* 1978, および, 'Introduction : A Social Design for Sustainable Growth,' in Pirages (ed.), *The Sustainable Society Implications for Limited Growth,* 1977, pp.1-13, を参照のこと。

経済成長に関する政治的分析の欠如という論点に対して, ここで指摘しておくべきことは, これらの政治学者たちは「もっぱら」環境問題を重視しているということである。とにもかくにも, 彼らが「成長の限界」研究に貢献したといえる範囲では, 生態学的な知識にもとづいた政治学的視点が尊重されるべきであって, 経済成長「そのもの」についての議論はほとんど, あるいは, 全くない。ましてや, 経済成長の将来の方向性についての議論は皆無である。例えば, 前述のコールドウェル, スプラウト, ピラージェスの研究の中で, 12ページを超える目次に経済成長という項目が記載されている研究は一つもないのである。ここに, ミルブレイスの最新の研究との違いがある。

「成長の限界」問題の研究に関して政治学者の関与がないことをさらに裏づけるために, 次の事実を紹介しよう。アメリカの 2 巻に及ぶ膨大な研究『西暦2000年の地球』(*The Global 2000 Report*) には100名を超す顧問がいたが, 所定の所属機関

の中で見つけることができた政治学者は,ピラージェスだけであった。"Informal Advisers to the Study," volume II, The Technical Report, pp.xiii–xviii, の一覧を参照のこと。
(4) 経済学の科学的な印象を強める目的で,「ノーベル経済学賞」設立の意味が意図的に歪められていることについては,Henderson, (1981), を参照されたい。この研究の中で彼女は,ノーベル経済学賞は「実際にはノーベル賞とは全く異なる。実はノーベル経済学賞は,1968年にアルフレッド・ノーベル (Alfred Nobel) を記念して,スウェーデン中央銀行 (the Central Bank of Sweden) が14万5000ドルで設立したものであって,唯一,ノーベル自身が設立したものではない賞である」と述べている。
(5) ここでは,「還元主義」(reductionist) を「ある対象(ないし,説明)を他の対象へと還元するという主張は誤っている,という批判」の意味で用いている。これは次の文献の題名と同じ用法である。*Beyond Reductionism : New Perspectives in the Life Sciences*, edited by Arthur Koestler and J. R. Smythies (eds.), (New York : Macmillan, 1969).
　何らかの(生物学のような)対象に関する一般的な科学的還元の本質は,科学哲学の領域ではきわめて論争的であるが(ただし,誠実な科学者は均一性の価値を認めている),一つの基準点として,自然科学者による次の定義を示しておく。「還元は,二次科学[還元された科学]の経験的法則(および,適正なものであれば,その理論)が一次科学[還元する科学]の理論仮説(連動する定義を含む)の論理的帰結であることが明らかな時に効果的である。[加えて,]ある程度の証明力をもった経験的証拠により裏づけられた一次科学の理論的仮定という非公式的な必要条件として課されるならば,還元は妥当であるように思われる」。Ernest Nagel, *The Structure of Science : Problems in the Logic of Scientific Explanation* (New York : Harcourt, Brace and World, 1961), pp.352, 358, を参照のこと。
(6) Hannah Arendt, *The Human Condition : A Study of the Central Dilemmas Facing Modern Man* (Garden City, N. Y. : Doubleday/Anchor Books, 1959), p.29. (志水速雄訳『人間の条件』筑摩書房,1994年)
(7) *Ibid*., pp.31, 34.
(8) Ernest Barker, Introduction to *The Politics of Aristotle* (New York : Oxford University Press, 1965), p. lvi. (強調点は原著者による)
(9) Arendt, 1959, p.35. ヘンダーソンは,次のように説明している (Henderson, 1981, p.162)。「『私的』(private) という言葉はラテン語の『*privare*』に由来しており,『それは他者から奪うことを意味していた。これは権利を第一にまた,最も重要な共同体性(communal)に関する古代に広く普及していた見方を示している」(強調点,原著者)。
(10) 現代における政治の崩壊に関する詳細な議論については,Richard Sennett, *The Fall of Public Man : On the Social Psychology of Capitalism* (New York : Random House, 1978), を参照されたい。また,アメリカ人による政治参加が非常に低水準にあることについては,アメリカ人の世論と行動に関する一般的な教科書を参照し

て欲しい。そこでは，最も最近の大統領選である1988年の選挙で，有権者の投票率が一時的に50%をわずかに上まわっていることが示されている。

(11) 一例として，以下を参照のこと。Ludwig von Mises, "Introduction: Why Read Adam Smith Today?" in Adam Smith, *An Inquiry into the Wealth of Nations* (Chicago: Henry Regnery, 1953), p.v; Louis Dumont, *From Mandeville to Marx: The Genesis and Triumph of Economic Ideology* (Chicago: The University of Chicago Press, 1977), p.38.

(12) Dumont, *ibid.*, pp. 34, 38. （強調点，原文のまま）

(13) William J. Barber, *A History of Economic Thought* (New York: Penguin Books, 1977), p.25, を参照のこと。

(14) ダニエル・ベル (Daniel Bell) は，スミスに対して，「経済学は規範，および，道徳と一体不可分である」とコメントしている。Daniel Bell, "Models and Reality in Economic Discourse," in Daniel Bell and Irving Kristol (eds.), *The Crisis in Economic Theory* (New York: Basic Books, 1981), p.56.

(15) ハーシュマンによる引用。*The Passions and the Interests: Political Arguments for Capitalism Before Its Triumph* (Princeton: Princeton University Press, 1978), p.103.

(16) *Ibid.*, pp.103-104.

(17) これらの古典派経済学者については，以下を参照されたい。Barber, 1977, chapters 2-4, および，Maurice Dobb, *Theories of Value and Distribution since Adam Smith: Ideology and Economic Theory* (Cambridge: Cambridge University Press, 1973), Chapters 3-5。

(18) Arendt, 1959, p.39.

(19) 中世と近代の世界観の相違に関するすぐれた研究としては，Tawney, *Religion and the Rise of Capitalism,* 1961, を参照のこと。

(20) 近代経済学が市場を基礎とする社会の存在に依存していること，および，この社会が後に形成されたことについては，Adolphe Lowe, *On Economic Knowledge: Toward a Science of Political Economy, Enlarged Edition* (Armonk, N. Y.: M. E. Sharpe, 1983), pp.31-32, を参照されたい。また，近代社会が市場に依存していることについては，Karl Polanyi, *The Great Transformation: The Political and Economic Origins of Our Time* (Boston: Beacon Press, 1957)（吉沢英成訳『大転換——市場社会の形成と崩壊』東洋経済新報社，1975年）も参照のこと。

(21) Dumont, 1977, p.33. （強調点，原文のまま）

(22) Barber, 1977, p.17.

(23) Tawney, *Religion and the Rise of Capitalism,* 1961, p.34.

(24) Polanyi, 1957, p.71, 邦訳，95ページ。

(25) この表現はデュモンから引用した。原典ではイタリック体になっている。Dumont, 1977, p.7.

(26) これらの表現はトーニーによるものである。Tawney, *Religion and the Rise of Capitalism,* 1961, p.227. 産業革命についての文献は膨大だが，最初はポランニーの前掲書とトーニーの上記文献をお薦めする。

第Ⅱ部　政治学の還元主義と近代経済学

⑵⁷　Mumford, 1967, volume 1, p.277.
⑵⁸　Daly, *Steady-State Economics,* 1977, p.3, fn., を参照のこと。この箇所にマルサスの引用文が記載されている。
⑵⁹　Bell, "Models and Reality in Economic Discourse," 1981, p.47, を参照のこと。
⑶⁰　Dumont, 1977, pp.26, 36.
⑶¹　この新古典派経済学に関する議論については，以下の論者に依拠している。まず，ドップは，古典派経済学から新古典派の革命への功績を W. S. ジェヴォンズ(W. S. Jevons) に起因する，と考えている (Dobb, 1973, chapter 7, pp.166-210)。また，バーバーは，「アングロサクソンの新古典派的開拓者の中で比肩しうるもののない巨人」(p.168) として，マーシャルの貢献を強調している (Barber, 1977, part 3, pp.163-221)。最後に，ローウィーの次の文献を参照のこと (Lowe, 1983, chapter 8, pp.194-216)。
⑶²　Ehrlich, Paul R. and Anne H. Ehrlich, "Humanity at the Crossroads," in Daly (ed.), *Economics, Ecology, Ethics,* 1980, p.43.
⑶³　Dobb, 1973, p.15. (強調点，原文のまま)
⑶⁴　Warren J. Samuels, "Ideology in Economics," in Sidney Weintraub (ed.), *Modern Economic Thought* (Phila.: University of Pennsylvenia Press, 1980), p.469.
⑶⁵　この引用句は，リカードの著作の編者であるピエロ・ストラファ (Piero Straffa) の文献にあるもので，Dobb, 1973, p.84, で言及されている。
⑶⁶　Barber, 1977, p.165. ここでバーバーが引用している解説者とは，著名な経済理論家，ジョアン・ロビンソン (Joan Robinson) のことである。
⑶⁷　Sidney Weintraub, "Introduction," to Distribution Theory section, in Weintraub (ed.), 1977, p.392.
⑶⁸　新古典派経済学で生じたこの重大な転換については，Dobb, 1973, pp.34-35, 168,, を参照のこと。
⑶⁹　James A. Caporaso, "Pathways Between Economics and Politics: Possible Foundations for the Study of Global Political Economy," (1983年，シカゴで開催されたアメリカ政治学会の年次会合で配付された資料), p.7.
⑷⁰　*Ibid.,* pp.27-28を参照のこと。また，Creel Froman, *The Two American Political Systems: Society, Economics, and Politics* (Englewood Cliffs, N. J.: Prentice-Hall, 1984), の全般，特に第3・5・7章を参照のこと。
⑷¹　Thomas S. Kuhn, *The Structure of Scientific Revolutions,* 2nd ed., Enlarged (Chicago: The University of Chicago Press, 1970). (中山茂訳『科学革命の構造』みすず書房，1971年)。上記の文献に言及している研究，また，クーンの議論を援用している研究は数多く行われてきた。これらの研究は，クーンが「パラダイム」(Paradigm) と呼ぶ規律的な枠組みが知的生産物に対してもっている意義について研究している。また多くの場合，パラダイムの危機と変容における社会学的・政治学的過程が研究されている。こうしたクーンの研究を適用した研究の一例として，次の文献を参照されたい。Gary Gutting, (ed.), *Paradigms and Revolutions: Applications and Appraisals of Thomas Kuhn's Philosophy of Science* (Nortre Dame, Ind.: Univer-

sity of Notre Dame Press, 1980). 特に，次の章は経済学に関連している。Mark Blaug, "Kuhn versus Lakatos, or Paradigms versus Reserch Programmes in the History of Economics," pp.137-159.

(42) この情報と他の社会科学と比較した場合の経済学者の育成，および，桁外れの専門家報酬の保守的な側面に関する議論については，Gunnar Myrdal, *Against the Stream : Cultural Essays in Economics* (New York : Random House, 1975), pp.59-64, を参照のこと。

(43) *Ibid*., p.62.

(44) この2カ所の引用はともに，Henderson, 1981, p.79より。

(45) Caporaso, 1983, p.6.

(46) Neuhaus, 1971, p.150.

(47) Tawney, *Religion and the Rise of Capitalism,* 1961, pp.227-228, および，Henderson, 1981, p.187を参照のこと。

(48) Henderson, 1981, p.187.

(49) Polanyi, 1957, p.30.（吉沢英成訳『大転換──市場社会の形成と崩壊』東洋経済新報社，1975年，39ページ）

(50) Tawney, *Religion and the Rise of Capitalism,* 1961, pp.227-228, および，Henderson, 1981, p.228, を参照のこと。

(51) この政治と政治学の道徳面からの分離については，一般に，マキャヴェッリ（Machiavelli）の功績とされている。この観点からは，彼は近代の自律的な政治学の創設者としてみなされるべきである。マキャヴェッリに関するこうした解釈の提示については，Claude Lefort, "On the Concept of Politics and Economics in Machiavelli," in C. B. Macpherson (comp.), *Political Theory and Political Economy*, p.1（1974年4月の政治思想学会 (the Conference for the Study of Political Thought) の年次会合での報告をまとめたもの），および，Sheldon S. Wolin, *Politics and Vision : Continuity and Innovation in Western Political Thought* (Boston : Little, Brown, 1960), chapter 7, pp.195-238, を参照のこと。

(52) Bookchin, *Toward an Ecological Society,* 1980, p.31.

(53) Hans Peter Dreitzel, "On the Political Meaning of Culture," in Norman Birnbaum (ed.), *Beyond the Crisis* (New York : Oxford University Press, 1977), p.90.（強調点，原文のまま）

(54) C. B. Macpherson, *Democratic Theory : Essays in Retrieval* (Oxford Unviersity Press, 1973), p.29.

(55) 産業社会的な消費を基礎とする社会の起源に関する詳細な歴史的説明については，McKendrick, Brewer and Plumb, 1985, の各所を参照のこと。

第4章

産業社会と経済還元主義
――限界なき成長への過剰な依存による脱政治化――

　成長は所得平等の代用品である。成長があり,希望があり,そして,それらが大きな所得格差を耐えられるものにしている限りでは。
　　　　　　　――ヘンリー・C. ワーリック (Henry C. Wallich)[1]

　私たちは所得と富の大きな格差に依存しているのだから,成長に依存している。マリー・アントワネット (Marie Antoinette) の言葉を借りれば,パンがなければ成長を食べればいい。いっそのこと,貧困層もいずれは成長を食べられると期待すればいいのだ。
　　　　　　　――ハーマン・E. デイリー (Herman E. Daly)[2]

1　経済学者が政治学,特に再分配を恐れ,抑圧する理由

　近代経済学者は自らを政治から切り離しただけではなく,実のところ,政治現象を低く評価し,危険なものだとさえ考えた。学問領域(ディシプリン)の差異は,それまでにあった既存の思考方法と不公平な比較をしたから生まれるわけではないだろうが,どんな場合でも,そうした学問領域(ディシプリン)の自立は還元主義的な結果を生む可能性がある。政治学と経済学,そして,道徳の領域でもそうだが,この還元主義的な結果は部分と全体とを誤って捉えている。これらの領域は,かつては一体となっていたが,現在では無視されたり,新しく生まれた思考方法によってその座を奪われたとみなされたりしているのである。その新しい思考方法とは,近代的な思考方法,特に近代経済学的な思考方法である。
　道徳上の原理と価値を達成したり,あるいは,それらに応用する方法だと経済学を考えた古代と中世の思想家は,完全に自立した近代経済学が,――自己目的化して――道徳上・政治上の制約や限界から切り離されたことに対して,疑いの眼差しを向けるに違いない。近代の経済行動には制約がないことについ

ては後で議論するが，ここで明らかにすべきことは，経済学の本質と限界に関する論点は，科学的なものでもなければ，狭い方法論的なものでもない，ということである。それは，それぞれの観念が支配する価値観と結びついた，本質的に規範的な問題である。経済学を政治学や道徳から区別したからといって，この二つの先行分野から経済学を完全に切り離す必要はない——し，また，そうすべきでもない——。この三つの分野のすべてが重なる面を網羅する，学際的な領域が求められているのである。

現代の経済活動の中できわめて突出している限界なき経済成長という教義は，否定的に考えられている政治学を避けるための，特に明らかに政治的な再分配プロセスを避けるための経済的な手段であった——し，今でもなおそうである——。例えば，経済成長についてのエッセイの中で，アルバート・O.ハーシュマン（Albert O. Hirschman）は経済学者に対して，独特の暴露的な立場をとっている。それは，経済的な要因だけでは，貧困国の経済発展を達成することはできないので，「憂鬱な政治学」（dismal politics）が必要なのだ，という立場である（経済学者は通常，政治学を軽蔑的に特徴づけていることに留意されたい）。彼は次のように述べている。「もしも，［経済発展を実現する］努力がその約束を実現するためにあるのならば，「憂鬱な政治学」が課している問題を避けたり，はぐらかしたりするのではなく，むしろそれを直視しなければならない。これを経済学だけで成し遂げることができないのはもはや，明らかである」と。

成長推進派の経済学者は，——限界なき成長を推進する現在の政策を批判している多くの「成長の限界」論者が擁護する——成長なき社会に恐れと嫌悪感を抱いている。なぜならば，とりわけ，よりよい社会的正義をつくり出すための富と所得の再分配を中心として，目に見える政治プロセスが大きくなるのは避けられないからである。経済成長なき社会の人々の政治意識が強まるのは，社会的に——特に政治的に——根強い「成長の幻想」（growth illusion）が崩壊するからである。あるいは，「人々の注意をたとえ財やサービスに自分たちの所得をより多くつぎ込んだとしても，その相対的な分け前は変わらないという事実」から目をそらすものが崩壊するからである。絶えざる経済成長の結果として生じたこの類の幻想は，経済的な「成長の限界」がもつ規範的で政治的な意味に関する私たちの考察にとって，非常に重要である。なぜならば，これは

強い政治的影響力をもっているからである。ある政治評論家は，大半の経済学者よりもはるかに単刀直入にこの点を定式化している。

> 現在の政治的な調整が実現する可能性は，［アメリカの］経済が成長とそれが約束するものへと私たちの努力を誘導したり，物質的に恵まれない人々の意識を破壊的な政治活動から引き離したりすることによって，客観的な事実から私たちの注意をそらすことができるかどうか，または，その現実への視野を曇らせることができるかどうか，にかかっている。(5)

この経済成長の機能は，「成長の転用」(growth diversion) と呼ぶことができるだろう。あるいは，政治的なインスピレーションのあるレッテルを使えば，「再分配の代用品」(surrogate for redistribution) として成長を用いるということから，「きわめて保守的な成長の考え方」と呼ぶこともできる。(6)

限界なき成長という経済的な概念が政治的に役立つというこの核となる考え方に対して，デイリーは限界なき成長はよりよき社会的平等を実現するための再分配の代わりになるといわれるが，それは幻想にすぎない，と述べている。

> 固定されたパイを分け合わなくてもすむには，毎年すべての人々により多くのものを与えればいい。不均等分配は貯蓄と誘因，そして，成長のためだとすれば正当化できる。経済理論の一つの目的はすでにある程度裕福な人々にある程度，裕福であることを感じさせる，ということである。私たちはこう教えられているのだ。「今の不平等については心配することはない。将来のより大きな総所得に目を向けて，心待ちにしなさい」と。(7)

第Ⅰ部では，社会的な幻想とその幻想を取り除く上で危機と絶望がもっている役割について述べたが，それを心に留めて置くべきだ。この終わりなき経済成長という幻想的な産業社会的価値観には，二つの根本的に政治的な狙いがある。それは，（1）富裕層を害する再分配を避けること，（2）富裕層から資産を取り上げることなく，貧困層の所得——絶対的な所得に限られる——が増えるようにすること，である。したがって，富裕層と貧困層の格差の縮小を必然的

第4章 産業社会と経済還元主義

に伴う，本来の再分配政策が実施されるのを回避し，富裕層の高い社会的地位を維持することがその狙いなのである。成長推進派の経済学者は経済成長を抑制するための対応方策が書かれることを心配し，また，それが成長の妄想と成長の転用を崩壊させることを懸念している。こうした成長推進派の経済学者が示している恐怖こそが，この幻想的な教義がきわめて大きな政治的重要性をもっていること，を明らかにしているのである。

典型的な経済学者は経済成長の（非エリート層にとっては幻想にすぎない）恩恵を受けることができなくなれば，再分配プロセスに生得的に備わっている危険なゼロサムの（あるいは，「勝者が総取りし，敗者がすべてを喪失する」）政治的な摩擦が生じ，社会構造が破壊されてしまうと失望している。ウォルター・ヘラー(Walter Heller)もその典型的な経済学者の一人だ。経済成長の恩恵を受けられなくなるのは「成長の限界」によって，最終的には成長が止まってしまうからである。あるいは，社会的な平等を実現するという目的にとって，そうした成長は幻想にすぎないという本質が実際に認識されてしまうからである。ヘラーは次のように述べている。

> ゼロ成長下の［社会の病理を治療する］問題には，次のものがあると考えられる。つまり，(1)ある用途から他の用途へと資源を転用すること，(2)ある集団の所得を他の集団に回すこと，そして，(3)現在のチャネルから新しいチャネルへと連邦政府の資源を再配置すること（推計で，毎年軍事支出に振り向けられている700億ドル［ジミー・カーター(James Carter)とロナルド・レーガン(Ronald Reagan)のもとで予算が拡大されたので，今ではこの約5倍に達する］のかなりの部分を何とか引き出すことができるだろう）――また，私たちが直面している喫緊の社会問題に充当するために，これらのすべてを十分な規模で行うこと――である。これらの問題はおそらく，耐えがたい社会的・政治的な緊張を引き起こすだろう。この状況下にあれば，誰もが社会の進歩とあらゆる環境の質の改善にとって，成長は不可欠な条件だ，と考えるに違いない。

この所得の再分配と結びついた「耐えがたい社会的・政治的な緊張」に対する経済学者の恐怖とこうした緊張を経済成長を実現することで回避するという

主張こそが，反政治的で還元主義的な近代経済学を構成する中心的な要素である。政治は社会秩序を乱すものであり，おそらくは社会秩序にとって致命的でもある，という予想は（政治を「人間の愚かさ」だとみるアダム・スミス〔Adam Smith〕の見解を思い出して欲しい），いくつかの根本的な価値観を反映している。それは，ポスト産業社会の財が競争的な本質をもっていること（後述）や，個人主義，そして，共同体(コミュニティ)の欠如といったような，先進産業社会の政治プロセスに影響を及ぼす価値観である。これは，本論の中心的な主張の一つを支持している。つまり，経済的な「成長の限界」論は，本質的に規範的な政治問題を反映しているということである。政治哲学者と政策立案者，そして，一般大衆はこの政治問題に共に取り組み，議論すべきだ。いうまでもなく，もしもこれらの産業社会的価値観が変わらなければならないのならば，政治プロセスと経済成長を無限に追求する政策はその結果も含めて，異なる観点から捉えられなければならない。

　近代経済学の反政治的な見方は非常に普及しているために，ヘラーのような意見を何度も繰り返して再現することはたやすい。しかしながら，そのあまりにも長いリストを示すのではなく，あと一人，経済学者であるアドルフ・ロウ（Adolph Lowe）の見解について述べるだけに止めたい［訳注：本来の名前はドイツ語名の Adolf Löwe ＝レーヴェであるが，ここでは英語名をカタカナ表記している］。

> 産業が成熟した分野では，すべての人々の絶対的な生活水準が安定的に上昇するので，継続的に成長するというまさにその事実が分配比率を変える，という社会の破壊的な要求を生涯にわたって抑え続けるであろう。(10)

　このように，政治的に明示的であり，また，エリート層が損害を被り，そして，社会的な軋轢を生じる再分配プロセスの代わりとして経済成長を用いることが産業エリート層とポスト産業エリート層の主なイデオロギー的な武器なのである。すでに述べたように，社会秩序においてきわめて重要な正当化の機能について，産業社会のエリート層は伝統的な前近代社会の政治的・道徳的・神学的な基盤を排除した。したがって，彼らは新しい正当化の基盤に依存せざるをえなくなったのだが，それが経済学，特に限界なき経済成長なのである。こ

のいずれの概念もエリート層の政治的な要求にうまく合致していたのである。これらの判断材料に照らせば，経済的な根拠に依存する19世紀の産業文明は特異だ，とするポランニーの指摘には説得力がある。

環境運動の批評家である，リチャード・ノイハウス（Richard Neuhaus）は，アメリカでこの社会運動を熱烈に支持している人たちは，本来の政治を政治生活よりも優先されるといわれるもう一つの概念——自然——に置き換えている，と危惧している。彼はまた，「神」や「歴史的必然」といった，政治を超越する他の概念についても言及している。近代では，政治が軽蔑されているので，これらの概念は本質的に政治を還元する試みとしてみなすことができる。

これまでの議論にもとづいて，ノイハウスのリストにもう一つ，政治の還元主義的な概念を追加したい。それは限界なき経済成長である。確かに，もし政治のような社会的プロセスとその結果を恐れるのであるならば，こうした還元主義者の努力は歓迎されるだろう。政治を恐れる経済学者の政治哲学的な要素については，あとで必ず検討するが，しかしまずは，反規範的・価値の非認知主義的・科学的な経済学者が明らかに支持しているわずかな価値観の一つ，つまり，パレート最適の概念について分析する必要がある。

2　政治の経済還元主義と「パレート最適」の経済目標

近代経済学のイデオロギー上の役割，特に限界なき成長という教義がもつイデオロギー上の役割と関連して，実証主義の経済学で容認されている主要な規範的概念，つまり，「パレート最適」（Pareto optimality）に注目すべきだろう。——経済学ではきわめて尊重されている——「パレートの最適」の状態とは，「誰かの効用を犠牲にすることなく，他の誰かの効用を高めることができる」状態のことである。つまり，誰かの絶対的な効用を犠牲にすることなく，他の誰かの絶対的な効用を増やすことができる時に，「パレートの最適な状態」が存在するということである〔訳注：一般に，「パレート最適」〔Pareto optimality〕，あるいは，「パレート効率性」〔Pareto efficiency〕は，誰かの効用を犠牲にしなければ他の誰かの効用を高めることができない状態を意味する。これに対して，誰かの効用を犠牲にすることなく，他の誰かの効用を高めることができる時，「パレート改善」〔Pareto improvement〕という。本文では，主に「パレート改善」がテーマとなっているように思われる〕。これは，全く何の利益も得ることのできない（あるいは，利益を得ている後者のグループほどには利益を得ることができない）前者のグループのメンバーは，相対的には状態が悪くなるが，しかし，彼らが以前から保有していた資産が奪われて，相対的な損失と絶対的な損失が同時に生じるほどには悪くならないことを意味している（主流派の経済学者は，この重要な経済的概念における富の相対性について，あまり議論していないことを指摘しておくべきだろう。しかしいずれは，相対的富という，この決定的に重要なポスト産業社会的価値観について，より多くの議論が行われるようになるに違いない）。この「パレート最適」という重要で，かつ，規範的な経済的概念は現在の分配構造を維持する方向に作用する。それはなぜ，だろうか。

　既存の分配の平等性は社会をより平等にするための富と所得の再分配を政治的に大幅に排除すること，を意味している。この問題が「パレート最適」では無視されているので，保守的な結果となる。社会をより平等にするための再分配では，平等化のプロセスを促進するために，時には誰か（富裕層）の状態を相対的に悪化させたり，さらにおそらくは，絶対的にも悪化させたりする必要がある。つまり，ヘラーが強く恐れている，ポスト産業福祉国家の典型的な移転政策である。「パレート最適的な」再分配政策は非富裕層よりも全く数の少ない人々，つまり，今でもなお，絶対的な利得を享受している富裕層に合致しているのである。

　しかしながら，「パレート最適」の基準はまた，限界なき成長を志向する経済の貧困層のように，絶対的な利得を得ていても富裕層よりも相対的に貧しくなる可能性を容認しているし，また，徐々にそうなりつつある。これは，継続的な経済成長という公共政策が存在しているからである。貧困層を含むすべての人々が絶対的な利得を手にしており，絶対的な損失を被る人がいない（以前から保有している資産を取り上げられることがない）のであれば，依然として，既存の不均等分配は緩和されないまま残るだろう。実際のところ，一般的に非富裕層よりも富裕層の人々が成長からより多くの果実を得ている場合に，この分配の不平等は拡大するだろう。なぜならば，経済的な富が富裕層に与える競争上の優位性と先進産業社会における経済成長の本質がそこにあるからである。

第4章　産業社会と経済還元主義

「成長の限界」に関して，評論家は，経済成長から利益を受ける人々（富裕層）——その一方で，経済成長は以前からの貧困層や恵まれない人々を実際に傷つけている——に照らして，経済成長には選別性がある，と強調している。[13]こうした評論家は第2次世界大戦後に先進産業社会では，華々しい経済成長を実現したが，この経済成長はこれらの社会の貧困を排除するという約束を果たさなかった，と指摘している。しかし，経済学者でなくとも，1980年代のレーガンの時代には，経済成長があったにもかかわらず——あるいは，おそらくは経済成長が原因となって——，著しい貧困だけでなく，極貧ですら存続していたことと，それがさらに悪化したことを理解することはできる。この惨めな進歩は，この間にアメリカでホームレス問題が増大したことによって，ショッキングなほど顕著になってきた。[14]

したがって，先進産業社会のように富を相対的に定義することに熱中している社会では，「パレート最適」の概念と「相対的富」というポスト産業社会の中心的な価値観（多くの経済学者が受け入れているだけではなく，ポスト産業社会の一般大衆も無意識に受け入れている価値観）が，決定的に重要な政治的結果をもたらしているのである。

経済的な富の乗数効果の点に関して，経済学者のフレッド・ハーシュ（Fred Hirsch）は，政治的・法的・社会的な平等と比較して，経済的な平等の実現はより曖昧でとらえどころがない，と指摘している[15]［訳注：乗数効果とは，マクロ経済学の用語で，有効需要を増加させた時に，それよりも大きく国民所得が拡大する現象のことをいう。生産者の投資が拡大すれば，国民所得が拡大し，それによって消費も拡大する。この消費の拡大がさらに，国民所得の拡大を導き，消費は一層拡大する。この効果が乗数効果である］。その理由の一つは，よりよい経済的平等を実現するための再分配の努力は，それが目標の面でも現実の面でも本当の再分配であれば，エリート層が損害を被ることは避けられないからである。つまり，再分配は富裕層よりも貧困層の経済的地位を向上させることで，両者の格差を縮小しようとするものなのである。これとは対照的に，他の種類の平等（例えば，政治的平等，法的平等，社会的平等）は，経済的な富の不平等が存在する限り，エリート層を傷つけるものではない。エリート層は非経済的な領域で利益を得るために，自分たちの経済的な優位性を利用することができる。このため，現実

には，これらの領域における平等は名目的には存在するが——これがエリート層にとって大きなイデオロギー上の助けとなっている——，本当の意味での平等は実現されていない。例えば，アメリカの法体系では平等だとされているものを考えてみて，それを著しい不平等が存在するという現実と比べてみればよいだろう。

　「成長の限界」論者は経済成長に歯止めをかけることを望んでいるので，成長推進派の経済学者は普通，彼らのことをエリート主義者だ，と決めつけている。限界なき経済成長を擁護する人たちとこの社会的な価値観に依存することで犠牲となる人たちにとって，成長は貧困層の生活の質を改善するただ一つの手段だからである。しかし，限界なき経済成長という産業社会的価値観に対する「成長の限界」論者の攻撃は常に選択的である（「成長の限界」論者は貧困国で必要とされる場合には経済成長を選択的に擁護している，という後述の点と第1章で私が示した差異的な成長を参照されたい。また，ローマクラブがダイナミックな世界均衡モデルで置き換えるからといって，あらゆる不平等をそのまま残した状態で世界を凍結してはならない，と主張していることを思い出して欲しい）。

　限界なき経済成長の擁護者とは逆に，私は彼らこそが真のエリート主義者だ，といいたい。彼らは貧困層の絶対的な利得を改善させる唯一の政策として経済成長に賛成するが，それが（富裕層の相対的な地位を傷つけることになる）貧困層の相対的な利得を改善させることはない。経済成長政策は再分配という代用的な政策の切り捨て，あるいは，その禁止を前提としているのである。いうまでもなく，この代用的な政策は（おそらく，絶対的な意味でも相対的な意味でも）エリート層の人たちを脅威に晒すだろう。

　さらに，先進産業国と発展途上国のいずれの分配データにも示されているように，経済成長によって貧困問題を解決するという社会政策は，実際のところ，富裕層の優位性を強化するのに役立っている。成長という妄想は，——近年になって，「成長の限界」とその論者の研究，そして，ポスト産業社会の変革運動が提起した不安と不幸に直面して，問題が突きつけられるようになるまでのことではあるが——歴史的にはきわめて効果的だった，というべきだろう。これが限界の支持者に対する成長推進派の激昂的で，批判的な反応を生んでいる。「成長の限界」という状況は，エリート層の人たちが甚大な損害を被るほどに

経済成長の幻想を破壊する恐れがあるのである。

　次の点で,「パレート最適」は経済学者の反政治的な傾向と一致している。もしも経済が成長しており,資産と所得を失うものが誰もいないのであれば(これこそが「パレート最適」が達成された状態である),「最適な」(optimal) 状態が実現しているのだから,正義と平等というきわめて重要な分配問題について明らかに政治的な意思決定を行う必要はないようにみえる。異なる社会的区分にいる人々が受け取っている利得は他の重要な経済的特性を反映しているのだが,「パレート最適」という経済目標の達成と同時に,この利得を相対的に（政治的に）判断する必要はなくなる。つまり,科学的な（実証主義的な）経済学の範疇を超える倫理的な事項だとみなされている,価値,ないし,効用の個人間での比較に対して懐疑的なのである。[18]

　「パレート最適」の概念は,社会的なパイを拡大する経済成長こそが誰かを犠牲にすることなく,他の誰かの富や所得を増大させるための唯一の方法であるとする点で,限界なき経済成長のイデオロギーを補強している。先進産業社会では,相対的富が根本的に重要になっていることと,それが絶え間のない経済成長政策に対してもっている致命的な脅威については後述することにして,ここでは,「パレート最適」のこの面について,アマルティア・セン (Amartya Sen) の批判を検討するに留めよう。実証主義的な経済学者は価値判断を回避していると称しながら,「パレート最適」という価値観においては,社会財の最適分配は準最適となる,と主張している。センはこの（自己矛盾する）価値観を批判している。

> もっぱら「パレート最適」には危険がある。経済が「パレート最適」という意味で最適となるのは,ある人々は奢侈品を有り余るほどもっていて,その他の人々は餓死寸前である時,富裕層の楽しみを犠牲にしなければ,餓死寸前の人々の状態を改善することはできない場合である。……（中略）……要するに,社会や経済をパレート最適にすることができても,まだ全く不愉快な状態が続いているのである。[19]

　「パレート最適」という経済的な価値観と関連して,また,経済学をイデオロギー的に利用することと,限界なき経済成長という教義がもっている「偽装

した政治学」という特性についての私の主要な論点と関連して、経済学の限界革命(the marginalist revolution)について指摘しておきたい。「限界主義者は相対価格と相対的な稀少性を経済分析の支柱に据えて[20]」いる。この経済学派はまた、かの有名な限界効用逓減の法則[21] (Decreasing Marginal Utility Law)を重視している。この法則は財の供給が逓増するにつれて、その財の追加的な効用が逓減するというものである。つまり、39個目のアイスクリーム・ソーダがもっている追加的な効用は最初の1個目よりも小さいので、この効用の逓減を価格に反映すべきだというのである(限界効用逓減の法則は、いかなる効用ももたらされなくなる最終的な端点、つまり、飽和点を示唆していることに注意すべきである。産業社会的な成長イデオロギーは限界がないという性質をもつが、これは限界主義者の経済学の基本的な教義に反している[22])。

相対価格と相対的な稀少性が重視されていることを考えれば、相対的富の概念とそのポスト産業社会における役割を「パレート最適」を重視する経済学者が無視、ないし、軽視しているということは、非常に意外なことだと思う。パレート最適は実際のところ、富裕層に対する貧困層の相対的な立場にいかなる影響――普通は悪影響――を及ぼそうとも、貧困層の立場を絶対的に改善するという経済目標の実現だけに焦点を当てているのである。経済学者は相対主義的な限界効用逓減の法則を受け入れておきながらも、先進産業社会の富と財がもっている決定的に相対主義的な側面を無視すると共に、そうした見過ごしがエリート層に利益をもたらしていることをも無視している。この経済学者の矛盾は、それが奉仕しているイデオロギー上の目的を示唆している、と思われる。

再分配の代用品として経済成長をイデオロギー的に利用することこそ、継続的で限界なき成長、といういわゆる「経済的」(economic)な教義がもっている政治的な核心である。実際のところ、これこそが、科学的で非政治的な見方を装った政治的なイデオロギーなのである。還元主義的な近代経済学がこうだからこそ、実際に「偽装された政治学にすぎない」と思われたり、「ある意味で、脳損傷の一形態」と思われたりしているのである。さらに、ノイハウスが指摘する、「最悪の種類の政治学、つまり、自らを政治学としてみることを拒否した政治学」のように経済学がみられるのも、こうした特徴があるからである。

「成長の限界」問題の政治的な基盤について以前行った研究の中で、私は次

第4章 産業社会と経済還元主義

　　見掛けの上では非政治的な再分配には，非貧困層が受け入れることができて，また，彼らに損害を及ぼさないやり方で，貧困層の（絶対的な所得に限られるが）所得を増やし，政治的な安定を実現するための方法だという，政治的で利己的な願いが込められている。経済成長は政治を代用する試みだとみなされているかもしれないが，それはこの願望があるからなのである。[23]

　この限界なき経済成長という教義をイデオロギー的に利用することと，それを擁護することについての分析から，経済学者は一致団結して，彼らが擁護している成長志向の社会に対立する，非成長政策を批判している，といえるだろう。もしも経済成長が政治的な再分配とそれに付随すると思われる階級間の政治闘争を免れるためのものであるならば，成長なき社会では，反政治的な経済学者が主張する，望ましくない政治的な特徴のすべてが悪化するだろう。この段階にある国民経済に対して，スミスが表明した消極的な宣言をその後の多くの経済学者は忠実に踏襲している。つまり，「実際のところ，進歩している状態こそが，社会の全階級にとって愉快で心温まる状態である。安定は退屈で，衰退は憂鬱」[24]である。

　反政治的で，成長推進派の経済学者が経済成長なき社会を批判する例は他にも数多くある。[25]実際に，現在，恐れられている経済的な「景気後退」(recession)は，「二期四半期連続で成長していないこと」と定義されている。成長なき社会は望ましくないと成長推進派が判断する理由の一つは，彼らが成長に依存した価値観を頑なに守っているからだというのが，私の議論の中核なのである。この価値観に執着しているからこそ，当然，彼らにとっては，成長なき社会という提案には全く魅力がないし，危険なものに映るのである（おそらく，成長にもとづく社会秩序の基礎となる政策と価値観にとって，成長なき社会という提案は，潜在的に深刻な脅威になると無意識に認識しているのであろう）。

　「成長の限界」論争の本質的な議論は政治的価値観をめぐるものだ，ということに経済学者は気づいていない。その一つの兆候は，成長推進派の経済学者は成長していない時期の消極的な特徴を非常に頻繁に指摘するというところに

ある。彼らは景気後退の例を引いて，成長のない状態はこれまでにも経験してきたが，それは社会的な惨めさをもたらしただけだ，と主張し続けている。こうした経済学者が見落としているのは，成長に依存するポスト産業社会に対して「成長の限界」の評論家が指摘している景気後退とは，成長なき社会のことではないということだ。景気後退期というのは，成長推進派の価値観が完全には実現されず，成長に失敗した期間のことである。経済学者にとって，そうした期間がきわめて憂鬱なものに思われるというのは当然である。また，限界なき経済成長を至上とする彼らの価値観を考えれば，それは実際に憂鬱でもあるだろう。

「成長の限界」研究ではほとんどみられない，次の点を主張したい。限界なき経済成長に固執する社会を批判する人たちはそうした成長には限界があるのだ，と主張しているのだが，結局のところ，彼らは経済成長がなくても深刻な社会問題が生じないように，政治的価値観を変革するよう訴えかけているのである。私のみるところでは，経済成長の議論や「成長の限界」論争が提起した最も重要な論点は，政治的価値観の選択にある。これこそが，この種の議論の潜在的な貢献が損なわれている理由である。こうした基本的な価値観の対立について，適切な政治哲学的な分析が行われていないからこそ，先進産業文明の市民は損害を被っているのである。

限界なき経済成長の教義をイデオロギー的に利用すること——あるいは，偽装されたポスト産業社会的な分配政策——の政治的な重要性は，この経済システムの特徴がはっきりすれば明らかになる。その特徴とはつまり，「資本主義の下での特権は，特にその恩恵を受けている人々にとっては，他のシステムの下での特権よりもずっと『目に見え』(visible) にくいものだということである」。産業資本主義のこの重要な側面について，現代のドイツの政治哲学者である，ユルゲン・ハーバーマス（Jürgen Habermas）は，「階級関係の脱政治化と階級支配の匿名性」(a depoliticization of the class relationship and anonymization of class domination) と表現している。

ハーバーマスの定式化を用いれば，私の議論において，最も重要な要素の一つは，継続的で限界なき経済成長の教義であり，また，この教義が階級関係を脱政治化し，階級支配を匿名化しようとするエリートの武器庫の主力武器とし

第4章　産業社会と経済還元主義

ての役割を果たすからこそ，再分配の代わりに用いられているということである。現代社会のいかなる研究者であっても，階級構造と階級対立にこの教義がもたらす深刻な結果を無視してはならない。ただし，それが還元主義的な経済学者である場合は別である。彼，もしくは，彼女らは，それは「経済外」のものなので，自分たちの研究領域には含まれないと単純にはねつけることで，この問題と産業社会的な世界観を批判する人たちによる議論を自分勝手に勘違いして避けようとしているのである。

　本来の再分配を代替するものとしての経済成長によって経済還元主義は生じたのだが，それがポスト産業社会でどのように生じたのかを歴史的に説明するものとして，第2次世界大戦後のアメリカを対象としたアラン・ウォルフ(Alan Wolfe)の研究をあげよう。それは，『アメリカの袋小路——成長政策の盛衰』(*America's Impasse: The Rise and Fall of the Politics of Growth*)である。彼の議論は，主に1946年という重要な年に焦点が当てられている。そして，成長に依存した規範的な政策に対する彼の説明を支持する，数多くの歴史的な証拠を発見している。その説明はここで示した理論的説明と類似している。

　　　［ウォルフによれば］政治的な選択をする代わりに，アメリカはある経済的な代用品を選んだ。国内では成長を通じて，また，海外では，帝国を通じて経済を拡大するために，超党派連合が組まれたのである。かつては，政治システムの合理性が成長の原動力だったが，政党の役割や政治的なイデオロギーの構造，公共政策の本質，そして，意見の相違の意味に至るまで，何もかもが変わった。アメリカは壮大な実験に乗り出したのである。政治それ自体が自分で自分の面倒をみる社会生活の手段——成長——とその結果，ないし，目的に関心をもつようになったのである。
　　　政治的な選択とは異なり，経済成長は，——再分配の問題を超える対立的な争いや醜い争いの可能性，そして，確実に破壊的な闘争と引き替えに——順調で潜在的に調和的な未来を提示した。成長とは，いわば，「超政治的」(transpolitical)なのである。

　いうまでもなく，すでにわかっていることだが，経済成長は再分配の代わりになる，という前述の「超政治的」な主張は限界なき経済成長という経済還元

主義的な教義のイデオロギーとこのイデオロギーから利益を享受しているエリート層がもたらした幻想（経済的な脳障害）との結果である。「成長の限界」とその結果が偽りの覆いを取り除き，意識を回復・高揚させることによって，この幻想の正体は急速に暴かれている。この限界なき経済成長という教義を実現することはできず，また／あるいは，望ましくもないものだとして，一度，この教義自体に疑問がもたれれば，このイデオロギー的な操作の結果にその犠牲者たちは気づくだろうし，その後には抵抗するようになるだろう。したがって，犠牲者たちがそれに気づくことで，この幻想の政治的な効果は破壊されるのである。それはちょうど，いかなる幻想であってもそれが幻想であることに気づけば崩壊するのと同じである。このため，これと同じように幻想がダメージを受けている時に，政治的な幻想から目覚める必要がある。実際のところ，空想への哀悼の期間からの決別を乗り越えたところに，喜びへの道はある。そうして，限界なき経済成長の空想に気づいた時，こうした妄想的な効果や有害な効果を存立の要件としない社会秩序がつくりはじめられるのかもしれない。「成長の限界」論争をめぐって両サイドの弁論が白熱するのは無理もない――それほどの危機に瀕しているのだから。

〔注〕
(1) Henry C. Wallich, "Zero Growth," *Newsweek*, January 24, 1972, p.62.
(2) Herman E. Daly, "The Steady-State Economy," in Daly (ed.), *Toward a Steady-State,* 1973, p.167. ［訳注：家臣が「農民にはパンがない」と発言した時に，マリー・アントワネットは，「パンがなければ，お菓子（ブリオッシュ）を食べればいい」(Qu'ils mangent de la brioche.) と答えたという説話がある。これは，マリー・アントワネットが庶民の暮らしにいかに無頓着であったか，また，贅沢な暮らしを送っていたのかを示唆しているが，マリー・アントワネット自身の発言かどうかは定かではない。］
(3) Albert O. Hirschman, *Essays in Trespassing: Economics of Politics and Beyond* (Cambridge: Cambridge University Press, 1981), p.23.
(4) Lee Rainwater, "Equity, Income, Inequality, and the Steady State," in Pirages (ed.), *The Sustainable Society,* 1977, pp.263-264.
(5) Bruce M. Shefrin, *The Future of U.S. Politics in an Age of Economic Limits* (Boulder, Colo.: Westview Press, 1980), p.4, および，要旨のページ。
(6) このレッテルは，Charles S. Maier, "The Politics of Inflation in the Twentieth Century," in Fred Hirsch and John H. Goldthorpe (eds.), *The Political Economy of Infla-*

tion (Cambridge : Harvard University Press, 1979), p.70, からの意訳である。彼はここで次のように書いている。「再分配の代用品としての成長という概念は，今にして思えば，最近の世代のきわめて保守的な考えを象徴している」。この再分配の代用品としての経済成長という考え方の保守的な側面は，最近の世代よりもさらに昔にさかのぼることを付け加えておきたい。この点については，後の自由主義に関する議論で示すことになるだろう。

(7) Herman E. Daly, "The Steady-State Economy," in Daly (ed.), *Toward a Steady-State Economy,* 1973, p.171.（強調点，原文のまま）

(8) レスター・C. サロー (Lester C. Thurow) の次の文献の題名を参照のこと。Lester C. Thurow, *The Zero-Sum Society : Distribution and the Possibilities for Economic Change* (New York : Basic Books, 1980)。同書で著者は，勝者総取りで敗者がすべてを失う経済システムの結果として，政治的対立に苦しみながら経済成長の「奇跡」──私がいうところの「幻想」──を奪われた社会について論じている。

これに引き続いて，もしも現在の私たちの成長推進派的な価値観が変化なく続くのであれば，非成長社会を特徴づけるのはこのゼロサムの望ましくない特徴だけだ，と私はいうべきだろう。もしも私たちの現在の価値観が第Ⅳ部で示す方向に変わるのであれば，そうした否定的な結果は生じずにすむ。

(9) Walter W. Heller, "Coming to Terms with Growth and the Environment," in Sam H. Schurr (ed.), *Energy, Economic Growth, and the Environment* (Baltimore : Johns Hopkins University Press, 1973), p.11.（強調点，原文のまま）

(10) Lowe, 1983, p.340.

(11) Neuhaus, 1971, p.151.

(12) Bell, *The Cultural Contradictions of Capitalism,* 1976, p.80, fn. 31.

(13) この種の分析の一つとしては，Peter S. Albin, *Progress without Poverty : Socially Responsible Growth* (New York : Basic Books, 1978)，を参照のこと。

(14) この結論を支持する劇的なデータについては，Froman, 1984, chapter 4, pp.51-66, を参照のこと。

(15) Hirsch, 1976, p.174. ハーシュの研究にもとづく一連の批判的論考については，Adrian Ellis and Krishan Kumar (eds.), *Dilemmas of Liberal Democracies : Studies in Fred Hirsch's SOCIAL LIMITS TO GROWTH* (London : Tavistock Publications, 1983)，を参照のこと。

(16) 例えば，Beckerman, 1975 ; Kahn, 1979 ; Passell and Ross, 1974, を参照のこと。

(17) Albin, 1978, Hirsch, 1976, and Thomas R. Dye and Harmon Zeigler, "Socialism and Equality in Cross-National Perspective," *PS : Political Science and Politics* XXI (Winter 1988), pp.45-56, および，これらで引用されているデータの出所を参照のこと。これらの論者の国家比較データから，本研究にとって重要な次の結論が導き出されている。「経済発展がある閾値の水準を達成した後では，さらなる発展が平等性の向上をもたらすわけでは必ずしもない。アメリカの最近の経験は限界概念の幻想性を示している。過去数十年にわたって成長し続けた経済が残存する不平等を大幅に減少させたわけではないのである」(p.51)。

(18) Herman E. Daly, "Electric Power, Employment, and Economic Growth : A Case Study in Growthmania," in Daly (ed.), *Toward a Steady-State Economy,* 1973, p.275, また，Dobb, 1973, p.242, を参照のこと。

(19) Gary Gappert, *Post-Affluent America : The Social Economy of the Future* (New York : Franklin Watts, 1979), p.99, で引用されている，Amartya K. Sen, *Collective Choice and Social Welfare* の一節。また，Mark A. Lutz and Kenneth Lux, *The Challenge of Humanistic Economics* (Menlo Park, Cal. : Benjamin Cummings, 1979), pp. 92-101, に所収されている「パレート最適」に対する批判も参照のこと。

(20) Bell, in Bell and Kristol (eds.), 1981, p.50.（強調点，原文のまま）

(21) Barber, 1977, p.171, を参照のこと。

(22) Walter W. Weisskopf, "Economic Growth versus Existential Balance," in Daly (ed.), *Toward a Steady-State Economy,* 1973, p.243.

(23) Kassiola, 1981, p.94, では，この部分がイタリック体になっている。

(24) Adam Smith, *An Inquiry into the Nature and Causes of the Wealthe of Nations,* 1985, Book 1, chapter 8, p.145（大河内一男監訳『国富論Ⅰ』中公文庫，1978年，138ページ），を参照のこと。

(25) Olson and Landsberg (ed.), 1973の各所を参照のこと。特に，"Introduction," pp.1-13, および，Olson, Landsberg and Fisher, 1973, による the "Epilogue," p.229-241, を参照のこと。
「成長の限界」の一般的な立場を受け入れている経済学者でさえ，非成長社会で主張される望ましくない政治的特徴という点を信奉している (fall pray)。Kenneth E. Boulding, "New Goals for Society?" in Schurr, 1973, pp.149-150. メドウズ・チーム自身が中央都市の人口の非成長，ないし，マイナス成長と，そこでの生活の質の貧しさとの関連を指摘している。Meadows *et al.,* 1975, p.156, を参照のこと。

(26) Robert L. Heilbroner, *the Limits of American Capitalism* (New York : Harpar and Row, 1967), p.72.

(27) Jürgen Habermas, *Legitimation Crisis* (trans.) Thomas McCarthy (Boston : Beacon Press, 1973), p.21.

(28) Alan Wolfe, *America's Impasse : The Rise and Fall of the Politics of Growth* (New York : Pantheon, 1981). また，Arendt, 1959, も参照のこと。

(29) Wolfe, *ibid*., p.10.

第5章
自由主義と政治の経済還元主義

今日，西欧社会の人々に広く普及している政治意識はないに等しいという主張に反対する人は少ないだろうし，また，多くの場合，政治的事柄がこの社会の人々から不評を買っていることを疑う人は，もっと少ないだろう。国や政治思想の違いを問わず，［過去150年以上にわたる］政治思想の主たる傾向は，同じ結末に向かって進んできた。その結末とは，政治性が著しく浸食されているということである。
　　　　　　　　　　——シェルドン・S. ウォリン（Sheldon S. Wolin）[1]

1　自由主義の試み——政治の抑制と下降移動とその恐怖から逃れるための支配の隠蔽

　近代経済学，あるいは，近代社会一般について考える時はいつでも，自由主義的な政治哲学に注意を向けなければならない。この型(タイプ)の社会には過度の経済学的志向性があるために，経済学の近代的な分野の利用と近代社会秩序のいずれにおいても，自由主義的政治哲学の役割が不可欠となっている。ここでは，「自由主義」（liberalism）という広範なテーマと，それについてこれまでに生み出された膨大な1次・2次資料を本格的に議論するという重責を担うのではなく（それは本研究の範囲と目的を超える），ウォリンによる自由主義分析に言及したい。ウォリンの研究は自由主義的政治哲学と産業主義的イデオロギーとしての限界なき経済成長への依存，および，政治の還元主義の間の根本的な関係を描き出している。この方法によって，「成長の限界」論争の政治的意義の本質を明らかにすることができるだろう。
　ウォリンはジョン・ロック（John Locke）の文献を用いながら，17世紀のロックの政治哲学の中で，どのように政治的な分野の範囲と社会的意義が弱まったのか，また，必要であるにもかかわらず，強制的であるために恐れられる政府

と同一のものとして政治がみなされるようになったのはどのようにしてなのか，ということを示そうとした。重要なことは，政治と政府を根本的に強制的なものとして，また，財産権，法，そして，秩序を維持するための必要悪として捉える自由主義的な見解が政治を自由主義経済に還元することと関連している，ということである。古典派の自由主義経済学者は，理想的な社会には物理的な強制力（physical coertion）——つまり，自由主義者が想像する政治の根幹——は存在しない，と主張している。

  経済学者の社会モデルに反政治的な色合いをつけ，最終的にその社会モデルを政治主導のシステムという古い概念の代わりにしたものこそ，経済取引には強制力が相対的に欠如している，ということであった。

　ここでのウォリンの目的は，「冷静な哲学，恐怖から生まれた哲学，幻滅によって養われた哲学，そして，人間の条件は一種の痛みと不安であり，また，そうであり続けていると信じがちな哲学」という，彼の自由主義に対する特徴づけを支持することにある。この悲観的で反政治的な自由主義と古典思想との間には，特に政治学と経済学の価値観と規範的知識の可能性，という点で大きな開きがある。

　人間社会の条件に対する自由主義者の見方をこうした絶望的な見方へと導いたものは何だろうか。一言でいえば，その答えは財産の喪失と社会的地位の低下に対する人々の不安感である。自由主義者の一人で，近代経済学を創始した思想家，アダム・スミス（Adam Smith）によれば，下降移動への恐怖，あるいは，エリート層の優位性の喪失は，「死よりももっと悪い」（worse than death）運命である。「『これまでにより悪い状態からよりよい状態に上昇した時の喜びよりも，よりよい状態からより悪い状態へと落ちる時』の苦しみの方が強い」と彼はいう。

　ウォリンは「自由な人間」（liberal man）に関する研究で，「転落の恐怖」（fear of falling）と自由主義の反平等主義に対して，次のような鋭い見解を提示している。

第5章　自由主義と政治の経済還元主義

　自由な人間は，あらゆる方向からの痛みと喪失におびえる世界に分け入った。彼らの恐怖は一つの要求に集約される。それは社会的・政治的調整は競争的なレースそのものによって課される脅威を除くすべての脅威から彼らの財産と地位を守ることによって，彼らの不安をやわらげなければならない，という要求である。彼らの痛みへの反発はこの要求をさらに厳密に定義した。すなわち，守るということは「物事を当てに」(count on things) できるということであり，誰の財産も奪い取られないという心安らかな認識をもって行動できる，ということである。それに次いで，平等は財産保護にその座を明け渡した。なぜならば，自分の取り分がいくらか増えることから感じられる喜びよりも，社会的な平等化に伴う心理学的な不快感の方がより強く感じられる，つまり，より強い痛みを生むからである。スミスがかつて述べたように，「不確実性がかなり小さくなるにつれて，かなり大きな不平等はそれほど悪くはなくなる」のである。[7]

　したがって，近代の自由主義者が痛みを伴う再分配によって不平等を減らそうとする試みを恐れ，(スミスがいうところの)「かなり大きな不平等」を受け入れる理由は容易に理解できる。自由主義者はこの立場から，平等を促進する再分配の試みを避ける手段として，限界なき経済成長のイデオロギーを支持しているのである（訳注：原文は，the liberal endorses the ideology of limited economic growth as a means to avoid this redistributive attempt at increasing equality. だが，文脈上，unlimited economic growth の間違いだと思われるため，「成長の限界」ではなく，「限界なき経済成長」と訳出している）。再分配を代用することが限界なき成長の教義の核心であることを理解すると，成長推進派のよくある次のような告発は彼ら自身に向けられる。その告発とは，経済成長は貧困層を救うために必要であり，限界なき成長に対する「成長の限界」批判は，実は新しく獲得した財を上昇移動する一般大衆から守るためのエリート主義的な試みである，とする告発である。つまり，限界なき経済成長を擁護する自由主義者は故意であるかどうかは別として，エリート層の「財産がかすめ取られる不安を和らげる」ために努力し続けることで，エリート層が得をする政策を処方しているのである。

　人間の認知能力の制約に関するロックの影響力のある考え方の背景には，彼の生涯にわたって続いた社会的・政治的な危機という歴史的背景がある。[8] 知識

の獲得に対する人間の能力は制約されているとするロックのこの理論は，後の自由主義思想家たちに強い影響を与えた。ロックは，『人間悟性論』(Essay Concerning Human Understanding) の中で，「私たちの思考はありのままの真実ではないし，あらゆる事物の範囲に相応しているわけでもない[9]」と述べている。これに対して，ウォリンは次のように指摘している。すなわち，ロックのこの認識論的悲観主義は，「政治哲学が知識を大きく発展させる可能性について信頼を失わせる上で有効だった。ロックによれば，政治的知識は実証できないのだ[10]」と。

政治的知識の可能性に関するこの懐疑主義にもとづいて，政治的な自由主義者と同じ立場の経済学者，つまり，古典派・新古典派経済学者は，「活動とは，何よりもまず，経済活動を意味する[11]」と主張した。この還元主義者の運動は，18世紀の古典派経済学者が自らが生み出す経済的知識の集合をすべての社会生活の知識（もとより，政治学も含む）と同一だと仮定した時に生まれた[12]。

これによって，――経済成長に関する論争的な議論では，ほとんど問題は生じなかったのだが（この議論では，経済学者が優勢であったことやまた，彼らの反政治的な見方を考慮すると，当然のことである）――，政治の意味とその重要性について大きな問題が生じた。理解すべきことは，政治を定義する過程は自己再帰的 (self-reflexive) だ，ということである。この用語のあらゆる定義は，たとえ何らかのより狭義の（還元主義的な）政治概念に依拠して，価値を分配する特定の手法を政治的ではないもの，あるいは，政治を超越したものだ，と主張したとしても，「善と悪」(goods and bads) の社会的分配に影響を及ぼすという意味で，それ自体，政治的なのである。だからこそ，正当な公共的，もしくは，国家的活動の境界の設定という定義が社会的に用いられているのである。

この現象の顕著な例は，自由主義思想では政治的ではないものだとされる「自由」市場の理念，および――私が示そうとしてきた――再分配の代用品としての経済成長である。ここで役に立つのは，政治学の入門書の著者の次のような主張である。すなわち，「政治のすべての定義はさまざまな政治活動である。あらゆる政治システムは常に，その内部の人たちとその外部の人たちを区別する境界を明確化させる。あなた自身を政治の中に定義することが政治の課題なのだ[13]」という主張である。

第5章　自由主義と政治の経済還元主義

　現代の政治哲学者と市民は，すでに力のある人たちの大きな優位性のために先進産業社会を脱政治化する手段として，あたかも政治が全体的に縮小，ないし，還元されつつあるかのようにみせる試みに警戒しなければならない。政治的再分配の代用品として，また，政治的再分配の予防として限界なき経済成長の教義を用いることは，まさにこうした間違った脱政治化の試み，つまり，エリート層に利益を与える手口であろう。現在，ポスト産業社会における政治学の経済還元主義は「成長の限界」とそれを基礎として成長してきた社会変革運動から厳しい挑戦を受けている。「成長の限界」のような学界の産業社会批判は，主に自然科学者から構成されているが，彼らは，50億人を超えて増え続ける世界人口にとって，絶え間なく経済成長することには壁があること，また，ポスト産業社会を変える必要性があることを認めている（しかし，彼らが新しい社会の本質を詳細に示したり，それを実現する方法を示したりすることはあまりない）。

　経済成長という妄想を擁護する人たち，あるいは，経済還元主義者にとって，市場経済が無限に成長すれば，分配の意思決定を意味する政治的な価値判断は必要としなくなるようである。そして，それに伴って，政治もまた，不要となるようだ。この誤った主張が反政治的な経済成長の擁護者に限界なき経済成長と自由主義を信奉させ，また，政治の経済的還元を根拠づけているのである。

　限界なき成長という見方と非成長，あるいは，調和のとれた成長という見方との違いは，分配プロセスに用いられる方法の違いと必要とされる分配プロセスから利益を受ける人々の違いにある。一方の明らかに政治的な方法では，公共団体と公共的責任のある当局者が意思決定を行い，その意思決定は厳密に公共的利益のために行われるべきである。他方，政治的還元主義者の方法，つまり，ひそかに政治的――政治を全面的に回避することは荒唐無稽であることを今や知っている私たちにとって，これは非政治的なものではない――で抑圧的，ないしは，還元主義的な方法ともいえる方法では，比較的数の少ない強力なエリート集団の私的な自己利益が保護される。これは，欺瞞の教義，つまり，安定的な経済成長の実現を通じた非エリート層の絶対的な利得によって，社会的富における彼らの相対的な取り分の利得の代わりにするという，欺瞞の教義にもとづいている。限界なき経済成長を再分配の代わりにするのである。

　私は特に，「再政治化」に伴って政治プロセスと政治教育の分野に対する国

民の関与が大きくなるのであれば,「成長の限界」が提起するこれらの認識に真剣になるべきだ, と強く主張したい。「成長の限界」は, 限界なき成長イデオロギーの偽りの「ベールを剝いだ」(blew the cover) のである。私たちは現在, 産業主義が生まれてこの方初めて, 政治的な再分配プロセスを還元することはできず, また, 一つの社会集団の差別的優位性を守るために, 政治的な再分配プロセスを——実質的に排除することはできないにしても——不透明にしてはならない, と断言する機会を得ているのである。「成長の限界」によって活性化された政治意識は明示的, かつ, 慎重でありながら, 確固たる信念をもって社会全体にとって必要不可欠な再分配プロセスへの取り組みをリードすべきなのである。この目的は参加民主主義的な政治形態においてのみ, 実現することができる。

　先進産業社会を再政治化することによって, 古典的で, かつ, 規範的な意味で理解される政治学の社会的価値は正しい評価を取り戻すだろう。ギリシアの「ポリス」(都市国家) よりも開かれた市民概念をもつポスト産業社会の中に政治の概念が広がれば広がるほど, 市民を政治概念の中に定義することはますます簡単になるだろう。政治的な議論と意思決定に参加する能力には, 望ましい政治的な価値観を慎重に検討し, また, それを選択することが必然的に含まれている。したがって, 産業文明に対する「成長の限界」批判のさらにすぐれた影響は政治哲学, 特に, このきわめて重要な社会的分配プロセスを扱う政治哲学に対する市民の評価が高まり, 正しい認識が広がったことにあるはずである。

　環境主義者のレスター・R. ブラウン (Lester R. Brown) は限界なき成長を基盤とする世界観が崩壊した状況では, こうした規範的な問題や議論が大切だ, と述べている。

> 産業革命が始まってからというもの, 社会を形成してきた重要な原動力は成長倫理であった。すでに自明のことだが, もしも物質的成長が永久に続くものでないのならば, 新しい倫理……(中略)……が成長倫理に取って代わるだろう。物質的な領域に端を発した変化は究極的には, 新しい価値観の変化を示す。元駐米インドネシア大使のスジャトモコ (Soedjatmoko) はいう,「成長が私たちの存在理由でなくなるとすれば, 私たちは人生の目的と手段について根本的に問い直さなければなら

第5章　自由主義と政治の経済還元主義

ない」と。[14]

　自由主義と近代経済思想の急進的，かつ，脱政治的な側面は教会や社会的地位の継承という伝統的な政治的権威や政治的正当性の源泉を排除することで勢いを増した。さらに，政治権力，並びに，明確にいえば，政治的正当性の役割が不当に奪取されたために，それらが低く評価されることになった。[15]

　「自由市場」(free market) における「自由」(free) とは，政府の介入と地位の特権，および，宗教のような他の制度的制約からの自由を意味している。[16] ウォリンは自由社会内における――市場における自由主義的経済への回帰に反対して――政治的権威の明確な除去について次のように論評している。「したがって，自由主義において真に急進的なところは，権力のいかなる原理も認めないアクター (行為者) が行う活動のネットワークとして，社会を概念化していることにある」と。[17] 自由市場の確立に義務を負う自由主義者は，従わなければ罰するという痛みにもとづいて政府が行う社会全体のための分配政策を不必要だ，とみなしている。このことが政治的意思決定とその正当化，および，実施という典型的な政治問題が解体される（還元される）かのように思わせ，また，そうした政治プロセスを研究する必要性が失われるかのように思わせているのである。だからこそ，自由主義的で市場を基礎とし，成長に依存する社会では，政治学とその（政治思想を含む）体系的な研究が減少しているのである。

　分配問題に関する自由主義者のアプローチに対するウォリンの以下の結論は私たちの議論にとってきわめて重要である。つまり，「何らかの正義の基準に従う分配の昔からの機能が政治的な領域から移転させられ［誤って還元され］，市場メカニズムという非人間的な裁定に割り当てられた」のである。[18] ウォリンはこの移転の結果として，経済学と自己調整的自由市場という発想が政治学と政治哲学の「権利を侵害した」と理解している。[19] C. B. マクファーソン (C. B. Macpherson) の言葉を借りれば，経済学が政治学と政治哲学を「侵略」しはじめたのである。[20] 私の研究では，政治プロセスと政治的価値を経済的価値で代替するという不適切な主張と同じ事態を指して，「還元主義」(reductionism) という科学的概念を用いている。限界なき経済成長というイデオロギーは政治に対する「通気孔」(vent)，「安全弁」(safety valve)，「社会的潤滑油」(social lubri-

135

cant），および，「溶媒」（solvent）であった。こうして限界なき成長というイデオロギーが産業社会とポスト産業社会における「脱政治化」の主因となったのである。

　政治的な現象を市場制度——純粋に経済的なものであり，政治的なものではない，と主張されている市場制度——によって置き換えるという自由主義者の試みは部分的には，典型的な政治的権威と政治的権力の制度化よりも自由市場の方がすぐれている，という彼らの見方によって推進されている。自由主義者が政治より市場の方が望ましいという，こうした判断を表明する場合，その他の自由主義的な価値観も明らかとなる。それは，第一に，自由主義者は政治的権威と政治的影響力を低く評価しているということである。その理由は，政治的権威と政治的権力は明らかに特定の個人によって行使され，また，物的な脅威に基礎づけられているようにみえるからである。対称的に，市場は個人的支配と物的脅威のいずれの特徴ももたない，と自由主義者はいう。

　　［ウォリンによれば］財産システムから生じる圧力は非個人的で，また，物的な脅威がないために，自由主義者はそのシステムから生じる強制力について心配していないことは明らかである。それとは逆に，自由主義者は政治的権力には動揺するだろう。なぜならば，政治的権力は個人的で物的な要素が混在し合っているからである。……（中略）……政府と強制力を同一視すること，これが自由主義者の一つの見方となったのである。

　第二に，この社会秩序には，真の権力構造をその構造の犠牲者，すなわち，一般大衆から隠蔽し，さらにその構造の受益者であるエリート層からも隠蔽してしまうという能力があるのだが，その最大の理由は，自由主義者が非個人的な意思決定の望ましさを擁護している，ことにある。ユルゲン・ハーバーマス（Jürgen Habermas）が指摘するように，この自由主義者による非個人的な政治的権力の重視と，（経済への還元による）政治の隠蔽，そして，経済成長のイデオロギーを隠蔽することによる社会秩序の不平等性が，——今や「成長の限界」によって窮地に立たされている——「階級関係の脱政治化と階級支配の匿名化」を実現させたのである。

「経済外的強制」(extra–economic coercion) によって進められた搾取とは対称的に，特定個人の自由を剥奪しなくてもよい，というところが資本家的な搾取の賢さの一端である。[資本家と労働者の間の] 搾取関係のいずれの側においても，イデオロギー的に重要な匿名性が存在しているのである。[23]

限界なき経済成長という還元主義的な自由主義の教義が政治的権力を匿名化したり，隠蔽したりすることによってエリート層にもたらす利益を過小評価してはならない。自由主義社会で搾取される側が自ら貧困と対決し，また，責任を負わせる相手が非個人的な市場しかない場合，そのイデオロギー的，ないし，正当化の利益は莫大である。こうした社会秩序においては，自由主義的な権力は匿名性をもつ。このため，その犠牲者は通常，社会秩序を非難するよりも自分自身に責任を負わせる。責任を分散し，また，隠蔽することが自由主義社会の真の権力保持者をいかに守るのかを例証するために，酸性雨の生態学的現象に関する最近の議論について検討しよう。

1世紀前，町の大煙突は悪臭の原因として，また，草木を枯らす原因として知られていた。この批判を避けるべく，工場の設計者は排気ガスを地方に拡散させてより薄めるために，さらに高い煙突を建設した。したがって，今日私たちが特定の雨粒に含まれる酸をたった一つの大煙突のせいにすることができないのは，それほど驚くべきことではない——この発電所の匿名性こそ，設計者の狙いなのである。[24]

話を戻すと，自由主義者と経済学者が政治生活について望んでいないものは，明白な個人責任を伴う政治プロセスの明示性，あるいは，可視性であり，また，非エリート層による批判や攻撃，排除の可能性に対して支配的なエリート層を弱体化させ，対立を増幅させる政治的権力の物的な基盤である。ここで強調しなければならないことは，この脱政治化の優位性はすべての市民に等しく利益となるわけではなかったし，また，現在でもそうだということである。これまでに示してきたように，既存のエリート層が偏在した利益を得ているのである。
ウォリンは自由主義に対する彼の見方を次のように要約している。

いろいろな意味で、ロック以降の2世紀にわたる政治思想は、今述べた三つのテーマについての一つの長い解説だった。その三つのテーマとは、(1)政府と物的な強制力を同一視すること、(2)〔政治学に取って代わる〕独立して存在する実在物としての〔市場に支配された〕社会の出現、そして、(3)非個人的な出所の強制を受け入れる意欲、である。(25)

ここで提示されている自由主義の中核的諸要素に対しては、いくつかの疑問を突きつけることができる。識別可能な個人によって行使される強制力と比べて、匿名的、あるいは、集合的に行使される強制力が道徳的にすぐれているのはなぜか。いずれのタイプの強制力の犠牲者も同じように損害を被るのではないだろうか。これまでに論じてきたように、この両者の違いの一つは、後者(自由主義)の型(タイプ)の強制力では、あらゆる挑戦の可能性を妨げるために、支配を隠蔽すること、あるいは、匿名化することに義務を負っている強制力の行使者に、より大きな防衛手段が与えられている。それでは、この事実は道徳とどのように関係しているのだろうか。自由主義者のここでの論点は妥当なのだろうか。自ら識別し、攻撃することのできる一人、あるいは、それ以上の主人に対して奴隷が自由を喪失することと、迫害者のアイデンティティが覆い隠された匿名的な非個人的市場によって強制されている労働者との間に、規範的に重要な違いは存在しているのだろうか。この後者のタイプの強制力は本当に道徳的に望ましいのだろうか。

(明示的な)政治の代用品としての自由市場の魅力は、経済還元主義に根ざしている。これまで論じてきたように、自由主義者が政治を排除する根拠は政治的な知識を実現することができるかどうか、について悲観的だからである。次節では、政治学的な研究にとって重要な特定の問題、つまり、人間の(政治的な)価値観についての知識、あるいは、規範的な(政治的)知識の実現可能性という問題と関連させて、自由主義の基本要素について追求していきたい。

2 価値の非認知主義と政治の経済還元主義

ジョン・ロックをはじめとして、自由主義は人間が事実を認識する能力につ

第5章　自由主義と政治の経済還元主義

いて全面的に疑ってかかっているために，人間が価値を認識する可能性を排除している。人間の認知を超えるものとしてこの種の規範的な認識を排除し，その結果，規範的な議論や言説を非合理的，ないし，不合理だとして避けることを「価値の非認知主義」(value noncognitivism) という。また，特に，自然科学において後者が支配的であることから，これが近代的世界観の重要な要素となっている。

　この重要な点について，ダニエル・ベル (Daniel Bell) は，「近代の本当の問題は［規範的な］信念の問題だ」と簡潔に言い表わしている。ベルはまた，「社会の優先順位と分配の規範的なルールを正当化することのできる政治哲学」がないということが，近代社会の主な問題だ，とも指摘している。この空白状態の原因は「価値の非認知主義」にあるために，これが取り除かれなければ，継続的，かつ，限界なき経済成長という幻想にもとづいた経済理論と社会秩序に代わる政治哲学を打ち立てる機会はほとんどない。

　ワイスコップ (Walter A. Weisskopf) は「規範的次元の抑圧」(repression of the normative dimension) について論じている。これは，人間の存在理由が技術的合理性と用具的合理性，および，手段・目的合理性に還元されていること，そして，近代の生活と思想から規範的な次元が排除されていることと関連している。また，マーレイ・ブックチン (Murray Bookchin) は，古典的政治思想から近代的政治思想への転換を指して，「政治の脱規範化」(denormatization of politics) という用語を導入している。これを近代のあらゆる思想と生活に当てはめれば，総じて「近代性の脱規範化」(denormatization of modernity) として一般化することができる。

　市場のような何らかの自律的で定量的な，さらに，非規範的な機構を支持する自由主義にもとづいて，政治哲学や道徳，神学を排除する立場では，価値の非認知主義を前提としなければならないし，また，それに伴って，規範的な言説を非合理的（あるいは，不合理）なものとして放棄することが前提とならざるを得ない。この経済思想における脱規範化への動きと経済還元主義の政治的な結果について，ハーマン・E. デイリー (Herman E. Daly) は次のように述べている。

139

化学は錬金術から脱皮し，天文学は占星術の繭から生まれた。しかし，政治経済の道徳科学は道徳を超越した政治経済学のゲームへと退化してしまった。政治経済学は窮乏と窮乏によって生まれる社会的な摩擦の解消に関心を向けた。「政策的な経済学」（politic economics）は窮乏をなくすこと，すなわち，［例えば，成長推進のイデオロギーのように］永遠に，［例えば，パレート最適のように］誰も損することなく，より多くの人々により多くのものを約束することによって，社会的な摩擦を買収しようと試みている。

経済学で広く受け入れられている価値観——「パレート最適」——についてはすでに述べたが，これと関連して，経済思想に広く普及している価値の非認知主義の例外についても注意を払うべきだろう。「［経済学者は，］他人の支出を大幅に改善する変化は任意の価値判断の産物であるため，倫理的に正しくないと考えるのである」。

反規範的な要素が「価値の非認知主義」だと現在，理解されている実証主義的経済学に影響を及ぼしていることは明らかである。すでに述べたように，新古典派経済学によって，経済学の分野は規範的で，本質的に政治的・道徳的な研究から，政治的・倫理的判断をはっきりと（しかし，間違って）避ける科学的な研究へと移行したのである。

経済学を占める懐疑的で反規範的な見方は，次のような結果をもたらすと考えられるが，それは規範的な知識の可能性に対して，誤った前提をもっているからだということに注意したい。その結果とは，第一に，他の人々よりもある個人や集団にとって重要で，魅力的で，価値のあるニーズ（needs）について，経済学者はいかなる相対的な価値判断をも拒むということである。これは，（富裕層を含む）すべての人々を向上させる公共政策のみ正当化できるということを示唆しており，ある種の人たち（富裕層）を悪化させることになる再分配政策は却下される。後者の政策には，ある個人のニーズを他の集団のニーズの下に位置づけるという価値判断が必要となるからである。こうした安定的で普遍的な利益という社会目標を達成するには，終わりなき成長政策が求められる。一度，「成長の限界」が訪れれば（今まさに訪れているのだが），この不平等な社会構造の基本的な正当性はそれ自身から派生する政治的問題によって，また，

それ自身の幻想的で望ましくない政治的前提が崩れることによって，崩壊するだろう。

　第二に，すべての人々にますます多くのものをという，この絶え間のない，限界なき成長の見通しは，「強欲原理」（pig principle），つまり，「もしも何かを望むのなら，多いほどいい」という原理を反映している。反規範的な経済学の極大化（maximization）という先入観が根本的な意義をもっているのである。極大という発想と最適という発想の間にある大きな違いを見落としてはならない。極大化志向は限界なき成長イデオロギーの主要な構成要素である。一部の人たちは（あるいは，すべての）価値があると考えられるものを数多く欲しがる（want）──ニーズ（need），と逆に──だろうという成長推進派の経済学者の前提，また，経済成長には認知的な限界がないという前提を受け入れたとすれば，私たちは人々の欲求を満たすために永遠に成長し続けなければならない。絶え間のない，限界なき成長というきわめて重要な産業社会的価値観はこの推論から導き出されたのである。

　ジョン・メイナード・ケインズ（John Maynard Keynes）の「相対的なニーズ」（relative needs）と「絶対的なニーズ」（absolute needs）の区別は，本章の締めくくりとしても適切だし，また，限界なき経済成長への産業的な依存を相対的富という社会的な「成長の限界」によって実証する次章への橋渡しとしても適切である。この規範的な限界が政治的な結果をもたらすがゆえに，まさにこの「相対的富」の概念は限界なき成長イデオロギーの基盤を揺るがすものとなるだろう。ケインズは，この二種類の人間の欲求について次のように述べている。

　　人類のニーズ（needs）は飽くことがないと思われるかもしれないということは，今や事実である。しかしながら，この欲求は二つの種類に分けられる。一つは，私たちの仲間の状態の如何にかかわらず，感じられるという意味で，絶対的なニーズであり，もう一つは，それを充足することによって仲間たちの上に立ち，優越感が与えられる場合に限って感じられるという意味で，相対的なニーズである。二番目の種類のニーズ，すなわち，優越感の欲望を満たすニーズは実際のところ飽くことを知らず，一般的なレベルが高ければ高いほど，それよりもまた，高くなるもので

ある。しかし，これは絶対的なニーズにはそれほど当てはまらない。[33]

　この飽くことなき相対的なニーズと満足させることのできる絶対的なニーズの違いという点で，私たちは先進産業社会における成長への依存という致命的な誤りに直面しているし，また，後の章で議論する非生物物理学的な，あるいは，社会的な「成長の限界」に直面している。物質的に豊かな産業社会における社会財（social goods）の本質が，経済成長によってはその欲望を——定義上——満たすことができないほどに，関係財（relative goods），ないし，競争財（competitive goods）によって支配されるようになったことにある。

　経済成長は絶対的な利得を生む。しかし，経済成長によって貧しい人々を救うことは全くできない。なぜならば，人類史におけるこの革命的な変化，つまり，産業人口の大多数の人々の絶対的なニーズ，ないし，生物物理学的なニーズが満たされた結果，社会の基本的な財は本質的に関係的，ないし，競争的になったからである。さらに，この変化はたとえ第2次世界大戦後に（特にアメリカで）どれだけ莫大な経済成長があったとしても，富裕層と比べた際の貧困層の経済的な地位がほとんど改善されてこなかった理由でもある。次章では，先進産業社会における相対的富について，この点をさらに掘り下げていきたい。

〔注〕
(1) Wolin, 1960, p.290.
(2) Ibid., p.291. ルイ・デュモン（Louis Dumont, 1977）は，「ロックの二つの論文——政治学からの開放」と題した論文の中で，ロックについて同様の点を指摘している。そこでは，「［ロックの考えの］構造の中でおそらく最も明白な側面は経済学は単に政治学に並置されるのではなく，政治学に対して階層的に上位にある，ということである」（pp.59-60）と述べている。
(3) ウォリンの主張と私のここでの主張と両立する，自由主義に関するその他の議論については，C. B. マクファーソン（C. B. Macpherson）の研究，特に *Democratic Theory*, 1973, および，*The Political Theory of Possessive Individualism: Hobbes to Locke* (Oxford: Oxford University Press, 1965)，を参照のこと。
(4) Wolin, 1960, p.291.
(5) Ibid., pp.293-294.
(6) Ibid., p.330, で引用されているスミスの『道徳感情論』。冒頭の一節はウォリンのもの。
　　下降移動を経験している現在のアメリカ人が苦められている，さまざまな形の痛

みと絶望に関する詳細な評価については，Katherine S. Newman, *Falling from Grace: The Experience of Downward Mobility in the American Middle Class* (New York: Free Press, 1988), を参照のこと。

(7) Wolin, *ibid*., pp.329, 331. スミスによる引用は，*The Wealth of Nations*（『諸国民の富』），第5巻，第2章より。

(8) Wolin, *ibid*., pp.294-297.

(9) *Ibid*., p.297での引用。

(10) *Ibid*., pp.297,299. ここでは，価値の非認知主義が近代，および，現在の政治思想に及ぼす壊滅的な影響がここで述べられている。この重要な点については，簡単に論じている。

(11) *Ibid*., p.300.

(12) *Ibid*.

(13) Robert A. Isaak and Ralph P. Hummel, *Politics for Human Beings* (North Scituate, Mass.: Duxbury Press, 1975), pp.299, 14.

(14) Brown, *The Twenty-Ninth Day,* 1978, p.323.

(15) これは，「自己調整的市場は，まさに社会を制度的に経済的領域と政治的領域に分割することを必要とする」という事実に集中した，カール・ポランニー（Karl Polanyi）の研究（前掲）の主要なテーマである。

(16) Wolin, 1960, p.347. また，Lowe, *op. cit*., pp.30-31, も参照のこと。

(17) Wolin, *ibid*., p.301.

(18) *Ibid*. ここで，ウォリンはスミスの *Wealth of Nations*（『諸国民の富』）の第1巻，第7・8章，および，第4巻，第2章に言及している。

(19) Wolin, 1960, p.302.

(20) C. B. Macpherson, "The Economic Penetration of Political Theory," in Macpherson, *Political Theory and Political Economy,* 1974の各所。

(21) ここで引用している用語は，類似のメタファーが頻繁に登場する成長推進派の文献から借用した。

(22) Wolin, 1960, p.312.

(23) G. A. Cohen, "The Structure of Proletarian Unfreedom," *Philosophy and Public Affairs*, 12, No. 1 (Winter 1983), pp.12-13.（強調点，原文のまま）「経済外的強制（extra-economic coercion）」という用法は，マルクスの *Capital*（『資本論』）より。

(24) John Firor, "Interconnections and the 'Endangered Species' of the Atmosphere," World Resources Institute, *Jounal* '84, p.20.

(25) Wolin, 1960, p.312.

(26) Bell, *The Cultural Contradictions of Capitalism,* 1976, p.28.（強調点，原文のまま）

(27) *Ibid*., p.25. ベルはここで「西欧社会」と述べているが，これは「近代の産業社会と産業化以降の社会」を意味すると思われる。

(28) Walter A. Weisskopf, *Alienation and Economics* (New York: Dell, 1971), chapter 2, 特に p.230, を参照のこと。

(29) Smith, 1979, p.67, のデイリー。

第Ⅱ部　政治学の還元主義と近代経済学

(30)　David Mermelstein, 第3章の冒頭, in Devid Mermelstein (ed.), *Economics: Mainstream Readings and Radical Critiques*, 2nd ed. (New York: Random House, 1973), p.230.
(31)　価値の非認知主義はまた，主観的に定義された価値にもとづく人間のニーズ (needs——抽象的欲求〔必要性〕) から，客観的に定義された分析者中立的な欲望 (wants——具体的欲求〔欲求〕) への経済学者による移行を明らかにしている。経済思想における欲望の重要な役割については，Tibor Scitovsky, *The Joyless Economy: An Inquiry into Human Satisfaction and Consumer Dissatisfaction* (Oxford: Oxford University Press, 1976), を参照のこと。
(32)　Sidney S. Alexander, "Human Values and Economists' Values," in Hook, 1967, p.107.
(33)　Keynes, 1963, p.365.

第6章

相対的富の概念
――成長への依存を打破し，再政治化を促進する成長の社会的限界――

　実際のところ，［未開人と社会的な文明人の］一切の違いが生まれる原因は次の点にある。すなわち，未開人が自らの内の世界で生きているのに対して，社会的人間（social man）は絶えず自分の外の世界で生きており，他人の評価の中でしか生きられないということである。社会的人間はいわば，彼に関心をもっている他人の判断によってのみ，自らの存在を自覚しているように思われる。
　　　　　　　――ジャン゠ジャック・ルソー（Jean-Jacques Rousseau）[1]

　［先進産業社会の］構造的特徴の問題は平均消費水準の上昇につれて，増大化する消費が個人的な面と社会的な面をもつようになっている，ということである。いわば，個人が財やサービスに求める満足は自分自身の消費量の増加だけではなく，同じように他人の消費量の増加にも依存しているのである。
　空腹な人にとって，まともな食事から得られる満足は他の人が食べている食事に左右されることはないし，また，非常に空腹の状態であれば，他の人がしている何か他のことに振り回されることもない。これとは正反対に，市街の中心部で近代市民が吸っている空気の質は公的支出による直接的なものであれ，公的規制を通じた間接的なものであれ，汚染に反対する仲間の市民の貢献にほぼ全面的に依存している。私の教育（ないし，他のあらゆる社会財〔social goods〕や関係財〔relative goods〕）が私にとって保有している価値は，私が保有している金銭の額だけではなく，職場で顔を付き合わせる人たちがもっている金銭の額にも依存しているのである。
　　　　　　　――フレッド・ハーシュ（Fred Hirsch）[2]

　すでにみてきたように，「成長の限界」に関する文献の多くは生態学における生物物理学的な限界，つまり，人口や天然資源，そして，環境分野に焦点を当てている。この章では，近代経済学とその中核的な価値観である限界なき経済成長という本章の目的にさらに直接的に関係する，非生物物理学的な限界について論じたい。それは，先進産業社会における経済的富――および一般的な財――の定義についてである。

現在は，歴史的に類をみないほど社会全体にモノがあふれているので，多くの市民にとって生物学的なニーズはもはや問題ではなくなっている。このため，個人の富の本質，社会財の定義の本質，そして，その社会的に定義された財の獲得による個人の満足の本質は，その社会の他人がどれくらい社会財を獲得しているかということに対して相対的なもの，ないしは，それに対して関係的なものとなっている。個人的な所有の喜びの中にこの競争的な要素が含まれていることによって，ますます多くの財が本質的に関係的なものとなっている。競争における勝利が社会の基本的価値として群を抜いている理由は，ここにある。アメリカで最大の銀行――（シティコープ〔Citycorp〕――は，最近，次のようなスローガンを宣伝している。「アメリカ人は生き残るだけではなく，成功を望んでいる！　それならシティコープだ」と。

　豊かな産業社会の中で生きている大部分の人々は絶対的なニーズと生物学的なニーズを満たしているので，「関係財」（relative goods）が最も大切となる。絶対的なニーズと相対的なニーズという，ジョン・メイナード・ケインズ（John Maynard Keynes）の区別に依拠して述べたように，絶対的なニーズは有限で，満足させることができるし，個人だけを含めることになる。これに対して，相対的なニーズは止まるところを知らず，満足させることは不可能で，理論的には周りにいる他のすべての人たちを含めることになるのだから，社会的である。[3]

　ハーシュは私的・絶対的・生物学的なニーズを満たそうとする空腹な人と教育のように，周りにいる人たちがもっている程度に依存して社会財・関係財の満足が決まる現代の就職希望者とを区別したが（ハーシュが教育のすべて〔total〕の価値を社会的である，と示唆していることについては批判もある），この区別は次の二つの社会の区別と類似している。一つは前産業社会であり，その社会の多くの成員にとっては常に，基本的・絶対的・生物学的なニーズを満たすことが最大の関心事だった。もう一つは，物質的に豊かなポスト産業社会であり，そこでは生物学的なニーズが満たされたことによって，関係的な必要性，あるいは，社会的に依存したニーズ（より正確には「欲望」〔wants〕）を満たすことへと関心が大きく変化している。

　空腹であったり，人間が生きるためのその他の基本的なニーズが満たされていなかったりする時，人間の思考と行動はこの欠乏をなくす努力とまた，この

欠乏の結果である苦痛と苦しみをなくす努力によって支配されている。したがって，この種の不幸な状況にいる人の絶対的ニーズを満たそうとする意欲を断念させたり，その意欲を削いだりすることはそれほど簡単ではない。もしも非エリート層が全くの極貧——多くの場合，単にエリート層と比較して貧しいというのではなく，生物学的なニーズ，ないしは，絶対的なニーズを満たすことができない状態[(4)]——であるならば，成長という幻想，あるいは，限界なき成長イデオロギーが非エリート層に示す間違った約束には，ほとんど魅力がないだろう。

　この点についてジョン・ケネス・ガルブレイス (John Kenneth Galbraith) は，先進産業社会では広告がますます深刻な影響を及ぼしていることを示している。すなわち，「分別があって空腹な人であれば，彼のなけなしのカネを食べもの以外の何かに使うように丸め込まれることはない。しかし，食事が十分に行き届いており，着るものも住むところも十分にあって，他の面でも至れり尽くせり面倒をみてもらっている人は電気カミソリと電動歯ブラシのどちらをとるかといわれれば，言い包められてしまう」[(5)]。つまり，生き残るためのニーズがすべて満たされると（先進産業社会ではこうした人が圧倒的大多数であるが），人は操作的な広告によって丸め込まれやすくなり，また，社会の現実から離れた気晴らしに弱くなるのである。しかし，それだけではない。さらに，財を手に入れられる可能性と，一度，手に入れたものから得られる満足によって，財の性質と範囲は変化する。経済的な富の定義もまた，変わるのである。

　食べ物と適切な住まい，および，その他の身体的ニーズが満たされることが約束されており，「他の面でも至れり尽くせり面倒をみてもらっている人」に一度なると，同じように至れり尽くせり面倒をみてもらっている他人から，私たち自身を区別する方法が重要になる。つまり，社会財と競争に対する，私たちの意識と感受性が増すのである。ジャン＝ジャック・ルソーは，近代について初めて研究した人物であり，また，最も洞察力に富んだ研究者であるが，彼は社会的尊敬，ないし，社会的区別に対するこうした意欲を重視し，近代社会を定義する一つの特徴である不平等とこの意欲が関係していることを強調している。

　『人間不平等起源論』(*Discours sur l'origine et les fondements de l'inégalité parmi les hommes,* 1755) を通じて，このテーマに取り組んだルソーの試みは，不平等がいかにして始まり，また，進行したのかということについて仮説的ではあるが，有益な説明を提供している。この不平等が進行する過程で決定的な岐路の一つは，人間の環境が孤立的な環境から周りの人々との社会的相互作用がより大きな環境へと変化したことにある。ルソーによれば，この人たちの交流の増加が新たな欲望と悪を生み出した。

> 誰もが他の人たちのことを考えはじめ，また，逆に考えてもらいたくなりはじめたので，世間の評判に価値が認められるようになった。最高に歌がうまいのは誰か，誰の踊りが一番上手か，最も格好のいい人は誰か，腕っ節が一番強い人，最も手先が器用な人，あるいは，最高に弁が立つ人，こうした人たちが最も尊敬されるようになった。これこそが不平等に向かう初めの一歩であり，また，悪徳への第一歩であった。この最初の区別によって，一方では，虚栄と軽蔑が生み出され，他方では，羞恥と嫉妬が生み出された。この新たな火種によって引き起こされた騒乱は，無垢と喜びにとって致命的となる一連の結末に至るまで燃え広がっていったのである。[6]

この章の基本的な目的は，ポスト産業社会を支配しているという意味で，相対的富という発想と価値の社会的な意義が増しているため，限界なき成長という教義とそのイデオロギー的な役割は使い物にならなくなり，それに伴って産業文明の基盤も揺るがされているということである。この文明で最も重要な価値，つまり，相対的富を手に入れるために競争に勝つという価値の定義こそが，あるいは，まさにそれが意味するものこそがこれを生じさせているのである。この比較という側面，あるいは，競争という側面があるからこそ，相対的富という近代産業社会の価値は，——たとえその社会がどんなに大きく成長しても，あるいは，不可能なことではあるが，その社会が無限に続いたとしても——すべての人々が経済的な分け前を他の人々よりも多く手にすることを不可能とさせているのである。ポスト産業社会はゼロサム社会である。そこでは，経済成長を通じて合算で生み出された経済的な富はすべての人に絶対的な富の増加をもたらすが，しかし，その絶対的な富の増加が周りの人たちや競争相手よりも高い競争的地位を誰かにもたらすことはない。この重要な点には，より詳しく

述べるだけの価値がある。

　上位10％の所得をすべての人が稼ぐことはできないし，限られた人々によって制作された価値のある銅版画をすべての人が所有することもできない。あるいは，（しばしば相対評価が生の絶対評価よりも重要なものと考えられている偏差値の例で明らかなように）大学進学適性試験では，すべての人が98パーセンタイル以内に入ることはできない［訳注：パーセンタイルは，データを小さい方から並べた時に，全体の何パーセントの位置にあるかを表すものである。例えば，データの数が100の時，小さい順から数えて98番目にあたるデータは98パーセンタイルとなる。なお，50パーセンタイルは中央値〔ミディアン〕とも呼ばれる］。一般的に，「成功」が競争的に定義されている時には，すべての人が成功することはできないのである。先進産業文明に生きる人々は絶対的な必要をすでに満たしており，また，将来も安泰だと思われるので，「奢侈」品や社会的に稀少な品，流行品，地位の象徴となる品など，本質的にアクセスが制限されていたり，社会的な定義が排他的であったりするために，比較的わずかな人たちしか利用できないものが彼らの最も重要な欲望を構成するようになったのである。

　こうした競争財，ないし，競争上の価値が豊かなポスト産業社会を支配していることは人々がこの財を獲得することに成功するのではなく，失敗することを意味している。あるいは，競争財が広く流通している時には，その財独自の競争上の社会的価値が失われるか，あるいは，社会的威信が失われることを意味している。競争が激しく滅多に手に入れることができない財は比較的少数の人たちしか保有することができないからこそ，相対的価値をもっている。これに対して，広く普及している財の場合，相対的富が支配する社会でその財がもっている相対的な，あるいは，競争上の価値は目減りする。今や多くの人々がこの財を獲得したり，所有したりしているため，もはやこの財には相対的な区別も競争上の区別もなくなっているからこそ，こうした事態が生じるのである。

　限界なき経済成長の擁護者は，こうした成長こそがある社会で生活している貧困層を救済するための，あるいは，世界全体の貧困を克服するための唯一の方法（――しばしば忘れられている点だが――エリート層が政治的に受け入れることのできる方法）だ，と主張する。しかし，ポスト産業社会では，関係財と相対的

富の意義が大きいことは明らかである。したがって，この主張は無効になる。エリート主義者や自由主義者，反政治主義者，経済還元主義者，および，それに追随する反対者という成長推進派の立場は，非パレート最適的な再分配を放棄するという意味を含んでいるのである。⁽⁷⁾

「貧困層」について語る際には，この社会集団の定義を何かしら明確にしなければならないと思われる。この論点についての識者ならば，標準を下回る住居に住み，失業していて，政府の支援に頼って暮らし，さらに基本的な生物学的ニーズをも満たしていない人々（アンドレ・ゴルツ〔André Gorz〕が「極貧」〔destitution〕と呼ぶ人々）と，アメリカで年に5万ドルを稼ぎ，電化製品が備えつけられた都市郊外の家に住む人々（ゴルツの用語法では，「相対的貧困」〔relatively poor〕と考えられる人々）とでは，天と地ほどの差がある，と必ずや指摘するだろう。

そうはいうものの，競争社会の中では，メディアで報道され，競争に勝ち，金持ちの贅沢な暮らしを送る高所得者層と比較すれば，後者の人々でさえも貧しさを感じる可能性がある。富や所得の規模がどうであれ，そうした社会で暮らす人々は客観的にはかなり多くの財を保有していたとしても，最上位階級の集団と比べれば喪失感を感じる可能性があるし，また，しばしばそう感じてもいる。

実質的にすべてのアメリカ人が自分たちを中流階級に位置づけているという現象はよく知られているが，これ（特に，客観的には上流階級にいるにもかかわらず，誤って自分を中流階級に位置づけている人々について）は，少なくとも部分的には，前述したことから説明可能である。なぜならば，誰もが——たとえ客観的には富裕層だと定義されるとしても——，自分たちよりも上位に位置する富裕層に目を向けるからである。このため，競争社会における「貧困層」という社会的カテゴリーは比較的数の少ない極貧が意味するものよりも，より大きな意味をもっている。私が強調したいのは，成長推進派は次のような事実を見落とすという深刻な間違いを犯している，ということである。その事実とは，経済成長が貧困層や中流階級における関係財の欠乏を改善したことはこれまでになかったし，今も，そして，これからもできないということである。なぜならば，ポスト産業社会的な政治経済では，こうした人々がこの種の財を利用でき

るようになる頃には，まさにその「通貨浸透」(trickle down) の過程によって，その財の競争上の——あるいは，相対的な——価値が失われてしまうからである。

　経済成長に反対するこの議論は関係財に対しては経済成長は役に立たない，としている。しかし，国民の多くが極貧であり，生きるために絶対的な財の供給を必要としているものの，大抵は産業化社会以前の状態にあるような，客観的にみて貧しい国にはこの議論は当てはまらない。こうした社会では，なるほど確かに経済成長は極貧層を救済するだろう。しかし，それは富を比べることができるかどうかということやその富に相対性があるかどうか，ということがこうした社会では重要ではないからである（前掲したハーシュとガルブレイスが描く空腹の人と同じである）。極貧社会では，経済成長が妥当だというこうした認識がエリート主義ではないかという非難や世界の貧困化を否定しているという非難から，成長に基礎を置いた産業文明の評論家を守っているのである。

　いうまでもないが，D. H. メドウズ・グループが勧告しているように，地球レベルで再分配を動的に均衡させるには，世界中の価値観を根本的に変革させなければならない。すでに述べたように，この研究に参加した研究者たちは，ローマクラブの執行委員会もそうだが，価値観が決定的な役割を果たすことを認識していた。しかしながら，どちらのグループもこの重要な点について詳しく述べてはいなかったので，結果的には，環境汚染と資源の欠乏に関する彼らの衝撃的なコンピュータ予測の陰に隠れて，価値観の役割が見過ごされてしまった（この影響力の大きな研究は多くの解釈を生み出したが，そのすべてをみても，「成長の限界」の本来の立場にみられる根本的に規範的な要素に注目したものは，もしあったとしてもわずかである。私が自らの議論を通して述べてきたもの，また，示そうとしてきたものは，経済成長論争の究極的な論点は本質的に規範的なものであって，生物物理学的なものではない，ということである）。

　限界なき経済成長はポスト産業社会的な貧困を救済するとイデオロギーにもとづいて約束しても，それは無益である。この点について，価値の点から明らかにしたい。そのために，よく知られた「通貨浸透効果」(trickle effect)，ないし，「トリクルダウン理論（通貨浸透論）」(trickle down theory) を検討することにしよう［訳注：政府資金〔財政支出〕は福祉事業・公共事業によりも大企業に流入

させた方が中小企業や消費者に，ひいては，景気に刺激を与え，経済効果があるという経済理論のこと］。社会の貧困層がこれまでは金持ちにとってしか手ごろな価格ではなかった財やサービスを手に入れることで，経済的に進歩しているという（間違った）印象をもつのは，この通貨浸透効果によるものである。限界なき経済成長という経済還元主義者の教義と同じように，この効果の支持者はエリート層の利益となる間違った意識を非エリート層に植えつけるために，この効果を用いている（この理論は，ロナルド・レーガン〔Ronald Reagan〕の1981年の減税政策に明確にあらわれている。政府当局者は，社会の非富裕層が高賃金と新しい仕事という形で「トリクルダウン（貧者が富裕層からおこぼれにあずかる）」〔trickle down〕――この用語は，あったとしても滅多に用いられないが――ことができるように，富裕層の個人と企業の利益を拡大させることが必要だとはっきり公言している）。

社会理論家のマリオン・J．レヴィ，Jr. (Marion J. Levy, Jr.) によるトリクルダウン理論の用法によれば，通貨浸透効果は，先進産業社会の成員が「社会的流動性を実際に達成するとはいわないまでも，見掛けの上では一体感を感じる」ことを可能にすると主張している。これに続けてレヴィは，この経済（兼政治）理論について次のように分析している。

> 相対的に近代化した社会状況においては，新しい財やサービスはまず，比較的高い価格で，また，比較的少ない量で提供されることがよくある。この新しい財やサービスが利用できるようになる時，社会のエリート層がそれを見い出す傾向にある。この一つの理由は，そうした財・サービスが発売されてまもなくのうちは比較的高価で，大衆財を特徴づける大量生産の経済性の多くが初めのうちは効果を発揮しないからである。したがって，これらの財・サービスが発売されてまもなくの間は，可処分所得の大きい社会の成員がそれを利用できる傾向にある。……（中略）……この財［訳注：通貨］がそのままの社会的名声の程度で浸透し続けるならば，それを手に入れる人たちはいくばくかの上流階級への移行の気分を味わう。[8]

こうした通貨浸透効果の政治的な影響は明らかであり，また，重要でもある。効果的なトリクルダウンのプロセスをもつ社会的な安定性は非エリート層に既存の階級構造を受け入れさせ，またその分配原理に準じて恩恵を受けていると

非エリート層に信じ込ませることで，既存の階級構造を維持するだろう。ここにはいくつかの論点がある。第一に，この保守的でエリート主義的な通貨浸透効果の幻想的な性質を，レヴィが——詳しく述べられているわけでも議論されているわけでもないが——正直に認めていることに注意すべきである。(アメリカにおける所得と富の分配に関する歴史的なレビューが裏づけているように) 貧困層は実際には上流階級に移行していなくとも，あるいは，すでに他の獲得困難な高級な財・サービスを満喫している金持ち連中と比べて利益を得ていなくとも，上流階級に移行しているという「気分」を味わったり，「外見」を装ったりする——この移行が本物であるならば，それは必然的に，貧困層の上にいる富裕層にとっては相対的な損失，あるいは，下流階級への移行を意味する——。相当後になれば，非エリート層や貧困層もこの後者の高価な財を手に入れることができるかもしれない。しかしその時には，これらの財を最初に獲得することがもっている競争的な利得と社会的な尊敬は，失われている。これは，ポスト産業社会的な消費と地位授与のプロセスにおいては，タイミングが重要であることを明らかにしている。

第二に，通貨浸透効果と限界なき成長の教義は，貧困層にとって幻想的な内容である，という点で類似していることを見落としてはならない。これは次のことを示している。すなわち，先進産業社会で社会的な安定性が保たれており，また，エリート層の優位性が正当化されている——したがって，保護されている——ならば，それは限界なき経済成長のイデオロギーにもとづいているか，通貨浸透効果にもとづいているかにかかわらず，間違った政策，誤解を招く政策を通して貧困層を欺くというやり方で実現されているということである。リチャード・H. トーニー (Richard H. Tawney) が指摘するように，産業社会の生活は「偽装された社会戦争」[9]であり，そこでは，富裕層が彼らの敵，つまり，社会的な競争相手に自発的に施しを与えることはありえない。さらには，富と財に相対性があるために，産業社会における社会的価値観である限界なき経済成長と同じように，トリクルダウン政策は挫折することになる。

第三に，通貨浸透効果に関するレヴィの分析は関係財の普及した社会に対して適用することができるのだが，ただし，それは貧困層の側の約束された安定や保守的な幻想については別だ，ということである。大衆市場化されたテレビ

やインスタント・カメラ，小型計算機，パソコン，および，その他の毎年発売される無数の財をみると，レヴィが解釈したように，トリクルダウン仮説が――ある程度までは――確認されるようにみえる。実際，新しい消費アイテムは次から次へと発売されており，その初期費用が多くの非エリート層にとっては法外であるからこそ，地位を授与するものだとみなされている。そして，成功したエリート層だけがこの種の財を手に入れることができるという事実のおかげで，これらの財は過剰な品質をもつようになる。つまり，これらの財はその排他性によって，その所有者に社会的名声をもたらすのである。大量生産と共に奢侈品市場の飽和とその価格の低下が必然的にもたらされ，――少なくとも，その財の一種であるテレビがアメリカのすべての家庭で軒並み所有されるようになったのと同じように――中流階級とあまつさえ下層階級の人たちでさえも，そうした財にアクセスすることができるようになる。しかしそれは，相当の時間が経ってからのことである（おそらくこの分析は，そのうち，大画面プロジェクション・テレビに対しても同じようなトリクルダウンのプロセスが適用されると予測できることを示唆している）。

　しかしながら，ここではトリクルダウン理論の政治的効果が消え失せている。念願の――すべての人がこうした財を利用できるわけではないからこそまさに念願の――競争財を非エリート層が獲得する時までには，その財は競争上の魅力や価値，そして，地位付与的な性質を失っている。ここで決定的な点は，非エリート層が念願の財を獲得する前にそうした財を常に獲得しているエリート層と同じ地位を非エリート層が維持することは決してできないし，エリート層に追いつくことすらできない，ということである。地位付与的な人工物が大量生産され，大量消費のための価格づけがなされた時点で，名声の証しとして，新しい19インチのテレビ（ないし，その他の何らかの大衆消費財）を手に入れたことを高らかに宣言する人がどれほどいるだろうか。

　先進産業社会における競争的な要素と相対的富の重要性の大きさは，無情にも非エリート層を絶え間ない失望と不満に落とし入れる。なぜならば，不可能でありながらもなお約束され，社会的に称賛され，喧伝されている競争の報酬を得ることができないからである。この不可能性は念願の社会的な財が競争的で限定的な性質をもつ結果なのである。

経済的・物質的にはありえないことではあるのだが,非エリート層が競争財を手に入れた時,彼らはあたかも金持ちしかそれを買う余裕がない時に手に入れたかのごとくに,それと同じ効用,ないし,満足を得られると勘違いして期待する。このため,彼らには避けがたい失望と不満が運命づけられている。非エリート層が分配の過程でその競争財を手にするのは,彼らが本当に上流階級に移行するためには遅すぎるし,その幻想を抱くことさえも遅すぎる。なぜならば彼らがその財を手に入れられる時——つまり,最後——にその財を手に入れることでは達成することのできない,相対的な成功(シティ・コープ〔City Corp〕の広告がいうように,「生き残るだけではなく,成功を!」)を彼らもまた,追いかけているからである。実際,それまでは競争的であったが,もはやそうではなくなったポスト産業社会的な財を非エリート層が手に入れられる頃には,——富裕層向け——市場に別の競争財が投入されており,この被害者の階級を焦らせて苦しめる。非エリート層はまたしても,この競争財が市場に投入された時にそれを買うことができないのである。テレビの例に戻れば,2500ドルの大画面プロジェクション・テレビがそうした財の一例である。

　最後の論点は,先進産業社会のいくつかの重要な側面が明らかにされていることである。まず,大多数の消費者の経済的に手の届く範囲を超える時にこそ最も社会的に魅力的となる新しいアイテムを絶え間なく供給し続ける社会では,人間の欲望は際限がなくなる,あるいは,飽くことを知らなくなるという性質である。飽くことを知らない欲望は限界効用逓減という仮定にもかかわらず,近代経済学の中心的教義の一つであるし,また,自由主義の中心的教義の一つでもある。自由主義者は次のように答える。財ごとの効用を満足させることはできる。しかし,この主張されている人間行動の法則は——クリーム・ソーダのような——特定の財にのみ適用可能であって,消費者が十分に満足したものから満足していないものへと永遠に欲望を変えることができる(胸が悪くなるほど続く?)欲望に対しては,一般化して適用することはできないと。

　翻ってみれば,これは完全な満足を決して味わうことのない個人という,自由主義的,かつ,経済的な世界観の奇妙な含意を明らかにしている。この種の社会の消費者は満たされない欲望を追い求めることを常に強いられている。消費者はその欲望を満たせると思われる物財を手に入れた後でさえも,(競争上

の）期待が満たされないことに対して失望を味わうしかない。これが，全く意地悪で永遠に続くプロセスの引き金をもう一度引くことになる。先進産業社会の平均的な消費者は自分のような人間を受け入れる会員制クラブには入りたくない，と語ったユーモア作家のグルーチョ・マルクス（Groucho Marx）と同じ立場にいる。つまり，非エリート層が買うことができるならば，おそらくその財には手に入れる（競争上の）価値がないのである。

「相対的富」と「相対的地位」への欲望に支配された社会では，競争がきわめて激しいので，エドワード・J. ミシャン（Edward J. Mishan）がいうように，「ある時点で，他人の所得が10%増えるのに伴って自分の所得が10%増えるよりも，他人の所得が10%減るのに伴って自分の所得が5％減る方を人は好むかもしれない」。この不合理が私たちには合理的にみえるという事実こそが，この種の社会秩序がどこかおかしいことを示しているはずである。

成長に基礎を置く産業文明に対する二人の批評家，ミシャンとハーシュが強く主張しているように，競争財を重視する社会秩序の幻想を破壊する見方がもう一つある。先進産業社会でその種の財が最終的に浸透するならば，非奢侈品が結果的に大量流通することによる社会的な密集，あるいは，過密によって，その競争財の社会的価値は著しく減少する。ミシャンは，「流行地域」へ旅行する国際的な大量旅行業の例を引いている。この流行地域というのは，「一見したところ，競争的，かつ，地位付与的であり，それまでは排他的で贅沢，高価であった」リゾートのことで，そこには「群衆が集まる前に楽しむ」という圧力が存在している。そして，

> 旅行者の群れが空や海から群がり，長距離バスや電車，自家用車によって陸地から殺到するにつれて，また，大地がコンクリートに覆われるにつれて，そしてまた，ホテルやトレーラーハウス，カジノ，ナイト・クラブ，別荘，日差しのよいアパートの一角ができることでその地域が混み合い，その奥地へと後退していくにつれて，地元の生活と産業は縮小し，温かいもてなしは消え失せていく。そして，土着の人々は無粋な群衆への屈辱的な奴隷状態に迎合する，半寄生的な生活様式へと流されていく。その他のとても多くのもの，つまり，必然的に群衆が自由を破壊してしまうので，わずかな人々しか自由に楽しむことができないものについても，これは

同様である。⁽¹²⁾

　必ずしもすべてとはいわないまでも多くの人々が手に入れられる時，その相対的な価値——相対的，ないし，競争上の価値の定義——を魅力あるものにさせることはできない。したがって，ちょうどミシャンが余暇の行楽地について描写しているように，この種の財を広く流通させるという点での政治経済学の大きな成功がその財を破壊することもあれば，また，その財の所有者の喜びを壊すこともある。ほんのわずかな富裕層が購入して満喫している競争財の社会的な価値は，大量生産と大量流通のプロセスによって必然的に破壊される。なぜならば，本当に評価されるのは排他性そのものだからである。限界なき経済成長のイデオロギーとトリクルダウン理論はいずれも，先進産業社会のこの本質的な点を否定するだけではなく，実際にその抑圧に荷担してもいるのである。

　貧困層を救うためのただ一つの方法として，通貨浸透効果を称賛しているレヴィとその他すべての経済成長の擁護者（実質的には，既存の政策決定者のすべての人々）は，成長推進派の経済学者であるピーター・パッセル（Peter Passell）とレオナルド・ロス（Leonard Ross）の見解，つまり，「簡単にいえば，アメリカが貧困を必ず減少させるただ一つの方法は，成長だ」⁽¹³⁾という見解を支持している。この限界なき成長を基礎としている思想家にとっては不幸なことに（そして，産業社会の変革の見通しにとっては幸運なことに），競争財，あるいは，関係財を問題とする時に，貧困層の人々が通貨浸透効果や成長推進の教義にだまされることはほとんどない。通貨浸透効果と成長イデオロギーは，経済成長こそがポスト産業社会の生活において貧困層が利益を獲得し，また，低い地位から高い地位へと移行するためのただ一つの手段である，と主張する。しかし，このエリート好みの幻想は排他的な所有制限がないこと，また，過密状態が存在することによって崩壊する。したがって，貧困層はこれにだまされることはないのである。

　先進産業社会の財には相対的，ないし，競争的な性質があるために，トリクルダウン理論と限界なき経済成長の幻想的で操作的な教義——とそれらにもとづく社会政策——は，彼らが望む結果をもたらすことができない。たとえその幻想に信憑性があったとしても，美しい海に面した土地のように稀少な天然資

源を広く流通させることはもちろんできないので、成長イデオロギーの中心的な前提をこうした資源に適用することはできないのである。こうした限界のある財——それが自然の限界によるものか、わずかな芸術家の印刷物のように社会的に課せられた限界によるものかにかかわらず——には、常に、非エリート層にとって可能な経済的範囲からみて法外な値段がつけられるため、失望を避けることはできない。

　本章の残りの部分で、私は生物物理学的な「成長の限界」に対置される社会的——あるいは、規範的（価値観をもって行動すること）——な「成長の限界」として、相対的富がどのように機能するかに焦点を当てたい。「相対的剥奪」(relative deprivation) に関する社会科学分野の文献には数多くある[14]。ポスト産業社会的で、豊富な財の比較可能性、あるいは、相対性——ひいては、社会的性質——についての認識は近代性（モダニティ）概念の起源や近代社会の登場にまでさかのぼっている（前近代社会では、エリート層や関係財が存在しなかったというのではない。ただ、前近代では人口のかなり多くの人々が極貧であり、生存のための絶対的な必要が不足していたために、絶対的財が優先権を得ていたということである）。ルソーは、近代人を「絶えず自分の外の世界」で生活し、さらに、「他人の評価の中でしか生きられない」と捉えたし、トマス・ホッブズ (Thomas Hobbes) は、「すべての人々がその中で権力と栄光を追求する、真剣に競争する個人が住む極端に競争的な社会」という考え方を示して、次のように述べている（ホッブズの研究については、第Ⅲ部でより詳細に検討する）。一般的に、徳 (virtue) というものは、どのような種類の題材においても、（身分のような精神的な）卓越性ゆえに評価される何か［原文のまま］であり、それゆえに、徳は比較ということに本質を有しているのである。というのは、すべてのことがすべての人々に平等に備わっているならば、何ら称賛されることは一切ないだろうということになるからである[15]［訳注：本文はホッブズの『リヴァイアサン』の第8章の冒頭の文章である。邦訳は岩波文庫（水田訳）、中央公論社（永井・上田訳）があるが、ここでは、引用者であり、本書の著者であるJ. カッシオーラの意見を参考にした上で、読者の理解を容易にするために、形容句を付加して訳出してあることをご留意いただきたい。本文に関して、日本のホッブズ研究者である、甲南大学法学部教授の高野清弘氏に貴重なアドバイスをいただいた。ここに、謝意を表しておきたい。本文（原文）の解釈については、

第6章　相対的富の概念

『リヴァイサン』の邦訳のみならず，政治学者の中でもさまざまな解釈があるということを付記しておきたい]。また，ソースタイン・ヴェブレン（Thorstein Veblen）は，次のように近代を「金銭的競争」（pecuniary emulation）と分析している。

> 何のためにカネを貯めるのかといえば，それは，財力という点で共同体（コミュニティ）の他の人々から抜きんでるためである。闘争（struggle）は本来，個人比較にもとづいて高い名声を得るための競争であるために，いかなる方法をもってしても最終的な到達点には至らない[16]。

このように，「相対的富」という概念には，ルソーやホッブズ，ヴェブレンといった人たちを含む立派な伝統があるのだが，相対的富を研究する最近の研究者であるフレッド・ハーシュはこの概念の豊かな知的歴史をほとんど，あるいは，全く参照していない（特に経済学者の一人として，ヴェブレンに全く言及していないことは驚くべきことである）。ハーシュの洞察に富んだ分析をここで徹底的に評価することが私たちの目的ではないので，その代わりに，なぜ，絶え間のない経済成長がその擁護者が主張する安定的で満足のいく結果をもたらすことができないのか，というハーシュの中心的な主題に焦点を当てたい。

ハーシュの議論は前述の私の立場を裏づけている。その立場とは，経済成長は実際のところ，非エリート層が知覚する生活の質を悪化させるものであり，改善させるものではない，という立場である。なぜならば，経済成長はかつては，競争的で奢侈的だった（エリート的な）財に対する欲望を——実現の可能性がないままに——増大させるからである。こうした社会的に稀少な財——そもそも，それが稀少で比較的少数の人たちによって所有されているからこそ価値のある財——は，分配の階梯のトップにいる人々に限られている。このため，経済成長が絶え間のない「生存競争」（rat race）を多くの人々に結果的にもたらしながらも，わずかな人々しかもつことも楽しむこともできないものをすべての人々が手に入れることはできないとわかった時には，満たすことのできない非エリート層の期待の高まりは失望と怒りに変わる[17]。

非エリート層は，ハーシュが「地位的な財」（positional goods）（他者との相対的な地位を強調している）と呼ぶものを競って追い求めるが，経済成長にはこれ

159

を満たす力はない。したがって,必然的に不満がたまり,この不満が再政治化の可能性を高める。つまり,非エリート層は私的経済からは手に入れることのできない満足を誤って公共部門に求めるのである。私的経済は次に,財政上の制約をポスト産業国家に負わせる。これは,レーガン政権の8年にわたってアメリカの巨額の債務が増加し,ジョージ・ブッシュ (George Bush) 政権の最初の年にもそれが続いたことからもわかる。この分析では,相対的富,ないし,競争財という社会的状況のもとでは,限界なき経済成長というイデオロギーは必然的に失敗する。これは限界なき経済成長に基礎を置く社会の支持者がそうなると思っているもの,とは全くの逆である。

ハーシュは,相対的富によって支配されたポスト産業社会の多くの市民がもつ誤った理解を,「それは私たち一人ひとりにとっては達成可能であるが,全体としてはそうではないものだ」[18]と強調している。彼はこのことを,「集計」問題 ("adding up" problem),あるいは,「集計の誤謬」(the fallacy of aggregation) と呼ぶ[19]。ハーシュは,経済成長が政治と再分配のすぐれた代用品として役立つ,という成長推進派の議論にとって致命的な結果となる,こうした重要な現象を次のように説明している。すなわち,社会が物質的により豊かになるにつれて,「消費のますます多くの部分が,個人的な側面と社会的な側面の両方をもつようになる。いわば,個人が財やサービスに求める満足は,自分自身の消費量の増加だけではなく,同じように他人の消費量の増加にも依存しているのである」[20]と。

消費者の満足がこのように社会的で,競争的に定義される時,次のようにして,集計の誤謬が生じる。

> 自分勝手な各個人は,彼,もしくは,彼女の最高の地位を獲得しようとする。しかし,この個人的な好みを満たすこと自体が類似の欲望を満足させようとしている他者が直面している状況を変化させる。なぜならば,そうした活動の総体と同様に,すべての個人の立場を一本化するように改善していくことはないからである[21]。

個人の集合体としての共同体(コミュニティ)を構築し,維持していくという政治的に不可欠な現象をこの競争社会で実現することは事実上,不可能である。真の政治活動

が共同体(コミュニティ)の感覚に関連しているとすれば，近代社会の脱政治化と政治学，および，政治哲学双方における国民的成長の減退は少なくとも部分的には，この競争に基礎を置く社会の結果として，共同体(コミュニティ)の特性が破壊されているということによって説明できるように思われる。[22]

　ハーシュは成長の社会的限界について，自分の議論がもたらす深刻な政治的影響を認識し，簡潔に論じている。そうした深刻な政治的影響が生じるのは限界なき経済成長の教義が既存のポスト産業社会的で，不平等な社会構造の正当性を脱政治化させる形態として，根本的な役割を担っているからである。限界なき経済成長はよりよき平等をつくり出す，という自らの約束を守ることができない。なぜならば，社会的に価値があると考えられているものを獲得できるのはほんの一握りの人たち——かつての富裕層と，現在の超富裕層——でしかないからである。このため，経済成長には正当化という重大な政治機能が欠けている。これは，西欧の先進産業国の成長が著しく減退した1973年以降の期間に経験してきたことである。しかしそれだけではなく，成長が頂点に達した期間でもそうであった。よりよき平等に向けた非エリート層の意欲は弱体化しなかったのである。というのは，排他的で奢侈的な競争財から満足を得たり，満足を引き出したりすることに関しては，成長はほとんど役に立たなかったからである。実のところ，景気がいい時には期待も過密状態もより大きくなるため，非エリート層が感じるところの満足できる生活水準という概念は，悪化することすらあるのだ。このように，モノがあふれるポスト産業社会では，相対的富の特性によって，限界なき経済成長の擁護者が主張するような望ましい結果は不確実となる。これがポスト産業社会的な社会秩序を致命的な脅威に晒す，生物物理学的な「成長の限界」を補う社会的な「成長の限界」である。

　この議論の結論は，成長推進派がいうように，たとえ本当に生物物理学的な要因による限界がなく，したがって，無限に成長し続ける能力があったとしても，再分配を伴わない経済成長それ自体では，成長推進派が主張する成果を生み出すことはできないだろう，ということである。先進産業社会の財には，競争的な——したがって，たとえ物理的な稀少性がなくとも社会的な稀少性という——性質がある。このため，経済成長は政治学的還元の手段としても，さらに，再分配の効用的な代用品としての手段としても，その役割を果たすことは

できない。稀少財の価格は，非エリート層が手に入れる経済的な絶対的利得とは無関係につり上がる。したがって，どこかのビーチに面した高価な土地やロールス・ロイスのようなエリート財，ないし，奢侈品のように上昇し続けるコストを非エリート層はまかなうことができない。あるいは，（大量生産の経済性と奢侈的なエリート市場の飽和によって）非エリート層が獲得できるほどにそれまでの奢侈品の価格が低下すれば，その財の相対的価値，ないし，競争上の価値が目減りしていき，それと同時に，ポスト産業社会における最大の集団の期待を満たす能力は失われる。したがって，非エリート層は不満と失望のルームランナーの上を走り続けており，死ぬか，脱落するまで現在の地位であがき続ける。そうさせているのが限界なき経済成長のイデオロギーなのである。

〔注〕

(1) Jean Jacques Rousseau, "A Discourse on the Origin of Inequality," in Jean Jacques Rousseau, *The Social Contract and Discourses*, G. D. H. Cole (trans.) (New York : E. P. Dutton, 1950), p.270. (中山元訳『人間不平等起源論』光文社，2008年)

(2) Hirsch, 1976, p.2-3. (都留重人訳『成長の社会的限界』日本経済新聞社，1980年)

(3) 先進産業社会における相対的財の貪欲さの重要な役割については，Scitovsky, 1976 ; Leiss, *The Limits to Satisfaction,* 1976 ; Kimon Valaskakis *et al*., *The Conserver Society : A Workable Alternative for the Future* (New York : Harper and Row, 1979)，特に第1部を参照のこと。

「相対所得仮説」(relative income hypothesis) と呼ばれる近代的な財の相対性を強調した，同時代の経済学者の最初の一人については，James S. Duesenberry, *Income, Saving and the Theory of Consumer Behavior* (Cambridge : Harvard University Press, 1949)，を参照のこと。

(4) この絶対的な「極貧」(destitution) と相対的な「貧困」(poverty) の区別については，Andre Gorz, *Ecology as Politics*, Patsy Vigderman and Jonathan Cloud (trans.) (Boston : South End Press, 1980), p.29を参照のこと。

(5) Galbraith, *The New Industrial State,* 1972, p.24. (都留重人・石川通達・鈴木哲太郎・宮崎勇訳『新しい産業国家』河出書房新社，1968年)

広告の社会的重要性の大きさとその物質消費との関係については，Stuart Ewen, *Captains of Consciousness : Advertising and the Social Roots of the Consumer Culture* (New York : McGraw-Hill, 1977)，を参照のこと。また，近代の広告が先進産業社会において大きな影響力を獲得する——サブリミナル・メッセージによる——欺瞞的な方法については，Wilson Bryan Key, *Subliminal Seduction : Ad Media's Manipulation of a Not so Innocent America* (New York : New American Library, 1974)，を

第6章 相対的富の概念

参照のこと。
(6) Rousseau, 1950, pp.241–242.
(7) 実例としては，Beckerman, 1975, Kahn, 1979, Passell and Ross, 1974，および，おそらく最も極端な成長推進派の，Simon, 1981, を参照のこと。
(8) Marion J. Levy, Jr., *Modernization and the Structure of Societies: A Setting for International Affairs*, 2 vols. (Princeton: Princeton University Press, 1966), vol. 2, pp.784–785. レヴィは，「トリクル効果」(trickle effect) の提案者として，L. A. Fallers, "A Note on the Trickle Effect," *Public Opinion Quarterly* 18, no. 3 (Fall 1954) に言及している。彼はまた，他の学会の研究者はこの研究と「通貨浸透効果」という用語をほとんど使用しない，と指摘している。p.784, fn. 18.
　政治のエリートたちによって，「通貨浸透効果」という用語が日常的に用いられているにもかかわらず，このしばしば言及される現象に対する分析が欠如しているという，レヴィのここでの見解には賛同できる。現在の政治経済やその政策において重要とされている「通貨浸透効果」という前提がもつ本質とその含意に対する徹底的な分析はほとんどない。事実，レヴィの議論は私がこれまでにみてきた研究の中で唯一のものである。
(9) Tawney, *The Acquisitive Society*, 1948, p.40.
(10) Macqherson, *The Political Theory Possessive Individualism*, 1965, の各所を参照のこと。
(11) Mishan, *The Economic Growth Debate*, 1977, pp.119–120.
(12) Mishan, *Technology and Growth*, 1970, pp.83–84.
(13) Passell and Ross, 1974, p.14.
(14) Ted Robert Gurr, *Why Men Rebel* (Princeton: Princeton University Press, 1972), 特に pp.24–30, および, そこで引用されている文献を参照のこと。この理論に関するより最近の議論とその適用については, Abraham H. Miller, Louis H. Bolce and Mark Halligan, "The J-Curve Theory and the Black Urban Riots; An Empirical Test of Progressive Relative Deprivation Theory," *American Political Science Review*, Vol.71, No.3 (September, 1977), pp.964–982, を参照のこと。
(15) Macpherson, *The Political Theory Possessive Individualism*, 1974, p.34で引用されている, Thomas Hobbes, *Leviathan*, 第8章（永井道雄・上田邦義訳『リヴァイアサンⅠ・Ⅱ』中央公論社，2009年）。
(16) Thorstein Veblen, *The Theory of the Leisure Class: An Economic Study of Institutions* (New York: New American Library, 1963), pp.39–40（高哲男訳『有閑階級の理論』筑摩書房，1998年）。「金銭的競争」(pecuniary emulation) という用語は，p.40, にみられる。
(17) Hirsch, 1976, p.7, を参照のこと。
(18) *Ibid*., p.5.
(19) *Ibid*., はじめの用語は p.4 で，あとの用語は p.35，で用いられている。
(20) *Ibid*., p.2.
(21) *Ibid*., p.4.

(22) 19世紀と20世紀の政治思想における個人の集合体としての共同体(コミュニティ)の重要性に関する議論については，Wolin, *op. cit.*, 第10章を参照のこと。一般的な西欧の政治思想におけるこの価値については，Glenn Tinder, *Community: Reflections on a Tragic Ideal* (Boston Rouge: Louisiana State University Press, 1980)，および，そこで引用されている文献を参照のこと。

第Ⅲ部

物質主義の価値観
——限界なき競争的な物質主義と規範的な「成長の限界」論争——

第7章

生物物理学的な「成長の限界」を超えて
—— 産業社会的価値観の評価 ——

　産業革命は，信心深い人々の心に火をつけるほど極端でラディカルな革命のはじまりでしかなかった。しかし，その新しい信念は徹底的に物質主義的で，物質的な商品を限りなく与えることができれば，人間が抱えるすべての問題を解決することができるというものであった。
　　　　　　　——カール・ポランニー（Karl Polanyi）[1]

　人は，自分が保有している商品によって，自分自身を認識する。彼らは自動車やハイファイのオーディオセット，中2階式の住宅，厨房機器の中に自分たちの魂を求める。
　　　　　　　——ヘルベルト・マルクーゼ（Herbert Marcuse）[2]

　金持ちは，自分たちが保有しているもので自分を表現したがる。
　　　　　　　——ジャン゠ジャック・ルソー（Jean-Jacques Rousseau）[3]

　あなたが運転しているその車こそ，あなただ。
　　　　　　　——1984年秋，アメリカのテレビとラジオで放送されたキャデラックの広告

1　産業文明とその物質主義の歴史的な特徴

　「成長の限界」論争に基盤を置いている（ローマクラブの研究者のような）多くの研究者は生物物理学的な研究を分析の論拠として，地球が生きていくためには，ポスト産業文明を変えることが必要だ，という。そうした変革は中世から産業社会への革命的変化に匹敵するほどの社会的な大変動を引き起こすので，今日のポスト産業社会の社会秩序を批判する人たちは経済成長の生物物理学的な限界という主張を乗り越えていかなければならない。このような限界についての科学的な理論を打ち立てることも必要だが，それだけでは十分ではない。

第Ⅲ部　物質主義の価値観

　私たちは，私たちの社会の土台に深く刻みこまれていながらも気づかれていない産業社会的価値観について，体系的で包括的な調査を行い，また，議論を始めなければならない。これは，今日の人間の状態とこれからの人間の未来について記述することに他ならない。

　それには，（1）「産業文明の価値観」について注意深く研究すること，また，（2）「オルタナティブな非産業社会的価値観」について調査すること，そして，（3）「超産業社会的な社会秩序」(transindustrial social order) は政治的にどのように形成されるのか，について研究すること，この三つの研究を行わなければならない。そのためには，徹底的に議論を重ねた上で，理にかなった弁護も必要になる。同じ時代を生きる他の研究者を奮い立たせるために，このような規範的な分析を（規範的な面と科学的な面という二つの側面から）はじめたい。この第Ⅲ部の目標は，産業文明が内包している中心的な価値観，つまり，「限界なき競争的な物質主義 (materialism)」について検討することにある。私は，この価値観が限界なき経済成長という危うい政策を動かす根本的な力になっている，と考える。競争的な物質主義――私は，これが産業社会的価値観のただ一つの基盤だと考える――は，（たとえそれが，私たちが受け入れるに足るものだとしても）それを実現することは原理的にできないし，また（たとえそれができたとしても）そもそも望ましいものでもない。この価値観が変わらない限り，ポスト産業社会の秩序は，結局のところうまくいかないだろう。

　第1章では，限りなく続く経済成長という目標を達成しようと産業社会が努力していることとの関連で，それがもつ深い政治的な意味について論じた。社会秩序の正当性と安定性，そして，長期的な存続能力は何よりも，この政治的な意味に依存している。しかし，第1章の文脈では，欠かすことのできない正当化のプロセスを含む産業社会における政治の本質と物質主義についての教義との間の関係性については論じてこなかった。この関係性について検討する前に，まずは，はっきりとさせないままに残されていた重要な用語の意味，つまり「物質主義」という用語が意図していることについて明らかにしておきたい。

　詳しくは後ほど分析するとして，今のところは，物質主義は次のように理解してよいかもしれない。つまり，物質主義とは，有形物質や物品，財，商品など（最後の三つの用語は，経済システムと交換価値によって売買されるものなので，経

第7章 生物物理学的な「成長の限界」を超えて

済的には同じ意味である）を限りなく，かつ，絶え間なくといった方法で獲得することであり，さらに，それらの財の生産に対して，大きな社会的な関心をもつと共に，産業社会を生きている多くの人々がもっている，最高の（優位の）産業社会的価値観のことである。人は満ち足りるということがないという信念を産業主義はもっているため，これを実現するための努力，つまり，モノを獲得するという目標とそのための努力は産業社会的な世界観では限界のないものだ，と思われている。しかも，モノを獲得するということは，産業主義では，人の幸福や自尊心，社会的に評価されること，そして，欲望を満たすことといった，（産業社会的な）生活の中の基本的で「非物質的な」(nonmaterial) 対象を手に入れるために必要な手段だと考えられている（「人間主義的な」(humanistic)——つまり，成長を基礎としない非要素還元主義的な——経済学のテキストの著者は，この「非物質」という用語を，次のように説明している。すなわち，「物質主義が私たちの時代を支配してきたため，物質主義の反意語として，私たちは非物質的(nonmaterial) という単語を使っている。この時代では，精神的 (spiritual) という単語には，その本来の意味とは異なる望ましくない意味が付与されてきたために，私たちはこれ以上，この単語が単に物質とは単に反対の意味をなしているものだとはもはやみなさない。しかし，この単語は物質とは逆の意味をなしているものなので，私たちが物質を非精神的 (nonspiritual) なものだとして言いあらわすのは正しいのである」と）。(4)

　この章の冒頭の引用文の中でポランニーが批判しているように，産業革命は，中世の文化と社会的な価値観を産業社会的なものへと変革したという点において，まさに革命的だった。ハンナ・アーレント (Hannah Arendt) によれば，人間が「この世の財に対して積極的に介入」する方向に舵を切った時，古代のポリスとしての，共同体の政治的・公共的な生活への参加という基本的な価値は存在しなくなったのである。彼女は，このような非政治化と，「この世の物的存在」に舵を切った近代の物質主義へのシフト，そして，都市国家における政治的な生活からの乖離を「社会的な存在の登場」と表現した。(5)

　近代社会でこのような現象が起きたのは，個人が有形財を獲得することが何よりも大切にされるようになり，そのプロセスを扱う経済学が台頭したからである。(6)私たちが論じてきたように，古代では，商業的な生活を軽蔑していたし，また，経済社会のカテゴリーを軽視しており，それが封建時代における価値観

169

の構造の中にまで結びついていた。その封建主義から産業資本主義への変革について，ある研究者は，次のように述べている。

> 封建的なシステムにおける価値観は，資本主義的な（産業社会的）システムの（産業的な）中にほどなく広まった価値観とは，明らかに真逆の対照的な関係にある。金銭的な利益を最大化したり，物質的な富を蓄積したりする欲望や富を求める行動を通じて社会的・経済的に自分を前進させようとする欲望が資本主義システムにおける支配的な原動力となったのである。(7)

　それは，前近代社会の人々が有形財を知らなかったからだとか，あるいは，それらを望まなかったからだとかというよりも，むしろ，近代産業社会に特有の形態として，人間の欲望と「この世の財」の間にあった伝統的で前近代的な関係が生きていくための副次的で抑えられた必要性（necessity）から，人々の間（中世では，人々と神との間）の関係へとラディカルに変化したからである。さらに，この前産業社会的な観点に立つと，必要とされるところを超えてこの世の有形財を求めるということは誘惑に負けるということなので，望ましくないほどに（中世の研究者であれば，これを「不道徳」（evil）と呼んだだろうが，それほどに）過度な状態をもたらすことになったに違いない。このような誘惑は，乗り越えられなければならなかったのである。

　近代の規範的な観点では，有形財についてはっきりとした対比があることについて考えてみよう。近代では，有形財に対する人間の欲望は生存のために必要なところを超えるものだ，と考えられていると共に，際限なく，社会の中で優位を占めていて，さらに価値があるものだ，と考えられている。実際のところ，これは他のすべてのものを差しおいて，社会の中で最高の価値を形成しているのである。今日の文化がこうした規範的な転換を「進歩」だと定義している時，先進産業社会の中に暮らし，その文化に適応している人々にとって，産業革命を構成する価値観がこうして180度転換したことが，この社会のあらゆる深刻な結果をもたらしたのだ，ということを理解するのは難しい。(8)

　産業文明への変革が内包している革命的な性質とその重大な意味について，歴史的に詳しく説明することは本研究の範疇を超える。そこで，私は産業化の

第7章 生物物理学的な「成長の限界」を超えて

プロセスにおける革命に固有の価値に関する，C. B. マクファーソン（C. B. Macpherson）の次のような分析を簡単に参照するに止めたい。

マクファーソンは産業社会的な世界観の核心を成している劇的な価値観の変化を記録として残すことに，彼の研究活動のすべてを投じた。彼は，以下のように指摘している。

> 世界を土地としてみなすという，個人の限界なき専有の権利は，歴史を通してみると，規則というよりもむしろ例外であった．……（中略）……このような価値判断について新しくあらわれたのは，［有形財に対する］限界なき欲望の合理性についての仮定だった。欠乏は常に存在しており，人は生活を守るために自然と戦った。そこで新しかったことは，人間が直面している欠乏が限界なき欲望と関連づけられて，欠乏それ自体が合理的で自然なものだ，と仮定されたことである。道徳学者や政治哲学者ははじめから，限界なき欲望という人間の性質を認めていた。しかし，彼らの大部分はそれを貪欲だと考えて，それは抑制できるものだし，また，抑制されるべきものだ，と信じていた。17世紀以降，新しくなったことは，限界なき欲望は合理的で，道徳的に受け入れ可能だという仮定が広まっていったこと，であった。(9)

西欧思想の中にある物質主義に対する昔からの対立は，古代のヘブライ人から近代，そして，産業主義が出現する時まで，間断なく広がってきた(10)。「成長の限界」の立場に反対する，ある成長推進派は，――西欧と非西欧の――前産業社会的な宗教思想に昔から変わりなくみられる，物質主義に対する反感を次のように表明している。つまり，「新マルサス主義者は私たちに，より寛大に，より利他的になれと，そして，貪欲さと物質主義を抑えろ，というだろう。礼儀をわきまえている人ならば，異議をはさむことはないだろうが，しかし，ジェイ・フォレスター（Jay Forrester）とデニス・L. メドウズ（Dennis L. Meadows），そして，E. J. ミシャン（E. J. Mishan）は，孔子，仏陀，イザヤ，さらに，イエス=キリストよりも説得力があるのだろうか(11)」という批判である。

産業文明の誕生以来，西欧の全域（そして，非西欧地域の一部）における政治的・哲学的・道徳的・宗教的な伝統は，人間主体のアイデンティティと物質的な所有物の獲得に関する価値観と激しく対立してきた。「私の所有物こそ私

171

第Ⅲ部　物質主義の価値観

だ」という見方は,産業革命と物質主義者の社会的価値観が確立されるまでは現われなかった。これらの価値観は,「支配的な社会的パラダイム」(deminant social paradigm)の中で,前産業社会的な,かつ,規範的な伝統に取って代わり,実質的に反物質主義を取り除き,社会的な生活と人間性に関連する有形財についての対立的な評価に取って代わることに,うまく挑戦してきたのである。産業社会的な物質主義の見方は,単に経済的な理由(有形財に対する限界なき欲望を満たそうとすること)から帝国主義的だっただけでなく,そうした産業社会的な世界観と価値観が社会で暮らす人々だけではなく,「原始的」(primitive),ないし,「退化的」(backward)だと判断されていた他のすべての前産業社会的な文化にまで広まったという意味で,文化的でもあった。

　産業社会とその価値観,特に物質主義の歴史的な特徴がもつはっきりとした核心について結論を下す前に,(非物質主義のように)根本的に異なる価値観をもった超産業社会的な社会秩序は実現することができるのか,ということについて疑問をもっている成長政策推進者に向けて,注意を促しておきたい。こうした懐疑的な人たちにとって,この規模でのラディカルな社会変化は,その道筋がつかみにくいということと,注意を他のところに向かわせるという効果から,ユートピア的で害を及ぼすものにみえる。この文明を変革することができるかどうかについて,悲観的な人たちは産業化する前の文化から,産業化されたポスト産業文化に至るまでの革命の中で,社会変革が大きく進んだことを考えなければならない。ポスト産業社会に生きる人々の人生にかかわる劇的な変化が簡単ではないことは間違いない。そして,生物物理学的な「成長の限界」論争を超える体系的な分析が行われなければ,それは不可能だろう。うまくいけば,超産業社会的な革命は伝統的な要素を加えた(ルイ・デュモン〔Louis Dumont〕がいうところの)「より高度な」価値観へと私たちを導き,そこから近代の産業的な流れを止めることになるだろう。

2　産業社会的物質主義とその政治的な重要性

　物質主義が国家の正当性を含めて,近代社会全般の基盤となってからというもの,こうした社会的価値観が社会秩序を支える最も重要なものになった,と

いえるだろう。したがって，物質主義に対するあらゆる非難は，物質主義を基盤としている産業文明全体の安全を脅かすことになるだろう。「成長の限界」批判が意味しているのは，正確にはこのことなのである。だからこそ，産業社会的価値観——何よりもまず，物質主義——と，それを基盤とする絶え間のない経済成長政策の支持者は，広い範囲にわたって辛辣な反応をみせるのである。これまで議論してきたように，「成長の限界」の立場からの批判が内包しているラディカルな性質は生物物理学的なアプローチの中にはほとんどみられないし，大抵の場合，「成長の限界」についてのほんのわずかな規範的な研究の中でも，その潜在的な影響力は顕在化していない。産業社会的価値観の本質とそれを受け入れる可能性を説明する，そうした経済的な「成長の限界」についての規範的で政治的な議論が，もしもその社会的に重要な役割を果たすことができれば，近代の産業文明はその基本的な価値観の一つとして物質主義に依存しているのだ，ということが理解されるに違いない。

　物質主義に関する産業社会的価値観は別の観点からみても政治的に重要である。すなわち，こうした観点の前提となっているのは，人間の性質に対するホッブズ主義的な見方である。自由主義に関して私たちが本書の最初の部分で行ってきた議論では，トマス・ホッブズ（Thomas Hobbes）の政治哲学についてはほとんど検討してこなかったけれども，次のことは留意しておかなければならない。つまり，競争的で，常に不安で，決して満足することのないという人間に関するホッブズの概念はポスト産業社会の明確な特質の一つである，物質主義的な脱政治化の考え方の形成に貢献している，という点で重要なのである。人間に対するホッブズ的，かつ，産業社会的な見方が浸透していくにつれて，こうした価値観を支持しているポスト産業社会的な文化の中に市民は決して終わることなきプロセスの中で――私たちが生きている限りにおいて――，物質的な財の獲得を求めていくことで幸福感，あるいは，喜び，を常に探求していくのである。こうした物質的な財には，本質的な，あるいは，固有の価値や競争的で，非物質的な，かつ，社会的な評価の対象となる価値が内包されているのである。

　産業文明を理解するためには，人間とその幸福の性質に関するホッブズの見解が必要だということを示すために，最近表明されているホッブズ主義的な見

方を引用しよう（いずれも，17世紀のこの知的な先駆者には言及していない）。まず，成長推進派のある経済学者は人間の欲求と満足，そして，幸福の間の関係について議論する時に，「たとえ完全に満足することはできなくても，何らかのニーズが増えていれば，人はもっと幸せになるだろう」というホッブズの主張を支持している。また，この経済学者は，「欲しいものを所有しないというのは幸せとはいえない」というバートランド・ラッセル（Bertrand Russell）の言葉やフランスの社会主義者である，アンリ・ルフェーブル（Henri Lefebvre）の「人は，欲求をもてばもつほど，その存在感を増していく」という言葉を引用して，「人間が動物と異なるところは，人間の欲求はまさに複雑で多様だというところにある。このため，……（中略）……ニーズを多くもてばもつほど，人間は「向上していく」のだ。ということを，可能性として結論づけている。(15)

アメリカの経済学者である，レスター・サロー（Lester Thurow）が，「成長の限界」論者が主張しているゼロ経済成長（「ZEG＝Zero Economic Growth」と呼ばれる）に対して，次のように反論する時，彼はまさにホッブズ主義者のようだ。

　　ゼロ経済成長（ZEG）をまともに受けとっても意味がない。「小さいことは美しい」というのは，聞こえはいい。しかし，それは人間の本質と一致しないので，ありえないことだ。人間というのは，自分の欲望を満たすことのできない，強欲な生き物である。これは啓蒙したり，調整したりするようなものではなく，人間という存在がもっている根本的な事実である。(16)

経済学者のリチャード・A．イースターリン（Richard A. Easterlin）は，「経済成長は人間の生活を改善させるか？（Does Economic Growth Improve the Human Life？）」という題名の非常に重要な論文における彼の経験的な発見を締めくくるに際して，ジョージ・C．ロマンズ（George C. Romans）の次の見解を引用している。「人を満足させようとどんなに努力しても，それは徒労に終わるに違いないと信じている人たちの論拠がこれである。どんな欲望でもそれが満たされると，満たされていない欲望が生まれるのである」と。(17)

ロナルド・イングルハート（Ronald Inglehart）は，彼が「脱物質主義」（postmaterialists）と呼ぶものの存在とその社会的な意義について，あるいは，豊かで，

第7章　生物物理学的な「成長の限界」を超えて

先進的な産業社会の中には，非物質的な価値に目を向けている人々がいることと，その社会的な意義について，現代のポスト産業社会的な政治学の研究者たちに気づいてもらうことに献身した政治学者である。その彼でさえも，ホッブズ主義者の考え方，つまり，人間の本性からして，人間の自己満足は不可能だとする考え方について述べている。「(人間の) 満足水準の高さというものは，元来，脆弱なものなのである」というのである。そして，彼はホッブズ主義者の影響をほとんどそのまま受けて，次のように結論づけている。

> 国民を永遠に幸せにさせることができる政府というのは，ありえない［なぜなら，この人間観では，永遠の幸せというのは人間的に不可能だからである］。……(中略)……しかし，突きつめて考えてみると，こうした事態というのは幸運なことかもしれない。不満のない社会というのは，死後硬直のように凍りついた社会だろう［ホッブズによれば，欲望のない人間は死人同然である］。(18)

　このような「物質主義」(materialist) 的な見方が深い影響をもっていることを示すために，私は今日の産業社会的な文化の中に，また，特に経済学者と要素還元主義的な世界観の間に，人間の本性についてのホッブズの見方が現在にも反映されていることを指摘してきた。このため，二人の厚生経済学者から，「経済学とは，限りない人間の欲望を満足させるために，限られたやり方で配分する学問だというのが，経済学の大衆的で，基礎的な定義である」ということを学ぶのは，もはや驚くには値しない。(19)

　物質的な欠乏を解決して，満たされない欲望をなくすような満足を実現すること，それは同時に，こうした経済行為の「論理的な根拠」(rationale) を否定することでもある。正当化された原理がなくては，経済活動とそれについての体系的な研究の存在理由も，おそらくは失われるだろう。このことから，そうした見方に依存している物質主義的な産業社会だけでなく，近代経済学という学問領域についてもそうだ，という明白な結論に達する。

　私のみるところでは，人間に関するホッブズの考え方の核心は，今の産業社会にとって重要なことである。つまり，人間を永遠に満足させるということは，人間の欲望を満足させることを限りなく追い求めることにならざるをえなくな

るが，そうしたことは不可能であるということである。ホッブズ主義的な見方からすれば，一つの欲望を一時的に満足させても，他の欲望が生まれるだけである。また，アクター（行為者）間の暗黙の競争とその結果として，彼らの今の地位が脅かされるということは，さらに消費するために一層努力することを死ぬまでずっと続けることを求める。成長を基本とする世界観と人間性の本質がもっている基本的なレベルについてのホッブズの見方がきわめて類似していることを示すために，私は現代の文献を引用してきた。これらの点は，次の二つの重要な目的を達成している。つまり，（1）標準的な「人間の本質」(nature of human) といった政治哲学的な論点がもっている基本的な意義について，再度，確認すること，また，（2）人間に関するホッブズ主義的な見方を捨て去ることができるとすれば，それは，限界なき経済成長というイデオロギーを支えるきわめて重要な手段の一つが失われることになり，うまくそうなれば，その種の立場がもっている合理的な説得力と一般の人々への訴求力の一部も切り崩されるだろう，ということである。

　私たちはここでもまた，何世紀も前からある人間の本質と幸福についてのホッブズ主義的な見方とルソー主義的な見方の対立に直面する。完全に満たすことのできないさらなるニーズをもつことで，また，新しい欲望の目標を死ぬまでずっと追い求めることで，人は人でないものよりも道徳的にまさり，また，幸せになるのだろうか。あるいは，その逆が真なのだろうか。西欧思想の中で長い伝統をもって未解決のまま残されてきたこうした論点は，確かに近代の理論家たちを苦しめてきたし，回避する対象でもあったように思われる。

　それにもかかわらず，このような言い古された問題についての次のような観察は私たちのテーマにとって欠かせないものであり，言及されなければならないものである。（1）社会秩序を評価するにあたって，人間の本質と人間の幸福の本質，そして，その派生的な論点がもっている疑問を避けることはできない。政治哲学の分野では，これらの疑問が重要な要素の一つとなっている，ということ。（2）人間の本質と幸福についてのこのような論点の一つの立場，つまり，ホッブズ主義的な見方が，産業社会では支配的になっているということ。（3）産業社会に対する「成長の限界」の立場からの批判は基本的に，人間の本質に関するホッブズ主義的な考え方に対する挑戦である。それは人間に関して，そ

うした考え方をもつ社会秩序を構築するエコロジー的な視点の可能性には自然の限界があり，また，もしもそれが可能だとしても，そうした社会秩序を実現させていこうとすると，規範的な限界がある，ということである。これらの批判は，オルタナティブなルソー主義的な立場を暗に——これは明示的に述べられるべきなのだが——主張している。その立場では，財には非競争的な性質があること，また，それには多数性ではなくて，むしろ少数性という好ましい性質があること，そして，社会的な認知を求めないと仮定していることという点で，ホッブズとは全く異なり，よりルソーに近いのだということをはっきりと示している。（4）人は幸せになるために，満たされない欲望を絶えず満たそうとするもので，また，その人間の欲望は結局のところ，死ぬまで解決されないのだ，とするホッブズの見方がたとえ正しいとしても，これらの避けられない欲望は物質的で，競争的なものでなければならないのだろうか，という疑問が出るかもしれない。「成長の限界」の立場に立つ何人かの批評家は，モノに満ちあふれた先進産業社会を維持しながらも，単なる物質的な経済成長だけではない成長（「道徳的成長」(moral growth)と呼ばれるもの）の可能性を提起している。[20]

オルタナティブで，代替的，かつ，非物質的な，そしてまた，非経済的な成長という考えをもてば，私たちの想像力は，産業社会的な物質主義者がもっている社会的価値観に代わるものを見つけ出すかもしれない。ゼロ成長の定常状態にある政治経済について初めて有益な説明を行ったのは，おそらく，政治哲学者のジョン・スチュワート・ミル (John Stuart Mill) だろう。彼の説明が私たちに何らかのインスピレーションを提供してくれるかもしれない。彼は次のように認めている。

> 這い上がろうともがくことが人間の普通の状態だと考えたり，今の社会生活の形をつくっているのがまさにこれなのだが，人を踏みにじり，叩きのめし，ヒジで押しやり，足を引っ張ろうとすることが，人類の多くにとって最も望ましいものだとか，産業的な進歩の一つの段階にみられる不愉快な兆候にすぎない，と考えたりする人たちが受け入れている（ホッブズ主義的な）理念は魅力的ではない。[21]

ミルはそうした「進歩」(progress) の状態にある文明の例として，「アメリ

カ北部と中部の州」を取り上げている。それらの州では,「すべての男たちの人生はカネを稼ぐことに捧げられ,女たちはそうしたカネを稼ぐ人を育てることに捧げられている(22)」という。この状態やホッブズの主張と比べながら,ミルがいうところの,理想的な社会秩序について考えてみよう。それは,「人間の性質にとって最高の状態というのは,貧しい人も,金持ちになろうとする人もいないだけではなくて,他の人が前に進もうと努力することで,自分が押しやられてしまうと恐れることもない,そういった状態である(23)」というものである。私たちは,ミルが指図した社会秩序がもっている,非競争的という大切な面に配慮しなければならないし,相対的な下降移動だとか,あるいは,「他の人が前に進もうと」している間に,「自分が押しやられてしまうという恐れ」について,古典的な自由主義者の間に広まっている不安というものもないのだ,ということに注意すべきだ。

　成長しない状態で安定した非経済学者的で,超産業社会的な社会秩序においては,家族の幸福や余暇,友情といったような,非物質的で非産業社会的な,かつ,非競争的な価値観が育つ。仏教徒である,E. F. シューマッハ (E. F. Schumacher) のいうところによれば,非物質主義的な価値観が考慮されてもよいのだ(25)。つまるところ,「ボランタリー・シンプリシティ」(自発的簡素性)［訳注：この「ボランタリー・シンプリシティ」(voluntary simplicity) という言葉は,1936年にマハトマ・ガンジーの門下生のリチャード・グレッグ (Richard Gregg) が自らの著作『ボランタリー・シンプリシティの価値』(*The Value of Vountary Simplicity*, Wallingford, PA : Pendle Hill, 1936) の中ではじめて使用したものであるが,産業主義思想に対抗する思想として,詳細に論じたのは,元スタンフォード大学研究員のデュエイン・エルギン (Duane Elgin) である。彼はその著作, *Voluntary Simplicity : Towards a way of life that is outwardly simple, inwardly rich*, N.Y. (Ouill, William Morow and Company, Inc., 1993) の中で,「シンプルな状態で生きること (living more simply)」は,生活上の物理的・精神的負担の軽減に通じる。さらに,「消費活動,仕事,他者との関係,自然と宇宙との関わりなどのすべての生活上の側面において,より直接的で,慎み深く,負担や困難の少ない状態を作る」ものであるとし,本書を引用している東京学芸大学の小森伸一氏は,「ボランタリー・シンプリシティ」について,「シンプル生活では自然環境の営みに調和し,より少ない影響と所有の意義に基づいた,生態系に対する影響のより小さい

生活様式が強調される。また，その生き方は他の生物や自らの地域環境に対する配慮を高めると考えられる」と指摘している（小森他，2005：193-194）。]や「簡素な生活」(simple life)という考え方は，物質的な均衡によって特徴づけることのできる超産業社会的な社会秩序の中で育まれる非物質的な価値観を具体化するような，そうした何にでも対応することのできる言葉であるべきなのである。「成長の構図」(composition of growth)という論点，あるいは，ホッブズや成長推進派がいうように，もしも――これは本当に強い「仮定」なのだが――，人間のなにがしかの欲望が，人の幸せにとって本当に本質的なものなのだとしたら，人間としての経験のどんな側面が成長すべきなのか，という論点に戻ろう。文化はある価値観を実現するために編成された慣行と制度をもっているが，こうした文化はどのような価値観を選び，強化し，追求すべきなのだろうか。こうした大きな問題が政治哲学における基本的で規範的な課題なのだ，ということはもはや明らかである。

　この第Ⅲ部と本書全体を通しての狙いの一つは，由緒正しい政治哲学的な問題が相変わらず大切なのだということを示すことにある。その問題というのは，人間の本質についてであり，人間の幸福についてであり，美徳について，である。そして，これらの問題に対する物質主義者の回答の妥当性についてである（これらの深い理論的な問題を考えると，既存の社会主義政治経済的な社会と資本主義政治経済的な社会との間に物質主義的な類似性がある，というのは驚くべきことなのかもしれない）。私はこの章で，先進産業社会にとって，物質主義がもつ政治的な重要性を示そうとしてきた。今や，物質主義が基本的で政治的な重要性をもっていることがはっきりしたので，次に，その本質についてより掘り下げて研究したい。

3　産業社会的物質主義と非物質的で規範的な構成要素

　まずはじめに，「限界なき競争的な物質主義」(unlimited competitive materialism)が意味するものの「深層構造」(deep structure)を追求すること，そしてまた，この考え方が言い表わしている現象が先進産業社会にもたらす結果から議論をはじめよう。私の議論全体にとって本質的なことは，物質主義という重要で，

歴史的に特殊な産業社会的価値観がその元々の表面的な意味，つまり，「物的な対象に対する人間の欲望を強調すること」という意味を明らかに超えた広範囲なものとして理解されている，ということである。

この議論の足掛かりとして，限界なき経済成長という産業社会的価値観について「成長の限界」という立場から批判している二人の人物を引用しよう。彼らは，そうした価値観とそれにもとづいた社会政策を産業社会的な社会秩序における社会的な病理現象だとみているのだが，これとは逆説的に，そうした産業社会は元々の意味での物質主義的なものではない，と強く主張している。彼らの一人である，フィリップ・スレイター（Philip Slater）はアメリカの社会に起因させて物質主義を特徴づけることに対して，次のように反対している。

> 今の思想には，この問題について大きな混乱が生じている。例えば，アメリカは，「物質主義的」な文化のようにいわれているが，それは，一見したところ，物的な人工物があふれかえっているからである。それにもかかわらず，特定の物的な所有物にほとんど感情を振り向けない人というのは，おそらくこれまでにいないだろう。所有のこととなると，普通のアメリカ人は，おおむねプラトン主義者に近い。彼らが大切にしているのは特定の対象ではなく，家や車，椅子，あるいは，料理用ボウルといったものがもっているイデア（idea）であり，また，形式（form）なのである。［ポスト産業社会的な］大量生産は，対象についての概念的な考え方に依存しているし，また，同じくそれを促進してもいる。他の人と同じだといってもいいほどの家やシャツ，あるいは，車を特別のものだと思ったり，それを愛することの方が難しいし，遠からず，取り替えのためにそれを捨てるだろう。(27)

エーリッヒ・フロム（Erich Fromm）も他の理由からではあるものの，物的な人工物に対して感情的な愛着をもっていないことについて，同じようにみている。フロムは，「今日の『産業』人というのは，買うことと消費することをこよなく愛しているが，自分たちが買ったものは大切にしないのはなぜだろうか，という頭を悩ませる問題」を提示している。彼の答えには，彼が，「マーケティング・キャラクター現象」と呼ぶものが含まれている（後述するように，これを私は「産業社会的物質主義」と呼んでいる）。これはつまり，「マーケティン

第7章 生物物理学的な「成長の限界」を超えて

グ・キャラクターへの愛着のなさは，モノに対して彼らを無関心にさせる。大切なのはおそらく，モノが与える名声と安心感であって，モノそれ自体には実体がないのだ」(28)ということである。

さて，産業文明における物質主義の重要性を強調している議論の中で引用するには，これらの文章はおかしなものだと思う人もいるかもしれない。どちらの思想家も，ポスト産業社会の（アメリカの）一般大衆は物的な対象に愛着をもっていないために，産業社会の社会秩序には物質主義は存在していない，と評価しているからである。そこで，次のことをひとまず，付け加えておこう。産業社会的物質主義についての私の分析は，産業社会の消費者と物的な商品との間の関係は複雑なのだ，ということを強調しており，その足掛りとして，スレイターとフロムの意見を取り上げている。そして，これは，アメリカ人は特定の物的なモノに心を砕くことはほとんどないという，スレイターとフロムのような主張と矛盾しないし，また，産業社会の消費者にとって，「モノそれ自体には実体がない」という主張とも一致している，ということである。

そもそも，人間の精神を含む森羅万象の究極的な要素を物的な性質や物的な問題に求める形而上学的な哲学理論が，「物質主義」(materialism)(29)という用語を先取りしたということが大変残念なところである。この哲学的な文脈では，現実について物質主義と対立する理論が観念論であり，あるいは，思考とそれが生み出したもの（イデア）を存在の究極的な要素とする見方である。形而上学の入門書の中でこの問題に触れているある研究者は，物質主義と観念論の間にある，この哲学的な論争を哲学の歴史の中で「おそらく最も顕著で，また，最も深遠，かつ，大きな違い」だと特徴づけている。(30)

アメリカ社会が物質主義だといわれていることとプラトン（Plato）の観念論とを並置していること，さらに，物的対象とイデアと形式とを対比させていることから，スレイターが「物質主義」を専門的な哲学的な意味で用いていることは明らかなように思われる。産業社会的な物質主義についてのこの議論において私が意味しているものとこれとは異なるのだ，ということを明確にしておきたい。また，産業文明についての最も洞察力のある研究者たちがそうした社会のまさに主な特徴はこれだという時，彼らが考えていることはこれだと思っているわけでもない。スレイターは家とか車，椅子，料理用ボウルといった物

181

理的で具体的な存在としての物的対象とその非物理的で非物質的なイデアとの間に，形而上学的な境界線を引いている。しかし，私が考えるところでは，産業社会的価値観としての物質主義がもつ社会的・政治的な重要性について分析する上では，それがどれほど形而上学的な理論のように思われたとしても，この哲学的な二元論はどちらも不適切であるし，また，間違ってもいる。

　もしも私たちが産業社会的な世界観の中にある物質主義の決定的に規範的な原理の性質とその社会的な影響を完全に理解するのならば，これと同じ名前を冠した，現実についての使い古された哲学的な理論から切り離さなければならないし，それについて異なる――ただし，全く関係がないというわけではないが――角度から考えなければならない。スレイターとは逆に私は，ポスト産業社会を分析して評価するという目的のためには，彼が切り離したもの，つまり，物的対象と，それについて私たちがもつ考えとの区別（また，有形財の購入とサービスの購入との区別）を合成すべきだと対応方策を提起している。（スレイターの言葉を使えば）「対象（モノ）についての概念的な態度」(conceptual attitude toward objects) は，産業社会の物質主義が意味するものの一部だとみなされるべきなのだ，と強く主張したいのである。さらに，ポスト産業社会的な社会秩序に関するこうした分析的な観点からすれば，経済学者が「サービス」と定義しているものは，この社会秩序の物質主義的な性質の中に含まれるべきだ，ということも提案したい。

　教師や医者（サービス業に分類される典型的な二つの例として取り上げている）が提供しているものは，物的で目に見える対象ではなく，非物理的で，非物質的な知識である。しかし，それにもかかわらず，こうしたサービスは産業主義がもつ物質主義的な価値観の構造の一部である。つまり，これらのサービスを提供する（教師や医者といった）人たちは物的な商品を購入するために，彼らのサービスに対する金銭的な報酬を求めているのである。事実，これらのサービスの提供を慈善ではなくて経済的な「商品」(commodities) にさせているものがこうした支払いである。サービスを提供する時には，商品と共に（例えば，本や医療装備，薬品などといった）物的な対象を使う必要がある――提供されるサービスに対して，それを受け取る側が負担する金銭的なコストは通常の場合，物的な財を含む交換の結果として，それ以前に所得を得ている彼らが支払わな

けらばならない。サービスを提供する側は彼らの職業と金銭的な報酬を通して，彼らが実感している産業社会的で，非物質的な（「精神的な」(spiritual) というのは躊われる）価値観を物的社会に表現したり，あるいは，それを示したりする機会か，何らかの非物的な狙いを直接的に果たす機会かのどちらか，または，両方を追い求めるのである。

前者の一つの例は，（「あなたが運転しているその車こそ，あなただ」という冒頭の題句で取り上げたキャデラックの広告にみられるように）成功を示したり，社会的な評価と尊敬を得るために，高級車を購入する医者かもしれない。また，後者の例は，これと同じく，サービス業の人たち自身に付与されているような社会的な評価と尊敬といった，非物的な価値観であるかもしれない。というのも，医者や裁判官，聖職者，そして，大学教授といった人たちはその金銭的な報酬の額とは関係なく，元々，社会的に高く評価されるという特徴があるからである。高く評価されている職業には，それに応じた高い金銭的な報酬が伴うのが普通とされている産業社会の中では，聖職者や大学教授という職業はまれな例である。実のところ，この二つの職業は，社会的に称賛されていながらも，金銭的補償が非常に少ないという，珍しい例である。そうしたわけで，彼らは，通常の市場経済の外にある（終身在職権による独特の雇用保障をもった）「天職」(callings) だと考えられており，限界なき物質主義的な欲望をしばしば排除している。ポスト産業社会における有形財と非物的な価値観の関係についてのこの論点については，さらに精緻化しなければならないので，さらに検討することにしよう。

ポスト産業社会的な商品と価値観の間にあるこのような関係について，最も洞察に富み，また，理解が深いものは産業社会における「モノ」(things)（ないし，有形財）の非実在性に関するフロムの見解の結論である。産業文化の中で，そうした実在の物質的な，あるいは，目に見える構成というのは，社会的にはそれほど重要ではない。重要なのは，物的な対象が産業人に示す非物的なものである。スレイターによる定式化を使えば，家や車，椅子，そして，料理用ボウルに対する産業社会的で，概念的な態度や産業社会的なイデアの方がそうした物的な対象がもっている特定の本質的で物理的な特性よりも，さらに重要なのである。私の考えるところでは，ポスト産業社会的な社会秩序とその物理的で規範的な脆弱性を理解するためには，（交換価値があるために）商品として提

183

供されるこれらの物的な対象が意味するものを理解し，また，正しく評価しなければならない。つまり，これらが満たしている社会的な目的とは何か，この種の社会においてこれらが体現している価値とは何か，そして，そうした産業社会的な意味は物質的な基盤をもっているのか，それとも，物的であると同時に非物的な性質をもつのかどうか，といったことを理解し，評価しなければならないのである。

産業社会的な有形財として考えられうる社会的な意味としてフロムが簡潔に提示した，「威信」(prestige) と「安心感」(comfort) についてより深く追求する必要がある。ここでの私の主張は，次の通りである。つまり，現実そのものの究極的な本質という哲学的な問題に応える中で形づくられた，物質主義についての形而上学的な理論を不適切に使うことを止めるならば，産業社会の分析家によれば，先進産業社会に関するスレイターとフロムの主張を産業社会的な物質主義の概念と一致するものとして，あるいは，その一部として扱うことができる，ということである——彼らがそう主張しているようにみえるからといって，相容れないということではないのである。

産業文明の規範的な基盤と規範的な「成長の限界」の支持者が批判することのできる点を描き出すためには必要不可欠なことだが，産業文明の限界なき競争的な物質主義の社会的価値がもつきわめて重要な非物的な面は，産業社会的な商品として扱われている物的な対象に対する，主に二つの非物質的な価値への愛着から成り立っている。それは人間の欲望の限界のなさと競争に勝つことである（これについての社会的な認知も含まれる）[32]。「成長の限界」を支持するカナダ人のチームは，「大量消費的な［産業］社会における第一義的な信念は，モノを蓄積することで幸せが実現するということである」と説明している。そして，彼らは次のように言葉を継いでいる。

> 幸福は有形財の数を常に増やし続け，さらに，蓄積することに依存している。私たちの幸せの程度は，私たちがもっているモノの数とその金銭的な価値に正確に比例する，と仮定されているのである……[33]。

次の章の目的の一つは，近代政治哲学の豊かな伝統を手掛かりとして，ポス

第7章 生物物理学的な「成長の限界」を超えて

ト産業社会的価値観の限りなき，かつ，競争的な性質を明らかにすることである。

〔注〕
(1) Polanyi, 1957, p.40.
(2) Marcuse, 1970, p.9.
(3) Wolin, 1960, p.286，に引用されている。
(4) Lutz and Lux, 1979, p.301, fn.（強調は筆者による）
(5) Arendt, 1959, "The Rise of the Social," pp.35-45を参照されたい。また，p.15の最初の文章を参照のこと。
(6) Ibid., pp.34-35. 近代社会と経済学の勃興の関係を単なる「偶然の一致」とする素朴すぎる定式化については，39ページを参照のこと。以前に展開した私たちの議論からすると，近代における要素還元主義者の脱政治化の経済学と現代における要素還元主義者の脱政治化の物質主義社会との間の関係は単純な偶然の一致よりはおそらくもっと強い。
(7) E. K. Hunt, "The Transition from Feudalism to Capitalism," in Edwards, Reich and Weisskopf (ed.), 1978, p.57.
(8) 社会人類学者のデュモンは産業主義の規範的，かつ，革命的特性を次のように表現する。「私がこれから『伝統的社会』と呼ぶことになる大半の社会では，また，最も高度な文明の頂点では，人と物の間における関係よりも，人と人との間の関係がより一層重要で，より一層高く評価されることになる。その地位は，人と人との関係が人と物の関係に従属するようになる近代的形態の社会の中で覆されるであろう。……（中略）……これは他の異なる文明から近代文明を区別する決定的な変化である。そして，これは私たちの観念的な宇宙の中で経済的観点の地位に符合している」。デュモンによるこの作業は，ジョン・ロック（John Locke），バーナード・デ・マンデヴィル（Bernard de Mandeville），フレッド・ハーシュ（Fred Hirsch），アダム・スミス（Adam Smith），そして，カール・マルクス（Karl Marx）の政治経済思想の中の，産業社会における物質主義者的反転という知的な歴史的産物である。
長い間支配的な思想であった，古代スコラ哲学の道徳哲学的な伝統に反する，16世紀と17世紀に始まった近代性と産業化，すなわち，著者が「政治的快楽主義」(political hedonism)（筆者が「産業物質主義」(industrial materialism) と称する）という文脈で語るその他の知性の歴史については，Frederick Vaughan, The Tradition of Political Hedonism: From Hobbes to J. S. Mill (New York: Fordham University Press, 1984)，を参照のこと。
(9) Macpherson, Democratic Theory, 1973, pp.17-18.
(10) 古代のヘブライ人から1700年までの西欧思想における，著者たちが「奢侈」(luxury)と称するものに対する対立の歴史については，John Sekora, Luxury: The Concept in Western Thought, Eden to Smollet (Baltimore: Johns Hopkins University Press, 1977), chapter 1を参照されたい。同書の1-2ページにおいてセコラは，「社会を組織化していく過程において，奢侈という概念は，西洋の歴史が知る最も古く，

最も重要で,最も否定的な原則のうちの一つである」と主張する。限界に対する近代の否認は奢侈に対立することであり,換言すれば,限界の認識における西欧思想の2000年の歴史を冒瀆することである。セコラの思想の中における「奢侈」,そして,フレデリック・ヴォーン (Frederick Vaughan) の思想の中における「快楽主義」の両者によって特徴づけられる,限界なき成長,および,その物質主義的な産業社会的価値を明確にする必要がある。

(11) Bruce-Biggs, 1974, p.29.
(12) Fromm, 1974, p.77, を参照のこと。この本でフロムは,近代産業社会の「所有様式」(having mode),または,物質主義を排斥する。同書の109ページでは,「私は私がもっているものであるとするならば,そして,私がもっているものが失われるとするならば,私は誰であるのか」という鋭い問題提起から,物質主義が生み出す不確実性を捉えている。
(13) 個人,集団,または,社会が外部世界の意味を解釈する「支配的な社会的パラダイム」は,重要な「世界観,モデル,または,見方」から構成されている。そして,その世界観は,「基準,信条,価値,習慣などから成る」ものである。Pirages and Ehrlich, 1974, p.43を参照のこと。
(14) 簡単であるが,以下の規範的な成長の限界論に関する研究リストは,その定義の範囲が広く,したがって,成長の限界論におけるそのアプローチがもつ限界をあらわしている。 Heilbroner, *An Inquiry into the Human Prospect,* 1975; Schumacher, 1975; Hirsch, 1976; Camilleri, 1976; Miles, 1976; Ophuls, 1973, 1977a, 1977b; Milbrath, *Envisioning,* 1989, and, Robert L. Stivers, *The Sustainable Society: Ethics and Economic Growth* (Philadelphia: Westminster Press, 1976).
(15) Beckerman, 1975, pp.79, 81.
(16) Thurow, 1980, p.120. (強調は筆者による)
(17) Richard A. Easterlin, "Does Economic Growth Improve the Human Lot? Some Empirical Evidence," in Paul A. David and Melvin W. Reder (eds.), *Nations and Households in Economic Growth: Essays in Honor of Moses Abramovitz* (New York: Academic Press, 1974), p.119を参照のこと。
(18) Ronald Inglehart, *The Silent Revolution: Changing Values and Political Styles Among Western Publics* (Princeton: Princeton University Press, 1977), p.176.
(19) Morgan Reynolds and Eugene Smolensky, "Welfare Economics: Or, When is a Change an Improvement it?" in Weintraub, 1977, pp.447-448.
(20) Daly, "The Steady-State Economy: Toward a Political Economy of Biophysical Equilibrium and Moral Growth," 1973, を参照のこと。
(21) John Stuart Mill, *Principles of Political Economy with some of Their Applications to Social Philosophy,* 2 vols., volume 2, Book 4, chapter 6 (New York: D. Appleton, 1872), p.336.
(22) *Ibid.,* p.337. 今日における性の革命とフェミニスト運動から,アメリカについてミルの言及を修正できるかもしれない。ミルは,「男女両方の命は,ドル・ハンティングに捧げられる!」と指摘した。

第7章 生物物理学的な「成長の限界」を超えて

(23) *Ibid*.
(24) 「人間を幸福にさせること」に関するこの用語は，Robert E. Lane, "Markets and the Satisfaction of Human Wants," *Journal of Economic Issues* 12 (December 1978), p.815を参考にしている。物質主義的な高度産業社会が物質の獲得に没頭するあまり，非物質的であるが，重要な人間の経験，すなわち，レーンが示すリスト，あるいは，育児，介護などにどれほど時間的な圧迫を加えているのか，ということに関する創造的で影響力のある議論については，Staffan Burenstam Linder, *The Harried Leisure Class* (New York: Columbia University Press, 1970)，特に第4章と5章を参照のこと。
(25) Schumacher, 1975.
(26) 「ボランタリー・シンプリシティ（自発的簡素性）」(voluntary simplicity) の概念は，Duane Elgin, *Voluntary Simplicity: Toward a Way of Life That is Outwardly Simple, Inwardly Rich* (New York: William Morrow, 1981) と，その中に示されている参考文献を参照のこと。
(27) Slater, 1980, pp.62-63. （強調は筆者による）
(28) Fromm, 1976, p.149.
(29) ソクラテス以前から20世紀に至るまでのこの哲学的伝統の主な典型に関する議論は，Wilhem Windelband, *A History of Philosophy*, 2 vols. (New York: Harper and Row, 1958)，によって提供されている。
(30) C. H. Whitely, *An Introduction to Metaphysics* (London: Methuen, 1966), p.12を参照のこと。
(31) これから筆者は，「物質的な大衆消費財」，あるいは，「有形財」という用語を使う時，金銭的な支払いの交換としての，サービスの提供をその用語の範疇の中に入れるつもりである。さらに，有料のサービスに関する考え方を支持するために，筆者は産業社会の物質主義的な構成要素に立ち入り，すべての人間のニーズは物質主義的な要素をもつというウィリアム・ライスの議論を取り上げる。ライスは，「個々人，そして，社会の生存における必要要件は，人間本性の構造によって支配される物質的なものと非物質的なものの絶え間ない『物質的交換』を必然的に伴う」とした。これに関しては，Leiss, 1976, p.64, を参照のこと。ポスト産業社会における財を含む社会財の物質的な本質に関するこの重要な見方は，討議されなければならないし，より詳細に記述されるべきである。
(32) アービング・クリストル (Irving Kristol) によれば，このような視点は次のように解釈される。「（近代）経済学の根底にある真実」は，物質主義，または，物質的状況を向上させるための信頼として形成されていると仮定され，主として，価値の非認知主義によって特徴づけられたものである。これは，以前の章において，私たちがみた特に経済学者たちによって見過ごされた点である。Kristol, in Bell and Kristol (ed.), 1981, p.218, を参照のこと。
(33) Valaskakis *et al.*, 1979, p.15を参照のこと。「大衆消費社会の最初の信念」に関する，この資料から引用された最初の文章は，第2節の表題から原文のまま引用されたものである。

第8章
物質主義と近代政治哲学

　……この人生の至福は，満たされた心の安らぎの中にあるのではない。というのも，過去の道徳哲学者たちの名著が語るように，人生には究極の目的もなければ最高善もないからである。また，欲求をすでに達成してしまった人は，知覚（sense）と想像力（imaginations）が停止してしまった人と同じで，もはや生きていくことはできない。至福とは，ある対象から他の対象への欲求の継続的な進歩であり，前者の対象を得ることはできても，それは後者につながる。……（中略）……私は，死ぬまで終わることのない永続的で休息のない力（power）への欲求がすべての人類の一般的な特性だ，と評価している。この欲求の原因は人はすでに達成したものよりもさらに強烈な喜びを得ようと望むということでは必ずしもない。さらに，人は適度の力には満足できないからだということでは必ずしもないが，それはより多くのものを得ることなく，人が示してきたより善き生活のための力と方法を受け入れることができないからである。
　　　　　　　　　　——トマス・ホッブズ（Thomas Hobbes）[1]

　……利己主義とは，他人と自分自身を常に比較することであり，満たされないことであり，そして，決して満足できないことである。このような感情のために，私たちは自分を他人よりも一層好むようになり，他人が彼ら自身よりも私たちを一層好むようになることを要求する。しかし，それは不可能である。……（中略）……このため，人間を真に善良にさせるのは，人の欲求を小さくすることであり，人が自分を他人と比較する範囲を狭く限定することである。逆に，人間を真に不道徳にさせるのは，欲求を制限せず，多くの欲求をもつこと，そして，他人の意見に依存することである。
　　　　　　　　——ジャン＝ジャック・ルソー（Jean-Jacques Rousseau）[2]

　消費することは所有の一つの形であり，今日の豊かな産業社会にとっては，おそらく最も大切なものの一つである。消費することは不安を和らげるが，しかし，それはまた，より一層消費する対象を求める。なぜなら，それまでの消費はまもなくその満足という性質をなくすことになるからである——依存症と同じように。
　　　　　　　　　　　　　——エーリッヒ・フロム（Erich Fromm）[3]

1 ホッブズ主義的人間観対ルソー主義的人間観，および，その現代的関連性

トマス・ホッブズの思想にさかのぼると，彼は近代政治哲学の創始者（ないし，ニッコロ・マキャヴェッリ〔Niccolo Machiavelli〕との共同創始者）だ，といえるかもしれない。しかし，確実なのは，私がこれから示すように，個人主義と物質主義的価値観を生み出した思想家だということであり，そこには，物理的なモノに関連した産業社会的価値観の知的な歴史の中の重要な要素があらわれている。これは現代思想における要素であり，おそらくは，同じ名称の哲学的な教義の混乱を招いてきた。私たちはこれを，ホッブズによる古典的なスコラ哲学の伝統からの革命的な変革の中にみることができる。そこでは，次のように述べられている。「君主の義務は，『市民を善良にさせ，正しい行いをするようにさせる』ことではもはやなく」，「あらゆるよいものを市民に豊富に与え，喜びをもたらすことにある」と。

ホッブズの哲学的物質主義はまた，物質主義の哲学理論と，私が「物質主義」(materialism) と呼んでいる産業社会的価値観と間の混乱をもたらした。彼は『リヴァイアサン』(Leviathan) の中で，「生」(life) を「しかしながら，手足の運動」(but a motion of limbs) だと定義しているが，これは極端な哲学的物質主義である。ジョージ・セービン (George Sabine) は，このようなホッブズの基本的な形而上学的立場を「科学的物質主義」(scientific materialism) と呼ぶ。なぜならば，セービンによれば，ホッブズは「〔ニュートンの惑星運動の〕原理を取り入れて，それを自らの体系の中心軸にした。ホッブズは基本的に，いかなる現象も運動であると考え，あらゆる種類の自然のプロセスは複雑な現象をそれを構成する根本的な運動へと分析することによって説明されるに違いない，と考えた」からである。

しかし，ホッブズの政治哲学は産業社会的価値観と物質主義的哲学理論を――彼がそのどちらも捉えていたことから――同一視する失敗を犯すことになったと考えられうる原因だ，ということだけで注目されているわけではない。ホッブズの政治哲学は限界なき競争的な物質主義とその多様化した構成要素がもつ現代の複雑な価値を表現している，ということの方がさらに重要である。

第Ⅲ部 物質主義の価値観

これらの構成要素のいくつかは，次の通りである。すなわち，（1）社会的な評価や名誉，虚栄といった重要な社会的価値観がもつ競争的な特性を体現する個人主義，（2）手に入れた有形財と社会的尊敬は絶えず脅威に晒されているので，これらを守るためにさらに多くの物質と力を獲得すべく絶えず闘争することが必要だということ，そして，（3）この獲得のプロセスを終わらることができるのは満足や嫌気ではなくて死だということ，である。ホッブズのこれらの考え方の特徴は，本章の冒頭の題句に引用した文章の中に示唆されている。

　もしもこの議論が産業社会的物質主義についての考えの歴史についてであるならば，これらの分析には，ホッブズの研究だけではなく——私の考えでは，ホッブズの研究が産業社会的物質主義に関する第一の，また，最も影響力のある構成要素を形成しているが——，それに加えて，ジョン・ロック（John Locke）やルソー，アダム・スミス（Adam Smith），バーナード・マンデヴィル（Bernard Mandeville），デヴィッド・ヒューム（David Hume），ジェレミー・ベンサム（Jeremy Bentham），J. S. ミル（J. S. Mill）（主要な政治思想家の政治思想では，この価値が重要な役割を果たしている），そして，産業社会的物質主義の偉大な研究者のカール・マルクス（Karl Marx）を優先的に追加するなどした長々とした作業が含まれるだろう。[8] このような大きな仕事には，現代思想それ自体の起源と発展に関する政治的・哲学的研究が含まれるだろうが，それ自体は第Ⅲ部が狙いとしている範囲，あるいは，本書全体の範囲をも超えている。私たちの与えられた目的からすれば，幸いなことに，この途方もないプロジェクトを回避することができる。それにもかかわらず，物質主義がもつ中心的な産業社会的な概念と近代産業社会におけるその付随的な価値観についての私たちの理解を具体化する単なる方法として，これらの政治思想家たちの何人かの思想について触れておきたい。政治哲学の歴史を暫時，探究していくことは，「成長の限界」とそれにもとづく社会批判から構成されている致命的な脅威だけではなく，経済成長イデオロギーの基礎を形成する規範的な力の動因とそれへの致命的な脅威についても，評価するのに役立つだろう。

　西欧の歴史において偉大な政治哲学者だと一般に考えられている人たちの思想と研究について私は言及するが，それは彼らを権威だとか，西欧の産業文化の代表だとか，としてではなく，産業社会とポスト産業社会の本質について最

も洞察力のある考えとして扱っているからである。このような研究者の主張は，彼らの学術的な評判からではなく，彼らの想像力と人間の状況と産業文明の中にあるその特有の状態を見抜く先見性があることから受け入れられるべきである。誰か他の人の主張と同じように，彼らの主張についても，その提示されている証拠にもとづいて，有効性が問われなければならないのである。

おそらくルソーは，近代性(モダニティ)とその物質主義に関する初期の批評家の中で，最も突出した批評家であっただろう。彼は，競争的な有形財がもつ近代産業社会の秩序にとっての重要性，特に社会的な評価，ないし，尊重と，有形財の絶え間ない探求をもたらす満たされない欲望について，ホッブズの見方を認識してはいたものの，それに同意しなかった。ルソーは「利己主義」(selfishness)，または，自尊心（ないし，利己心）(amour propre) という彼の重要な概念の中で，そうした価値観の普及と，満たすことのできない欲望が道徳的な悪人を生み出していることを評価しながらも，それを批判した（他の文章でもよいが，とりわけ，本章の冒頭の題句に引用したルソーの一節を参照のこと）。彼はホッブズと同じように，競争的な社会的認知と名誉，そして，利己主義に対する近代の意欲は，どうやっても満たすことはできないことに十分に理解していた。

ルソーは，近代的な財にはゼロサムの性質があること，また特に，絶え間なき「増殖」と「他人の意見への依存」というホッブズの見方について，それが記述的には正しいことを受け入れたが，ホッブズとは異なる対応方策を示している。(9) ホッブズとは異なって，ルソーはそうした貪欲で競争的・排他的な，また，それゆえに不平等な価値観にもとづいて——近代の産業社会秩序のような——産業社会秩序を構築することには，受け入れがたい規範的なコストがかかることを鋭く見抜いたのである。近代思想に対するルソーの偉大な貢献の一つは，ここにある。

『人間不平等起源論』(Discours sur l'origine et les fondements de l'inégalité parmi les hommes, 1755) の近代の不平等の起源についての記述の中で，人間の思いやりを無視しているとホッブズを批判し，自然で非競争的な自己愛 (amour de soi) と社会的な，かつ，競争的な自尊心 (amour propre) を区別するという重要な脚注を挿入している。ルソーはこの二つの感情を混同してはならない，と断じている。

自己愛［彼の記述では，amour de soi］はすべての動物に自身を守ろうと気を配らせる自然な感情であり，それは理性によって人を導き，思いやりによって人を変え，人間性と美徳を創造する。自尊心［amour propre］は純粋に相対的で人為的な感情であり，それは社会の中で生まれたものであると共に，それぞれの個人を自分はいかなる他者以上の存在だと考えるようにさせ，また，他者を傷つけるあらゆる相互被害の原因となる。これが［ホッブズ主義的な］「名誉感」(sense of honour) の真の源泉なのである。[10]

　ルソーは，現代社会の人間が孤立した自然人の論理構造とどれほど異なるようになったのか——そして，倫理的に悪くなったのか——について，複合的な説明と提案を行っている。この説明と提案を展開する中でルソーは，ホッブズ主義の基本的な重要性とその有害な社会的影響，すなわち，同僚の市民や競争相手から社会的評価を得ることに対する（行きすぎた自己への関心と無益さという両方の意味での）ひとりよがり的な衝動 (vain drive)，を強調している。『人間不平等起源論』の中で，ルソーは現代の競争的な性質とその負の遺産について捉えている。[11] その中では，人間の本質と近代の状況に対するホッブズの評価に対して，ルソーが反対する根拠が示されており，ルソーは次のように評価することで，政治哲学者の先達，もちろん，その中でも特にホッブズを非難している。

　　社会の基盤について分析した哲学者はみな，自然の状態に立ち返ることが必要だと感じていたが，それを成し遂げた者はいなかった。……（中略）……つまり，欲求と貪欲，抑圧，欲望，そして，誇りについて常に考えている彼らは皆，自然の状態について，それは社会で獲得されるものだ，という考えを取り入れたのである。だからこそ，彼らが野蛮人について語る時，社会的人間について説明するのである。[12]

　人間の本質に対するホッブズとルソーのこの基本的な見解の相違については，彼らの著作の解説者たちによって広く指摘されてきたし，現代政治哲学の歴史だけではなく，今日の先進産業社会における社会生活の本質を明らかにさせるためにも，深い論点を残している。プラトン (Plato) がその研究をはじめてか

第8章　物質主義と近代政治哲学

らというもの，人間の本質は常に，政治哲学の基本的なテーマであった。人間の根本的な特性とそれが示唆する規範的な結果に関連するこの本質的に形而上学的で規範的な問題，つまり，(「自然の」〔natural〕特性か，「非自然の」〔unnatural〕特性か，「正しい」〔true〕特性か「誤った」〔false〕特性か，「本物の」〔authentic〕特性か，「偽りの」〔artificial〕特性か）という，いずれの特性の実現を追求すべきかという問題やいずれの特性を排除すべきかという問題，そして，対立が生じた時にいずれの特性を優先すべきかという問題は，単に政治哲学のためだけではなく，すべての文明の前提を理解するためにも，このテーマが根本的に重要であることを示している。

　人間性の概念の規範的・政治的な重要性はこのような型の規範的言説によって，今日のようなポスト産業社会の市民の危機的状況について理解できるように改善させることを明らかにしている。その結果として，うまくいけば，これは治療行為，ないし，改善行動にとっても同じように示唆的なものとなるだろう。このようにみると，すべての文化や文明，ないし，社会秩序（私はこれらの社会的カテゴリーを同義語として用いている）というのは，その価値観，例えば，人間の本質という概念の中に含まれている価値観を制度的に表現したもの，また，制度的に具体化したものである。これらの文化を定義する価値観になるかもしれない批判的な自省がたとえどれほど深く埋め込まれ，また，隠されていたとしても，あるいは，社会分析とその結果として生まれる社会的な知識がもたらす可能性のある破壊的な結果を恐れて，それを妨げようとするエリート層がどれほど多くの障害を生み出そうとも，これはそうなのだ，と私は考える。

　ここでは，アルベール・カミュ（Albert Camus）はその洞察力によって次のように明らかにしている。カミュは，「考えはじめるということは，(思考の)土台が崩され始めるということである。しかし，社会はこうしたはじまりとはほとんど関連性はない」(13)という。私はこれに，「規範的な考察，ないし，社会的な価値観についての考察は特にそうだ」という修正を加えたい――その社会で支配的な社会的パラダイムの構築に役立つような，社会化されかつ，当然の価値観についてとりわけ，考えることである。ある二人の政治学者は，次のようなカミュの指摘に注目している。それは，自分たちの社会に関する徹底的で，体系的，かつ，自己批判的な調査を促すことに社会は無関心だ――これはエリ

193

ート層の無関心さを意味している非具体的な言い回しである——ということである。彼らはこのことと政治意識の始まりを次のように関連づけている。

> 社会［エリート層］はあらゆる欠陥について自分を守るために，独創的な考えを妨げ，人間に由来する社会的事実を隠そうとする。社会は，［プラトン以来，この社会的機能について指摘されているように，「教育」(education) という名のもとに］人間のニーズを抑圧する条件を覆い隠し，また，それに対抗する。政治意識がもたらされるのは，このことに私たちが気づく時だけである。[14]

「成長の限界」論争は，産業文明の中核的な価値観にまで及ぶと共に，「人間のニーズの［産業社会的な］抑圧」をもたらす物質主義といった，その固有の価値観が人間の条件を還元し，また，致命的な影響を及ぼすことを暴き出している。このため，私のみるところでは，「成長の限界」の立場に立つ批判者と限界なき経済成長の支持者はいずれも，より政治的な意識をもたなければならない。この論争に参加するどちらの側も，そうした人間の本質としての政治哲学的な問題に明示的，かつ，体系的に取り組まなければならないのである。規範的な研究には不慣れで，怖じ気づくかもしれないが，これらの問題がそれぞれの立場の原点なのである。

ルソーの人間の本質についての概念によって，彼はモノを手に入れることで競争的な社会的尊敬を得るために果てしなく努力し続けるという，近代のホブズ主義的な物質主義的社会がもつ規範的な暗い面に気づき，それを確認すると共に批判した。近代についてのルソーの批判には，産業社会的な社会秩序とその根底にある，限界なき競争的な物質主義をはじめとする価値観がもたらす，望ましくない結果についての理解も含まれている。ルソーによれば（産業社会の批評家の中で，これに気づいたのはルソーが初めてかもしれない），物質主義が近代的な疎外を生んだ。ルソーは近代性(モダニティ)について次のような説得力のある説明を行っているが，ある意味これは，「成長の限界」の立場からの産業文明批判の合い言葉として役立つ，と私は考える。

> 文明人は他方で，さらにもっと過酷な職業を見つけるためにいつも動き，汗を流し，

骨を折り，頭を痛めている。つまり，この最後の瞬間までつまらない仕事を続けているのである。……（中略）……人は，自分が嫌っている権力者の機嫌を伺い，自分が軽蔑している金持ちの機嫌をとる。彼らに仕える名誉のためなら，何でもするのである。……（中略）……［疎外された］社会的人間は，絶えず自分自身の外で生き，他人の意見の中で生きる術しか知らない。このように，彼は自らの存在意識について，ただ単に彼に対する他人の判断を受け入れているにすぎないように思われる。[15]

ルソーは，私が呼ぶところの「産業社会的」，ないし，「限界なき競争的物質主義」という特徴をもつ文明に対するこの強力批判を，次のように指摘することで結論づけている。すなわち，こうした社会秩序において私たちは，「自分は何ものかと常に他人に問い掛け，あえて自分に問い掛けることは決してない。……（中略）……［そして］自分自身には，つまらないごまかしのうわべと美徳のない名誉，賢明さのない理性，そして，幸福のない快楽の他に，みるべきところは何もないのである」と。[16] ルソーのこの辛辣な言葉は西欧の政治理論の伝統において，ルソーが名声を得ている，という理由で受け入れられるべきではなく，現代人が支持を得るために提供できるような論拠にもとづいて，合理的な説得力の可能性について真剣に検討しなければならない。政治哲学では，すべての合理的な企業の場合と同じように，論拠の確かさこそが望ましい事柄を決められなければならないのである。

アダム・スミスの思想に目を転じると，物質主義の産業社会的価値観の発展におけるきわめて重大な変化がみられる。スミスは競争的な社会的評価と社会的名誉，あるいは，ルソーが自尊心（amour propre）と呼ぶもの——ホッブズが肯定的に捉え，ルソーは否定的に捉えたもの——に対する近代の意欲に関するホッブズ主義とルソー主義の論点を取り上げて，それを経済的な利益に直接結びつけている。[17] 道徳哲学者としてのスミスは，次のように記述している。

主として，人間としての感情という観点からすると，私たちは金持ちになろうとし，貧乏になるのを避けるということがまず，ある。それでは，この貪欲と卓越さの目的とは何だろうか。……（中略）……すべての異なる階級を経験するような競争は

どこから……（中略）……生まれ，また，私たちの状況の改善と呼ばれる，かの人生の偉大なる目的によって私たちが提案する利点とは何だろうか。共感と自己満足，そして，審美眼をもって観察し，認識し，識別すること，これらのすべてがそこから導き出すことについて私たちが提案できる利点である。私たちの興味を引くのは，安心でもなければ喜びでもなく，虚栄心なのである。[18]

そうだとすると，私たちは次のように問い掛けることができる。スミスがいうところの「人生の偉大なる目的」，つまり，実際には結局のところ，人類の称賛，ないし，一般大衆の尊敬を得ることに他ならない「私たちの状況の改善」という目的はいかなる本質をもっており，また，いかなる結果をもたらすのだろうか，という問いである。この問題に対して，経済学者としてのスミスは，「ある者と他の者を取引し，交易し，交換する」という，人間の本質にある性向を用いて説明している。[19] 彼は次のように付け加えている。

> 貯蓄を刺激する原理は，状況をよりよくすることに対する欲望である。一般に冷静で公正だと考えられる，その欲望は私たちが生まれた時から備わっており，死ぬまで離れることはない［訳注：これは，競争的な衝動は死ぬまで続くというホッブズの考えに匹敵している］。この二つの瞬間を分かつすべての合間においても，何についても変化や改善を望まないといったような，誰もが自分の状況に完全，かつ，全面的に満足するという，おそらくはほんのわずかな瞬間でさえほとんどない［ここでも，人の欲望は死ぬまで満たされないというホッブズの考えに照応している］。富の増大とは，大部分の人々が自らの状況を改善するために提示し，また，望む手段なのである。[20]

産業社会的物質主義とその限界なき成長との関連に関する，この議論が示している観点からすると，スミスの貢献が過大評価されてはならない。ある二人の経済学者は近代経済学の発展と物質主義と成長に基盤を置く社会のいずれにとっても草分け的なスミスの考えに対して，重要なコメントを行っている。その一人はこれまでに述べてきた産業社会の革命的で，物質主義的な結果とその歴史的な独自性について，一つの論点を次のように示している。

第8章　物質主義と近代政治哲学

これまでの社会では，富の追求と勤労を劣等な活動で忌むべきものだと考え，それらを奴隷や女性，そして，身分の低い社会集団に委ねていた。産業社会はこれとは異なり，富の獲得を道徳的に受け入れられるものにし，それを道徳的な義務として認めさせた。［スミス主義的な］経済思想は貪欲さと人の富を増大させるために取引し，交易し，交換するという性向を人間の基本的な性向であると仮定することで，このような態度を正当化した。そこでは，貪欲な態度という歴史的に独特の現象が人間の普遍的な傾向だ，と解釈されているのである。(21)

このスミスへの批判とルソーによるホッブズへの批判は類似していることに注意すべきだろう。いずれの批判も，スミスやホッブズは社会のある特定の歴史的時期を人の基本的な本質だと誤って一般化した結果，──要素還元主義者の考えられうる誤りを犯しつつ──人間の本質を読み違えたのだ，と批判している。つまり，人間の一つの特徴と人間の全体的な本質とを混同しているのである。アルバート・O. ハーシュマン（Albert O. Hirschman）がスミスの『道徳感情論』（*The Theory of Moral Sentiments*）の一節について，次のように指摘する時，近代産業社会の経済還元主義に関する彼の研究は私の議論の主要なテーマと共鳴している。

> ……そこで，スミスは人間のすべての感情を一つに統合する要素還元主義的な最後の一歩を踏み出す。経済的優位に対する動因はもはや自主的なものではなく，尊敬への欲望に対する単なる手段になる。しかし，同様に，そのままでも強力な非経済的な動因もまた，経済的な動因に費やされ，それを強める以外の何ものでもなくなる。こうして，非経済的な動因はそれまでの独立した存在ではなくなるのである。(22)

このことから，これまでに私が解明しようとしてきた，産業社会的物質主義思想の最も重要な側面を理解することができる。すなわち，「要素還元主義的な最後の一歩」は，他の非経済的な基盤をもつ人間の価値観をも単なる経済的な価値観を「強化させる」ことになり，そのことによって，物的な経済的利得を社会的評価，社会的名誉，社会的尊敬などの限界なき競争的で，かつ，産業社会的価値観を達成するための「手段」にすぎなくさせるのである。

第Ⅲ部　物質主義の価値観

　私がその概念を理解してこの議論の中で用いてきたように，過去の政治哲学者についてのこの簡単な歴史的調査を通じて，物質主義的な本質とその経済還元主義との関係が明らかにされることを願うものである。社会的に定義された有形財や商品と社会的な尊敬や名誉といった非物的な社会的価値観との間に複雑な関係がある場合には，産業的物質主義を単に物的なモノに執着しているのだ，と過度に単純化しないことが最も大切である。後者の産業社会における社会的価値観，ないし，ある政治経済思想の研究者が指摘するように，「［産業社会的な］想像的な財」（goods of the imagination）について，さらに調査することが必要である。[23]

　マンデヴィルとスミスの政治哲学について解説している「羨望と商業社会」[24]（envy and commercial society）というテーマの論文の中で，この研究者は18世紀のヨーロッパ社会では，「富は，有形財の満足をもたらす一方で，他者からの評価ももたらすということが少なくとも重要であるように思われる」と述べている。さらに，彼は次のように付け加えているのだが，これは産業社会的物質主義の理解にとって意義がある，と私は思う。「想像力としての財への欲望に経済活動を基礎づけることの利点はそうした欲望には限界がない，ということである。ニコラス・バーボン（Nicholas Barbon）がいうように，『心の欲求は無限』なのだ」。[25]

　第Ⅱ部では，相対的な富と地位的，ないし，競争的な財について検討し，この章では，ホッブズについて検討してきた。これを端緒として，私たちはこれらの産業社会的な「想像力としての財」，ないし，「心の欲求」が中心に据えているものをみてきた。それは，すなわち，社会的尊敬と社会的評価，社会的名誉，金銭的競争，自負心，虚栄，嫉妬である——これらはすべて競争的に定義されている。要するに，ルソーがいうところの，自尊心（amour propre）である。ホッブズやルソー，バーボンその他の人たちは，生物物理学的な基盤をもち，だからこそ，限界のある有形財に対する人間の欲望とは異なり，そうした競争的な想像的な財には限界がなく，不安定だということを見抜いていた。さらに，想像的な財がもつこれらの後者の特徴は，競争的で限界のないものと定義されることから，それに対する欲望もまた飽くことを知らない。「成長の限界」にもとづくある批評家は制約されているという人間の状態の性質と競争的

198

な有形財の限界のない性質がいかに対称的かについて,次のように鮮やかに表現している。「人間がどれほど金持ちになろうとも,いまだに二つの目と,二つの耳,一つの胃,一つの性器,一つの脳と一つの神経組織しかもたない」と。

　西欧文明の原点にまでさかのぼる長年の知恵は,心の競争財,ないし,心理学的財がもつ限界なき——そしてまた,飽くことを知らない——性質に深刻な欠陥があることを認めていた。ルソーよりも前に,エピクロス(Epicurus)は次のように述べている。「もしも本性に従って生きるなら,あなたは決して貧しくならないだろう。もしも意見に従って生きるなら,あなたは決して金持ちにならないだろう」と。エピクロスの解説者であるルキウス・アンナエウス・セネカ(Lucius Annaeus Seneca)は,これに次のように付け加えている。「本性からの欲求は些末で,意見の要求は雄大である」と。

　アリストテレス(Aristotle)が示したように,古代ギリシア人にとって,貪欲さ(pleonexia),つまり,「さらに多くのものを手に入れることに対する飽くなき欲望」は人間の気質に深く根ざした「道徳的・政治的な欠陥」であると共に,社会秩序とその制度が立ち向かわなければならない対象であった。ある論評者は,アリストテレスがその最初の著作である『政治学』(Politics)で言及している経済的な問題点についての広範な対応方策の観点から議論しながら,次のように主張している。「貪欲さは,すべての人間の自然な気質であるが,支配階級はこの貪欲から離れて教育を受けなければならない」と。エイブラム・N.シュルスキィ(Abram N. Shulsky)は,次のように議論を続けている。アリストテレスについての彼の解釈によれば,この飽くなき欲望は人間の本質の中に深く浸透しているために,これに反対する単なる道徳的な議論は不十分なものとみなされている。だからこそ,アリストテレスは経済的な議論——つまり,自然で限界のある財獲得術——に頼ったのだが,それは貴族という聴衆により強くアピールすることを意図していた[訳注:アリストテレスは,二つの財獲得術をあげている。一つは,自然な食料の獲得と管理に関するもので,「家政術」と呼ばれる。これは,生活の必要のためのものなので限度があるのに対して,二つ目の「商いの術」は,生活の必要を超えて富を獲得しようとするものである。アリストテレスは,この後者の「商いの術」を,自然に反するものとして批判している]。この種の経済的な議論は明らかに,近代の経済的な議論とは異なる性質のものである。

要するに，アリストテレスの［道徳にもとづく規範的・政治的な］経済学は，例えば，スミスが定義するような［近代の要素還元主義的な］経済学の科学とは異なり，富に対する人間の欲望の限界に関するものであり，それを充実させる方法を示している。[30]

　ある批評家は貪欲さの性質に関するアリストテレスのこの解釈に反論して，アリストテレスはこの特徴を「不自然な」発達の結果として，また，金銭の社会的な意義だとみている，と批判している。[31] 人間の貪欲さを「人間の本質に深く根づいた」ものとみるかどうかというのは，より多くの財に対する飽くなき欲望が存在しているという認識は道徳的に悪いものであり，また，社会的に拒否され，制約されなければならないのだ，ということに比べればそれほど重要ではない。このため，私たちはアリストテレスの「真の」(real) 意図について難解な解釈論議を避けることができるのである。
　（シュルスキィとアリストテレス，ホッブズ，および，その他の多くの近代思想家が主張するように）そうした飽くなき欲望は実際のところ自然なものなのだという立場を受け入れたとすると，また，ホッブズの見方を退けてアリストテレスの見方を支持したとすると，道徳的な良心の呵責という理由，または，限界なき消費はいずれ，生物物理学的な限界にぶつかるのだという理由——あるいは，その両方の理由——から，そうした欲望は社会制度によって制限されなければならないし，最低限，物的な目標からその欲望をそらすべきである。これをそらす先は何か，という疑問が出てくるかもしれない。これに対して，私は次のように答えよう。それは前述のミルの理想がいうところの，そうした質を含む，非競争的で，非物質的な目的である。つまり，競争上の成功には社会的価値がない（そうすれば，競争上の敗北もまたなくなる）ため，同僚の住民よりも金持ちになろうと望むことはもはやなく，また，彼，もしくは，彼女がすでに手に入れたものを失うことをもはや恐れない，そうした人間性である。
　社会的自由の本質についてのホッブズ自身の分析は社会における人間についての彼の考えに反するものとして用いられる可能性がある，と私は考える。彼の見方は，次の通りである。すなわち，社会における自由には，いくらかの政治的な制約が必要である。なぜならば，そうした文脈における制約のない自由

は結局,全く自由がないということになるからである。つまり,彼の有名な言葉によれば,「孤独で,貧しく,不快で,野蛮で,短い」人生,そしてまた,「絶え間ない恐怖」を特徴とする人生をもたらすのである。人間の欲求もまたこれと似て,人の望ましい満足感をもたらすためには,(それを満足させるための制約された物的手段と釣り合う)制約が必要なのかもしれない。限界なき欲求は,ホッブズ主義がいうところの制約なき自由と同じように,不幸と不安の惨めな組み合わせをもたらすかもしれないのである。

　私たちは産業社会的物質主義を,――それが人の本質に由来するのか,それとも生物物理学的な環境に由来するのか,あるいは,その両方なのかを問わず――人間の満足の限界を取り除き,また/あるいはそれを否定する間違った有害な努力だとみなしているのだ,と提唱したいのである。産業化のプロセスにおいて人間の限界を誤って否定したのだということ,そしてまた,この否定がさらに,人間の条件における限界――つまり,死――についての現代的な誤った否定と関連していることについては,すでに指摘した通りである。ルイス・マンフォード(Lewis Mumford)は,次のように説明している。

> 限りない命に対する欲望はメガマシン[訳注:テクノロジーが支配している巨大な社会のこと]という手段によって第一に大きな力を集めたことで,限界を全般的につり上げるために欠かすことのできないものだった。死すべき運命という弱さの上にある,人のさまざまな弱さのいずれについても,異論が唱えられ,また,抵抗を受けた。……(中略)……人間の生命という観点からみると,また,実際のところあらゆる有機体という観点からみると,絶対的な力というこの主張は心理学的な未熟さを告白するものだった。つまり,誕生と成長,成熟と死という自然のプロセスと[そこからもたらされる限界]についての理解が根本的に間違っていたのである。

　限りある環境の中の限りある存在である,という(カミュの定式化を借りれば)「現在の自分を拒む」ことに対する現代人のむなしい努力が限界なき経済成長政策に反映されているのだ,と私は考えている。死すべき運命がもつ限界を否定してきた人がいまわの際にある時,彼を揺さぶるショックと恐怖のように,先進産業社会は,限界のなさという幻想の崩壊を認識することによって,

現在の危機の中にそうした反応がもたらされていることを経験している。私が思うところでは、スレイターが示唆しているように、この「幻想への哀悼の時期」は限界なき持続可能な経済成長のような社会的な幻想を捨て去ることで、より満たされた新しい社会秩序の足掛りを提供することになるだろう。

　人は、本当にホッブズが提案したような存在なのだろうか。その価値観が満たされた時にもたらされる満足度を低下させることなく、すべての人々が分かち合える非競争的な価値観を人々がもつ可能性はないのだろうか。そうした価値観は今日のようなポスト産業社会的なゼロサムゲーム、あるいは、ホッブズ主義者がいうところの、人間関係がもつ普遍的な闘争をポジティブサムゲーム、つまり、協力と非競争という名の社会的ゲームに変えるのだろうか。より多くのニーズと飽くなき欲望を生んだ方が幸せなのだろうか、それとも、ルソーが示唆しているように、それを減少させた方が幸せなのだろうか。人は、他人の意見のもとで暮らさなければならず、したがって、常に疎外され、また、貧しくなければならないのだろうか。これらの疑問はその答えの上に築かれる社会秩序を前提とする、人間とその価値観の本質という論点を提起する。私はホッブズの産業社会的な考えよりも、ルソーの考えの方がすぐれている、という私自身の見解を暗に示してきた。この判断がオルタナティブな超産業社会的な社会秩序についての私の提言を特徴づけている。

2　依存症の精神病理学と物質主義との関連性

　人間に関する自由主義的で、近代的、かつ、産業社会的な見方——これは完全にホッブズの研究から派生した見方だと思われるし、また C. B. マクファーソン（C. B. Macpherson）の意見が強調している見方でもあるが、その見方——を、道理に反する病的なものとして排除する時にのみ、産業社会に対するその有害な影響を認識することができる。したがって、「成長の限界」論からの批判はそうした議論のごくわずかでも現実には環境に関する科学的だとされている記述の枠を超えているけれども、議論の対象となるだろう。

　人間を無限の欲望をもつものだとする考えと、その考えがもたらす社会的な価値観と実践は、「成長の限界」についての研究にとって有益なアナロジーと

第8章 物質主義と近代政治哲学

なる多くの機会を提供している。産業社会的物質主義は，手段そのものが目的になるという，目的と手段との間の病理学的な混乱を生む社会的な刺激剤だ，と考えることができる。社会は守銭奴やナルシスト，あるいは，同じ効果を得るために，ますます多くの投薬を必要とする中毒者になぞらえることができるし，それはまた，破滅に向かう危険なスパイラルをもたらす。これらの精神病理学的な例はそのように特徴づけられる社会の不満と不可避的な衰退のアナロジーとして，ポスト産業社会的で成長を基盤とする文化に対する批判家によって用いられている。(本章の冒頭の題句に用いたフロムの言及に加えて)こうした「成長の限界」の病理学のいくつかの説明は，以下の通りである。

> 薬物療法の実践では，健康のために中毒性の刺激剤の処方が必要となるかもしれない。刺激剤の量には限度があり，その目的によって制限される。しかし，個人が刺激剤そのものを目的として服用する際，もはや最終的な目的には制約されなくなり，それ自体が一つの目的となるので，刺激剤への欲望には限りがなくなる。これと同じことが経済的なプロセスの生産物にもいえる。人生の最終的な目的を達成するために，そうした生産物を用いるのではなくて，それ自体が最終的な目的になる傾向があるのである。そして，生産物がいかなる最終的な目的によっても制約されなくなるために，それに対する欲望にも限りがなくなる。私たちは経済成長の虜になっているのである。デカルト(Descartes)の言葉を借りれば，そうしたライフスタイルは次のような哲学的基盤にもとづいているのかもしれない。すなわち，「我つくり，我買う故に我あり」[35]，という哲学的基盤に。

フィリップ・スレイター(Philip Slater)は，『富依存症』(*Wealth Addiction*)という適切なタイトルの本において，先進産業社会における富への依存という社会的病理だと彼が考えているものについて，次のような洞察に富む議論を展開している(スレイターが考えるように，この種の依存症には，ホッブズ主義的な競争的な要素があることに留意されたい)。

> 金銭は確実に一つの依存症であり，完全な免疫を備えている人はほとんどいないものの一つである。……(中略)……私たちアメリカ人が富裕層の顕症期の病変を理

解することなく，自らの金銭的な神経症を受け入れることができる，ということは私は疑心と思っている。というのは，富裕層の習慣を支持し，私たち自身を虜にさせているのは富裕層への嫉妬と称賛だからである。……（中略）……富依存症のあらゆる人は定義上，出しゃばり屋である。なぜならば，富というのは，中毒者が他人の禁断症状に興奮してハイになるという，依存症の唯一の形態だからである。……（中略）……富依存症は寛大に取り扱われている。……（中略）……なぜならば，人々が愚かだからというのではなく，彼らが富依存症を助長しているシステムを大切にしているからである。もしも，少なくともぎりぎり過半数の人々が隠れた中毒者——いつの日か，突然，金持ちになるという幻想を心に抱く人々——でないとするならば，こうしたシステムは長くは保たないだろう。この密やかな夢が隠れ中毒者をそうとは知らずに重度中毒者にさせるのである。(36)

こうした知覚分析では，次のようなアメリカの政治システムにおいて最も重要な現象の一つ，すなわち，再分配政策から利益を得るために大多数に立ち向かう際，なぜ，下層階級と中産階級の間で再分配することに対してきわめて強い抵抗を受けるのか，について説明している。富に対する彼らの「隠れ依存症」と，いつの日か「突然，金持ちになる」という彼らの密やかな——しかし，有害な——夢は，明らかに，すでに裕福な階層の利益として作用する。したがって，この「アメリカン・ドリーム」が最も強力なアメリカの神話であるというのは，何ら驚くべきことではない。その裏には，多くの真の政治勢力があるのだ。これは一つの空想であり，それを幻想としてだけではなく，大多数の非富裕層に有害な影響を及ぼすものだと認識することが追悼の期間を短くし，また，そこから解放させるのである。

産業主義に対する批判のこれらの例は依存症という精神病理学的なアナロジーを用いつつ，産業主義は望ましくない有害な影響をもつのだ，と強調している。これらの例に従って，しばしば依存症の基盤となる常習行為の一つの面，つまり，否定的な経験の回避について指摘したい。

ティボル・シトフスキー（Tibor Scitovsky）は，「習慣が持続する一つの理由は一度，その習慣が形成されると，それを止めるのが苦痛になるからだ(37)」ということが経験的な証拠によって示されている，と指摘している。彼は薬物中毒

と（「恋に落ちること」のような）より受け入れやすい他のタイプの中毒について分析を進め，刺激に対する二次的な対抗反応を強調している。この二次的な対抗反応というのは，例えば，別れた恋人たちの否定的な反応といった一次的な反応よりもさらに，刺激を受けるごとにますます強まる反応のことである[38]。「後遺症を取り除くために刺激剤を投与し続けることが（たとえ一時的なものにすぎないとしても）最良の方法だと思われるほどに，この後遺症があまりにも不快になり，また，あまりにも長引くものになる場合，依存症は発症するのである[39]」。

シトフスキーはこの説明を地位に関する常習行為に適用している。シトフスキーの依存理論によれば，地位への依存はあらゆる依存症の典型的な特徴を示す。それは失うことへの恐怖である。彼は，下降移動，ないし，すでに保有しているものを失うことによる大きな痛みに関するスミスの流れを汲んで，高い地位にある人たちについて次のように記述している。

> しばらくすると，もはや当たり前のことになるため，そこから満足を得ることができなくなるが，それを失うことは強い痛みをもたらす。自らの地位を維持するための人々の努力はいかなる肯定的な満足への欲望よりも，禁断症状の痛みを避けることに対する欲望によって，よりよく説明されるように思われる[40]。

富裕層の側の失うことに対する恐怖が社会のいかなる肯定的な特徴をも圧倒することがなければ，平等志向の再分配政策には，そうした肯定的な特徴があることに気づくかもしれない。

先進産業社会の人々の有形財に対する傾倒による依存症的な性質を批判するという点で，また，シトフスキーが提示した依存症の類型論を適用することによって，その象徴的な価値を批判するという点で，「成長の限界」の立場に立つ批評家が正しいとすれば，限界なき競争的物質主義という価値観によって特徴づけられる自由主義的な産業社会についてホッブズ以降の研究者が指摘する，不安の蔓延を説明することができるかもしれない。一度，誰かが物質の獲得，ないし，物的な指標によって競争的な社会的尊敬と社会的名誉をうまく手に入れたとすると，下降移動という意味で，あるいは，その名誉を「剥ぎ取られ

る」という意味で，失うことは最も大きな恐怖となる。野球のサッチェル・ペイジ（Satchel Paige）の——絶対，後ろを振り向くなという——名言は，人々の成功が相対的，ないし，競争的に定義される物質主義的なポスト産業社会においては，一顧だにされない。ホッブズ——とマルクス——がいうように，個人や企業がその競争相手に対抗してすでに獲得したものを守るためには，有形財（利益）を増やすことが不可欠なのである。今の敵対的合併の時代では，この点が鮮明となっている。

　産業社会の市民は，休むことも寛ぐことも決してできない。つまり，彼らは常に，競争で負けることと社会的価値を失うことに不安を感じている。ホッブズがいうように，区別に対する動因は死ぬまで終わらないのだから——そうした区別は高価で，「奢侈的な」葬式さえも求めるのは当然なのである！　政治的には，産業社会のエリート層の依存症的な特徴と，地位の喪失（ないし，下降移動）という禁断症状を避けるという深い欲望は，彼らを社会的な変化に敏感に抵抗させる。こうした強力な集団が自らが依存しているものに対する競争的優位を自発的，ないし，平和的に放棄するのを待つことなく，慣習は破壊されるべきだし，また，価値観も変えられなければならない。そうなる見込みはあるのだろうか。

　残念ながら，常習行為のあらゆる患者のように，産業社会的物質主義への依存は，まさにその中毒の本質によって運命づけられている。ホッブズがいうように，限界なき永続的で競争的な努力というのは，死ぬまで終わることなく，一つの目標が実現されると別のものを追求しなければならないという，そうしたものである。したがって，産業社会における物質主義的価値観の土台にある，このホッブズ主義的な人間の考え方は望ましくない結論を導く。すなわち，——人間がいくら努力しても避けることのできない——挫折と不満，そして，恐怖である。

　こうした間違った有害な考え方と価値観が一度認識されれば，正気の人であれば，誰がそうした社会秩序の中で生活したいと望むだろうか。その環境における生物物理学的な限界からもたらされる欠乏を原因として，先進産業社会の物質的に豊かな人たちが，物質主義的な依存症から抜け出す痛みを味わいはじめる時，彼らは政治意識を獲得しはじめるだろう。その意識というのは，つま

第8章 物質主義と近代政治哲学

り，自分たちの社会の基盤には欠点があり，また，その基盤は望ましくないのだ，という意識である。うまくいけば，この危機とこの絶望，そして，この産業社会的な幻想への追悼の期間が新しい価値観と考え方へと転換する刺激となり，彼らの苦痛と怒り，そして，絶え間のない無益な努力——カミュの言葉を用いれば，シーシュポスの試練——から彼らを解放するだろう［訳注：カミュによる『シーシュポスの神話』(*The Myth of Sisyphus*) において，神々がシーシュポスに課した刑罰は，休みなく岩を転がして山の頂きまで運びあげるというものだった。しかし，岩を山頂まで運ぶと，岩はそれ自体の重さで転がり落ちてしまう。神々は，無益で希望のない労働ほど怖い懲罰はない，と考えたのである］。

　産業社会的物質主義の複雑な（純粋な哲学理論とは異なる）性質は，有形財を資産へと転換させる非物質的で競争的な価値観を含んでいる。もしも，先進産業社会の物質的に豊かな市民が抱く有形財に対する欲望が限界なき競争的で，飽くなき非物質的な「精神的な財」(goods of the mind) の単なる「手段」，ないし，指標として機能するだけならば，有形財に対する欲望そのものが同じように限界なき競争的で飽くなきものになる。ホッブズが競争的で非物的な財に対する所得弾力性（income elasticity）について観察する時，ここでもまた，彼は次のように予見している。すなわち，「すべての人間は名誉と昇進のために自然と努力する。しかし，彼らは，主として，必要なものに気を配ることに悩まされることはほとんどない人たち，さもなければ，貧困を恐れることなく，気楽に生きている人たちである」(41) と。

　この見解を引用している，あるホッブズ研究者は彼の議論の中でこの見解を用い，名誉と評価に対する社会的競争というホッブズの理論は17世紀のイギリスにおけるごく一部の市民に限定されていることを示しつつ，マクファーソン（その他）のホッブズに対する物質主義的な（「独占個人主義」的な）解釈に反論している(42)。ホッブズの時代の社会がもつ社会構造と彼の文章の「真」の意味に対する歴史的・文献解読的な議論は避けるが，次のように言及することができる。すなわち，莫大な物的生産性に由来する先進産業社会の到来と共に，「［生物物理学的な］貧困に怯えることのない」状態というホッブズ主義者の要求が歴史上類をみないほど多くの人々に広がっていったのだ，と。

　したがって，比較的少数の豊かな市民に対する社会的価値観をめぐる争いを

207

制約していたホッブズの時代のイギリス社会については，この見方は正しいかもしれない。その一方で，そうした主張は物質的に豊かな先進産業社会については妥当しない。正確にいえば，非物質的な社会的尊敬と社会的名誉，そして，社会的評価をめぐる競争がこれほどまでにどう猛で，果てしなく，さらに，恐ろしくて，最終的には挫折するのはまさに，多くの市民の生物物理学的なニーズが物質的にも，安定的にも満たされているからなのである。

限界なき経済成長の優位性を主張している裏づけに対抗する最も効果的な点の一つは，社会的に定義された財の性質について，エピクロスからフレッド・ハーシュ（Fred Hirsch）に至るまでの西欧思想史の全景を見わたした時に明らかになる。第Ⅱ部で論じたように，物質的に豊かなポスト産業社会では，単に有形財の所有を増やすだけでは，——今日のポスト産業社会においては，相対的，ないし，地位的財の獲得競争に勝つことと定義されている——人間の満足を増やさない。それどころか，実際のところは，そうした競争をさらに悪化させ，また，あらゆる個人の成功可能性をさらに減少させるか，——次の苦闘までの一時的にも——いくらかの満足を見い出す可能性を完全になくしてしまうだろう。物質的な経済成長はホッブズ主義的な産業社会的物質主義の価値観を満たすことはない。その理由を，ソースタイン・ヴェブレン（Thorstein Veblen）は次のように説明している。

> こうした事例の性質上，いかなる個人の場合でも富への欲望が満たされることはとてもありえないし，富への平均的，ないし，一般的な欲望の充足というのは，明らかに問題外である。どれほど広範で，あるいは，平等，ないし，「公平」(fairly) であっても分配はできるが，共同体の富の一般的な増大は，いかなる方法でもこのニーズを充足することはできない。その理由は財の蓄積という点で，誰もが他者を上回ることを望むからである。しばしば仮定されるように，もしも蓄積に対するインセンティブには，必要最低限の生活が欠如していることや，あるいは，物的な満足の欠如にあるとするならば，ある共同体の集計的な経済的貧困は，産業的効率性の進歩のある時点で満たされることもありうる。しかし，実際のところ，その苦闘は評判のよさをめぐる不公平な比較にもとづいたレースであるため，どんなアプローチをもってしても，最終的に実現することはできない。(43)

第8章　物質主義と近代政治哲学

この産業社会的価値観の実現は産業社会では不可能だということは，どんな成果が出たとしてもそれに対する不満と不安を絶えず続かせることになる。初期の自由主義的な不安が強まり，また，大きくなるのである。

　私が強調したいのは次の点である。すなわち，「[産業社会，特に物質的に豊かな先進産業社会では]名誉と権力をめぐる心を奪われるような競争の中で，財が貨幣としての代用的な価値を獲得し」，その結果として，「物質主義」(materialism) と呼ばれる一連の産業社会的価値観における非物質的要素の重大性が明らかとなった，ということである。

　産業社会における物質主義について，主要な近代政治哲学者の見解を大まかに検討したが，ここでマルクスの研究，特に次の研究を取りこぼしていたとすれば，怠慢のそしりを免れないだろう。その研究とは，「商品の物神崇拝」(fetishism of commodities) と産業資本主義における財の一般的な性質についての研究である。これについては，彼の記念碑的な研究である『資本論』(Das Kapital) のある節において詳しく述べられている。

　マルクスは産業社会の本質を理解するためのあらゆる努力の中にある独特な意義について鋭い観察を行うことから，商品の物神崇拝についての節を始めている。「商品は一見すると，きわめて平凡なモノであり，簡単に理解されるようにみえる。しかし，現実にはそれはとても不思議なモノで，形而上学的に功妙で理論的に精緻だということをその分析は示している」。『資本論』における（実際のところは，彼の経済についてのすべての研究における）マルクスの努力は，彼の研究のここでのテーマである，産業資本主義社会における商品の全般的な特性についての幅広い疑問の一つとして，そうした社会における商品の「形而上学的な功妙性と理論的な精緻性」を明らかにすることが狙いだとみることができるかもしれない。産業社会的な商品とそれに付随する物質主義的な価値システムについての議論では，一つの形而上学的な功妙性が強く主張されている。それは交換価値を備えた商品としての物的対象と物的組成には本来備わっていないもの，ないし，社会的に与えられたものに由来する非物質的価値との関係である。近代性（モダニティ）——ここでの論法では，社会の産業組織と物質主義を広義に理解している——の一つの大きな成果は，物的対象についての社会的な見方とその社会的な役割を変えて，商品として，そしてまた，象徴的な代用的価値とし

209

第Ⅲ部　物質主義の価値観

て扱うようにしたところにあるのである。

　ゲオルグ・ヴィルヘルム・フリードリヒ・ヘーゲル (Georg Wilhelm Friedrich Hagel) によれば，産業資本主義において資本主義者は物的対象に対する人間の欲望を経済的商品への欲望として扱うという倒錯を起こしている，と主張している。このヘーゲルの観念論と対立するマルクスの哲学的物質主義の理論では，おそらく，物質主義の唯物志向は不滅とされている(48)。マルクスは資本主義的な社会秩序では，「自分たちの商品が存在する限りにおいて，個人は互いのために存在する」(49)という。彼は資本主義的な商品の物神崇拝という概念を導入することによって，産業資本主義の歪みと幻想，そして，その神秘化を説明している。この観点からすれば，この議論は先進産業社会における限界なき成長にかかわる幻想と神秘化に匹敵している。彼は次のように指摘している。

　　［資本主義では］商品としてのモノの存在とそれを商品へと加工する労働の産物の間にある価値関係は，その物的特性とは全くつながりがなく，また，それに起因する自然の関係とも全く関連していない。彼らの目からはモノの間の関係がもつ空想的な形態が当然のようにみえるのだが，人々の間には，明確な社会関係が存在しているのである(50)。

　このマルクスの理解を解釈するある研究者は，資本主義の神秘化について次のように説明している。

　　マルクスによれば，こうした［資本主義的な］方法では，個人は自分たちの商品の交換を通してのみ他者と繋がりをもつ，という。このことから，交換価値は商品の間の関係——こちらの商品はあちらの商品の大半よりも悪いという関係——であると思われる。しかし，実際にはそれは人間と人間との間の関係であり，労働者の労働時間の関係なのである(51)。

　マルクスについてのもう一人の解説者は，次のように述べながら，商品の物神崇拝とその有害な影響についてのマルクスの考えがもつ，主要な物質主義的な点について，次のように捉えている。

210

資本主義的生産における人間関係は商品関係を前提としている。その結果としての商品の物神崇拝は消費者主義(consumerism)を増大化させていくことになる。というのは,こうした物神崇拝は個人の福利の主たる源泉として,社会関係よりもむしろ有形財の重要性を強調することになるからである。(52)

マルクスは,「モノの関係の空想的な形態」(fantastic form)――資本主義的生産様式,ないし,「物神」(fetish)の創造――を,「人間の脳の産物が命を吹き込まれた独立的な存在として現出したもの」に対する敬虔な信者が異様に生み出されたことになぞらえている。(53)

マルクスは極端な哲学的物質主義者で経済決定主義者なのか,それとも,限定的なのか,という評判の悪い議論には深入りせず,むしろ次のことを指摘したい。つまり,彼の物神思想は,(経済的な)現実における歪んで誤った人間的意味と資本主義における商品のような物的なモノとのアナロジーから引き出されたのであり,また,歪んだ宗教的思想についての彼の信念は宗教的信仰と思考からもたらされたのだ,ということである。マルクスは資本主義におけるこの物神崇拝がもたらす非人間的な結果を批判したが,産業社会的物質主義と産業社会における商品の本質に対する私たちの観点からすれば,彼の指摘はそうした物神が生んだ物的な現実の混乱以上に注目に値する。

これまでにみてきたように,交換価値をもつ商品,ないし,社会的財として扱われる物的対象への非物的な愛着が社会的評価や社会的尊敬,競争上の成功などといった産業社会的価値観に社会的な意味を与えるのである。私が「物質主義」と呼ぶところの,――資本主義的に組織されているか否かを問わず――産業社会におけるこれらのあらゆる要素は,マルクス的な意味での物神,つまり,現実を歪曲,ないし,神話化する人間の創造物だとみなすことができる。この意味で,この概念についてのマルクスの評価は私たちの議論と関連しているのである。産業人が立たされている今日の苦境の本質においても,還元主義の誤謬が浮かび上がっているように思われる。人間の本質と社会的生活は,有形財そのもの(その固有の物的特性)と限界なき競争的な物質主義だと特徴づけられる社会において,その有形財が象徴するものの両方に対する欲望へと還元されてきた,のである。

第Ⅲ部　物質主義の価値観

　心理学者のアブラハム・マズロー（Abraham Maslow）は、「人は、たとえ十分なパンがあったとしても、パンだけで生きているわけではない」(55)と述べている。確かにポスト産業社会の人々は、このまさに厳しい社会的なゲームの中で、単に他の競争相手を打ち負かしたことを示すためだけに、純粋に奢侈的、ないし、地位的な財を求めて生きるべきではない。他にも数億人の人々が生きるに足るだけの食料その他の必要物をむなしく追い求めているのだから。そうした成長依存的な社会政策は人間の幸福にとって非生産的であるだけでなく、私たちの自然環境にとっての脅威ともなる、不公平なものなのである。社会的目標としての限界なき経済成長が内包している、物質主義的還元主義の特殊な性質を理解する鍵は、物的（ないし、経済的）な福祉と人間の福祉の間にある決定的な差異を認識することにある。ポスト産業社会的な成長を基盤とする社会とその価値観、および、世界観はいずれも、この二つの人間の満足の源泉を誤認している。人間の幸福の要素として当然のものを人間の福祉として考慮しないことで、私たちは人間のあらゆるニーズをマズローの最も低い生理的欲求と安全的欲求へと実質的に還元し、また、より高い規範的な自己実現の欲求を無視したり、あるいは、これらの後者の欲求を間違って定義したりする社会を生み出しているのである。いわば、還元主義的物質主義の誤謬を犯しているのである。

　ホッブズ以来、産業社会的な物質還元主義の核心は、物的な飽和状態の可能性を——あるいは、その妥当性さえも——否定し、したがって、また、物的な欲求には限界がないという性質を支持し、さらに、この終わりなき欲求を経済的に絶え間なく満たそうとすることをも支持している。ビデオカセット・レコーダーから、自動車電話、大型プロジェクション・テレビ、ビデオカメラ、そして、とても高価で贅沢な自動車に至るまで、マディソン街（と増え続ける日系家電メーカー）は財の市場をつくり出し、利益をあげている。だからこそ、人々はそうした奢侈品をめぐって競争し、そしてまた、その奢侈品をうんざりするほど際限なく消費するのだが、しかし、区別される地位を得るには、それを獲得するタイミングがきわめて重要になる。

　　……多くの人々は欲求は無尽蔵だ、と思っているようだ。彼らは［収穫逓減の法則という近代経済学の聖域にもかかわらず］追加所得の効用がゼロになるとは予期し

ていないし,あまつさえそれが減少することなど予想だにしていない。腹だけではなく,頭と心を含む全身が,うんざりするほどとはいわないまでも満たされるという考えは,普通は否定される。……(中略)……物的な状況への人々の不満が人生の励みなのだとみなされている。私たちの願いと野心が,物的な「進歩」(progress) に結びつけられているのである。私たちの進取の気性は,物的な進歩をはけ口として求める。経済成長を成し遂げる努力が彼らの価値観と既得権を生み出した。飽和状態は単なる経済政策の問題というよりも,より大きな次元の脅威のように思われているのである。[56]

物質主義者が飽和状態を否定し,したがってまた,物的欲求は永続的だということにとって核心となるのは,有形財の継続的な純増が人間の福祉,ないし,幸福の純増をもたらすという基本的な主張である。[57] この主張は誤りではあるが,これが産業社会的な物質還元主義の核心的要素なのである。ホッブズ,ルソー,ヴェブレン,ハーシュという,産業社会財の相対的,ないし,競争的性質についての分析の伝統全般にわたって,産業社会の価値観の無益さについて,厳しい結論が余儀なくされている。つまり,満たされない欲求を追い求めることから逃れることができるのはただ一つ,死だけなのだ,という結論である!

この点については,リチャード・A. イースターリン (Richard A. Easterlin) の人間の幸福の性質についてのよく知られた経験的な研究の中で確認されている。彼は「成長の限界」の立場に対して,次のようにはっきりと述べている。

> 産出物の増大そのものが,人のあこがれを加速させるために行われるので,福祉への期待される肯定的な効果は無効になる。……(中略)……ここで示唆される見方にメリットがあるとすれば,経済成長は何らかの究極的に豊かな状態を社会にもたらすことはない,ということである。むしろ,成長のプロセスそのものが欲求をますます増加させ,その欲求がさらに成長を推し進めるのである。[58]

ここから,産業社会的物質主義という規範的な基盤をもつ,限界なき継続的な経済成長政策は,人々に終わりなき欲望をもたらすが,それはそうした欲望を満たすことが想定されているけれども,そうすることのできない,まさにそ

のプロセスから生み出されているのだということがわかる。したがって，限界なき継続的な経済成長は人を満足させる手段になるのではなく，その逆になるように思われる。すなわち，不満とフラストレーション，そして，不安を生み出すのである。産業文明に対する「成長の限界」の立場からのさまざまな批判はこのような悲しむべき結論に対して，さまざまな理由をあげている。費やす時間が足りないことや（ステファン・ブレンスタム・リンダー：Staffan Burenstam Linder），競争財をすべての人が手に入れることはできないこと（ハーシュ：Fred Hirsch），欲求とそれを満たす方法を混同していること（ウィリアム・ライス：William Leiss），そして，天然資源の制約と産業汚染の許容水準の制約（生物物理学にもとづく環境主義的な批判）である。私が本書，特にこの第Ⅲ部において試みたのは産業文明の終焉に対するさらに他の理由に焦点を合わせることであった。それは産業文明の価値観，特にその限界なき競争的な物質主義的価値観である。

　ホッブズやルソー，スミス，マルクスその他の，西欧の伝統における偉大な近代政治哲学者の考え方を強調するかどうか，あるいは，ヴェブレンからハーシュに至るポストマルクス主義の社会思想家に依拠するかどうかにかかわらず，近代の生活と思想についての洞察力のある研究者の多くは商品の本質と有形材の物的な特徴，さらに，それらに起因する近代産業社会の非物質的な社会的価値観を扱っている。彼らの見解について考えざるをえなくさせるのは，この伝統の中で彼らが高い地位を占めているからではなく，産業社会とポスト産業社会の本質に対する彼らの洞察の鋭さにあるからである。彼らを偉大な政治理論家，ないし，社会理論家たらしめているのは，これなのである。ここで取り上げた産業社会の理論家の思想を適切に用いる方法について，私がどう考えているのかを理解してもらうために，このことを指摘しておきたい。

3　産業社会的価値観と商品

　産業社会的価値観と商品に関する私たちの議論のテーマ，さらに，他の論点を引用することから始めたい。その論点というのは，「消費の物質主義的アプローチ」（the materialist approach of consumption）と呼ばれるものであり，これは，ある人類学者と経済学者による「消費人類学」（anthropology of consumption）に

もとづく評価を支持している。この著者たちは産業財の性質について，産業社会的物質主義とその社会的影響力を理解する上で中心となる重要な点を指摘している。つまり，彼らは，「所有者が集めた［有形］財は，選択者が承認する価値の階層についての物的で可視的な意見を表明する」ために，商品の消費を「生の情報システム」(the live infromation system) である，と規定しているのである。

この主張について私の議論にとって決定的に重要なのは，産業社会と産業社会的価値観における有形財の消費には，不可視的でより広範な規範的・非物質的な要素がある，ということである。つまり，有形財の代表機能，ないし，象徴機能が「選択者の価値の階層についての可視的な意見」を形づくるのである（産業社会的な商品のこの規範的な機能とその競争的な面——また，究極的には財そのものの固有の価値は重要ではない，ということ——についてのこの本質的な要素はすべて，アメリカのTシャツのスローガン，つまり，「死ぬ時に最も多くのおもちゃをもっている人が勝ちだ」というスローガンにはっきりとあらわれている)。「より広範な規範的・非物質的要素」という場合，たとえ人が産業社会的物質主義の意味を哲学な意味のみに限定したとしても，私はそれよりも広い意味で用いている。多くの論者が，「［産業社会的な］消費への物質主義的アプローチ」だと彼らが考えるものを否定する根拠として，この定義を用いているのである。この物質主義についての狭く誤った哲学的な定義を一度，放棄すれば，社会的価値観としての産業社会的物質主義が備えるより幅広い二重の性質と，産業社会における消費の性質とがより明白になるだろう。すなわち，物的な要素と非物的な規範的要素を併せもつという性質である。

したがって，（私が社会政治的な文脈から外すことを勧める）形而上学的なわかりにくい用語では，産業社会的物質主義は，——相矛盾することに——物質主義と観念主義のどちらからも定義されるのである。そうした哲学的な観点からすると，こうした考え方は産業社会の基盤を理解する上では不適切で，止めるべきだという理由がここにある。スレイターがいうところの，住宅や自動車，椅子，そして，料理用ボウルといった有形財，ないし，商品はすべて，産業文化におけるホッブズ主義的な競争上の社会的評価のように，それらが消費される文化の非物的な価値観を伝え，表現し，象徴すると共に，その価値観を帰属

させ,その価値観のための手段となり,また,その価値観についての意見を形づくっているのである。

ライスは人間の欲求についての彼の議論の中で,この点を認識している。彼は人間のニーズにとって不可欠な物質主義的要素を提示した上で,次のように続けている。

> 人間が必要とすることのすべての面には,世間での物的交換は複雑な社会的相互作用のパターンという手段によって媒介されているという意味で,象徴的な相互関連性がある。物質と象徴的な面のいずれも,一方を他方に還元したり,分解したりすることはできないし,……(中略)……切り離すこともできない。……(中略)……いずれの文化においても,人間のニーズに関するシステムは分離できない物質と象徴的相互関係の統一体なのだ,と私は考える。(61)

これに続いて,彼は産業社会的な商品は物的な特徴と経験的な特徴を共にもつ複雑な存在だ,と考えられることについて,アメリカ人経済学者である,ケルヴィン・ランカスター(Kelvin Lancaster)の消費理論について言及している。ランカスターは,商品を対象(objective)として理解し,商品は物的な性質と観察可能な特性との間にある第一の関係の産物であると共に,観察可能な特性と「個人的選好をもつ」消費者との間にある第二の関係の産物——私が商品の規範的要素だ,と考えているもの——でもある,とみている。(62)

ランカスターによれば,「生産者は究極的には,財ではなく,特性の集まりを販売している(63)」のだという。ライスは食品その他の消費財の「栄養素と用意しやすさ,個別包装,見た目と質感など(64)」といった「特性の束」(bundle of characteristics)を例示している。ランカスターの「消費の特性理論」(characteristics theory)に従えば,産業社会の研究者の仕事はこの社会の消費パターンを反映した産業社会的な特性の束を識別し,その具現化と受容性の両者を評価することにある。実際のところ,限界なき競争的な物質主義は産業社会の本質的な特性の束であり,それは商品と消費様式の中にあらわれているのである。ここからも,産業社会的物質主義の性質は当初考えられていたものよりも複雑なものだ,ということがわかる。ランカスターが正しいとすれば,有形財,ないし,

「媒体」(vehicle) に体現されているものよりはむしろ,その価値を基礎とし,また,その価値を反映する特性が最も重要なのである。

ライスによれば,ランカスターの産業社会的消費理論は混乱している,という。それは,産業社会的な商品は「単純な『対象』(objects) ではなく,むしろ対象と［文化に］帰属する特性の一時的な集合——つまり,高度に複雑な物的,かつ,象徴的な存在」だからである。[65]

この点は,あらゆる文化,特に,物質主義が蔓延している産業文化を評価する上で,大変重要である。産業文化,特にその先進的な形態においては,各々のきわめて強力なマスコミのメディアを通して,かつてのいかなる社会秩序よりも効果的に,——キャデラックの広告のように——その規範を物的商品の消費者に転嫁させることができる(先進産業社会における広告の大きな効果と社会的な意義については,すでに述べたスチュワート・イーウェン (Stuart Ewen) とウィルソン・ブライアン・キー (Wilson Bryan Key) の文献を参照のこと)。この広告のメッセージは,先進産業社会のあらゆる人々がかつて学んだもの,すなわち,この文化の中の自動車は,その物的特性の単なる束以上のものだということをはっきりとさせているにすぎない。社会のその他のあらゆるものと同じく,この物的商品は物的特性と文化に帰属する規範的特性の複雑な統一体であり,その文化には,多くの非物的な社会的価値観,自動車の例でいえば,「あなたの運転しているものがあなただ!」という価値観が含まれている。文化的にあまり洗練されていない産業社会の市民ですら,キャデラック(ないし,メルセデス・ベンツやBMWといった高価で「贅沢な」名誉付与的な同等のもの)に反映されている典型的な社会的価値を知っているのである。

ランカスターの見方の革新的なところは次のような洞察にある。つまり,産業社会では消費者は特定の財そのものというよりは,多くの種類の財(例えば,キャデラックやダイヤモンドの指輪,ボートといった奢侈品)に帰属する社会的な名誉や尊敬としての特性の束に強い関心を抱くのだ,ということである。産業社会の消費者のこれらのさまざまな特性に関する目の肥えた関心が彼らの価値の階層を映し出しているのである。[66]

ここで,すでに述べた特定の有形財に関心をもたない産業社会の市民についてのスレイターとフロムの観察には,もう一つの意味がある。ランカスターの

見方が正しいとすれば，物質的に豊かな先進産業社会の市民にとってより重要なのはこのような特性（価値）を伝える特定の製品ではなく，商品の——まさにこれらの有形財が示す真の社会的価値である——「特性の集合」(characteristics colloctiocns) に反映されている，文化に帰属する価値観である。虚栄心に動かされ，社会的尊敬を求めるホッブズ主義的な消費者にとって，所有物，ないし，財に競争上の物質主義的特性の束，あるいは，価値がもはやなくなれば，そうした特定の商品の社会的価値は減少する。この現象のいくつかの例には，小型の白黒テレビや，かつては高価で地位付与的であったが，今や中産階級にも手が届くようになったリゾート，あるいは，大学の学士号がある。そうした財はそれがかつて伝えていた社会的名誉をもはや伝えないため，その競争上の物質主義的価値は失われているのである。

　私は消費者の価値観と商品の特性の重要な関係を「主観的で心理的な問題」[67]だとする，ライスの価値の非認知主義的な結論には同意しない。これは文化に一般化することもできるのだが，消費者が有形財に適用する個人的に経験された特性は，その社会秩序の規範的な基盤をなす本質的な社会的価値観を映し出している。もしも産業文明の価値観が産業社会的な欲望には限界がないという性質（ホッブズが「ある対象から他の対象へと絶え間なく進歩する［苦しむ？］欲望」と定義するところの，産業社会的な喜び）があるために満たすことのできないような満足をめぐって，競争的で終わりなく努力することにもとづいているのならば，またさらに，これらの満たされない産業社会的価値観そのものが望ましくもなく，また，その限界のなさの範囲と対立する生物物理学的な限界から，その価値観を維持することもできないとすれば，産業文明の特定の価値観——および，その（文明，ないし，文化を定義する）社会制度的な兆候——は消滅の危機に瀕するし，また，受け入れる価値もない。

　「形而上学的な功妙性と神学的な精緻性にあふれたとても奇妙なもの」である産業社会的な商品について，『資本論』のマルクスの見解は実に明敏なものであった。産業社会的な商品，ないし，その特性の集合（価値）は，重要な規範的（政治的）な意味を伝えている。それはあらゆる文化の価値観を反映しており，物質主義的な産業文化において最も重要な価値観を映し出している。産業社会が物質的に豊かになるにつれて，有形財の規範的要素がもつ社会的意味

第8章　物質主義と近代政治哲学

のこの二重性の重要性も増している。つまり，ますます多くの人々がもっぱら限界のある生物物理学的なニーズを単に満たすためだけに，あるいは，もっぱらそうした社会における消費財固有の性質を手に入れるために消費するのではなくなってきているのである。なぜならば，物的に豊かなのだから。

　私はいくつかの政治哲学的な研究を取り上げることで，私が「限界なき競争的物質主義」(unlimited competitive materialism) と呼ぶ，産業文明の中心的な価値観を素描しようとしてきた。ホッブズをはじめとする近代社会に関する政治哲学者の研究を検討することによって，産業社会的な物的商品と人間の本質についての考え方を含む産業社会的価値観との関係が産業社会的物質主義の基盤となっていることを明らかにした。さらに，この物質主義は不安を生み，満足させないようにする終わりなき競争と限界なき個人的欲望という性質によって特徴づけられることもみてきた。近代政治思想は産業社会的な世界観についての理解を提供しているが，そこでは，数と種類の点で爆発的に増加している産業社会的な有形財がもつ規範的表出機能とそれに付随する価値の競争的で限界のない性質が強調されている。産業社会がまさに生み出された時，ホッブズは，(他の物質主義的特徴に伴う) その脆弱な点について，次のような鋭い指摘をしている。

　　したがって，すべての［近代］社会は，利益か，栄光か，どちらかのためにある。(言葉を換えれば) 私たちの仲間への愛は自分自身への愛ほどには大きくない。しかし，空虚な栄光から始まりそれが偉大に，あるいは，永続的になることは，いかなる社会でもありえない。なぜなら，その栄光は名誉のようなもので，もしもすべての人が栄光を受けるなら，誰も栄光を受けないからである。それは，栄光や名誉は，比較と優位性（プレシーデンス〔precedence〕──つまり，優位性，ないし，優秀さ）にあるためである。⁽⁶⁸⁾

『リヴァイアサン』(Leviathan) において，ホッブズは「虚飾」(vainglory) を「他人のお世辞にもとづいており，また，自分で喜びをむなしく想像した」栄光だと定義している。⁽⁶⁹⁾ ホッブズは産業社会の基盤にある競争的な虚飾とその自己破壊的な結果を明敏に結びつけているのである。ホッブズ主義者の世界とそ

219

の「万人の万人に対する闘争」(war of everyman against everyman) は先進産業社会においても新しい形で続いており，その規範的な基盤が変わらない限り，その持続的な存続は脅かされることになるだろう。

産業社会的価値観としての産業社会的物質主義は，商品がもつ有形の物理的な対象をめぐる単なる欲望よりも，広い範囲をもち，また，より重要な結果をもたらすものとしてみるべきである。産業社会的物質主義にある本質的に産業的特性は非物的で精神的な価値観を備えており，それは産業文化を通じて，また，子供と大人の社会化プロセスを通じて，選択され，伝達され，強化される。物的商品は次のように複雑な二重の性質をもつ。つまり，物的構造という点では物理的であるが，その商品がもつ，限界なき競争的な産業社会的価値，あるいは，産業社会的な目的の表出型としての規範的・象徴的な機能という点では非物質的だ，という二重性である。この状況の下では，物理的な特徴は産業社会的価値の指標になるだけでなく，さらにそれを実現する手段にもなるため，目的と手段の混同を許し——あまつさえそれを促進し——，まさにこの混同が，リチャード・H・トーニー (Richard H. Tawney) がいうところの，産業主義の特性を促進するのである。

この議論で私は，スレイターが区別したものを結びつけた。つまり，自動車や椅子，家，そして，料理用ボウルは，それぞれ一連の概念を含んでいるということである。ここで展開した産業社会的物質主義という考えは，スレイターの「物質主義」についての間違った哲学的概念にもとづく用語が排除しているもの，つまり，「対象への概念的態度」を含んでいる。一度，このことがわかれば，アメリカ社会が実際に，どれほど極端な物質主義的な社会なのか，を理解することができる。

実のところ，——すべての社会の有形財は，何らかの規範的な文化的要素をもつとするランカスターの消費についての評価を受け入れるとすれば——単なる物理的な一連の特性を上まわる有形財のそうした規範的で象徴的な要素は，産業社会に特有のものではない。政治哲学者のヘルベルト・マルクーゼ (Herbert Marcuse) の言によれば，産業文化において新しかったものは，「理念が具体化する(70)」可能性が大きく広がったことにあり，それはこの産業社会の著しい物的生産性によってもたらされたものである。あらゆる経験的現象には原因が

第8章 物質主義と近代政治哲学

ある,という形而上学的な教義を科学が支持しているように,近代産業社会は人間のあらゆる価値観は物的に表現されるか,あるいは,物的に指示されるのだということを擁護しており,また,それに付随する見方,つまり,それほど物質的に表現することのできない価値観の重要性を低く評価するという見方を擁護していると思われる。この考えが産業文化の物質主義をある程度特徴づけているのである。

〔注〕
(1) Hobbes, 1958, part 1, chapter 11. Herbert W. Schneider (ed.), The Library of Liberal Arts Edition, Part 1 and 2 (Indianapolis: Bobbs-Merrill, 1958), p.85を参照のこと。
(2) *Rousseau*, 1963, pp.174-175, を参照のこと。
(3) Fromm, 1976, p.27.
(4) ホッブズの政治哲学とその近代的重要性の解釈に関する影響力のある研究として, Leo Strauss, *The Political Philosophy of Hobbes: Its Basis and its Genesis*, Elsa M. Sinclair (trans.) (Chicago: University of Chicago Press, 1966), 特に序章 pp.1-5, を参照のこと。
(5) Vaughan, 1984, p.107による引用。カギ括弧内は,ホッブズの『市民論』(*De Cive*) からの引用であるが,引用元のVaughan, 1984では,それぞれ,1,2,5,7の各章と第13章第4-6節からの引用とされている (p.112, fn. 136, を参照のこと)。私の手元にある版の『市民論』(*The Citizen*) にも,これと関連のある一節が書かれている。すなわち,君主の義務は,「生についての善きものだけではなく,快楽を向上させるものをも臣民に提供することにある」という一節である。Thomas Hobbes, *Man and Citizen*, Bernard Gert (ed.) (Garden City: Anchor Books, 1972) 所収, The Citizen, 第13章第4節, p.259, を参照のこと。
(6) Hobbes, *Leviathan,* 1958, Introduction, p.23 of The Library of Liberal Arts edition.
(7) George H. Sabine, *A History of Political Theory*, 4th ed., rev. by Thomas Landon Thorson (Hinsdale, Ill: Dryden Press, 1973), p.424.
(8) これらの中に含まれている参考文献に加え,適切な質問の出発点となりうる知的な歴史的分析に関しては,Hirschman, *The Passions and the Interests,* 1978; Hirschman, "Rival Interpretations of Market Society," 1982; Horne, "Envy and Commercial Society," 1981. そして,現代思想と現代社会の歴史研究に関しては,Dumont, 1977; Macpherson, 1965; Vaughan, 1984, を参照されたい。
(9) ほとんどの研究者の不満を伴う,先進産業社会における有形財の競争的,あるいは,相対的本質に関する私たちの議論については,第Ⅱ部を参照されたい。
(10) Jean Jacques Rousseau, "A Discourse on the Origin of Inequality" in *The Social Contract and Discourses,* 1950, p.223, fn. 2.

(11) ルソーのこの説明が引用されている，*ibid*., pp.241-242, を参照のこと。
(12) *Ibid*., p.197.
(13) Albert Camus, *The Myth of Sisyphus and Other Essays*, 1955, p.4.
(14) Isaak and Hummel, 1975, p.42.
(15) Rousseau, "Second Discourse on Inequality," in Rousseau, 1950, p.270.（強調は筆者）
(16) *Ibid*., p.271.
(17) 不平等の起源，または，社会的評価に関するルソーの例は，歌を歌うこと，踊ること，話すこと，または美しさ，力，腕のよいこと，などのように，身体的特質のような熟練した活動における卓越性に関係する。したがって，物質的所有物はそうではない，ということを想起させる点において教訓的である。
(18) Adam Smith, *The Theory of Moral Sentiments*, vol. I, Hirschman, *The Passions and the Interests*, 1978, p.108, による引用。
(19) Adam Smith, *An Inquiry into the Nature and Cause of the Wealth of Nations*, Book 1, chapter 12, Modern Library College Editions（New York: Random House, 1985）, p.15.
(20) *Ibid*., Book 2, chapter 3, p.147.
(21) Weisskopf, "Economic Growth versus Existential Balance," in Daly（ed.）, *Toward a Steady-State Economy*, 1973, p.242.
(22) Hirschman, *The Passions and the Interests*, 1978, p.109.
(23) Horne, 1981, p.553.
(24) *Ibid*., また，彼の著書, *The Social Theory of Bernard Mandeville*, 1978, を参照のこと。
(25) Horne, "Envy and Commercial Society," *ibid*.
(26) E. J. Mishan, *Technology and Growth*, Goldian VandenBroeck（ed.）, *Less is More: The An of Voluntary Poverty*（New York: Harper & Row, 1978）, p.289, での引用。
(27) この二つの引用は，Springborg, 1981, p.29, で参照することができる。
(28) Abram N. Shulsky, "Economic Doctrine in Aristotle's *Politics*," in Macpherson, *Political Economy and Political Theory*, 1974, pp.20-24. そして，シュルスキーの議論である，この段落の最初における引用文については，p.20 と pp.23-24, を参照のこと。そして，これに関するより詳しい説明は，p.20, を参照されたい。
(29) *Ibid*., pp.22-23.
(30) *Ibid*., p.24.
(31) Dusan Pokorny, "Professor Shulsky on Aristotle's Economic Doctrine," in Macpherson, *ibid*., pp.6-9, を参照のこと。
(32) Hobbes, *Leviathan*, 第1部第13章, 1958, p.107.
(33) Mumford, vol. 1, 1967, 1970, p.203. そして，「限界の除去」としての産業化に関するマンフォードの議論は，第2巻の"removal of limits", pp.172-175, に詳しい。
(34) Macpherson, *Democratic Theory*, 1973, p.31.
(35) Smith, "The Teleological View of Wealth: A Historical Perspective," in Daly（ed.）,

Economics, Ecology, Ethics, 1980, p.215. 前の段落におけるナルシシズムの言及は, Christopher Lasch, *The Culture of Narcissism : American life in an Age of Diminishing Expectations* (New York : Warner Books, 1979), を参照のこと。
(36) Philip Slater, *Wealth Addiction* (New York : E. P. Dutton, 1980), pp.18, 23, 144.
(37) Scitovsky, 1976, p.125.
(38) *Ibid.*, pp.128-129.
(39) *Ibid.*, p.128.
(40) *Ibid.*, pp.130-131.
(41) Keith Thomas, "The Social Origins of Hobbes's Political Thought," in K. C. Brown (ed.), *Hobbes Studies* (Cambridge : Harvard University Press, 1965), p.191, の中に引用されている。
(42) *Ibid.*
(43) Veblen, 1963, p.39. ハーシュと同じく, ヴェブレンはこのような産業社会の生活における競争的対抗心 (競争心), あるいは, 自尊心 (amour propre) の質を認識した, 以前の思想家 (大半が政治思想家である) の論説を引用することはできなかった。経済学者である, ヴェブレンとハーシュによるこのような看過は, 経済学者たちによる社会的価値と政治哲学に対する認識欠如の結果だろうか。
(44) Springborg, 1981, p.45.
(45) Karl Marx, *Capital*, 第1巻第1部第1章第4節," The Fetishism of Commodities and The Secret Thereof "を参照のこと。私は, Robert C. Tucker (ed.), *The Marx-Engels Reader* (New York : W. W. Norton, 1972) に含まれるマルクスによる研究業績を利用してきた。この版では, pp.215-225, に該当する部分が記載されている。
(46) Marx, *Ibid.*, p.215.
(47) *Ibid.*, part 1, chapter 1, "Commodities," pp.198-225, を参照のこと。
(48) John G. Gurley, " The Theory of Surplus Value," in Edwards, Reich and Weisskopf (ed.), 1978 ; pp.88-90, を参照のこと。
(49) *Ibid.*, p.89には, マルクスの引用はみられない。
(50) Marx, 1972, p.217.
(51) Gurley, 1978, p.89.
(52) Thomas E. Weisskopf, "The Irrationality of Capitalist Economic Growth," in Edwards, Reich and Weisskopf (ed.), 1978, p.401.
(53) Marx, 1972, p.217.
(54) 彼の人生の最後の年の手紙によって, エンゲルスとマルクスがこの問題に関して考えたことを明示しようとしたエンゲルスの試みは, Lewis S. Feuer (ed.), *Marx & Engels : Basic Writings on Politics & Philosophy* (Garden City : Doubleday, 1959), pp.395-412, の中でみることができる。基本的に, エンゲルスによるこれらのメモは, 価値ある唯物論的な見方を主張している。いくつかの同じ手紙は, Tucker, 1972, pp.640-650, にみることができる。
(55) Lutz and Lux, 1979, p.10, には引用句がみられない。
(56) Linder, 1970, p.124.

(57) *Ibid*.
(58) Easterlin, 1974, pp.90, 121.
(59) Mary Douglas and Baron Isherwood, *The World of Goods: Towards an Anthropology of Consumption*（New York: W. W. Norton, 1979），を参照のこと。「消費に対する物質主義的接近」という文章はp.202，を参照のこと。「消費に対するコミュニケーション的接近」は，p.10を参照のこと。そして，本書の第1部において著者は，産業の「情報システムとしての財」を分析している。
(60) *Ibid*., p.5.
(61) Leiss, 1976, p.64.（強調点は筆者によるもの）
(62) *Ibid*., p.80, pp.79-82，において，ライスは，「特性のバンドル」としての大衆消費財を含むランカスターの，消費理論について議論している。ランカスターの主要な研究については，*Consumer Demand: A New Approach*（New York: Columbia University Press, 1971），を参照のこと。
(63) Leiss, 1976, p.80，に引用されている。
(64) *Ibid*.
(65) *Ibid*., p.82.
(66) *Ibid*., p.80，を参照のこと。
(67) *Ibid*., p.81.
(68) Thomas Hobbes, *De Cive*, edited by Howard Warrender（Oxford: Oxford University Press, 1983），pp.43-44. 原著p.44，における括弧内の翻訳は，編者によって提供されたものである。
(69) Hobbes, *Leviathan,* 1958, part 1, chapter 6, p.57.
(70) Marcuse, 1970, p.58.

第Ⅳ部

超産業社会的価値観
――限界なき経済成長への中毒症から，非物質主義と非競争，参加民主主義，および，共同体(コミュニティ)への置換――

第9章
超産業社会的な共同体(コミュニティ)への社会転換

　近代主義(モダニズム)の疲弊，共産主義的生活の不毛，自制を失った自己の退屈，画一的な政治の声の無意味さ，これらすべてはある長い時代が終焉を迎えつつあることを示している。近代主義の主題は，「超越」(beyond)であった。……(中略)……自然を超越し，文化を超越し，悲劇を超越し，……(中略)……自己を解放する精神が急進的な自己を駆り立てている場所に存在していた。今や私たちは，「限界」がキーワードになると思われる新しい語彙──「成長の限界」，環境破壊の限界(制限)，武器の制限，酷使の制限，傲慢の限度──を手探りで探している。このリストをさらに増やすことができるだろうか。もしそれができるのならば，それは，現代の重要な兆しの一つでもある。
　　　　　　　　　　　　　　　──ダニエル・ベル(Daniel Bell)[1]

　最終的には，教育──人類が果たそうと格闘してきた進化的跳躍と超産業社会へ円滑に変化(移行)していくための必要条件をともに十分に理解するための私たち自身の教育──だけが唯一の解決策である。心理療法から私たちが学んだのは，個人が自分の生活全体があたかも崩壊していくように感じるちょうどその時に，人間的な成熟に向けた飛躍的な成長をもたらす内的な再組織化を達成する可能性が高くなるということである。私たちの希望は，問題が途方もなく複雑で，非常に多くの個人が疎外され，非常に多くの価値が崩壊してしまったように感じられるなど，社会の将来が非常に困難な状況にあるまさにその時にこそ，かつてないほど人間の精神が高められ満たされるような成熟に向かって，社会成長の変貌が成し遂げられる可能性が高いのである。
　　　　　　　　　　　　　　　──ウィリス・W. ハーマン(Willis W. Harman)[2]

1　産業主義に対する「成長の限界」批判──その複雑で，不完全な性質

　私は近年の科学的研究報告書が明らかにしている，経済成長に対する生物物理学的な限界の存在とその限界そのものが先進産業社会に先例のない重大な難

227

題をもたらすという議論を強く信じているし，これまでも完全に支持してきた。それにもかかわらず，成長に基礎を置く産業文明の継続に対して，こうした限界が存在するという単なる主張は——それがどれほど経験的に実証されようとも——私たちの文明を必ず計画的に転換させるという仕事を成し遂げるには不完全であり，不適当である。人間が「成長の限界」の閾値を超えて引き起こされる偶発的で制御できない大変動を避けるためには，こうした計画的な社会転換が必要だ，と私は考える。私が本書で産業社会的な世界観のもつ特有の規範的基礎のいくつかを明らかにしようとしてきたように，ある種の産業社会的な社会変動は不可避である。というのも，私たちの文明とは，近代の産業人がもつ「自己無限化への野心」という，絶え間ない成長の目標に傾倒した，崩壊しつつある進化であるからである。したがって，私たちが直面する基本的な問題はポスト産業社会が変化を受け入れるかどうかということではなく，人間の目標を達成するために人間が避けられない変化を制御できるのか，それとも，地球上のあらゆる生命の存続を脅かすのか，ということにあるのである。

　産業社会に対する生物物理学的な「成長の限界」批判には，産業社会の規範的基礎の検討と評価が伴うべきである。さもなければ，絶え間ない経済成長には限界があることについての科学的な主張を一般の人々が受け入れても，単に現状の表面的な改良に終わってしまうであろう。このアプローチでは，ポスト産業社会の根本的な規範的構造とこの構造がもつ社会的影響を熟考し，望ましいオルタナティブな一連の価値観を推奨することは無視されてしまうだろう。私たちは汚染者に税金を課すとか，稀少な鉱物資源の価格を上げるといった，及び腰の「いつも通りのやり方」の案にあまりにも親しみすぎている。こういった法的制裁はまず何よりも，私たちを危機に落とし入れる産業社会的価値観を永続させることになる。

　このような制限的で保守的な社会政策はすでに述べたような，より深い成長中毒症的な価値観（例えば，限界なき競争的物質主義）を無傷の状態にし，それゆえに，それを補強するように作用するだろう。すでに議論したように，産業文明に対する合理的，かつ，説得的で，実践的に効果的な挑戦は，生物物理学的な脅威の経験的発見と共に，中心的な価値観を体系的に検討することを含まなければならない。このことによって，産業社会的価値観の分析と成長の規範

第9章　超産業社会的な共同体(コミュニティ)への社会転換

的な限界——生物物理学的な「成長の限界」研究に寄与する科学者からは，概して無視されてきたのだが——に到達できる。

　もし生物物理学的な限界が実際に存在するとすれば（私は存在すると確信している。ただ，経験的測定やデータ収集，閾値の定義といった多くの技術的問題について科学的に十分議論することは，本書の範囲や私の能力を超えている），私たちはポスト産業社会にこれらの限界に接近し，限界を超えることさえさせてしまう規範的な力——ポスト産業社会的価値観——に焦点を当てるべきである。こういった価値観は技術的に影響力のある，ポスト産業社会の社会秩序がもつグローバルな影響のために，地球上のあらゆる生命を脅かす。もしも生物物理学的な「成長の限界」研究が，困難でしばしば避けられてきた規範面での自己点検を生み出すとしたら，人々の解放に役立つ非常に重要な遺産になるかもしれない。

　たとえポスト産業社会における限界なき成長が環境的に持続可能なもので，環境災害という結果にならない——生物物理学的な「成長の限界」論に反するが——としても，この型(タイプ)の社会は，それでもなお，その価値観と結果として生じる構成員の生活の質に根本的な欠点がある，ということを主張したい。したがって，産業文明の価値評価は，次のことを示唆している。すなわち，——西欧において，約200年間支配的であった——私たちの社会秩序は生物物理学的限界や「成長の限界」論争にかかわりなく変化すべきであるし，また，改善されるべきだ，ということである。

　ハーマン・カーン（Herman Kahn）やジュリアン・サイモン（Julian Simon）のように経験志向の「成長の限界」の立場に対して，成長支持の敵対者たちが主張しているように（これらの批評家たちの見解についての議論は，第Ⅰ部を参照されたい），経済成長に対する生物物理学的限界の主張が，実際には妥当でない場合を想定してみよう。根本的な，それゆえに，論理的に重要な産業文明に対する限界にもとづいた批判の規範的な，構成要素はいまだに影響力を有している。この場合，その攻撃は成長に熱狂するポスト産業社会の秩序は経験的に存続不可能である，という主張から，それは規範的に望ましくないのだ，という主張へと移ることになるだろう。

　経験的，および，規範的構成要素双方を包含する産業主義に対して，「成長の限界」の挑戦が内包している複雑な性質を認識することが不可欠である。こ

の点において,「成長の限界」の性質に関する私たちの議論が次第に複雑になってきていることに注意しておくべきである。第1章では，限界の類型を区別することなく議論を始めた。後の章では，規範的限界と経験的限界を区別する議論が登場した。こうしたことからわかるように，政治的限界といった生物物理学的ではない経験的な限界を分類するために，より洗練された分析的な区別が必要になろう。また，それ自体は経験的でも規範的でもないが，重要な経験的，かつ，規範的な影響力をもつ，概念的，もしくは，論理的限界のカテゴリーを導入したい（競争の性質にかかわりがある，という点で部分的に概念的であり，ポスト産業社会的で，立場的には社会的価値観と関係するという点で部分的には規範的である，フレッド・ハーシュ〔Fred Hirsch〕の「社会的」限界のように）。

さらには，これらの異なった——それぞれが科学的・論理的・規範的な基準を備えている——構成要素の分析的・概念的な区別は，各々の領域内で形成される主張を評価するために覚えておく必要がある。それぞれの論理的な独立性については，同様に，産業主義に対する挑戦的な，一方の型(タイプ)の概念が他方にほとんど，あるいは，全く合致しないかもしれないことにも注意しておくべきである。例えば，限界なき経済成長と人口成長という根本的な価値観にもとづく産業社会は地球とその資源が無限であるという理由で，漠然と可能なのかもしれない（明示的に述べられた時に明らかになるような，こうした考え方の非妥当性は限界なき経済成長イデオロギーの弱点を例証している）。だが，そのような社会は本質的な人間の価値観に反するがゆえに，規範的に受け入れることができないかもしれない。代替的な考えは不可能な社会は規範的には望ましい——プラトン(Plato)のイデアのように——のかもしれない。そしてそれゆえに，市民が漸近線のように近づいていく目標として，個人と同じように公共政策に方向性と指針を与えてくれるような，社会的に重要なものになるかもしれない。

経済的な「成長の限界」を唱える立場には二つの意味合いがある。(1)限りなき経済成長という産業社会における根本的な価値観には，避けることも，なくすこともできない生物物理学的な限界がある。この価値観とその上に築かれた全体の進化は他のものに置き換えられるか，変形されなければならない。つまり，終わりなき経済成長は環境をひどく破壊するフィードバック効果なくしてはもはやありえない。私たちは，1988年の夏に起きたいくつかの環境的脅威

第**9**章　超産業社会的な共同体(コミュニティ)への社会転換

が広く知れわたった後で，その危険性を次第に意識するようになっている。
（2）事実上の不可能な手段によって，仮に成長に基礎を置くポスト産業社会が達成できるとしても，産業社会的な世界観と社会構造への「成長の限界」からの批判がもつ規範的な部分を考えれば，いかなる場合でもそれは望ましくないし，したがって変えられるべきである。

　一度，私たちが「成長の限界」論のこの複雑で分割可能な性質を理解すれば，各々の経験的，規範的，あるいは，論理的な評価基準を混乱なく，両者の立場の議論——産業文明に対する「成長の限界」論者の非難，および，社会転換への対応方策と限界なき経済成長を含む価値システムを支えるポスト産業社会の現状を支持する人たちによる回答——に適用することによって，産業主義のメリットに関する次の議論により焦点を当てることができるだろう。

　もしも私たちが，「成長の限界」の理論家たちの議論を純粋に経験的なもの——まさに彼らの著作の大部分が生物物理学的限界に集中している——として取り扱うとするならば，先進産業社会における現代の市民が直面する主要な公共政策の問題は技術的なもの，つまり，例えば，過去に石炭から石油へと転換したように，太陽エネルギーへの転換とか，あるいは，公共政策の決定においてより多くの科学的な専門知識を集めるといったように，異なっているけれどもより実行可能な方法によって，私たちの現在のポスト産業社会的価値観をいかに保つのかということになる。他方，もしも産業主義に対する価値観にもとづいた異議——産業社会的な世界観とその社会に対する批判の経験的側面と規範的側面の両方がある——を受け入れるならば，私たちの目の前にある問題はオルタナティブな価値観を判断して選択し，異なった価値観を実現するために関連する適切な社会制度を生み出す，という伝統的で政治的な深い哲学的な挑戦となるだろう。つまり，「新しい文明を設計」し，つくり出していくということである。

　環境問題に知見をもった，ある政治学者（まれな組み合わせであるが）は，この重要な社会設計（social design）のプロセスがもつ複雑な特徴について次のように述べている。「社会設計とは，それによって実現できる好ましい未来の構想を描き，共同で討論をすることが可能で，最終的に移行戦略について相互に合意することによって実行できるようになる創造的な社会変動のプロセスのこ

とである」。彼はこれに続けて,産業社会を転換させるために必要な多元的,かつ,学際的な要素を伴った,この社会設計の考えに関連する五つの作業について述べている。(1)将来の経済成長に対する生物物理学的な限界を分析すること,(2)継続的な経済成長を魅力的なものにする要素と変化に対する抵抗が生まれそうな点を分析すること,(3)オルタナティブで持続可能で,成長中毒にならないような社会の構想を描き出すこと,(4)規定された社会秩序に到達するための移行戦略を展開すること,そして,(5)移行戦略を実行すること,である。

したがって,新しい社会を設計することは,統合された経験的・規範的なプロセスのみならず,思想と活動を結びつけることでもある。このことは,理論を抽出することに自己を限定させてきた政治哲学者や産業社会の転換を達成するために社会活動に専心する活動家がしばしば見落としてきたポイントである。デニス・ピラージェス(Dennis Pirages)はポスト産業社会の転換を主張する人々に対して,(どれほどこれらの目標が達成困難だとしても)新しい社会秩序を単に構想し,具体化していくだけではなく,提案された新しい社会秩序を実行するという重要な仕事にかかわるように,次のように強く促している。

> ユートピアはそれを生み出す行動ルールがなければ無用である。そのような移行戦略は社会理論における根拠がしっかりしていると共に,現実世界の諸問題や決定に対して,今日的な意味をもっていなければならない。持続可能な成長のための社会設計は研究や議論だけでなく,実行力を必要としている。社会的・経済的・政治的なプロセスと関わり合うという気持ちがなければ,オルタナティブな未来や移行理論も無意味である。

別の政治理論家は「成長の限界」論争に関する分析の結論で,同じようなポイントを指摘している。彼は「成長の限界」の理論家たちを次のように描いている。

> 彼らは過去の多くのユートピア論者と同様に,私たちが一つの民族として,一つの世界として現在いる場所から,彼らの構想の中の理想の場所へと移行する明確な戦

第9章　超産業社会的な共同体（コミュニティ）への社会転換

略に欠けている。基本的に（また，おそらくは必然的に）不満をもつ集団にアイデンティティを付与して，彼らを動員するか，ゲームのルールに関して政策を変えるために，権力という強硬な手段を獲得し，それを行使するかによって，変化のためにいかに動員するか，という限定的な意味しかない。非常に根本的な矛盾は，科学技術や自然に対する新しい人間社会の関係性が少なくとも西欧において知られてきた政治哲学の根本を揺るがしているにもかかわらず，これらの根本をほとんど変えることができない，というところにある。[7]

ここでの議論の重要な目的の一つは，数多くの「成長の限界」論者がその必然的に広範囲に及ぶ企てのいくつかの異なった側面を適切に評価できていない，という主張を擁護し，支持することである。つまり，それは産業主義を規範的に批判し，オルタナティブでよりすぐれた社会構造を提案し，社会的な移行戦略を提示することといった，合理的に納得でき，しかも，実践的に重要な議論の組み立てにとって不可欠なあらゆるものである。

　産業主義に対する「成長の限界」批判の意義と，オルタナティブな超産業社会の設計について政治哲学的に探求することの意義が認識されはじめなければならない。私はこの地球とその住人すべての福祉に不可欠な，この非常に困難ではあるが，必要な試みに関する関心を刺激し，限界なき経済成長に依存する先進産業社会を前産業社会でもなく，反産業社会でもない，産業社会的な世界観と社会構造を超越する超産業社会へと転換させたい。このより望ましい社会秩序では，数ある中でも次の現象が真実になるであろう。経済的な「成長の限界」が受け入れられ，限界なき経済成長イデオロギーは捨て去られることになる。そして，社会秩序が再政治化されて，本格的な政治的生活が制度的に支持され，人間の発展に決定的に貢献し，再び，「生活様式」（a way of living）となるのである。[8]

　「成長の限界」支持者は経験的な生物物理学的な志向性をもっているために，ポスト産業社会的価値観と必要不可欠な規範的な政治的課題を無視するという結果に終わっている。彼らは限界なき経済成長という，今日支配的となっている産業社会的価値観に代わる価値観と社会制度をじっくり考えて提案してこなかったし，合理的に防衛することもなかった。また，提起されたオルタナティ

ブな社会秩序はどうすれば実現できるのか,ということも考慮してこなかった。

人によっては,私がここでの議論で試みてきたことというのは,「成長の限界」論争全体にとって産業社会的価値観が最も重要だということを再び,主張することによって,ローマクラブ報告書の著者たちが最初に運んできた落ちたバトンを拾おうとしているのだ,と結論づけるかもしれない。D. H. メドウズ・チームが示唆している規範的なアジェンダ(政策的な協議事項)に対する対応方策は残念ながら,物質的な内容とそのプロセスについての経験的な記述をコンピュータでの推定にもっぱら当てることで,その文献を結論づけている。規範的な政治理論家と政策立案者,一般の人々に対する私の忠告とここに含まれるサンプル分析はこのメドウズのチームによる対応方策よりもうまくいくだろう。

私にとって,「成長の限界」論争の中心的な問題は,実際に実現可能であろうとなかろうと,先進産業社会以外のあらゆる社会で現在構築され,模倣されている,限界なき経済成長にもとづいた先進産業社会の世界観と社会生活というのは望ましいもので,今後も継続させる価値がある,と判断すべきなのだろうか,ということである。私が議論したように,もしこの深遠な問いに対する回答が否定的なものであれば,絶え間なく限界なき経済成長の上に築かれたポスト産業社会における社会秩序とそれに付随するイデオロギーを適切に変化させるために,多くの政治的活動が鼓舞され,実施される必要がある。しかしながら,既存のポスト産業社会における価値観と社会構造を転換させるそのような政治的活動が実施される前に,潜在的な政治的活動家たちには,それが部分的なものにすぎないとしても,オルタナティブな社会秩序の概念定義が求められる。新しい文明は現在,および,近い将来の人々が直面し,不満や危険に感じる事態を改善するように設計されなければならない。

社会変革のための活動や革命的活動は,実行に移すことはいうまでもないが,活動を特徴づける異なった世界観や価値観によって意味づけられた代替的な社会目標と実践がなければ,人々を動員するのは難しいだろう。また,例えば,19世紀のロシアのアナーキスト,ミハイル・バクーニン(Mikhail Bakunin)の「創造的破壊」(creative destruction)のように,自分は現在の社会目標や配列の破壊を主張しておきながら,新しい社会秩序の創造についてはもう少し先の方

第9章 超産業社会的な共同体(コミュニティ)への社会転換

がおそらく都合がよいであろうと他人任せにするような場合もそうである(9)。ここでのリスクは，まだ確固としていない新しい社会がより悪いものになってしまうことがありうることである。さらにいえば，よりすぐれたオルタナティブな社会の構想を省いてしまうと社会転換の達成が挫折してしまう。というのも，提起された理論構造，あるいは，プラトンが『国家』(10)(*The Republic*）の中で定式化した「対話から生まれる都市国家」(city coming into being in speech）は，人々が何と闘うべきかを知るための政治活動を導くこともなく，新しい，さらに，よりよくなると考えられた，文明を生み出すことにどれだけ成功しているのかを判断する評価基準を提供することもないからである。

　計画された社会的な理想からもたらされた評価基準を省くことは，革命的な手段を想定される目的に合致すべく選択されるよう制限することを妨げる。この最後のポイントは革命的な手段と社会的目標の間に生じる矛盾，つまり，社会変動の手段としてしばしば20世紀にみられた政治的暴力のような矛盾の可能性に関するものである。

　それゆえに，もっぱら経験的事象に専心し，より規範的に望ましい異なる社会とはどのようなものかを見落としている，生物物理学的な「成長の限界」研究の優勢は転換しつつあるポスト産業社会にとって不幸であり，有害でさえある。必要なことは，産業主義の欠陥的な価値観に特徴づけられない，オルタナティブな社会秩序を提示することである。ここで，すでに引用した批評が琴線に触れる。「成長の限界」研究は「(近代の) 政治哲学の基礎を揺り動かしたが，その基礎を変化させることはほとんどなかった」。つまり，これらの根本的な政治的課題を吟味することさえしなかったのだ。

　生物物理学的限界論に対して，直ちに次のような異議が唱えられる。「なるほど，では，もし君たちが強調する限界によって産業社会の社会秩序が破滅するとしたら，代わりのものとしてどのようなものを構想するのか。さらに，このような新しい限界を認識した社会をいかにして実現できるのか」というものである。私の見解では，根本的に異なった社会への移行を提示せずに，98％の労力を不可避の生態学的な限界や終末論的な結果を指摘することに費やすのは不適当である。一方では，社会変動がとる形態やその実施についてわずかばかりの考慮しかせずに，差し迫った結果を回避するために，思い切った即座な社

会変動が必要である,と主張するだけでは十分ではない。

「善き社会の性質」とは何だろうか。プラトン以来今日まで続く,規範的政治理論に関するこの根本的な問題はポスト産業社会の持続不可能性とその死に関する科学的な生物物理学的な「成長の限界」の主張によって,再び,浮かび上がってきた。「価値の非認知主義」によって体系的な規範的検討が無視される社会において,産業文明の死の予測を含むこうした経験的な研究は,産業社会的価値観の性質や評価,置換を追求することが重要であることを例証することができる。そして,そのことによって,政策上の重要事項に関する論争に関して一般の人々の関心を喚起することになる。これらの点においては,生物物理学的な「成長の限界」研究は規範的,かつ,転換的な目的に役立つ。

「成長の限界」論の主張者たちが規範的な問題と産業社会的価値観に代わる対応方策を無視してきたために,産業社会に対する多くの「成長の限界」の立場からの批判が不完全であったことを認識した上で,この研究の別の弱点を述べたい。それは産業社会的価値観を全く無視するとか,おざなりの議論に止めておくといった誤りを犯していない,少数派の「成長の限界」論者が生み出したものである。現代の産業制度とその中に反映された価値観の継続が不可能であることを理解した結果,産業社会に対する代替的な理想という鍵となる問題に言及した「成長の限界」論者の小規模のグループがいる。残念なのは,通常,産業社会の秩序を規範的に望ましく,エコロジー的に持続可能な社会へと転換させるという彼らの考え方はごく手短に提示され,「産業主義の死」についての絶望的な運命と憂鬱に満ちた本の最後の章を構成するにとどまっていることである。それにもかかわらず,プラトン流の言論による理想国家の構築 (cities in speech) の重要さゆえに,検討するべきである,と私は考える。

前述を通じて示した「成長の限界」についての文献を読んだ後,私は,ほとんどの生物物理学的アプローチにみられるこの欠陥を「社会転換への手段の欠如」の誤謬,もしくは,単に「手段欠如」の誤謬と呼ぶことにした。この誤謬によって思い起こされるのは,産業文明の移行を推奨する著者たちが「新しいより善き社会」を実現するための方法,ピラージェスがいうところの,「移行戦略」(transition strategy) を検討していないということである。『国家』(the Republic) の中で,プラトンはグラウコン (Glaucon) の言葉を用いながら,ソクラテ

第9章　超産業社会的な共同体(コミュニティ)への社会転換

ス（Socrates）に理想社会について尋ねている。「この国制は実現可能なのか。そして，それはどのような方法で実現することができるのか」と。これに対してソクラテスは，「このような問題は最も大きく最も厄介な，第三の波である」（古代のギリシア人は伝統的に，海岸にやって来る第三の波を最大のものと考えていた）と答えている。[12]

　提起されたより善き社会秩序，あるいは，理想的でさえある社会秩序を単に描くだけでは不十分である。その提案者が私たちをその対応方策に同意するよう説得することに成功したとしても，当然，（必ずしも好意的でない批評家でなくても）誰かが「グラウコンの問い」を提起するであろう［訳注：この「グラウコンの問い」は，プラトンの『国家（The Republic)』に収められているもので，プラトンの兄である，アデイマントスとグラウコンが哲学者ソクラテスとの対話という形で，正義・国家に関する考察・理想国家のあり方等に関するさまざまな問いが展開されている。ここでの引用箇所は，第5巻のIII「理想国家のあり方と条件，特に，哲学の役割について」のことを指している。この他，〈正義の定義―国家と個人における―〉の中の「グラウコンとアデイマントスによる問題の根本的な再提起」は有名である。―プラトン『国家（上）（下）』（藤沢令夫訳，岩波書店，1979：376-475）を参照のこと］。結局，この問題はプラトンの時代以来，決定的な「楽観主義者」という軽蔑的なラベルと共に，規範的な政治理論家を苦しめてきた問題である。ある現代の社会理論家は，「変動戦略をもっていな」[13]ければその政治理論は「楽観主義者」である，とみなしている。残念なことに，新しい社会の創造を主張する生物物理学的な「成長の限界」研究のほとんど（研究全体の中に占めるのはごく一部であるがそのほとんど）は，アルビン・グールドナー（Alvin Gouldner）［訳注：1960年代から1970年代にかけて人間解放をめざす「自己反省の社会学」を提唱した，アメリカの社会学者］的な意味での楽観主義者であるように思われる。

　「成長の限界」研究の中では，すでに述べたように，産業文明の根本的な価値観が果たしている重大な役割が無視されてきただけでなく，オルタナティブな社会秩序の実行戦略が一般に欠落している。この点について議論を続ける前に，これまで政治的に見識のあるような「成長の限界」分析が欠落している中で，近年の勇気づけられる例外に言及しておくべきであろう。レスター・ミルブレイス（Lester Milbrath）の『持続可能な社会の構想』（*Envisioning a Sustainable*

Society）は，政治的価値観の重要な役割や価値観についての合理的討議の可能性と現代のポスト産業危機におけるその重要性，さらにはポスト産業文明に対する「成長の限界」批判は持続不可能な産業社会における社会秩序の代替物として代替的な価値観と生活様式を提起する必要があることを明示的に認識している，という点で注目すべきである。[14]

ミルブレイスの著作は，成長中毒症から解放された社会の特徴と，いかにしてその社会を構築していくのかについて，「成長の限界」論を特徴づける欠落を埋めようとするという点で重要である。そして，非産業社会的で，持続可能な価値観とポスト産業社会の転換プロセスを詳細に示している。私自身の議論の目的からすれば，当然，ミルブレイスの著作は価値のあるものである。ポスト産業文明を致命的に悩ませているものについての私の診断は持続可能な社会の価値構造を定義し，この代替的な規範的な構造が実現する方法を提示しようとするミルブレイスの取り組みとぴったり適合する。ミルブレイスの著作は政治学的業績の広大なジャンルの中でも先駆的なものとなるであろう。

まさに，私はミルブレイスの持続可能な社会の構想をその意図という点で称賛に値する，と考えている。しかしだからこそ，残念ながら，いくつかの特定の議論についての失望も述べておかなければならない。紙幅の関係で彼の著作を最初から最後まで評価することはできないので，私の批判点を以下の点に絞りたい。すなわち，（1）ミルブレイスは「生存可能な生態系の中の生命を持続可能な社会の価値構造の最重要物［ないし，『最も基本的な価値』］として規定している」[15]こと，（2）ミルブレイスが構想する新しい持続可能な社会はいかにして達成できるのかについて議論する一方で，いかにしてポスト産業社会のエリート層の抵抗を克服するのかについては具体的な考察がないこと，（3）急進的な社会変動の可能性を支持するために中国やイランといった場所における以前の革命を引用することによって，ミルブレイスは以前のすべての社会転換は前産業社会において起こったのであり，アメリカのようなポスト産業社会では，いまだに生じていないという事実を無視していること，[16]そして，（4）トマス・S. クーン（Thomas S. Kuhn）が提起した，科学における革命とパラダイム転換についての分析を借用することで，学問分野における革命と社会における革命が同じようなものかどうか，また，権力をもった社会的エリート層が知識とそ

第9章　超産業社会的な共同体(コミュニティ)への社会転換

の向上に専念している学問的な権力者よりも転換に耐えるより多くの資源をもっているのかどうか，といった重要な問題をミルブレイスは避けている，ということである[17]。

　最初の点について補足しておこう。生態系の生存力が新しい社会秩序において最も根本的で重要な問題である，と提起しているミルブレイスの構想は生態系の中での単なる生物物理学的生存では不十分である，というリチャード・ノイハウス（Richard Neuhaus）のような反環境主義者の攻撃に対して脆弱な姿勢である。ノイハウスは「誰が人種差別主義社会の中できれいな空気を吸いたがるだろうか？」と鋭く質し，続けて「生存は道徳的目的のための前提条件ではあるが，生存自体は道徳的目的ではない」と主張している[18]。

　確かに，ミルブレイスの価値体系には正義や平等，自由，その他の重要な道徳的価値が含まれている[19]。問題なのは，生態系の生存可能性という単一の環境的要素が最上位で，他の価値は副次的になっている，という単線的な価値体系である。彼の議論は，（一つ以上の価値が重要である，という多元主義者たちと相容れない）一元的な価値構造と関連したあらゆる論難によって蝕まれ，自然主義的誤謬の餌食になっている（この批判もまた，単一の価値に縮減できないという点から生じている[20]）。もちろん，これらのことはさらなる議論を必要とする，非常に広範で論争的な問題群である。ここで，唯一私が異議を唱えておきたいことは，ミルブレイスが自分の著作に対して予想されるこのような批判を全く見落としている，という点である。

　社会転換に対するエリート層の抵抗について述べておこう。見落としてはいけないポスト産業社会の社会生活についての基本的な政治的事実がある。それは，自分がそうであると感じていたり，実際にそうである先進産業社会の人々の数や社会的な財の受益層が減少している可能性があるにもかかわらず，ポスト産業社会の現状を支持する社会集団は依然として強固だというのである。それは操作された一般大衆が間違った意識に苦しんでおり，上位階級（あるいは，ポスト産業社会のエリート層）が巨大な政治的・経済的な権力を所有しているからである。非常に恵まれたエリート層は富や収入，権力，地位のおかげで，ポスト産業社会の数多くの非常に不利になる特徴を回避できるが，ポスト産業社会の転換の見通しについてのこの後の議論にとって重要なことは，エリート層

もそれらすべてを避けることができるわけではない，ということである。

確かに，合理的な議論だけでは社会転換をもたらすことはできないと述べている点で，私はミルブレイスが正しいと信じている。これは私も議論してきたことだが，ポスト産業社会における現代の環境危機が社会転換の触媒の役割を果たしうるという点にも同意する。環境危機に直面することによって，私たちは自分たちの空想に幻滅し，こういった空想が望ましくなく，不可能で，ごまかしのものである，ということを悟るようになるかもしれない。

もし権力をもったポスト産業社会のエリート層が彼らの見方や価値観を変えず，社会，および，権力の基盤である，政治制度や経済的富，マスメディアの支配を手放さないとしたらどうなるのだろうか。いかにして構想され，具体化された社会が実現できるのかということに専心する書物であれば，読者としては，ミルブレイスが著書の最後の節で「創造的進化」(creative evolution) という多分に推測的な生物学的な理論に依拠して提示した以上の，社会転換に対するこの重大な障害についてより掘り下げた議論を期待するだろう。

社会転換を主張している，ミルブレイスその他の人たちはいかにしてそのような新しい社会に到達できるのか，という避けられない問題に直面する。ここには，現在の高い社会的地位や物資的生活の贅沢なスタイルに対して，多大な負の影響を生み出す可能性のある社会的価値観の変化を含めて，社会の根本的な変動に対するポスト産業社会のエリートたちの強力な反対にいかにして打ち勝つか，というための対応方策も含まれる。ここで，根本的な社会変動に対する強力な障害について，16世紀の洞察力に満ちた現実政治の政治理論家，ニッコロ・マキャヴェッリ (Niccolò Mchiavelli) の見解は述べるに値する。

> 物事の新しい秩序を導入することほど，実行が困難で，成功が疑わしくて，扱う危険が大きいものはない，ということを考えてみるべきである。というのも，改革者にとっては，古い秩序で利益を得ている者すべてが敵であり，味方は新しい秩序によって利益を受けると思われる頼りない人々だけだからである。この頼りない態度はある部分では，自分たちに都合のいいような法律をもつ敵対者に対する恐怖からくるものであり，ある部分では，実際に経験するまでいかなる新しいことも本当には信じることのできないような人々の不信感に由来するものである。

第9章 超産業社会的な共同体(コミュニティ)への社会転換

　産業社会の転換の対応方策を考えていく目的にとって，新しいものに対する人間の不信感についてのマキャヴェッリの最後の指摘は強調しておくべきである。マキャヴェッリのいう理由によるものかどうかは別にして，新しい社会の価値観と諸制度の提案（つまり，「新しい物事の秩序を手引きすること」）は，当初，深い懐疑論をもって迎えられる（また，過度にさまざまなことが要求される）のが通常であるように思われるが，もしも具体化された社会転換を実現するならば，それは克服されなければならない。

　産業社会の転換を主張する人たちにとってさらに悪いことに，ポスト産業社会のエリート層が手にしているコミュニケーションと社会的影響力の巨大な権力のせいで，中流階級が下流階級よりわずかばかりの利点を有する状態を維持するために，中流，および，下流階級の人々は産業社会的な価値構造と制度を支持するように操作され，説得され，社会化される。エリートたちは二つの集団，とりわけ，貧困者たちが後により大きな社会的財と地位を獲得できるであろう，という「アメリカン・ドリーム」の，成長ベースの希望を永続させることになる。[24]

　現在までのところ，エリート層が提供するポスト産業社会における社会秩序を維持するこれらの方法は非常に効果的であったが，今や「成長の限界」論や新しい社会運動と社会変動の刺激によって激しく異議を唱えられている。それでもやはり，膨大な資源の多様性とその量によって支持されたポスト産業社会のエリート層と支配的な世界観の力を過小評価してはいけない。すでに述べたある歴史的事実――産業主義の領域ではそのような成功した革命的発展がこれまで起こっていないという事実――が産業社会の転換を具体化，予言することに重くのしかかっている。20世紀は革命の世紀であったが，あらゆる革命はロシアや中国，キューバ，その他の民族解放のための戦争など，前産業社会において起こったのである。

　（1980年代初めに旧西ドイツで始まり，今やヨーロッパの数カ国，および，北米に広がっている緑の党のメンバーのような活動家たちと同様に）[25]ポスト産業社会の転換を提起する理論家たちも，少数でも覇権的なエリート層，および，操作された一般大衆の抵抗をいかにして無力化し，転換させることができるのかに取り組まなければならない。私たちはまた，ポスト産業社会システムに対するこうし

た一般大衆の支持をいかにして無効化し，よりよく，より満足できる社会秩序を受け入れさせるかを検討しなければならない。

この点について，読者は早まって，「産業文明の死」を予言し，超産業社会の創設を具体化していく立場にある，「成長の限界」理論家たちにはユートピア的純真さに対する責任がある，と結論づけるかもしれない。それに対して，「成長の限界」に基礎を置く，ポスト産業社会の転換を提唱する人たち（私はミルブレイスがそうだと思うが）は，楽観主義者なのは産業主義の福音と限界なき経済成長，および，ポスト産業社会の現状の継続に依存することを受け入れている信者たちの方である，と返答するであろう。彼らの純真さは「成長の限界」が近づき，社会への危険が増大するにつれてますます明白になっている。成長依存症の予兆となる結果は具体化しはじめているし，ポスト産業主義の規範的な基礎の欠陥もあらわになっている。主要なメディアは地球温暖化や成層圏のオゾン減少，酸性雨，森林破壊，海洋汚染などのいくつかの環境危機が近年，顕著になってきていることを示唆しはじめている。

環境報告書の意図は産業社会が汚染されていない状態に戻すことができ，かつ，人間，および，人間以外の生物を脅かさずに安全に吸収される汚染物質の量には限界がある，ということを納得させることを意図している。さらに，産業生活と常に増大する物質的需要と共に急速に拡大する地球上の人口が必要とする，使用可能な貴重な天然資源の量にも絶対的な限界がある，ということが主張されている。これらの研究は，こうした限界がこの限界を否定する――完全に維持するためには否定しなければならない――限界なき経済成長という信念にもとづいて猪突猛進する産業社会の社会秩序の継続とグローバル化にとって克服できない壁を築き，また，その試練となることを示唆している。すでに議論したように，限界を否定するポスト産業社会の諸制度の基礎となっているのは，ポスト産業文明の継続と将来の方向性を中心に据えた成長を支持する価値観なのである。

『成長の限界』報告書を出版したデニス・L. メドウズ（Dennis L. Meadows）のチームは，危険に晒された成長に依存する「ポスト産業社会」から，物質的均衡によって特徴づけられる「持続可能な社会」への転換に向けた数々の勧告の中で，価値観が重要な役割を強調したという点――数多くのこの業績に関す

第9章　超産業社会的な共同体(コミュニティ)への社会転換

る書評や解説の中でこの点に触れたものを目にしたことはないが――で評価に値する。けれども，彼らは188ページある書物の中186ページを割いて，この重要な規範的ポイントを指摘しているのに対して，残りのページでは産業社会における社会秩序の最終的な崩壊についてのコンピュータ予測にどっぷり浸かっており，価値観は無視され，さらに，社会問題も忌避されている。「成長の限界」論の基礎となったこの文献の著者たちは，後に続く生物物理学的限界論の書物に対して，規範的要素を省略するという遺産を残すことになったのだ。(26)

「成長の限界」に関する研究（そこには，産業文明が自己破壊によって深刻に脅かされていることを明確に主張する作品も含まれる）のもう一つの欠点は，好ましくない科学的予測に加えて，価値観の欠陥のためにそのような社会は存続すべきではないという規範的な判断をする際にもあらわれてくる。この欠点は，そうした文献の著者が産業的な社会構造よりもよりすぐれているとされるオルタナティブな社会構造環境の限界に合致し，人間の規範的（あるいは，非物質的）ニーズと価値観を満たすがゆえに，より望ましいとされるオルタナティブな社会の性質について，――通常の曖昧な描写やごくわずかな特定の改善策以上に――詳しく説明していないところにある。いくつかの例では，現在の産業生活を改善するべく明確，かつ，急進的な提言が手短に言及・議論されているものの，必要な実現のための議論が欠如している。

社会変動のための理論的に孤立した，あまりに偏狭な対応方策の事例は次の通りである。すなわち，収入と富に関する最大値と最小値の設定，(27) 子供をもつ売買可能な許可書，(28) （12歳以上の）学生は学期中に1週間に一度，学外で働くこと，(29) （「人類に降りかかる，最悪ではないかもしれないが重大な被害の一つである」とされる）自動車の私有の排除，(30) 大規模コミューンタイプの生活単位の中で，核家族から拡大家族へと転換させ，子供たちを共同体(コミュニティ)の環境の中で育てること，(31) そして，現在，最高の仕事と定義されているものに対して，「社会のための相対的な給与の削減」を適用すること，(32) である。

このような急進的な提言は通常，転換した新しい社会の唯一の要素と意図されているが，構想された社会秩序は不十分にしか，あるいは，全く記述されていない。「成長の限界」に基礎を置いて，産業文明の転換を提唱している人たちが新しい文明を参加民主主義と同じものとして企図しているならば――ポス

243

ト産業社会のきわめて階層秩序的(ヒエラルキカル)で，不平等な性質を批判しているとすれば，彼らが通常，示唆しているような——彼らが直面するディレンマを指摘しておくことは重要であると私は思う。参加民主主義を支持する理論家であれば，社会構造や価値観のような社会生活にとって不可欠な要素を含めて，自治を志向する人々が自分たちの集団としての運命を決めるべきである，という立場に立つ。したがって，産業文明の転換を具体化していく民主主義の革命家によって計画され，おそらく実行されることになるどんな従前の判断も，定義上は，彼らが主張する民主主義の公約に反することになる。「民主主義の秩序の最終的な形が偶然のものであるのは，一般に，将来，何が起こるのかを正確に予想することは不可能であるからということだけでなく，民主主義の秩序自体に変更可能性が組み込まれているからである」。(33)

他方で，概要という形態であっても，もし将来の民主主義社会のイメージがなければ，先進産業文明の人々——あるいは，転換に値するいかなる欠陥のある社会の人々——は提起された社会秩序の性質について曖昧なままで，参加の可能性も弱体化していくだろう。具体的な方向性のある社会変動を達成するために，既存の社会制度に代わるものとその基礎となる新しい価値観を現在の社会的な価値観とをどのように変えていくのであろうか。マキャヴェッリが推測したように，近代のほとんどの人々は，それがどれほど望ましくないものであったとしても（もちろん，欠乏や環境が引き起こす自己破壊という極端なものは別にして），新しい社会秩序によって何が得られるかわからないことよりも，自分たちがよくわかっている方を選択するであろう。私が思うところでは，この「カゴの中の鳥」的な反応は基礎的な社会変動への試みを挫く強力な保守的勢力になる。

このことはとりわけ，物質的な所有物と下層階級への優越感によって，ポスト産業社会の生活の苦しみと競争に打ち勝つことへの没頭が幾分か緩和されている，ポスト産業社会の中流階級の人々に当てはまる。それゆえに，否定的な批判だけでは，ポスト産業社会からの転換を成し遂げるには不十分である。社会変動を提唱する人々は，提示された社会構造やその基礎的な価値観が刺激となり，指針となり，動員源として機能するように，それらを上手に描かなければならない。そうすれば，ポスト産業社会の転換をめざす運動は成功するであ

第9章　超産業社会的な共同体(コミュニティ)への社会転換

ろう。とりわけ，そのような社会変動を平和的，かつ，民主主義的に実現させるのであれば。

　何がこの社会革命のジレンマに対する適切な返答だろうか。それは，オルタナティブな社会に対する具体的な構想がない状態と将来の政策立案をする人たちの特権を排除した過度に詳細な対応方策との間にある，と私は確信している。もし社会理論家が新しい社会秩序における生活の性質の外形を与えるという，実践的に重要な目的と彼らの理論的な義務の両方を満たすつもりならば，適切なバランスが必要である。この重大で，とりわけ，困難な社会理論の目標はここで始められたにすぎないが，現代社会の研究者たちやポスト産業社会の生物物理学的な限界に関する科学的専門家たちに対して，私と共に，ポスト産業社会の将来の方向性を評価し，その実現可能性を決定するという骨の折れる仕事を乗り越えるよう強く促したい。私たちはもっと先の，ポスト産業社会の後に続く純粋な超産業社会についての規範的な議論に進んでいかなければならない。

　現在の先進産業社会はその規範的基礎を含めて，単なるポスト産業社会の狭い一時的な意味で転換するのではなく，根本的な意味で転換しなければならない。前者は過去の産業の傾向と価値観を無傷のまま残している古い産業社会的価値観によって直線的に推定することにすぎない。それに対して，後者は価値構造を含めて根本的な転換を必要とする。

　いかに完全な調査研究を進めるかという最初の概念的枠組みは，マイケル・E. クラフト（Michael E. Kraft）の貴重な評論の中で提起されている。彼は環境危機の避けられない政治的な性質と，経済成長論の限界，持続可能な社会への移行に関する事柄について述べている。[34]さらに彼は，私が考えている大半のことを要約した，産業社会における社会秩序の可能性と将来の方向性についての本格的な政治的分析に関する四つの要素を提示している。特に必要とされる複雑な経験的・規範的分析と産業社会の転換によって生じる移行問題についての議論の必要性が注目すべき点である。彼はそのような転換のための「政治的関心事に関するアジェンダ（政策的な協議事項）」が以下のものから構成されると指摘している。（1）規範的考察（価値の明確化と政治条件の評価，改革への対応方策），（2）科学的分析（環境問題と政治的活動に関する記述と説明），（3）未来の推定や予測（今後，起こりうる結果とありうるオルタナティブな未来についての詳述），

245

(4)戦略的分析(いかにして変動が生じうるのか)[35]。

クラフトはまた、これまでの「成長の限界」研究の価値について懐疑的である。彼はその科学的分析自体を、あるいは、曖昧なユートピア的改革案を伴った分析を批判している。

> ここで引用した著者たち[リントン・K. コールドウェル (Lynton K. Caldwell) やウィリアム・オフュールス (William Ophuls)、デニス・ピラージェス (Dennis Pirages)、ポール・エーリック=アン・H. エーリック (Paul and Anne H. Ehrlich) など、クラフトの著作の185ページに列挙されている、「成長の限界」論の貢献者たち]の大半は、自分たちが予測した(あるいは、単に希望した)一連の提案を伴った議論が現在の政治の望ましくない傾向を変化させるであろう、と結論づけている。中心的な問題は、現在の政治と今後、起こりうる「欠乏」に関するこれらの部分的、かつ、限定的な記述的分析では、必要な情報と手引きが得られない、ということである。この仕事を改善するために、私たちにはこれらの政治的特質の細分化を批判的に検討することを含めて、より広範的、かつ、十分に進展させた吟味が必要である。非常に大雑把にいえば、私たちに必要なのはより説明的で、評価的で、規範的で戦略的な分析である。その分析によっていかなる変動が本当に必要なのか、いかにしてその変動が実行されるのかという疑問に対して、意味のある有用な回答を提供しはじめることになる[36]。

特に、海洋汚染や成層圏のオゾン減少、周囲のオゾン増加、森林破壊、地球温暖化、世界的な人口過剰といった生物物理学的な脅威に関する新たな証拠が見つかり、環境の悪化がさらに差し迫った状態になって以降、そのような限界は存在しない、と主張する成長支持の科学者たちや成長中毒症の政策立案者たちと話をするために、生物物理学的な「成長の限界」に関するさらなる科学的分析が進められるべきである。評価的・規範的分析にももっと集中的に取組まなければならない。成功したポスト産業社会のエリートたちや世論に操作された、希望に満ちた一般大衆がとりわけ、抵抗するような現在の構造から新しい構造へと先進産業社会をいかに移行させていくのかについて研究しなければならない。クラフトが提起した重要な問題、特に、社会変動の戦略について、い

第9章　超産業社会的な共同体(コミュニティ)への社会転換

くつかの最初の回答を提示したいと思う。

　私は，オルタナティブで成長に依存しない持続可能な社会は超産業社会と考えるべきであり，産業社会の転換の成果は，ポスト産業社会における社会秩序が生み出した物質的富を利用すべきだ，と具体的に述べている。絶え間のない限界なき経済成長への依存や物質主義，有害な競争，脱政治化といったいくつかの欠点を矯正するために，超産業社会は産業社会を超えて進んでいくべきである。そこには，非成長で非物質主義の，再政治化された，参加民主主義における共同体(コミュニティ)型の創出が伴う。そこでの公共的生活が「教育的」であるというのは，人々の知的，かつ，感情的・道徳的能力が彼らの十全な潜在能力に到達し，彼らが自由，かつ，積極的に本物の共同体(コミュニティ)に参加するという意味においてである。[37]

2　文明の移行に対する不安とポスト産業社会の転換に対する楽観主義

　第1章で，先進産業社会において現代思想を特徴づける広範な悲観主義について議論した。カート・ボネガット，Jr.（Kurt Vonnegut, Jr.）の「完全に末期の悲観主義」から，ウッディ・アレン（Woody Allen）の「完全な絶望か，完全な絶滅」の勝ち目のない選択肢，産業社会が奈落の底に向かっている，というE. J. ミシャン（E. J. Mishan）の見解に至るまで，「成長の限界」の立場に対する悲観的なラベルは全く適切であるように思われる。実際，産業主義に対する「成長の限界」という立場からの批判による黙示録的な結果の脅威は，これらの議論に不可欠な要素である。

　もし特定のポスト産業社会における社会秩序を生み出す社会的な力に十分な変化が起きなければ，危険な結果に対する脅威はジョージ・オーウェル（George Orwell）の小説『1984』（*Nineteen Eighty-Four*）で例示されたように，社会変動の陰惨な論理が中心的なものになる。「成長の限界」の悲観的な性格は不可欠な要素であり，現代の人間の条件に対して特有の，つまり，病理学的で心理学的見方をもった，ある特定の思想家の特異な志向性ではない。

　だが，新しい価値観や社会活動，制度，もしくは，世界観といったオルタナティブな諸要素がはっきりと描かれ，かつ，受け入れられた場合でさえ，急進

247

的な社会変動は個人レベル，社会レベルの両方で不安を生み出す。相当数の人々とエリート層の抵抗に加えて，これらの必要な社会的代替物が不完全にしか知られていない，あるいは，定式化されていない場合には，すでに発生したものも含めて，社会変動に要する大規模なコストがさらに重む。20世紀後半において，私たちは産業文明の終わりの始まりという恐ろしい環境的・社会的・規範的前兆を目撃している一方で，産業主義の後にどのような生活が起こり，そこにどのようにして到達するのかについての数多くの困難な問題に対する答えはまだ，手探り中である。例えば，19世紀における二人のイギリス人——政治理論家のジョン・スチュアート・ミル（John Stuart Mill）と急速な社会変動を経験し，世界で最初，かつ，最も産業的に発展したイギリス社会について記した詩人で，評論家のマシュー・アーノルド（Matthew Arnold）——の反応を認識し，結びつけて考えることができる。両方の思想家たちは文化的移行の時期——宗教の信仰が支配的であった，失われた前産業社会時代から，これから創設される非宗教で，完全な産業化時代へ——における生活の苦しみを記述している（リベラルなミルは失われた宗教時代を切望するアーノルドほど憂鬱な悲観主義や悲しみを感じてはいなかったが）。[38]

　「時代の精神」の中で，ミルは，「現代の最も主要な特質は，移行の時代だということである。人類は発展して古い制度や教義にそぐわなくなってしまったが，新しいものをまだ獲得してはいない」と記している。[39]「思考と議論の自由」という話題を焦点とした，有名な第2章「自由について」において，ミルは19世紀中葉の産業化するイギリス社会について，次のような洞察力のある説明をしている。「信頼をもたず，懐疑論におびえていると表現されてきた現代において，人々は確かに，自分たちの意見が正しいというよりも，意見がない状態で何をなすべきかわからないと感じている」。[40]ミルはその時代において，私たちは今日において，文化的な転換の真っ只中で遭遇する苦痛を経験している。そこでは，古い世界や世界観，社会的価値観，目標，私たち全体のアイデンティティ——社会的アイデンティティと個人的アイデンティティの両方——は死んでしまっているか，あるいは，瀕死の状態にある。その一方で，私たちが個人として，また，社会的存在として必要とするものを約束する新しい代替物はまだ生み出されていない。自分が知覚する世界と自分自身に意味と価値を

第9章　超産業社会的な共同体(コミュニティ)への社会転換

与えるのに必要で効果的な——社会的合意にもとづく——文化的パラダイムが欠如した状態で，人々は漂流しているのである。⁽⁴¹⁾

　ミルの生きた19世紀は，イギリス社会が移行期にあった段階であった。これと今日の先進産業社会とを私が類比させることに異議を唱える人たちに対して，次のような疑問をぶつけてみたい。「私たちは，絶えず『信頼の欠如と懐疑論におびえて』いないだろうか」と。とりわけ今日，普遍的な価値の非認知主義が行きわたっている状況で，宗教のみならず，政治や道徳，芸術の規範的な知識が社会的に欠落している。それにもかかわらず，自信に満ちた客観的知識の最後の砦，すなわち，自然科学においてさえも，(科学哲学における，科学的リアリズムに関する激しい論争が示したように) 私たちは懐疑的な相対主義におびえている。⁽⁴²⁾ミルが生きた時代から100年経過するが，この点に関しては状況がさらに悪化している，といっても過言ではないだろう。

　アーノルドの詩についてのライオネル・トリリング（Lionel Trilling）の描写はここであげた社会転換の問題に対して，的を射たものである。

　　アーノルドの詩の最も特徴的な雰囲気は，哀愁である。失われたものを嘆き，過去のものを賛美し，喪失をあきらめて受け入れようとする。嘆き悲しむ対象は何なのだろうか？……（中略）……それは，ある種の文化の喪失——いわば，世界をみたり，世界に応答したりするための一連の前提，ある種の気質の喪失であり，それはもはや廃れてしまったように思われる。⁽⁴³⁾

　アーノルドは社会的な不安定さの中にある二つの世界の狭間と，二つの社会パラダイムの狭間，そして，二つの快適で安定的な価値システムの狭間に生きる，人間の不安を力強く捉えている。彼は次のように嘆く。

　　二つの世界の間でさまよい
　　一つは廃れてしまい，もう一つはまだ生まれてまもない未熟な状態
　　どこにも頭を休める場所などない
　　これらと同じように，私はこの世で見捨てられてしまったままである⁽⁴⁴⁾

第Ⅳ部　超産業社会的価値観

　産業主義とその価値観，生活様式に対する「成長の限界」の立場からの批判がいかに類似していることか。彼らは今の社会が消滅の危機にあることを認識し，理解はしているが，新しい社会秩序の青写真はまだ描けていない——し，その完全な実現についてはいうまでもなくできていない。上記のアーノルドの一節が呼び起こす悲しみに沈んだ雰囲気はボネガットの「完全な終末論的悲観主義」，あるいは，ミシャンの文字通りの絶望，つまり，実際のところ現代の思想家は，「二つの世界の狭間をさまよっており，その一つは終焉」——つまり，産業社会は終焉——なのに対して，その代わりとなるもの，つまり，超産業社会には「生まれる力がない」ようにみえる。まさに「不安の時代」(L'epoque de Malaise) なのだ。

　1970年代から1980年代にかけて，新たな環境問題への関心はポスト産業社会的な世界観から生み出された生活の目標や価値観が環境の限界によって確実に破滅する，という人々の意識を生み出した。「成長の限界」に関する書物がもつ暗い見通しに加えて，このことは暗い記述を証明しているように思われる。環境に関するそのような悲観主義がいかにして社会的麻痺，ないし，運命論的な現実逃避に至るのかをみることができる。どちらもポスト産業社会的な文化を転換しようとする活動をくじくかもしれないし，新しく，かつ，より善き社会秩序を創出するプロセスの始まりを遅らせることになる。たとえ現在の成長ベースの政策の継続がもたらす大変動の結果という，最悪のシナリオを最終的に回避できるとしても，悲観主義は広く普及するであろう。

　それゆえに，産業文明の終焉，ないし，死とは，必ずしも地球上の生命の終末的な終焉をもたらすわけではない，ということを強調しておく必要がある。それは，世界の終焉を意味する・・・・であろうが，それはたった一つの世界の終焉にすぎない。つまり，ある特定の，欠陥のある社会秩序の終焉を意味しているにすぎないのだ。その世界観を無批判に，そして，完全に吸収し，その社会秩序や価値観にうまく適応してきた人々にとっては，迫り来る文明の喪失は恐ろしいものに感じるであろう。彼らはおそらく，唯一の望ましい——産業エリート層にとっては自己利益になる——世界の死を，実際よりも完全，かつ，破滅的にトラウマ的な現象として経験するであろう。したがって，特定のエリート層の利益になる世界の死は転換することができるし，転換しなければならない。

第9章　超産業社会的な共同体(コミュニティ)への社会転換

　社会秩序の欠陥が一般に理解され，産業主義がもつ限界なき経済成長のような非現実的な要素と期待を本来の状態で——支配集団の統制と利益を維持する不可能な夢だと——認識し，また，評価すれば，それらは捨てられるはずである。社会的な幻想の喪失はただちに絶望を引き起こすであろうが，その死を嘆く時間は一時的なもので克服しうる。フィリップ・スレイター（Philip Slater）とハーマンが強調しているように，そのような絶望は社会と個人の転換を成し遂げるために適切，かつ，必要なものである。

　社会的な幻想に対する限界の認識（そのような認識が絶望を生み出すのであるが）と人間の隷属意識はいずれも解放への必要不可欠なステップだ，と主張している点で，スレイターとヘルベルト・マルクーゼ（Herbert Marcuse）は正しいと私は思う。しかしながら，そのような認知的洞察が唯一の必要な歩みではない。第一に，人を立ちすくませる落胆と失望を回避しなければならない。そのような落胆や失望は現状を支持する怠惰や無気力が引き起こす真の終末論的自己破壊を導きかねない。第二に，アーノルドが表現したような不安や心配を避け，新しくよりすぐれた文明を生み出すために，滅びつつある文明の代わりとなるものを生み出すことを単に認識するというレベルを超えて進まなければならない。第三に，このような社会構想を実現するための社会活動を準備しなければならない。もちろん，これらの目的を達成するために，社会変動の戦略についての一般的な疑問に対応しなければならない。

　フィリップ・グリーン（Philip Green）をはじめとする見識のある政治理論家たちでさえ，転換期のポスト産業社会についての落胆を表明することから逃れられないでいる。アメリカにおける社会理論の状況を反映して，彼は次のように述べている。

> 私たちの間のすべての真剣で，批判的で，知的な努力は学問的なものであるが，ここでの批判的な知性はそれを利用しようとする，つまり，それらの理論に実効性をもたせようとする，いかなる大衆運動からも離れている。私の意図はまさに究極的には，実践的な利用をすることであるが，しかしながら，このような願望が認められるのは間違いなく遠い先のことだということ，を認めなければならない。[45]

彼は,真の参加民主主義理論と社会についての議論を次の言葉で締めくくっている。

> この本とこれらの提言は,少なくとも現時点では,行為ではなく,理念の領域の中に存在している。このことは不幸なことである。哲学者は私たちのもつさまざまな方法で世界を解釈するだけであり,それ以外の者が世界を変えなければならない。[46]

先進産業社会の実現可能性についてのこのような悲観主義の声(これ以外にも引用することはできる)はその結論は絶望的なものかもしれないが,それが正確である可能性を尊重して,変わりつつあることについて指摘しておこう。この革命的なプロジェクトに関する自信喪失の証拠はいくらでもある。しかしながら,ポスト産業社会への急進的な社会変動の可能性について勇気づけられる,いくつかの重要な情報を強調したい。

アメリカにおける社会理論についての緑派の人々(環境主義者)の評価に対する反応から始めよう。彼らによれば,確かに社会理論家はおおむねアメリカの学界に限定されていて,一般の人々から孤立し,同業者だけが受け手となる内輪の難解な学術雑誌の中で限定的に自らの思想を流通させているように思われる。さらに,もし彼らが「成長の限界」論争を無視していることが何かを指し示すとすれば,それは彼らが私たちの現代の生活様式が直面している重要な問題を見落としてきたことだ,という。

だが,知識人たちが世界規模の環境運動や軍縮運動,反成長運動を形成している,多様な組織に決定的に関与しており,そこでの彼らの貢献がアメリカ社会だけでなく,世界を転換させるような思想や活動に必然的に導いていると考える場合,緑派の人々の言明は一般の人々を誤り導くものである。これからみるように,人々が自ら産業文明の苦難を表現することで,理論家を先導しているという証拠がある。そして,理論家たちが急進的でオルタナティブな世界観を生み出す頃には,多くの人たちは変化のための適切な活動を行うための準備を整え,活動できるようになっている。このようなことが起こる日が来るのは,緑派の人々が主張するほどには遠くないかもしれない。

哲学的な知識と政治的権威を統合する,というプラトンの主要な問題は250

第9章　超産業社会的な共同体(コミュニティ)への社会転換

年に及ぶ西欧の政治思想の中で未解決のままであるが，政治哲学者たちは他者に対する，とりわけ，そういった仕事のために構成された活動志向の革命家たちに対する，社会転換への努力を放棄してはいけない，と私は思う。ある革命グループが単に自分たち自身の見方しか知らないばかりか，社会理論を知らなければ，明らかに行き過ぎた革命的な活動へと導びいてしまうといった議論の余地があるかもしれない。社会転換のプロセスは，いくつかの言説と活動のタイプを含んだ非常に複雑なものであるので，政治哲学者の分析と勧告は，全体の努力の中で不可欠な一部をなすということを理解しておく必要がある。

　実際には，活動は他の人によって行われるかもしれないにしても，いつ，どこで，そして，何のために私たちが活動しなければならないかということは，すべて適切な政治活動に必要不可欠な要素である。私が明らかにしておきたいのは，先進産業社会の中の社会的諸条件は現在の社会秩序と成長に固執したイデオロギーの転換にとって，悲観主義者たちが考えている以上に成熟している，ということである。革命的な立場にとっての最も不利な弱点は，一般大衆を鼓舞・指導し，動員や組織化のための資源を有している，新しく登場する社会運動に対して提供できる，正当と認められる現実的でオルタナティブな政治哲学をもっていない，ということかもしれない。私たちには，産業文明の害悪を叩き出し，それらを取り除くような社会・政治的な分析が必要である。

　何人かの「成長の限界」論者が述べているように，一つの文化の死は——もしも私たちが初めからあらゆる人間の生命を終わらせようとするのでなければ——より望ましく，かつ，持続可能なものを生み出す挑戦，つまり，新しい文明を構想するという仕事を意味するはずである。現代社会のある政治学者はポスト産業社会的な生活を転換する可能性を支持する中心的な論点を提示している。つまり，現代の革命的な活動はポスト産業社会の崩壊的な局面を利用するという課題を扱うべきであり，同時に，避けられない大変動が不可避的に大惨事をもたらすことを防がなければならない。[47]

　この社会理論家はオーウェル主義的な革命のジレンマの一局面を選び出している。つまり，社会意識を変えさせるという問題は既存の社会制度の変革を必要とするが，後者は前者が起こってはじめて可能になるということである。「一般大衆は意識するまで決して反逆しないだろうし，反逆するまでは意識し

ない」のである。社会意識を変えるか,それとも,支配的な社会的パラダイムを変えるか,というこの選択肢はポスト産業社会を根本的に変革させるために,「成長の限界」の事例から引き出される最も重要な結論の一つを明確にする。つまり,「革命というプロジェクトは国家権力の奪取よりも,ある種の意識の解放に多くの注意を集中するような文化的形態をとるべきである」。端的にいえば,このような望ましい革命的な見方は社会理論家であり,活動家でもある,パオロ・フレーレ (Paolo Freire) が普及させた言葉,つまり,「意識向上運動」(conscientization) のプロセスを強調するものである。

　それでもやはり,意識の変化だけでは社会転換を成功させるには不十分であり,そのような意識が効果的な政治活動に結びつかなければならない。オーウェルが理解していたように,意識は活動にとって必要である。しかし,スレイターとマルクーゼが強調するように,意識や社会生活のいかなる変化の前にも,問題の認識や強制労働などの否定的な結果を認識することや一つの選択を必要とするジレンマを認識すること,さらに私が付け加えると,ポスト産業社会的な社会財の魅惑的で操作可能な性質を認識することが必要である。

　ポスト産業社会の病に対する社会療法を成功させるには,処置を必要とする諸条件を認識することが必要である。医学的な類推を続けると,痛みについての社会的な類似物は何らかの混乱の存在に対して私たちを敏感にさせる必要がある。当初の認識がいかに衝撃的で混乱させられるものであったとしても,私たちは自分の健康への恐れに対して,個人的な行為としての,自分の顔を砂に埋めて拒絶をするような誘惑に屈してはいけない。私たちは現実の「成長の限界」と学問的著作が提示する証明やそれらが求める社会転換,ポスト産業社会の転換を求める社会運動——この二つは1970年代に生じたものである——を早期の大規模な処置が必要な医学的な病気の警告と政治的には同じものであるとして認識するかもしれない。

　「成長の限界」についての著作や反核運動,環境運動,ボランタリー・シンプリシティ(自発的簡素性)のための運動は,究極的な価値を選択する緊急の必要性と私たちは自らが望むものをすべて手に入れることはできないのだ,という認識を明らかにした。すでに議論したように,古代のギリシア人は古代のヘブライ人と同じように,常に限界を強調し,止まることを知らない贅沢に反

第9章 超産業社会的な共同体(コミュニティ)への社会転換

対してきた。しかし,産業機械の途方もない生産性によって約束された,終わりなき物質的富に付随する強烈な幸福感によって,この1000年前の古い洞察は(一時的にしろ)拒絶され,廃れたのだと,誤って信じられたのである。

ここで,人間は現状を拒絶する唯一の種である,というカミュの言葉を思い出してみよう。西欧において,わずか250年ほど続いた近代産業社会の時代はその社会の構成員や環境の現状に対して,社会全体が拒絶しているとみることができるかもしれない。

「成長の限界」論のある提唱者は,「成長の限界」を強調する過去の知恵に対して,産業成長的価値によってもたらされた暴力行為を捕捉しようとする際に,次第に聖書的に操っていくようになる。「人間はパンのみによって生きるにあらず」というサタンに対するイエス＝キリストの回答を述べた後で,ハーマン・E. デイリー(Herman E. Daly)は次のように書いている。

> 無限性を切望する人間は,物質の王国の中で貪欲な飢えを満たそうとする誘惑によって堕落してしまっている。経済的活動の適正な目的は,十分なパンを得ることであって,無限のパンを得ることではないし,世界をパンに変えることでもないし,広大な倉庫をパンで満たすことでもない。人間の無限の渇望,すなわち,彼の道徳的,かつ,精神的な飢餓感は満たされることなく,ますます多くの人々にますます多くのモノを生産する現在の悪魔のような狂気によって現に悪化している。近代人は無限のうずきに苦しんで間違った場所を掻きむしっている。そうして,猛烈に掻きむしることで,人間の宇宙船である生物圏の生命を維持する循環システムに血を流させているのである。

この一節が示唆するように,「成長の限界」論からの主要な教えはその信じられないほどの力のすべてをもってしても,産業社会の巨大な社会機構は不可能なことを可能にはしていない,ということである。その不可能なこととは,西欧文明と同じくらい古くからある限界を強調する伝統に基盤を与える,人間の条件の実存的な限界を克服することである。「近代性(モダニティ)は多くの途方もない転換を成し遂げたが,人間の条件である有限性やはかなさ,道徳性を根本から変えてはいない」のである。

第Ⅳ部　超産業社会的価値観

　経済的な「成長の限界」の存在を提唱する人たちは個人の世界観の最も重要な構成要素を攻撃し，それが致命的な欠点を有している，と非難する。このような理解は革命の理論や運動の研究者たちが議論してきた，産業文明を社会的に転換するための触媒作用を果たす，凝結した進化物の一つとして考えられる。そのような研究者の一人は，革命，ないし，「凝固作用」(precipitating event) を次のように定義している。

　　触媒は既存の諸要素に刺激を与えて，一つの社会運動をつくり出す一助となる。触媒の役割は異なった材料を合成し，それまで拡散し，不活発であったものを集中させることで，活発なものへと転換させる中心的な繋がりを生み出すことである。触媒作用そのものは集合行動を生み出すのに十分ではないが，変化とは，無関係の他の構成要素に形と方向性を与えることを助ける必要不可欠なフィルターである。(53)

　革命に関する別の研究者は革命の「沈澱剤」(precipitant) を化学反応の沈澱剤に類似させて，「既存の材料の中で劇的，かつ，即座の反応を促進する」(54)ものだ，と定義している。「既存の材料」(preexisting ingredients) と革命の触媒の「活性効果」(galvanizing effect) の必要性を認識することが重要である。産業主義に対する「成長の限界」の立場からの批評家にとって，産業社会的な社会転換を求める生物物理学的，かつ，規範的材料は存在しており，彼らは増大しつつある「成長の限界」意識が既存の社会要素を活性化させて，革命的な変動を求める効果的な社会運動へと変化する，と予測している。

　「成長の限界」に対するこうした見方と革命的沈澱剤を構成するという認識の励みとなる局面は，それらが多くの場合，予測不可能なことである。アメリカ社会の転換を主張する二人は，著書の結びにおいて，既存の秩序に対する革命的な抵抗が予測不可能であることを記述することによって，彼らの目的が明らかに無益である，という批判に答えようとしている。

　　誰がローズタウンのストライキを予言できただろうか。誰がバスの後席に移るようにいわれた，ローザ・パークスの初めての拒絶を予言できただろうか。そして，誰がその拒絶に参加したアメリカの黒人と白人の盛り上がりを予言できただろうか。誰

第9章　超産業社会的な共同体(コミュニティ)への社会転換

がベトナム戦争に対する国内での一般大衆の反対運動を予言できただろうか。誰が平等な人間に値する敬意をもって扱われるべきだ，と突然，数百万人もの女性たちが要求するということを予言できただろうか。(55)

　私たちはポスト産業社会を転換させる可能性について落胆すべきではない。というのも，私たちはポスト産業社会を転換させるシナリオの明確，かつ，詳細な形態を想像することはできないからだ。次の革命的な凝固作用がどこで起こるかを予言できる人はいるだろうか。私たちはすでに，1970年代のオイルショックを経験してきたし，「サンタバーバラ号」や「エクソン・バルディーズ号」などの原油流出事故，スリーマイル島やチェルノブイリの原子力発電所事故，ラブキャナルの有害廃棄物災害，ボパールの化学工場事故，ゴミ処理の問題，海洋や海岸汚染，地球温暖化を生み出す「温室効果ガス」，成層圏のオゾン層減少なども経験してきた。
　一般の人々による環境活動団体や反産業社会的な「緑の運動」に対する支持が世界規模で拡大していることに証明されるように，これらの出来事は成長の限界意識や新しい変化のための社会活動を喚起することに役立っている。加えて，ホッブズ主義のように，物質的，かつ，競争的な価値観がもつ無益で，不満足な性質の経験が数百万の人々に従来の価値観を放棄させ，ボランタリー・シンプリシティ（自発的簡素性）のような対抗文化的な（すなわち，反産業社会的な）価値観を採用することになった。先進産業社会の転換が人類と地球の生存に終止符を打つような最後の「ビッグバン」の前に誕生することを願いたい。
　社会的混乱に関する環境指標は，一般大衆にはほとんど目に見える形になく，かつ，意思疎通しにくいフラストレーションや不安と結合して変化を起こす触媒になりうる。エリートたちは自分たちの立派な地位を維持することに不安を覚え，産業社会の一般大衆はエリート層の地位を無効にしようとする。ポスト産業文明に関する「成長の限界」批判の支持者が議論するように，このことは手遅れになる前に認識されなければならない。
　今や，（アメリカにおける1988年夏の干ばつや，1989年のアラスカでの原油流出に関する大々的な報道のように）環境的な限界は毎日報道されている。また，個別的

にみると，環境危機は環境意識の高い市民によって目撃されている。例えば，汚染されたレジャー用の水辺や砂浜，汚染魚の増加や汚染による魚の消滅，核廃棄物や家庭ゴミの処理に伴う問題，住宅近くの有害廃棄物処分場の発見，夏のピーク時に家を冷却するエネルギー不足，家の中の有害な放射性物質（ラドン）の脅威などである。その他にも，安全で豪華で競争に勝って永遠に続く生活という，ポスト産業社会的な「夢」を実現しようとする日々の無益な試みの中で，成長の限界はひそかに経験されている。例えば，「必要なのはカネと夢だ！」という，ニューヨーク州の宝くじの現在の広告スローガンのように。これらのことはすべてストレスを増大させ，ポスト産業社会の市民や家族，社会の中に多様な形態の人間の惨めさを生み出す。増大しつつあるポスト産業社会の市民はこうした兆候を認識し，反応するであろう。そして，そのことが活性効果によって凝固する革命的条件を構成するのである。

　スレイターが議論しているように，個人の（付け加えるならば，社会の）変革には現在の価値観や信念に対する幻滅性が必要なのである。産業社会内部における転換的な変革を主張する人々を勇気づけるような，幻滅性の指標がある。例えば，成長を支持する批評家が物質主義や経済的価値の優位性への回帰を期待する不況の時代においてでさえも，産業化された国民国家の中に持続的で多様な環境活動団体が存在している。オルタナティブな非物質主義者の価値観を賛美する環境主義者のような，ポスト産業社会に広がる新しい社会運動の興隆や産業社会における仕事の性質を人間らしいものにし，労働者の自律性を高めようとする職場民主主義運動などもそうである。これらはすべて既存のポスト産業社会的価値や社会的条件の優位性に挑戦しているのである。このことはまた，ポスト産業社会的な生活や価値観に関連する，教育的で意識化された幻滅性のプロセスがすでに始まっているということを明らかにしている。限界なき産業主義の行き過ぎ——環境的で規範的，そして，いうなれば精神的な行き過ぎ——は，「過剰」(excess)と考えられる限界があることを含意しているが，ポスト産業社会の人々の多くに，この行き過ぎが理解されはじめているのである。

　「産業文明の死」の意味は部分的には，反政治的エートスと政治の縮減，および，潜在的なイデオロギーの抑圧という試みが失敗することを認識すること

第9章　超産業社会的な共同体(コミュニティ)への社会転換

にある。反政治的で，成長を支持する物質主義の擁護者が経験した，「明示的な政治」（explicit politics）への恐れは後者の根本的に反政治的で，反規範的な性質から続いているものである。一度，産業成長イデオロギーの基礎的価値や教義，概念が変化すると，プラトンとアリストテレスが始めた政治とその研究に対する西欧文明独自の高い評価は，再政治化された，超産業社会的な社会秩序へと回帰することになるかもしれない。「成長の限界」の立場を受容し，産業社会的な価値体系と社会的慣行を終結させることによって，結果的に「明示的な政治」の再評価につながるであろうし，政治は最も高い重要性をもつ包括的な言説として超産業社会の中で正当な場所を回復することになる（ここで「明示的」というのは，政治は現実には産業社会における社会秩序によって除去されたり，うまく抑圧されたり，ということは決してなく，ただ，操作化された産業社会の一般大衆の意識の中でそのように思われてきたためである）。

3　超産業社会的な共同社会(コミュニティ)へと社会転換させるダイナミクスの可能性

　本書の冒頭の題句において，私は望むものを手に入れることの悲劇についてのオスカー・ワイルド（Oscar Wild）の逆説的な言説を引用した。人の欲望が数の上で限りなく，また，種類の上でも見境のない先進産業社会では，自分が望むものを手に入れることが個人的幸福の社会的な（あるいは，大げさにいえば，豊かな社会の）定義になっているように思われる。つまり，それは「一層悪化した」悲劇はいうまでもなく，悲劇とはまさに正反対のことである。産業社会をこのように理解すると，ワイルドの言葉——彼はその時代の産業社会的な慣習を皮肉っていた「一般社会規範に従わない人々」（nonconformist）であり，その影響をおそらく意図していた——は皮肉れ者であるように思われる[57]。私が思うに，ワイルドの指摘の深遠さは，ポスト産業社会の転換をめざしている私たちの議論の卓越した出発点になりうる。

　ワイルドに従えば，人間の最初の悲劇は「この世界」（このフレーズは曖昧であり，全体としての人間の条件を指しうるものでもあるし，あるいは，この間，最初で最も先進的な産業社会であった，ワイルドの生きた19世紀後半のイギリス社会を指すものでもある[58]）に存在しており，ある時期にあらゆる人々が経験した生活の明白

259

な事実，つまり，産業革命とそれによって広範な財が生まれるよりも前に，非常に基本的な物質的ニーズに関して多くの人々が耐え忍んでいたという点に関するものである。悲劇は，自分が望むものが手に入らない人が失望し，欲求不満に陥る時に生じる。19世紀のアメリカ人の生活の鋭い研究者であった，アレクシス・ド・トクヴィル（Alexis de Tocqueville）は，この点について次のように表現している。

> 私はアメリカで，世界中で見つけられうる最も幸福な環境にいる，最も自由で最も高い教育を受けた人たちに会ってきた。だが，彼らの喜びにおいてさえ，彼らは自分が手にしていないよい物事のことを考えずにはいられないという理由で，深刻でほとんど哀れな状態が見い出されたのである。[59]

　この遍在する人間の特性について，これ以上言及する必要もないだろう。ワイルドのいう二番目の悲劇，すなわち，人間が望むものを手に入れることが「最悪の」悲劇であることはいうまでもなく，通常の悲劇をいかにして成り立たせることになるのか，という点について説明が必要である。この問いに取り組むことが本書全体の目的でもある。
　ワイルドの言明を異なる角度から説明してくれるのが元アメリカ国務長官であり，国際政治学者でもある，ヘンリー・キッシンジャー（Henry Kissinger）である。ベトナム戦争に苦悶した時代の1970年，彼のアメリカ人に関する国内のテレビ分析はワイルドの思考と抜群の類似点があり，それをより明確化してくれる。キッシンジャーは次のように述べている。

> アメリカ人にとって，悲劇とは普通，何かをひどく求めていて，それが手に入らないということである。多くの人々は自分たちの私生活の中で，また，国はその歴史的な経験の中で次のことを学んできた。それは，悲劇の最も悪い形態は，何かをひどく求め，それを手に入れ，そして，それが空っぽだということに気づくことだ，ということである。そして，私たちはまさに国民としてそのことを経験しているのだが，歴史的な謙遜や限界の感覚を身につけることはとりわけ，苦痛なのである。[60]

第9章　超産業社会的な共同体(コミュニティ)への社会転換

　キッシンジャーがワイルドの考えを知っていたかどうかは重要ではない。私が思うところでは，重要なことは，欲しいものを手に入れ，空っぽだということに気づくという現象はワイルドが最悪の悲劇として特徴づけようとしたものだ，ということである（そして，人間の絶望の意義についての議論の中でハーシュマンが強調したことでもある）。願望を全く満たさずに，私たちの価値や目的を無傷の状態にしておくことは容易であるように思われる。
　より象徴的な（ある哲学者の）文献は価値変動の根本的な三つの原因を明らかにしている。彼はその一つを「価値の侵食」（value erosion），ないし，「実現の侵食」（realization erosion）と呼んでおり，それはワイルドの指摘を理解する手助けになるだろう。

　　ある社会の中で実質的な実現の結果として，その価値が幻滅や失望によって評判を失い，軽視されるようになった際に，ある価値の状態は蝕まれる。例えば，オートメーションの時代における「効率性」や，私たちの不安の時代における「進歩」，福祉国家の時代における「経済的保障」，社会経済的混乱における新興国の「国家の独立」などである。[61]

　これらの考え方は，人々が自分たちの価値を変える——つまり，それらを手に入れた後，「そうした名声を失って」（lost their savor）しまったことがわかる——主要な原動力の一つになり，価値を侵食するプロセスが既存の社会秩序に対してもつ爆発的な影響を理解することに役立つ。ある価値を実現し，その空虚さゆえにそれらに失望すること，あるいは，ワイルドの定式によれば人間が望むものを手に入れて「現実の」（real）悲劇を経験することによって，それらを批判的に吟味することができるようになり，よりよいものへの変化に対して受容力ができるようになる。そのような価値や必要が社会の基盤に存在している場合，支配的な社会パラダイムやその結果として生じる社会構造の転換は，「価値の侵食」，あるいは，ワイルドの「悲劇の概念」によって示唆される。
　人間の性質についての議論は，政治哲学の歴史の中で由緒ある伝統であり，プラトン以来，長年にわたって主要部分であったが，ここでは以下のようないくつかのコメントをするだけに止めておきたい。私が議論するように，もし

第Ⅳ部　超産業社会的価値観

ホッブズ主義の、永遠に満たされないという人間という概念が規範的に望ましくなく、誤ったものであるとするならば、産業社会的な世界観による信頼とその上に存在する社会構造は、産業主義を深刻に蝕むことになる。悲観的な暗い見通しについての議論である。「成長の限界」の基本的な立場は厳しい前提（仮定）をもつ産業文明の基盤と全く適合しない。これが、「成長の限界」の主張者たちが指摘してきたことの一つであり、同時に私の議論を特徴づけるものでもある。

　ホッブズ主義者たちの暗い概念は純粋な人間の性質の一部として取り扱うのではなく、誤った産業イデオロギーの一要素として考えるべきであろう。もし貪欲な人間性に関するホッブズ主義者たちの観念が正しければ、人間は束の間の経験を除いて、自分たちの欠乏を満足させることができないという不幸な結論に至ってしまう。私たちは来シーズンについて尋ねられる前に、ロッカールームで今シーズンの優勝を祝っている束の間の時間しか楽しむことができない、プロ・スポーツチームのようなものなのだ。敗戦の「苦痛」はいうまでもなく、「競争における勝利のスリル」を分析したあるライターはその裏面を描き、勝利の挑戦と苦難——自分たちが望むものを手に入れるという「最悪の悲劇」——について、フットボールチームのダラス・カウボーイズがスーパーボールに勝利した際のコメンテーターの言葉を引用しながら、ポスト産業社会的な競争における過度の有害な性質を批判している。驚くべきことに、このような意見はワイルドの議論と共鳴する。

　　彼らの興奮にもかかわらず、勝利はいかなる点においても私たちを満足させることはできず、敗戦の苦痛を埋め合わせることはできない。勝利は純粋な満足（comfort）を与えてはくれない。なぜなら、勝利を永続的にするための競争的活動は存在しないからである。主観的には、他者に妬まれ、標的にされる状態は表面的には愉快なものだが、深層では動揺するものである。客観的には、ある者が再び、敗者になるのは時間の問題にすぎない。［ダラス・カウボーイズについてのコメンテーターの言葉を引用すると］問題は以下の点にある。つまり、たとえスーパーボールで優勝した直後でさえも——スーパーボールで優勝した直後だからこそ、とりわけ——、常に次の年が待っているのである。もしも、「勝利はすべてではない。たっ

第9章　超産業社会的な共同体(コミュニティ)への社会転換

た一つのものだ」とするなら，その「たった一つのもの」というのはないのである——つまり，究極の意味をもたない空虚な人生，悪夢の人生である。[62]

　ホッブズ的な人間観が正しいという確固とした可能性があっても，私はなお，人間は無限の欲望を抱く存在であるという産業社会的な前提はその物質主義者的排他性の点で誤っている，と主張する。おそらく，ホッブズとその立場の支持者は，人間は常に不満足であり，死ぬまでその無限の欲望を満たそうとするという考えを抱いている。しかし，そのような無限の探求はなぜ，物的所有に依存する物的な性質の果てしない欲望 (wants) にのみ向けられなければならないのだろうか。

　私が示唆したいのは，（たとえ無限の欲望という人間観が正しいとしても）私たちの物質的欲望が満たされた後に，規範的な願望のような真に非物質的な欲望へと移行しないのはなぜだろうか，という点である。ここには，自由や平等，民主主義，自己実現，仕事を達成するといった政治的な価値，あるいは，デイリーが物質的成長と区別するために「道徳的成長」(moral growth)（おそらくは概念的に狭すぎるのだが）と呼んだものが含まれる。

　ここで，心理学者のアブラハム・ハロルド・マズロー (Abraham Harold Maslow) の体系に示されたような，非物質的な生活のより高尚な願望の可能性を考えてみよう。マズローは，彼の理論の一つの解釈によって表現されたように，「愛，真理，サービス，正義，熟達，美学，有意味」といった等しく重要な構成要素から成る自己実現が最高位にある，人間の価値の段階を提唱した。[63]私たちはまだその例でも，満足するか，あるいは，失敗するか，死ぬまである欲望から別の欲望へと飛び回るホッブズ的な人間を心に描くかもしれないが，しかし，少なくとも，その種の欲望や満足した願望は標準的でポスト産業社会的な物質的な欲望とは，とりわけ，その社会的影響において決定的に異なっている。それらは環境的に持続可能であるばかりか，徹底的に非物質的であり，規範的に向上的で，社会改良的であり，非競争的である。このような価値は現在のポスト産業社会に対して，重要な意味で，政治的・経済的・社会的な影響をもたらすであろう。アメリカのビジネス・システムを研究している，ある政治学者はこの点を理解し，アメリカ（そして，あらゆるポスト産業社会的な）経済の「成

263

功は慎重な資源の消費にかかっている」と述べ，このような非物質的な願望と私たちの社会に対する影響を反映した次のような魅力的な質問を投げかけている。「雪の夕暮れに森を散歩することは，スノーモービルに乗ることと同じように楽しいことであるが，それは市場向き（需要のあること）であろうか」と。[64]

人間の欲望（wants）と期待に関する特徴の問題は社会生活に不可欠である。現実と期待との不一致から生じる人間の失望は私たちの価値観に依存している。この実に単純な点は個人生活と社会生活との両方にとって非常に重要であり，同時に，社会転換へと至る人間の思想や活動を刺激することになる。[65]

私は，私の議論が新しい社会秩序へのポスト産業社会的な転換のダイナミクスというテーマに対して的外れなものである，という批判に敏感になっている。だが，人間の悲劇と人間の期待や価値との関連性についての私のテーマは非常に重要である，と信じている。この考えはしばしば，現代のポスト産業社会の分析家たちに誤解され，彼らは誤って現在の支配的なポスト産業社会における社会秩序とそれを根本的に変革するための機会について悲観的な結論を導く。私は，（ワイルドやキッシンジャーが熟考した）人間の悲劇や，（アルバート・O.ハーシュマン〔Albert O. Hirschman〕が解釈した）人間の絶望，（ニコラス・レッシャー〔Nicholas Rescher〕が分析したような）その実現による人間の価値の侵食，そして，（近代経済学という学問領域（ディシプリン）における）限界効用の逓減といったこれらすべてのことが，物質的に豊かで，競争的な先進産業社会の内部にある，潜在的に決定的な弱点を映し出している，と確信している。この弱点は「成長の限界」論によって意味づけられており，社会をよりよいものへ転換する目的のために利用することができる。

産業文明はそれ自身の成功によって滅びつつある。この文明では，過去のいかなる社会秩序にもないほど多くの物質的財をより多くの人々が獲得してきたが，彼らは次第に，そのような財が満足を与えてくれず，悲劇と絶望の経験を生み出すということにますます気づいている。つまり，価値の侵食や価値変動という負の影響も同時に起きているのである。こういった発展形態は私たちの産業文明の直近の段階において重要なことに，その転換に向けて大きな潜在力を有している。

個人的であれ，社会的であれ，私たちが物質的に豊かになるにつれて（物質

第9章　超産業社会的な共同体(コミュニティ)への社会転換

的には，アメリカは歴史上，総体として最も豊かな社会である），絶望感と悲劇への心配はますます大きくなる。なぜ，そうなるのだろうか。この問いに答えるには次の点が重要である。すなわち，（1）物質的に豊かな先進産業社会では，社会的地位，あるいは，競争財の増大する役割に対する競争的限界は，相対的富が論理的には社会全体の構成員に利用可能ではない，ということを意味していること，（2）時間は有限であること[66]，（3）大量生産プロセスによって限界づけられる消費者の満足は，本当に望むものが物質的な財によって示される競争的状態や社会的評価である場合，経済全体を通じた物質的な財の分配が経済的に必要とされるということ（第Ⅲ部を参照のこと），そして，（4）関連する環境的な限界，つまり，有害廃棄物や通常の廃棄物の産出と安全な処理，海水浴や漁業区域での海洋汚染，大気汚染，食料や農耕地，鉱物資源，エネルギー源の供給など（最近でも，核廃棄物の安全処理にかかわる解決困難な社会問題や1988年に起きた，ニューヨークの廃棄物運搬船が何カ月にもわたって数千マイルも放浪し，非有毒とされている廃棄物の処理の引き受け先を見つけることができなかったこと，などによって示されている）のように，環境には限界があるということである。

自己無限化へと個人を駆り立てることの負の結果の一方で，生存に必要な欲望，ないし，ニーズを満たすことができずに苦しんでいる人々がいる，物質的に貧しい非産業社会を無視することはできない（例えば，思い切った行動がすぐに行われない場合についてのジェローム・セガール〔Jerome Segal〕による悲惨な分析を参照されたい）。実際，この議論を通じて強調してきたように，そのような社会にとって，基本的な欠乏を終結させるための（また，豊かな社会にとっては，相対的，あるいは，絶対的な物質的損失を意味する）経済成長が必要であり，また，望ましいことである。

先進産業社会と非産業社会の人々が経験する，——個人的・社会的な——人間の窮乏の程度の違いは対照的ではあるが，共通因子がないため，比較して重みづけをすることは非常に困難である。例えば，精神的飢餓と身体的飢餓，共同体(コミュニティ)の喪失と物理的な避難場所の欠如，労働の疎外と病気などである。しかしながら，私たちは，生きること自体は善き生活を送るための必要条件である，というアリストテレスの基本的な主張を忘れてはいけない。仮に無限の経済成長に対する個人の価値が人間の条件の実存的な限界によって抑制されないまま

であるとすると，物質的に欠乏した国々の住民の生活が現に危機に晒されているだけでなく，おそらく人類全体が将来そうなるであろう。

　価値変動（レッシャーが「価値侵食」と呼ぶもの）への絶望がもつ社会的な意義についてのハーシュマンの洞察力のある分析と私たちの満たされた欲望が生み出すものへの絶望の一類型，あるいは，一部として広く観察されるワイルドがいうところの悲劇は産業社会の転換が成し遂げるものを教えてくれるし，そのような転換がめざすべき方向性を明らかにもしてくれる。さらに，ミルブレイスが述べたように，これらの現象は社会変動への触媒として厳しく制限された合理的議論を超えるものである。これらは最も詭弁を弄することのない先進産業社会の人々によって評価され，かつ，実施されうる，実効性のある経験なのである。

　おそらく，非物質的で非競争的な財や欲望を真に満足させ，それらにとって究極的に最も価値のあるものは一見すると漠然としていたり，あるいは，無限と思われるものの限界と公共性なのである。対照的に，典型的な先進産業社会的な財は最も基礎的なレベルでは非物質的だと思われるが（トマス・ホッブズ〔Thomas Hobbes〕がいうところの虚栄心〔vainglory〕，またジャン＝ジャック・ルソー〔Jean-Jacques Rousseau〕がいうところの，自尊心〔amour propre〕，すなわち，私たちが「最高の存在」だということ），たとえそうだとしても，普通は物質主義にもとづき，また，高度に競争的なものである。非物質的で非競争的な財はその限定された競争相手に特有の，逓減する限界効用とゼロサム特性によって生み出される弱点に対して，脆弱ではない。例えば，誰かに対する愛情は，それが増大にするにつれて，満足度が減少するものであろうか。また，美しい詩に対する私たちの評価は他の同じような評価があることによって下がるのだろうか。（ミルブレイスが構想した新しい秩序の諸価値「協力，愛情，思いやり，正義，自己制約，非暴力，信頼」を参照して欲しい）[67]。このような疑問は，念願の財については見当はずれのものにみえないだろうか。

　　より低次の欲望の基本的特徴は，その満足度が欠乏や収穫逓減に従属するということである。もしある人がより多くの有形財を手に入れるとすると，もう一人は必然的に手に入れられなくなる。知識や信念，自己実現などの非物質的な価値は他者と

第9章　超産業社会的な共同体(コミュニティ)への社会転換

共有しても収穫逓減の影響を受けないし，量的に減少するということもない。潜在的には，非物質的な価値は無限に拡張しうるし，有形財と同じ意味での欠乏の影響を受けるわけではない。
(68)

　もしも，物質の飽くなき獲得を通じて競争財，特に社会的地位を追求する代わりに，非物質的・非競争的な価値を実現することに関心を転換するならば，（ごく少数の先進産業社会が行っているような）あらゆる構成員に生物物理学的ニーズを供給する能力をもつ社会は本当に，規範的に卓越した社会となるだろうか。
　第Ⅲ部において私は，人間がもつ無限の欲望と想像力がもつ，止まることを知らない願望に対する批判を提示した。古代ギリシア人が節度と，彼らがいうところの，傲慢（hubris）の概念を強調していたということから始めて，ストア派やエピクロス派（Epicureans）からルソー，デイリーやハーシュ，ハーシュマンといった現代の経済理論家に至るまで，西欧思想は継続的に「無限の精神的な欲望」（infinit wants of the mind）を非難してきた。しかし，私は，とりわけ，この2500年の伝統の中で非難されてきた精神的な財は，（自惚れのような）典型的に産業社会的なものと同様に，本来的に競争的だということを付け加えることが重要だと思う。そのため，一時的な勝利者でさえ安泰ではない，ホッブズ的な競争社会の特徴を前提とすると，ホッブズがいうところの，厳しい競争，あるいは，頂点——そこでの勝利はたった一つしかない——に昇るごく少数の幸運な人たちにとっては下降移動の不安を孕みつつ，勝利者になろうとする私たち自身の苦闘は終わりなき競争となる。ホッブズ的な産業人がすでに自分が所有しているものを守るために，際限なく権力を求め続けなければならないのは，他人の肩書きや競争での勝利という指標を求める，「万人の万人による闘争」における継続的な脅威が生む不安感のためである（例えば，スーパーボールのチャンピオンや最高位の地位，あるいは，最も高い売り上げを達成した営業マンなど）。有害なのは競争それ自体であり，必ずしも欲望の性質ではない。
　マンデヴィル思想の研究者であるトーマス・A. ホーン（Thomas A. Horne）は，人間が競争的財を拒絶するこの道徳的・政治的な伝統を次のように表現している。

267

第Ⅳ部　超産業社会的価値観

名誉はわずかな人たちしかもつことができないため，それを求める競争が激しくなり，それをもつ人は傲慢，かつ，尊大になる一方で，それをもてない人は怒りっぽく嫉妬深くなる，という特徴がみられる。さらに，もし想像力の財が認識であれ，虚飾であれ，限界がないという理由で経済活動に継続的，かつ，強力な動機を与えるとすると，それは単に，それらの満足は長く続かないからにすぎない。[69]

（エピキュラスやルソー，ホッブズ，ホーンがいうところの，ポスト産業社会的な顕示的消費を通じた有形財の獲得と結びつけられるような）非物質的財は，究極的な満足を与えてくれない。その理由はこの競争的な性質のためである，と私は思う。それゆえに，そのような財には「限界がない」，というホーンの主張に反して，それらの財には，競争源としてのまさにその性質によって，人間に満足を与える能力に限界がある。このことは地位的，あるいは，競争的な財は最終的な満足を与えない，という特徴についてのハーシュの要点を支持している。つまり，スーパーボールの勝者のように，誰もがそれをめざすものの，当然，ごく少数の人しかそれを獲得できない。そのような財は限界がないからではなく，一時的で相対的な価値という強力な限界があるために，ホーンがいうように「満足が長続きしない」のであり，社会的に有害なのである。

もしも，非物質財が非競争的であるとするならば，限りなき精神的な財（unlimited goods of the mind）や非物質財に対する積年の批判は除去されるであろう。今なお，他の産業社会的価値観やその構造の中に普及している，人間の性質や社会に対するホッブズ的で止むことのない有害な競争観を捨てなければならない。私たちは個人や社会の人間性を非競争的な方法で理解し，これまでの私たちの有害な概念や価値観を公共的で，非ゼロサム的な，非物質的な社会財（social goods）や協同財（cooperative goods）に置き換えるべきだ，と私は確信している。このようにすれば，人々は他人の欲求を満たすことに関心をもつようになるだろう。というのも，そうすることで自分自身の欲求も満たされるからである。

アルフィー・コーン（Alfie Kohn）は社会的価値観としての競争に対する批判の中で，私たちの議論に関連する二つの非常に重要な論点を指摘している。それは，（1）競争は欠乏を生み出すことと，（2）競争は既存の社会構造と価値観を固定する，ということである。彼の見識ある見解はここで取り上げるだけの

第9章　超産業社会的な共同体(コミュニティ)への社会転換

価値をもっている。

　　競争的な経済システムは，静かに欠乏を促進する一方で，欠乏を取り扱う上で最善の方法である，とされている。もちろん生み出される欠乏は経済的なものに限られるわけではない。実施されるあらゆるコンテスト（最高の記憶力をもつ人，最速の走者，最高の美人）には，それ以前は存在しなかったような，願望の対象となる稀少な立場を生み出すことになる。[70]

こうした産業社会的な競争に対する批評家は競争の保守的な性質について，競争の勝者が自分たちはそれに値するものを得たのだ，と敗者を納得させようとする試みについて，次のように書いている。

　　この見方の恥知らずの無礼さにもかかわらず，勝者は時には，敗者にその妥当性を納得させることに成功する。このことは，次の二つの結果をもたらす。すなわち，（1）敗者の勝者に対する恥辱には，自己卑下が入り混じっているということ，そして，（2）敗者はそのシステムを変化させる（これは，いかなる場合でも「負け惜しみ」〔sour grapes〕として退けられる）のではなく，単に次回に勝者となるよう努力するということである。したがって，構造の変動を推し進めるものは，誰もいない。[71]

コーンが指摘する結果は非常に政治的に深遠なものであり，現代産業社会についての多くの分析者，とりわけ，マルクス主義の研究者が適切に観察してきたものである。彼らは不平等な社会秩序を転換するために行動するのではなく，見込みがどんなに薄くても「勝者」になることに夢中になっている産業社会の下層階級の人々の関心を引いている。現代産業社会において生起しているさまざまな問題（環境危機を含めて）の元凶は，「精神的な財」（goods of the mind）の非物質的性質ではなく，競争的，かつ，排他的な限界を誤って否定する特質がもたらす，その限界的な性質にある。真に無限の財は非物質的，かつ，非競争的なものであり，公共的なものなのである。

　ここで，カール・マルクス（Karl Marx）とフリードリヒ・エンゲルス（Friedrich

269

第Ⅳ部　超産業社会的価値観

Engels)の理想,「個々人の自由な発展は全員の自由な発展の条件である」という非競争的な人間の連帯が重要になる。——アリストテレスが最初に主張した人間の政治的,あるいは,社会的性質が含意しているように——各構成員の人間的発展が他のすべての構成員と密接に関連しているような社会を創造することは,私が思うところでは,競争的で,ホッブズ的なポスト産業社会の「孤独な群集」(lonely crowd) と対抗する,真の共同体(コミュニティ)の創造を必要としている。そのようなポスト産業社会において唯一共有されているのは,他者に打ち勝ちたいという限りない欲望であり,「人間は死ぬ時,最も所有している者が勝者である」というスローガンは,物質主義的な競争としてのポスト産業社会の概念をまさに映し出している。

　政治哲学の領域では,「共同体」(community) の概念は当初から主題であり続けてきたし,その性質や価値について多くの政治思想や著作が生み出されてきたが,(72)この概念について十分に検討することは本章の範囲を超えるため,ここでは,可能な限り手短な言葉で,私がその語によって意図したいことを述べておこう。つまり,共同体(コミュニティ)とは,非ホッブズ主義的で非産業社会的価値観をもった社会秩序のことである。この節のタイトルにもこの語が含まれているように,このことはポスト産業社会に代わるオルタナティブな社会(私はポスト産業文明の転換のための対応方策を示している)への必要不可欠な構成要素の一つとして説明される。私が提案する「超産業社会」に対するこの最小限の説明に,「民主主義」(democracy) を付け加えることも,平等や自由,能動的な公共的生活と自己充足的な労働を通して各自の自己発展が価値をもつ社会に寄与することになる。(73)

　非物質的で,非競争的な精神的財 (goods of the mind),あるいは,マズロー主義でいうところの,より高次のニーズがもつもう一つの重要な特質は,それが目に見えない,あるいは,精神的な性質をもつため,こうした財やニーズを生み出すまさにその精神によって,——価値観の変化によって——初めからそれを排除したり,変化させたりすることができるということである。このことは,モノに基礎を置く物質的な財とは異なる。これらの財は世界観が変化したり,転換してもそのまま残る。人はパンだけで生きられるわけではないが,パンがなければ生きることもできないのである。

第9章 超産業社会的な共同体(コミュニティ)への社会転換

　私は,「相対的剥奪理論」(relative deprivation theory),とりわけ,その一部を構成している「Jカーブ」(J-curve) 仮説として知られている,革命の原因についての近年の理論を参照することによって,社会転換のための刺激的な思想と活動について人間の失望が内包している重要な政治的意義に関するハーシュマンの主張を補足しておきたい。紙幅の都合により,政治的転換に関するこの理論を十分に行うことはできないが,ここでの主張をさらに支持するために,私たちの期待と知覚された現実(あるいは,失望)との不一致の経験と政治的転換との間の因果関係について手短に紹介しておこう。
　「相対的剥奪」に関する議論の中で,ある政治学者は読者に対して,次のように述べている。

> RD［relative deprivation（相対的剥奪）］の概念を最初に体系的に用いたのは,1940年代の『米兵』(*The American Soldier*) の著者である。そこでは,自分が当然,もつべきと考える地位や条件が欠如した個人の感情とその感情の基準は一般には,他の人間や集団が有するものを参照して決定される,ということが示されている。(74)

　「相対的剥奪」の概念はジェームズ・C. デービーズ(James C. Davies) が1960年代に導入したもので,今日の政治学では革命を説明するのによく引用される常套句であるが,今の社会条件によっては満たされない人々の価値期待が革命の原因の一つとなるという考えは,おそらくギリシア時代までさかのぼる。『政治学』(*The Politics*) の中でアリストテレスは,大衆はよりよい平等と民主主義への欲望を達成するために革命を志向するのに対して,寡頭制支配者はこれとは逆に,さらなる不平等を求めるという欲望を達成するために同じ革命を必要とする。アリストテレスの分析によれば,いずれの集団も望むもの(あるいは,当然の報いだと彼らが考えるもの) と,実際に彼らが得たものとの間の不一致感を経験していた。
　もちろん,ある人の相対的な社会的成功についての不満が政治的活動を促す,というこの考えは近代の政治思想の中心課題である。近代について自覚的であった,17世紀のホッブズは近代の産業社会の人々が際限なくそれを求めて格闘し,決して永続的な満足は手に入れられないという,競争的で社会的に定義

された財の深遠な重要性を予見していた。先進産業社会内部における，財の競争的，あるいは，相対的定義によって生み出された，不可避的な成長の社会的限界についてのハーシュの分析の100年前に，マルクスとエンゲルスは産業資本社会における社会的に定義された財の重要性を明確に認識していた。彼らは「私たちの欲望や喜びは社会によって生み出される。このため，私たちはその欲望や喜びを社会によって測定するのであり，満足を与えてくれる対象物によって測定するのではない。それらは社会的な性質をもつがゆえに，相対的な性質をもっているのである」(77)と述べている。

『賃労働と資本』(*Wage Lober and Capital*) の中で，マルクスとエンゲルスは，相対的，ないし，競争的な財に対する産業人の願望が社会を転換する駆動力となりうる不満やフラストレーションをどのように必然的に生み出すのかについて，重要なポイントを示している。彼らは小さな家に住むある人間について，次のようにいう。

> 周辺の家が同じように小さいものである限り，その家は家屋に対するあらゆる社会的要求を満たす。だが，その小さな家の隣に豪邸が出現すると，小さな家は粗末な小屋になってしまう。今やその所有者はその小さな家に対して何の要求もできないか，わずかな要求しかできないことを証明している。そして，文明化の過程でその家がどれだけ高くなろうとも，近隣の豪邸が同程度，あるいは，それ以上に高くなれば，その小さな家の居住者はその家の中でますます不快に，不満に，憂鬱に感じるであろう。(78)

こうした批評家は近代性(モダニティ)に対して，あたかも産業社会の生活と世界観に必要不可欠な特徴の一つを正確に描写しているようだ。つまり，その大半の構成員にとって，失望と不満につながる極端な競争性である。どれほど多くの私たちの社会的価値が基本的に競争的なのかを認識するには，先進産業社会において毎日洪水のようにあふれている広告を慎重に観察すればよい。つまり，「近所の人に負けまいと見栄を張る」，「ナンバーワンになる」といった，それに付随した失敗や衰退の恐怖心である。(79)私たちはすでに，富への依存症——つまり，競争的成功——というスレイターの考えを前節で引用した。この依存症はその

第9章　超産業社会的な共同体(コミュニティ)への社会転換

中毒患者に，別の同じような中毒患者が使用するのを止めさせようと夢中にさせるという独特の特質をもっている。ミシャンは，労働者は他者より利得が少ないことよりも他者よりも損失が少ない方を好むという，この社会の並外れた競争体系を例にして，先進産業社会における極度の競争について述べている。

近代社会における競争の重要な役割についてのルソーやソースタイン・ヴェブレン（Thorstein Veblen）のそれぞれの鋭い分析に加えて，ダニエル・ベル（Daniel Bell）の次のような簡略な言明は産業文明化の競争的局面を示す究極の言葉となるだろう。すなわち，「もしも消費が地位をめぐる心理的な競争を表象するものであるならば，ブルジョア的〔産業〕社会は妬みの制度化である，といえる」。[80]

産業社会における社会秩序における財の競争的で社会的な性質には，このような強力な論拠がある。それにもかかわらず，「相対的剥奪」（競争的損失）によって生み出される人間の失望と革命的活動，および，社会転換の間の因果関係の問題については，さらに明確な議論と正当化が必要である。

心理学的な相対的剥奪理論から派生した「Jカーブ仮説」は，革命的な結果をもちうる相対的剥奪の次の三つの可能な形態のうちの一つを強調している。（1）価値期待がおよそ一定で，社会的現実が下降する場合，（2）価値期待が上昇し，社会的現実がほぼ一定である場合，そして，（3）価値期待が上昇し，社会的現実が下降する場合である。デービーズはこのような社会状況を「Jカーブ」と呼んだ。つまり，期待に関連した社会的条件が急速に下降して，それが「J」を横にした形，（おおよその形：⌒）に見えるからであり，これは社会的な欲望や期待が満たされた際に鋭く，かつ，急激に反転するということを示している。つまり，社会的なニーズ（必要性）を満たすことにある程度成功した後に，状況は急激に悪化する，ということである。[81]

革命的活動に関する「Jカーブ仮説」について注意しておくべきことは，相対的剥奪理論の派生として，期待された満足と実際に達成された満足との間の不一致が社会を転換しようとする人間の努力の基礎を形成するということである。

期待と満足感との間の急速に拡大しつつあるギャップは革命の前兆となる。個人の

第Ⅳ部 超産業社会的価値観

不満に関するこの拡大しつつあるギャップの最もありふれた例は，影響を受けた個人を一般に緊張させ欲求不満にさせる経済的，あるいは，社会的混乱である。[82]

つまり，失望し，不満を感じ，フラストレーションをもった人々がより満足を得ようとして，社会条件を根本的に変革するための行動を起こすのだ，ということである。

「相対的剥奪理論」や「Jカーブ仮説」についての私たちの議論にとって，重要なものは何であろうか。まず，私たちは先進産業社会は集合的なレベルにおいて非常に物質的に生産力があり，あらゆる人々の（あるいは少なくとも，不適当な分配の場合には，その多くの人々の）基本的な生物物理学的ニーズを満たすことができる最初の社会であり，その結果，その構成員は次の食事をどこから手に入れるか（あるいは，いかにして自分たちの基礎的必要を満たすか）について考えることから離れ，自分たちの関心や努力を競争的な社会的地位（あるいは，競争的成功の他の形態やホッブズの言葉でいうところの，「虚栄心」）の獲得へと集中させることへ移行することができたという，いうまでもなく重要な事実を考察した。つまり，先進産業社会における相対的富や欠乏の重要性についてである。

ジョン・ケネス・ガルブレイス（John Kenneth Galbraith）が観察し，私たちがすでに議論したように，飢えた人間（あるいは，生存のための基本的な生物物理学的ニーズを剥奪された人間）は久しぶりに食事にありつく際に，彼の隣人がどんな食事をとっているのかなど見向きもしない。人間の生存ニーズ（例えば，耐えられる限界の温度や，水，カロリー，ビタミン，ミネラルの量など）は絶対的なものであり，現実には相対的（あるいは，競争的，地位的）なものではない。このことは社会的・政治的な結果にとって重要である。つまり，あなたがこれらの絶対的で基本的な人間のニーズを満たすことは，私が自分のニーズを満たすことを損なうものではない。ゼロサム競争は存在しないのである。そのようなニーズを満たすという目標は（全員に対して十分に供給される限り）真に公共的なものであり，したがって，それを満たすために社会的な協力を促すことができる。

ここで，「成長の社会的限界」――過密現象によって引き起こされた経験的限界と同様に，論理的で概念的な性質をもつ限界――については，ハーシュの

第9章　超産業社会的な共同体(コミュニティ)への社会転換

議論が有効だが，私が思うところでは，彼は政治思想におけるこの考えについての長い歴史を参照しておくべきであったと思う。ポスト産業社会は誰もが勝利できるということをその構成員に約束したが，それは論理的・経験的にみて，その約束を果たすことができない。産業社会的な価値とそれに対応した財についての競争的な性質は，ごく少数の人たちだけが成功するというだけでなく，彼らの一時的な成功は常に他者の相対的な前進によって脅かされている，ということを確実にしている——ホッブズが人間は際限なくより大きな力を求めるといい，サッチェル・ペイジ（Satchel Paige）が決して振り返らないようにと忠告した理由がそこにはある——。というのも，彼らはあなたに追いつきつつあるかもしれないからだ。

したがって，相対的剥奪の理論家が強調したように，人間の失望は期待される（が実現できない）競争的な価値と，ポスト産業社会の中で実際に実現された価値との間の必然的な不一致から生み出されるようである。相対的剥奪感は失望と不満，フラストレーションの感情を生み出すが，このような感情が社会転換の基礎となる。もしもハーシュマンと相対的剥奪の理論家，とりわけ，「Jカーブ仮説」の提唱者が正しいとすれば，価値期待が上昇し，産業社会の現実が下降する（それゆえに，その期待を満たすことはできない）場合，社会転換への心理学的な社会的条件は成熟している，ということになる。

明らかに，社会転換に「成熟している」というのは，非常に複雑な現象を言及する上では曖昧な言葉である。「相対的剥奪理論」の批評家たちが主張しているように，閾値を定義する正確さが必要である。ある社会変動の高名な研究者は，相対的剥奪理論と「Jカーブ仮説」に対して，「人々の高まる期待は革命が起きないことで，いつも失望に変わる」のだという，重要な指摘をしている。この簡明な見解は「相対的剥奪理論」における誤りだと思われるものを正そうとしており，社会意識と社会構造の両方を考察する必要がある，と強調する初期の革命の分析と同調している。彼は次のように続ける。

> 遍在する不満が実際に革命的な状況に結びつくかどうかは，不満の大部分とほとんど関係がないか，全く関係がないか，という構造的な状況次第である。この「構造的状況」には国家の軍隊の脆弱さや，その敵対者の内部組織，階級間の連携の性格

第Ⅳ部　超産業社会的価値観

などが含まれる。⁽⁸⁵⁾

　革命の正確な原因に対する現代の社会科学者の非常に広範な論争の詳細に分け入らなくても，心理学に基礎を置く「相対的剥奪理論」では，社会転換にとって十分ではないとみなすことによって，この点が受け入れられるかもしれない。つまり，これまで議論したように，別の要素，すなわち，「構造的状況」と呼ばれるものが必要である。革命に至ることのない遍在する不満については明らかに観察されており，下層階級，ないし，中産階級の生活の悲惨さにもかかわらず，先進産業社会に革命が起きないことによって強化されている（さらにいえば，これらの諸階級の構成員は上流階級よりもはるかに保守志向が強いことがある）。この特定の事実によって，（ユルゲン・ハーバーマス〔Jürgen Habermas〕やアンドレ・ゴルツ〔Andre Gorz〕のような）現代のマルクス主義者たちは，革命階級がどこに発生するのかを再考することになったのである。そこで，次の疑問が残されている。それは，成長に対する生物物理学的な限界は急進的な社会変動の心理学的，あるいは，意識的構成要素に加えて，ポスト産業社会の転換に対して必要な構造的なものを与えることができるのだろうか，という疑問である。

　「相対的剥奪理論」の一つの重要な結論は，貧困それ自体が革命を引き起こすのではない，ということである——もしも貧困が革命を生むのだとすると，革命や革命的活動は世界情勢で頻繁にみられる現象になっているであろうし，少なくとも，現在よりはるかに頻発しているであろう。この観点からすれば，世界中でなぜ，多くの政治的暴力が起きているのかという問題よりも，世界中の非常に大規模で深刻な極貧に関連した政治的暴力は，なぜ，そのように少ないのかということが差し迫った社会問題となる。実際のところは，物質的に豊かな社会が物質的に豊かな人々——惨めでも貧しくもない人々——の高まる期待を満たせないことが不満や革命的な努力に結びついているのである。このことは，社会転換のための心情や活動はより客観的に物質的に剥奪された下層階級や最下層階級よりも，むしろ不満をもつ中産階級や上流階級から生まれるだろうということを示唆している。そうした革新的な中産階級，ないし，上流階級が残りの人々を目に見えるようにさせるか否かにかかわらず，緑派の人々の

第9章　超産業社会的な共同体(コミュニティ)への社会転換

ような変化を求める新しい社会運動を支持し，ポスト産業主義や「ボランタリー・シンプリシティ」（自発的簡素性），といったオルタナティブな反産業社会的価値観を支持する産業社会の中流階級の人々にみられる初期の兆候はこの理論的予想を裏づけている，と思われる。[86]

　この点について述べておくべき重要な疑問は，環境的・生物物理学的な「成長の限界」は失望という心理学的なダイナミクスを超えて，私たちが個人的転換に至る構造的必要物を与えてくれるのだろうか，ということである。もっとも，環境的な限界はポスト産業社会の財や価値がもつ競争的性質ゆえに，先進産業社会内部の集団間の既存の対立をさらに悪化させることになるだろう。大気汚染や有害廃棄物処分場，人口過密，原子力発電所，汚染された浜辺や水域，酸性雨など，先進産業社会における社会の秩序が生み出したものだと今や認識されているあらゆる不快なことを回避しようとする人々はそのような社会を特徴づけるすでに高い水準の競争をさらに強めることになるだろう。自分たちはエリート層の排他的な地位や競争の成功の途上にある，と考えていた中流階級の人々は遅かれ早かれ，自分たちが産業社会の苦難を回避する能力においてエリート層の後塵を拝していることを悟るであろう。ハーシュが自分の立場を守るための「防衛的」(defensive) 支出と呼ぶものの価格は急激に上昇し，防衛のための客観的・相対的な条件は悪化し，脅威にさらされる。[87]

　最も政治的に意味があるのは，先進産業社会への満たされない期待に対する失望だけではない。やがて上流階級と中産階級の人々は，自分たちがすでに所有している競争的利益や優位性を下層階級の進出や環境に起因する下落による攻撃から守ろうと先を争うことになるだろう。この点については，自由主義にとって非常に重要なことだが，すでに所有しているものを失う苦痛は，期待が満たされることで得られる利得よりひどいものである，とするアダム・スミス (Adam Smith) の主張が重要である。スミスは次のように書いている。「人間の苦痛は私たちがより悪い状態からよりよい状態に上昇した時よりも，よりよい状態からより悪い状態へと転落した時の方がはるかに激しい」と。[88]

　自由主義的で，産業社会的な競争の価値観には欠陥がある。なぜならば，それらが多くの人に開かれていない，ないしは，利用できないからである。勝利することで一時的にそれらを手に入れた人でさえ，いつまでも不安であり続け

277

るのである。しかもこのことは，人間性についての望ましくない（ホッブズ主義的な）考え方にもとづけば予想されることでもあるし，50億人を超える人々が暮らすこの世界では，資源が限られており，また，さまざまな廃棄物の許容範囲も限られているという客観的な限界があるために，価値観を実現することは経験的にもできないということからも，予想されることである。先進産業社会の人々は実現されたその価値観の空虚さ，ないし，崩壊に気づくという不安を味わうだけではない。彼らは，マズロー学派がいうところの，下位の生物物理学的ニーズ——それまで当然だと考えられてきたので，より高次のニーズをめざしてきたのだが——がしっぺ返しとして再び，あらわれ，幻想が終わったことを知って絶望に陥るのだ，ということに気づくだろう。

　このことは，現在のポスト産業社会的な社会秩序を継続することの正当性と価値観を問い直すのに必要なエネルギーを十分与えてくれるかもしれない。ここで，いかに人は「現実的危機」（practical emergency）によって強制されるまでその社会秩序を熟考しないのか，というリチャード・H. トーニー（Richard H. Tawney）の指摘を思い出すべきである。これは，人間の性質からきているというよりはむしろ，——とりわけ，技術的に進んだ産業社会における——社会のエリート層の関心と批判的な社会的思考を妨げる能力からきているのである。これについては，破壊的であることに関する考察についてのカミュの見解がここでは琴線に触れている。私が思うところでは，「成長の限界」が喚起するポスト産業社会的な危機がそうした「現実的危機」をもたらし，社会的思考，つまり，トーニーがいうところの，「経済的・社会的な組織問題について熟考する」ことによって，産業社会の人々を刺激して改革志向にさせるのである。

　さらに，行動的な局面に移ると，革命についての数多くの分析者が大半の人々は社会の発展を蝕むことによってそうするのでない限り，転換のための社会的行動には手をつけない，と述べている。現在の社会状況におけるそのような発展には，ワイルドがいうところの，悲劇と人間の失望，そして，自らの生物物理学的な生存ニーズに対する中産階級や上流階級の人たちの独善的な信頼がゆらぐという，これらの組み合わせを経験するということが含まれる。そのような経験は，ポスト産業社会のエリート層がもつ先進産業社会の社会化と社会統制のための手段と同じように，意識と社会構造とが相互に補強し合ってい

第9章　超産業社会的な共同体(コミュニティ)への社会転換

る保守的なオーウェル的な産業社会の継続サイクルを突破していくのに十分かもしれない。沈まないと考えられてきたタイタニック号のエリート層の乗客たちは，船が浸水していることを悟るのに他の人々より時間がかかるかもしれないが，彼らは次第に現実を認識し，救命胴衣や救命ボートをつかむ。私が思うに，集団としては，私たちは自分たちの状況に関してほとんど違いはなく，ますます近づいてきているけれども，今のところ，私たちは同じ地点にいるわけではないことは明らかである。このことは豊かでない同胞の人々よりも，絶望を否定し，ポスト産業社会の不快なものを回避する力が大きい豊かなポスト産業社会の人々にまさに当てはまる。

　要約しよう。「成長の限界」論者は明確さや詳細な論拠の点で十分ではないものの，成長中毒症の先進産業社会は持続可能ではない，と議論してきた。私たちが理解できる一つの非物理的な理由は，そのような社会でますます増え続ける人々は，彼らの期待が常に競争的に上昇し，それが満たされない（満たされることはない）時に深い失望や相対的剝奪の感情を経験するということである。それが満たされないのは物理的限界と概念的限界の両方のためであり，特に，後者は競争的な産業的な財と価値の排他的性質に関するものである。このことによって，社会転換についてのメッセージを受け入れ，適切な政治活動を行なうとするますます多くのポスト産業社会的な人間が生まれる。権力をもったエリート層の構成員もこの心理学的・規範的な変化が社会構造の影響をもちうるために，そこに含まれる。失望や不満，不安がポスト産業社会を転換するのに十分ではないことは確かであるが，一度，動員され，組織化されると，それらは社会転換をめざす効果的な社会運動を形成するのに役立つ，必要不可欠な背景的条件を提供する。重要なことだが，これらの諸条件は目標を形成することによって，社会変動のための道具の形成に役立ちうる（ちょうど新しい反産業的社会運動のように。その最も目立った運動は環境と結びつき，その劣化を止めることに注力している）。

　また，失望やワイルドの悲劇，価値の崩壊の結果として，ポスト産業社会のエリート層（現在の支配的なポスト産業社会のパラダイムとその構造で現在の利益を得ている人々）は歴史上，独特な認識に到達するかもしれない。エリート層のポスト産業社会的な意識は，「成長の限界」に関する著作の深く挑戦的な性質

第Ⅳ部　超産業社会的価値観

だけでなく，次第に明白になっている「成長の限界」によっても変化させられている。(数十億年後に太陽が燃え尽きるといった遠大な災難とは異なり)私たちが予見できる未来において，無意味さや不安，災難がぼんやりあらわれてきており，自分たちの相対的な優位さを維持し，取って代わろうとするあらゆる他者をかわして際限なく進むことに没頭することで未来が満たされている。エリートたちの現在の成功の享受は，そもそもそのような「成功」を達成することへと拡大していった関心や努力とその名高い成功した地位を維持するために必要な増大化する費用との両面に関して，短命で不安定でますます不適切なものになっている。

　もし下層階級や中流階級の構成員と同様に，一時的なポスト産業社会のエリート層(あるいは，ポスト産業社会における社会秩序のほとんどを構成する競争の勝利者たち)が，(たとえ望まれたとしても)この文明の価値構造がいくつかの点で誤っており，価値のない不可能なものであるということを理解するに至ると，そのような社会転換は社会変動の悲観論者や現状の防衛者たちが主張するような，不可能な見込みということにはならないであろう。

　この見方に対する批判者はこの条件を認めることは論点をはぐらかすことである，と答えるかもしれない。というのも，ある価値変動は社会転換の一部であるために，そのような根本的な規範の変動は社会転換を支えることになるからである。オーウェルの指摘がここで再び，重要性をもつ。つまり，いかにして意識(あるいは，価値変動)は社会構造を変化させることなく，その逆もそうだが，変化の効果的な主体となりうるのだろうか。

　反論すれば，「成長の限界」論の主張者は，ある共同体(コミュニティ)やある人の家の下で見つかった有害廃棄物や原子力発電所事故，飲料水や原油，清浄な空気，食用魚，耕作地，必須ミネラルなどの欠乏，癌のような環境に起因して起きた病気(地球規模というより，先進産業社会の中でいくつか局地的に明らかになっているようなこと)はポスト産業社会の転換への触媒(トーニーがいうところの「現実的危機」)として団結して活動するには十分恐ろしいものである，と回答できる。それらによって，「通常業務」(business as usual)を継続することで，産業社会的な価値を達成しようとする実施費用は非常に高い——ほとんど致命的な——ものになると認識せざるをえない。

第9章　超産業社会的な共同体(コミュニティ)への社会転換

そのような認識は短期的に成功した人たちを含めて，ポスト産業社会の人々に不満やますます大きくなる相対的剝奪感を生み出すことになるかもしれない。ポスト産業文明に対する私たちの最終的な絶望は地球や人間の条件，(競争的・物質的な) 人間の満足の性質には最終的，かつ，不可避の限界があるということを意識することによって，急き立てられた限界なき経済成長という産業社会的幻想に終止符が打たれる時である。そして，すでに強調されてきたように，この最終的な絶望は真の個人的・社会的な転換が生まれる時に不可避のものとなる。

　ますます増大する成長の可視的な限界に対する一般の人々の反応はポスト産業社会の転換の可能性をより高めるであろう。私たちの社会のように，すでにポスト産業社会的な価値を達成した少数の人々だけでなく，その達成を渇望している人々も不満をもつ運命にある社会において，転換は本当に不可能だろうか。私はそうは思っておらず，この節において，転換に必要な刺激がすでに存在していて，社会的な重要性を高めているということを示そうと試みてきた。加えて，社会転換が円滑にいくために必要な構造変動に含まれる具体的な革命のプログラムや戦略を詳述してはいないが，そのような「成長の限界」の触媒があれば，(ミルブレイスの直近の著作にある方法で) この方向にさらなる研究と努力を進めることを保証する刺激の十分な土台になる，と私は思う。ポスト産業社会の転換についての特定の形態や目標の問題は現代の社会理論家や政策立案者，一般の人々にとって重要な課題の一つであるはずである。この議論が十分な関心を喚起し，これらの人々にこの計画の正当性と緊急性の両方について納得させるだけの十分に合理的な論拠を提示することを期待している。

　本章の要旨をまとめると，「成長の限界」を中心とした現在の産業危機は，先進産業社会の人々に支配的なポスト産業社会のパラダイムやその生活様式，価値がもつ間違った性質を認識させる道具となりうるはずである。その結果として，この危機によって，人々は人間や社会，政策に対する物質主義者の錯覚した還元主義と同様に限界なき経済成長という幻想の破壊を喚起するといった，この社会の欠陥を意識するようになるであろう。ここで心に留めておきたいのは，ポスト産業社会を支持し，人間性や自由主義(リベラリズム)，物質主義，競争性といったホッブズ的な概念を含む産業社会的なイデオロギーを支える成長依存的な一連

281

の概念はすべて破壊されるべきである、ということである。そのような浄化プロセスによって、超産業社会へ向けてのポスト産業社会の必要な転換が始まるであろう。私たちの地球とそこに住むすべての人々にとって潜在的に致命的となる、これらの弱点を抱えることのない超産業社会へと。

このような議論によって、ウッディ・アレンのように、私たちの未来は災難に対するさまざまな手段の選択のみによって決まる、という人々を沈静化させたい。私たちは、単に産業主義の幻想や夢を失いつつあるということだけではなく、実際には環境的・社会的・政治的・個人的な影響において、世界中の人々の大半にとって悪夢であり、悪夢であり続けているということを強調しておくことが必要である。その犠牲者は数多く、多様である。産業社会イデオロギーの結果としてグローバルな不公正のために苦しんでいる数十億人もの貧窮している人々や先進産業社会において「うまくやる」(make it) ことができない個人的な「敗者」がいる。産業の「進歩」(progress) の犠牲になった動物界の生き物たちや、自分たちの競争で手に入れた優位な地位を失い、下降移動を経験することの不安に苦しんでいる「成功した」(successful) エリート、つまり、「盛りをすぎた人たち」(has beens) もいる。重労働の「労働者」(stiff) は将来の自分自身や子供たちのためにより物質的に豊かになろう、という誤った希望によって、彼ら自身への取り返しのつかない費用を認識せずに、疎外された仕事にあくせく精を出す。罪もなく罰せられた競争の、ホッブズ的にいえば、産業社会的という「ジャングル」の犠牲者たちには、彼らには機会が与えられていたのだが、それに失敗してしまったのだ、という不正確なメッセージが送られる。競争的で物質主義的な産業主義がもつ無限の欲求によって人々は苦しむようになり、一方で、「市民権を剥奪された」(desenfranchised) 人々や下層階級の人々は、さまざまな種類の社会的差別によって、誤った自己喪失や自尊心の喪失に陥っているために、失敗するという機会さえ与えられない。

地球上の人口の圧倒的大多数を占めているこれらの人々すべてにとって、一度、産業文明の現実や欠陥が認識されると、産業社会的な限界なき経済成長の幻想への服喪期間は短く、容易なものになるはずである。さらに、主要な社会的目標としての際限なき経済成長の異常、かつ、幻想的な性質に対して、人々が当初抱いていた意識の直接的で不幸な結果が終わると、産業主義の犠牲者た

第9章 超産業社会的な共同体(コミュニティ)への社会転換

ちは私たちすべてが直面する緊急な現実の問題に向き合うことになる。錯覚にもとづく,不平等で,非民主主義的なポスト産業社会に取って代わる,よりすぐれた持続可能な文明を創出することにかかわる問題に。結局,産業社会の秩序とその枠組みは250年にも満たないものである。つまり,それは有史以来ずっとあったものではなく,産業社会的なイデオロギーが意図しようとしているような人間の性質の完成形でもない。実際のところ,これまでみてきたように,この産業主義パラダイムやその価値,社会制度は限界の否定という点で,西欧思想の長い歴史や人間の性質,その環境と矛盾しているのである。

〔注〕
(1) Bell, 1982, pp.522-523.
(2) Harman, 1979, pp.144-145.
(3) Bell, 1976, p.49.
(4) Pirages, 1977, p.5.
(5) *Ibid*., pp.5-10, 特に p.8, を参照のこと。
(6) *Ibid*., p.8.
(7) Ferkiss, 1982, pp.12, 15.
(8) 「生活様式」(a way of living) という語句については Barber (1984) 第6章の副題 (原書 p.117) から借用している。この章の扉のページの題句の一部に,バーバーはアリストテレスから次のような引用をしている (出典は不明)。「徳目が普通の人間よりもすぐれない人たちがいる。……彼らは理想的に完全な状態を探求するのではなく,まずもって「生活様式」(a way of living) を求めようとする」。
 私はここで,マルクスとエンゲルスが構想した資本主義の社会秩序に対するよりすぐれた代替物に続く,望ましい社会における最高位の政治形態の特徴として,バーバー (および,アリストテレス) の「生活様式」(a way of living) に「人間の発展」(human development) を付け加えたい。マルクスとエンゲルスは「階級と階級対立をもつブルジョア社会の代わりに,一人ひとりの自由な発展が全体の自由な発展の条件となる一つのアソシエーション (結社) があらわれる」と述べている。Mark and Engels (1979), を参照のこと。
 政治活動と人間の発展との重要な因果関係に関する議論については,参加民主主義に関する広範な著作を参照されたい。参加民主主義を擁護する人々は,あらゆる層の人々が政治参加することの教育的機能を強調する。例えば,上記のバーバーの著作に加えて,Pateman (1972) の特に第2章,Mason (1982) の特に第1章と,これらの著作の中で議論されたり引用されたりしている参加民主主義の理論家を参照のこと。
(9) Dolgoff (1972), を参照のこと。
(10) Smith, 1985の369a, 369c, を参照のこと。

(11) 一例として，Ehrlich and Ehrlich (1974) の最終章「より明るい未来：それはあなた次第」(pp.217-257)，を参照のこと．
(12) Smith, 1985, 471c，を参照のこと．ソクラテスの返答については，472a を参照のこと．
(13) Gouldner, 1971, p.125.
(14) Milbrath, 1989, pp.xii, 59, 71, 87.
(15) *Ibid*., p.35, 71.
(16) 一例として，*Ibid*., p.353.
(17) *Ibid*., pp.367-368.
(18) Neuhaus, 1971, pp.15-16, 117.
(19) Milbrath, 1989, p.72の図4.1, を参照のこと．
(20) 一元的価値構造の危険性や多元的価値構造の必要性については，Berlin (1969) の特に pp.xlix-li, 173-206, を参照のこと．自然主義の誤謬については道徳哲学の入門テキストを参照のこと．最も緻密な議論の一つとして，Hospers, 1961, pp.532-538, を参照のこと．
(21) 社会変動アプローチに関するミルブレイスの類型については，Milbrath, 1989, pp.354-356, を参照のこと．
(22) *Ibid*., pp.366-380.
(23) Machiavelli, 1962, chapter 6.
(24) すでに引用した Wallich (1972) を参照のこと．また，中流階級の若年層と比べて，下流階級の保守性が強いことを示す膨大なデータについては，Inglehart (1977)，を参照のこと．マルクス主義理論の重要な展開に関する二人の現代のマルクス主義者の認識については，Gorz (1980), Habermas (1973), を参照のこと．さらに，この理論展開は（社会的に）新しいものに対する人間の不信感についてのマキャヴェッリの主張を支持している．
(25) 環境運動とその政治哲学，実現のための社会活動については，Hulsberg (1988), Spretnak and Capra (1986), Bahro (1986), Porritt (1985) を参照のこと．ドイツの環境運動のリーダーの演説や手記については，Kelly (1984), を参照のこと．
　スプレトナクとカプラは，旧西ドイツに加えて，オーストリア，ベルギー，カナダ，フランス，アイルランド，ルクセンブルク，スウェーデン，イギリス，アメリカにおける緑の党とその連絡先のリストを作成している．Spretnak and Capra, 1986, pp.251-252, を参照のこと．
　環境運動に対する研究者たちの関心や一般の関心の増大を示す例として，1986年にワシントン D.C.で開催されたアメリカ政治学会の年次大会において，環境運動に関する3本の論文が提出されたことがあげられる．McKenzie (1986), Ely (1986), Kitschelt (1986), を参照のこと．この傾向は，環境運動に関する論文が5本以上も提出された1989年の年次大会まで続いている．あわせて，コーエンが編集した *Social Research* 52号 (1985) の「社会運動」に関する特集では，環境運動を含めて，現代の社会理論家たちによる新しい社会運動に関する6本の論文が掲載されている．

第9章　超産業社会的な共同体(コミュニティ)への社会転換

　　環境運動や他の新しい反産業社会的な社会運動（詳細な議論は後述するが）に対する研究者たちの突然の関心の高まりは，1983年に5.6%だった投票獲得率が8.3%に上昇した，1987年の西ドイツの議会選挙における緑の党 (the Greens) の躍進（選挙結果については，Markham, 1987, p.a3，を参照のこと）や1989年7月に実施されたヨーロッパ議会選挙における顕著な躍進（Schmemann, 1989, p.a1，を参照のこと）にも影響を与えている。また，ヨーロッパの選挙と緑の党 (the Green Parties) の活動に関する分析として，Frankland, 1989, pp.13-23，（特に表3）を参照のこと。

(26)　個人の価値を考慮していない，生物物理的成長の限界論に関する別の著作の例としては，Mesarovic and Pestel (1974)，Davis (1979)，Goldsmith *et al*. (1972)，Catton (1982)，Barney (1981)，がある。
(27)　Daly (1977)，を参照のこと。
(28)　*Ibid*., pp.56-61. ケネス・ボールディングが最初に提唱したこの考えについては，Boulding, 1964, pp.135-136，を参照のこと。
(29)　Botkin, Elmandjra and Malitza, 1981, pp.93-94.
(30)　Mishan (1977). 引用部については p.122，近代交通に対する著者の全体的な非難は，p.122-125，を参照のこと。
(31)　Pirages and Ehrlich, 1974, p.280. この提案は「新しい社会」というタイトルの最終節の一部であるが，最終節はわずか3ページ（pp.279-282）である。
(32)　Hirsch, 1976, p.183.
(33)　Cohen and Rogers, 1983, p.179.
(34)　Kraft, 1977.
(35)　*Ibid*., p.177.
(36)　*Ibid*., pp.186-187.
(37)　Davis, 1964, pp.40-41.
(38)　アーノルドの著作に関する手引きとしては，Trilling (1959)，を参照のこと。
(39)　Mill, 1965, p.30. ミルの歴史に対する二段階の見方（安定していて社会的合意が存在する「自然」段階と，社会的合意が崩壊する「移行」段階）に関する議論としては，この本の編者 Schneewind, 1965, pp.14-15，および，Mill, 1965, pp.36, 46，を参照のこと。
(40)　Mill, 1956, の第Ⅱ章 p.27，を参照。
(41)　私たちの経験される現実性について定義する，社会的要素の中心的な役割については，Berger and Luckman (1966)，を参照のこと。
(42)　このまさに膨大な研究の中のほんの一例として，Trigg (1980)，および，その中の引用文献を参照のこと。この議論に関する政治学的な視角に関しては，Bernstein (1985)，を参照のこと。
(43)　Trilling, 1959, pp.585-586.
(44)　Arnold, 1959, p.613. 引用文の中の「これら」とは，フランスの町シャルトルーズの修道士たちのことである。
(45)　Green, 1985, p.viii.

(46) *Ibid*., p.266.
(47) Camilleri, 1976, p.250.
(48) Orwell, 1961, p.61.
(49) 引用部分に関しては，Camilleri, 1976, p.250, を，さらに，フレーレに関しては，同書の p.292の脚注8，を参照のこと．
(50) 「古代ギリシアの推進力は常に限界を強調しており，ポリスはギリシア人が「単一の見方」によって受け入れることができていたことによって常に限界づけられていた」と主張されるギリシア人の見方については，Bookchin, 1980, p.143, を参照のこと．ヘブライ人の観点については，Sekora, 1977, pp.23-24, を参照のこと．「金銭の限界なき獲得」を「必要領域の踏み越え」としたギリシア政治哲学の最初の非難については，Plato, 1968, 372d-373d, を参照のこと．
(51) Daly, 1973, p.281.
(52) Berger, Berger and Kellner, 1973, p.185.
(53) Chafe, 1978, p.101. 影響力のあるスメルサーの『集合行動の理論』からのチェイフの引用は，p.99, の注を参照のこと．
(54) Hagopian, 1974, p.166.
(55) Cohen and Rogers, 1983, p.183.
(56) これはイングルハートの研究の主題である．すでに述べた彼の著作を参照のこと．また，1988年夏に起きたさまざまな環境危機や人々の価値変化についての可能性，環境活動団体や反成長政策についても注目のこと．その報告の一つとして May, 1988, p.30, がある．
(57) ワイルドの演劇への入門であり，本書の巻頭辞も引用している，『ウィンダミア夫人の扇』(*Lady Windermere's Fan*) は，Tatlock and Martin, 1938, p.843, を参照のこと．ワイルドの演劇のテキストは pp.844-871, を参照のこと．
(58) この演劇の中の人間の性質についての解説にみるワイルドの偏愛ぶりからみて（タトロックとマーティンによれば），おそらく前者であろう．だが，いずれの解釈にせよ，やがてその理由は明らかになるであろうが，後に続く分析を台無しにすることはないと思う．
(59) トクヴィルの一節は，Bellah *et al*., 1985, p.117, において引用されている．元の出典はトクヴィルの『アメリカの民主主義』(*Democracy in America*)．
(60) 1970年10月13日放送の CBS テレビ (CBS Television Network)．引用は Stavrianos, 1976, p.165, を参照のこと．
(61) Rescher, 1971, p.74. レッシャーの用語「実現の侵食」(realization erosion) については，p.82, を参照のこと．
(62) Kohn, 1986, p.111. 元の出典は Leonard, 1973, p.46．
(63) Lutz and Lux, 1979, p.11の図1-1, を参照のこと．
(64) Vogel, 1977, p.249.
(65) 私たちの価値と現実との間に存在する失望と社会転換との関係というこの後者の点については，社会変動に関するムーアの分析を参照のこと．ムーアによれば，社会変動の「あらゆる源泉」の最も一般的な形態は数多くの普及している社会的行動

の文脈の中にある,「理想」と「現実」の間に密接な応答が欠如していることである。Moore, 1965, p.18, を参照のこと。

(66) 誰もが競争をして成功することは論理的にも概念的にも不可能であるという点については,Hirsch (1976) や Kohn (1986),を参照のこと。さらに,物質的に貧困な国家が物質的に豊かな国家に追いつこうとすることが必然的に空虚であることを実証的に示すものとして,Segal, 1985, pp.9-12の「GDP競争」という表 (p.11) を引用してみよう。この表では,1983年時点での1人当たりのGDP(ドル換算)と,1965年から1983年までの1人当たりのGDPの成長率(年平均値),仮に1965年から1983年までのGDP成長率が継続するとした場合に,先進国と発展途上国との差がなくなるまで必要な年数を比較しており,読者は次のことを知って驚愕するであろう。韓国やブラジルのような新たに産業化された国は,(セーガルが「産業市場経済」と呼ぶ)先進国に追いつくまで,各々,42年と73年を要する。スリランカやカメルーンのような貧しい第三世界の国は,各々,902年,1334.7年かかる。さらに,セーガルが列挙した,コスタリカ,ケニア,インド,バングラディッシュ,ザイール,ビルマ,タンザニア,ハイチ,パキスタン,ボリビア,ペルーと38の未特定の貧困国,つまり,あらゆる国の中で極貧である「第四世界」の国々(第三世界の国々よりもさらに貧しいことを示している)には豊かな国々に追いつくチャンスはない。セーガルは,「1965年から1983年の成長率が続く場合に,差がなくなるまで必要な年数」というコラムの下の表の各国の隣に「never」と記している。

セーガルは,そこから導き出される含意の中で,自分の数値を「恐ろしい」(p. 11) と考えている。なぜならば,「世界は私たち(アメリカ)の消費様式に巻きこまれつつある。今日,先進国のライフスタイルが知られていない第三世界の国はどこにもないし,貧しい人々の嗜好性が今所有しておらず,今後も決して手に入れられないものに対する欲求に置き換わらない国などどこにもない」(p.11)。

(67) Milbrath, 1989, p.312.
(68) Zinam, 1982, p.73.
(69) Horne, 1981, pp.553-554.
(70) Kohn, 1986, pp.74-75.
(71) *Ibid*., p.142.
(72) 共同体の性質や価値についての好意的な議論は,Friedmann (1982) の特に第4章と第5章,Sandel (1983) の特に第4章,Barber (1984) の特に第9章を参照のこと。共同体は実現不可能であり,それゆえに,「痛ましい理想」であると主張する分析は,Tinder (1980),を参照のこと。この重要な政治的な価値に関するさらなる文献に関しては,上記の四つの文献で言及されているものを調べて欲しい。
(73) 前述した著作は,ティンダーを例外として,これらの価値について長々と議論している。
(74) Gurr, 1972, p.24.
(75) Davies (1962) を参照のこと。Gurr, 1972, p.39の注49でも引用されている。Jカーブ仮説をアメリカに適用した議論として,Miller, Bolce and Halligan (1977),を参照のこと。なお,この著作に対する批判として,Crosby (1979),がある。ミラ

第Ⅳ部　超産業社会的価値観

　　ーとボルスの回答とクロスビーの再回答，その論争に関するデイビーズのコメント
　　は，*American Political Science Review*, 73(3), 1979の「Communications」(pp.813-
　　830)，を参照のこと。
(76)　『政治学』の第5巻（第2章）は「革命（内乱）の原因と国制の変革」に充てら
　　れており，アリストテレスは次のように書いている。「ある者は，多くのものを得
　　ている者と自分たちが平等であるのに少ない配分を受けていると思う時，平等を求
　　めて暴動を扇動する。また，ある者は，自分たちが不平等であるのに他人より多く
　　の配分を受けていない（等しいか，少ない配分を受けている）と感じる時に，不平
　　等（つまり，優越）を求めて反乱を引き起こす」。アリストテレスによる革命の相
　　対的剥奪理論に言及したものとして，Gurr, 1972, p.37，を参照のこと。
(77)　*Ibid*., 第2章の冒頭の題辞（p.22）として引用されている。元の出典はマルクス
　　とエンゲルスの『賃労働と資本』からである。
(78)　Springborg, 1981, p.109.
(79)　競争的なアメリカにおいて失敗の恐れと失うことの恐怖に関するこの後者の点に
　　ついて，ある日，私は生々しい体験をした。私が娘の保育園の3歳の友達が泣いて
　　いるので近づいてその理由を聞くと，彼女は別のクラスメートを指差して，むせび
　　泣きながら，「彼は私のことを敗者っていったのよ！」といったのである。
(80)　Bell, 1976, p.22.
(81)　「Jカーブ仮説」については，Gurr (1972), Miller, Bolce and Halligan (1977),
　　Crosby (1979) と先に引用した相互の回答を参照のこと。
(82)　Tilly, 1984, p.103，を参照のこと。引用元は Davies, 1971, p.133, である。
(83)　Cohan, 1975, p.205，を参照のこと。
(84)　Tilly, 1984, p.104.
(85)　*Ibid*., pp.104-105.
(86)　旧西ドイツの環境運動への支持に関する近年の選挙データについては，イングル
　　ハートの調査やエリギンの調査を参照のこと。また，先に引用した環境運動組織の
　　支持者に関するデータについては，Milbrath (1984), Milbrath (1989)，を参照の
　　こと。
(87)　Hirsch, 1976, p.9.
(88)　Wolin, 1960, p.330，における引用。引用部分の前半はウォーリンの解釈である。

第10章

結　論
——新しい超産業社会に向かって——

　　　　皮肉なことに，文化の崩壊の苦しみもまた，一つの機会である。変わることは難しいが，変わらずにはいられない。
　　　　　　　　　　　　　　——ジョージ・レイキー（George Lakey）[1]

1　超産業主義の性質

　受け入れ不可能，かつ，危険なポスト産業社会の方向性を求めるために，そうした社会秩序の詳細な対応方策を提示することは私にはできない。私たちは世界規模の危機と古くて衰退しつつある文明と新しい文明との移行期の初期段階にいる。そのような対応方策は一人の人間がもつ構想についてのもう一つの解釈を生むにすぎない。さらにいえば，超産業社会に対するそうした個人的な評価は，私が新しい社会の主要な特性の一つだと考えているものをくじくことになるだろう。換言すれば，参加民主主義，つまり，新しい社会の市民がもつある特定の制度的な構造や公共政策を決める権利と義務を履すことになるのである。それでも，産業主義とその社会的合意とは対照的な，この新しい世界観や価値，社会生活についてのいくつかのまさに一般的な指標を示すべきであろう。「成長の限界」論者たちや私が議論してきた，ポスト産業社会的価値観と既存の社会に代わるようなオルタナティブな社会像に何らかのプログラム内容を与えることは重要である。

　まずはじめに，また，おそらく最も重要なことだろうが，読者は超産業社会を完全に反産業社会的なものと考えるべきではない。私は新しい社会秩序の価値や構造の先駆的な性質を明確にするために，「超産業社会的」（transindustrial）というラベルを用いることによって，この重要なポイントを伝えようと

してきた。このようにして，生活が「簡素」(simple)（翻ってみれば，貧しいということ）であった，質素な前産業社会時代の「黄金時代」(Golden Age)に戻る手段として，この「脱ポスト産業」(post–postindustrial) 社会が推薦されているという印象を与えることを避けたい。私の認識によれば，超産業文明は日常生活の物質的な糧を満たすことに明け暮れる農業が土台となった文化や原始的な生活様式ではない。私は，先進産業社会のあらゆる構成要素をすべて捨てることができると主張しているわけでも，そう考えているわけでもない，のである。

私の見方では，科学的に進化し，非常に技術的に革新的な文化が有する巨大な物質的生産性の結果として，私たちは初めて，50億人以上の人類すべての生存のための基本ニーズを満たす可能性をもっている。この目標は，超産業社会の価値と構造にとって必須のものである。平均的な超産業社会の人々は現在，地球上の人口の4分の1を夢中にしている，日々の生物物理学的な関心事からの解放とそれに付随した自己の発展と達成のための余暇の時間を手に入れることを求めるであろうし，それを達成することは可能であろう。さらに，民主主義的で超産業社会的な共同体(コミュニティ)を特徴づけるであろう，教育や骨が折れるけれどもやりがいのある公共的生活や集団としての意思決定への参加のための時間も当然必要である。

現代の産業文明に特有な特徴のいくつかを超産業社会の社会秩序の中に維持するというこの考えはもちろん，消去するものもあるわけであるが，19世紀のドイツの哲学者ゲオルグ・ヴィルヘルム・フリードリヒ・ヘーゲル (Georg Wilhelm Friedrich Hegel) が定義した著名な弁証法的なプロセスの定式の適用を検討することによって，より理解できると思う。ヘーゲルの思想や著作は一般に，難解で曖昧であり，理解不能の極致とさえいわれているので，私が超産業社会の性質を明らかにするためにヘーゲルの概念を利用することを提起することは奇妙なことのように思われるかもしれない。だが，この不可解という評判にもかかわらず──ヘーゲル哲学の他の部分はその通りであるが──ヘーゲルの弁証法，とりわけ，彼のドイツ語の動詞，アウフヘーベン (aufheben：止揚すること) の語法は超産業文明の重要だが，把握が困難なある要素を明らかにしてくれる，と私は確信している。

ヘーゲルについての解釈的な伝記の中で，ウォルター・カウフマン (Walter

第**10**章 結 論

Kaufmann) はカテゴリーの意味とヘーゲルの解釈とを関連づけることによって，重要な動詞であるアウフヘーベンを含むヘーゲルの語用論を解明しようと試みている。

> アウフヘーベン（止揚すること）とは，字義的には「拾い上げる」(pick up) という意味であり，……（中略）……日常会話の中で非常に一般的に用いられる。つまり，床に落ちたものに対しての行為である。だが，この元々の感覚的な意味はあまり一般的ではない二つの派生的な意味を生み出した。それが，「消すこと」(cancel) と「保存すること」(preserve)，ないし，「保持すること」(keep) である。もはやそこには何も残さないでおこうとして拾い上げるかもしれない。もしくは，保存するために，それを拾い上げるかもしれない。ヘーゲルがこの用語を二つ（あるいは，三つ）の意味で使う際には，もちろん，完全に対象を消去するのではなく，拾い上げて異なった水準で保持するのだが，もはや元のようにはそこには存在しないようにするために，いかにその対象を拾い上げるかを思い描いているようだ。(2)

ヘーゲルは，「アウフヘーベン」という複雑なドイツ語の概念の豊かさについて，彼の『大論理学』(*Logic*) の注の中で焦点を当てている。

> アウフヘーベン (Aufheben) やアウフヘーベンされること (das aufgehobene—das ideele〔観念的〕) は，止揚したものは変化するという，哲学の最も重要な概念の一つであり，実際に至るところで繰り返される基本的な決定因である。つまり，結果として，それが元々，生じたものとは異なっている。同時に，それゆえに，それが生じた決定因によって，いまだに特徴づけられている。
> ［ドイツ語の］アウフヘーベンは，保全する，保存するという意味と止めるとか，終わらせる，という二つの意味がある。保全することにさえ，何かが即時性を取り去られて保存されるという否定的な側面が含まれている。したがって，アウフヘーベンされること (aufgehoben) とは，同時に保全されることであり，即時性を失うことであるが，消滅するということではない。(3)

ヘーゲルの哲学や弁証法的プロセスの概念に関する膨大な二次的著作物に

よって読者に提示された数多くの解釈的で本質的なパズルに分け入らなくても，前述の一節は超産業社会の性質とその先行者である先進産業社会との関係性のある側面を明らかにする，という私たちの特定の目的にとって十分である。

　ヘーゲルの「アウフヘーベン」についての分析を活用することによって，私は先進産業文明の一連の価値と社会構造が共に，ヘーゲル哲学にとっての中心的な概念のヘーゲル的な意味において，「消され」(canceled)，「保存される」(preserved)という双方のことを構想している。このことは，(カウフマンの解釈を引用すれば)「完全に消されるわけではなく，拾い上げられ異なったレベルで保存される」，あるいは，異なった形態で保存され止揚されるが，(ヘーゲルによれば)「そのために消滅することはない」，あるいは，「もはや元のようには存在しないようにするために拾い上げる」。つまり，変形されるのである。

　私の考えでは，超産業社会はたとえ先進産業社会が止揚されても，「まだ(部分的には)それが生じた決定因によって特徴づけられている」のである。ヘーゲルの止揚プロセスの分析に依拠した，この産業社会の変容という概念においては，経済的な「成長の限界」に対する認識と産業主義の社会的影響に対する評価と結びついた，革命的な政治化プロセスの結果として，ポスト産業社会の社会秩序は終了し，かつ，保存され，止揚を通じて変形される。

　この点をもっと明確にするための試みとして，数学の世界からの説明が有用である。$(a) \times (a)$，もしくは，a^2という，aという文字によって象徴される数学的変数とその掛け算によって生み出されたものとの関係について考察してみよう。aはa^2の中に「含まれている」，もしくは，保存されているが，その元々のアイデンティティを「完全に消したわけではない」にせよ，明らかに終えている。同じように，私は超産業社会がポスト産業文明に連動した科学的研究や知識，技術の適用，その他の価値観の精神を保存する一方で，産業社会的価値観──すでに本書で議論してきたような，限界なき経済成長や産業主義，競争心──やその世界観，派生的な社会制度がもつ不快な側面を本質的に終える，もしくは，消すと考えている。端的にいえば，「異なったレベル」へと産業社会的な特性を止揚することによって，より合理的で望ましい中心的な価値観と社会生活を具体化するための新しい社会秩序の中に，規範的により高次の──より望ましい──環境的に持続可能な水準を達成することになるだろう。

第10章 結論

　ポスト産業文明に対する「成長の限界」批判を，人間の労働の代わりに機械を利用する初期産業社会の典型的な構成要素に対する，19世紀におけるラッダイト運動の現代版だ，と誤解しないことが重要である（訳注：ラッダイト運動は，1810年代にイギリスの中・北部地域織物工業地帯で発生した機械破壊運動のことである。産業革命による機械の普及によって，仕事を失うことを恐れた労働者が起こしたとされる）。私は（ポスト産業化された世界にいる）私たちを過去の農耕の前産業社会時代に退行させるために，ポスト産業社会の超産業社会への転換を推しているのではない。新しい反産業社会的な社会運動のある批評家はそのような断定された古い目的との関連で，次のように批判している。「プチブル（中産階級―新しい社会運動の構成員）は，……（中略）……新しい社会を過去，つまり，神話的で神秘的な過去に求めている。差し迫った格下げを防ぐために，そうした過去を再構築することが意図されているのである」(4)と。私は新しい社会運動をこのように表現することに賛成できないし，産業社会に対する超産業社会という私独自の概念にこのような説明を当てはめることをはっきりと拒否する。私の見解には，次に述べる理由から，「過去の中に新しい社会を求める」ということは断じて含まれない。

　まず，それ自体受容できない，産業文明に対する批判者がしばしばロマン化する前産業社会的な生活の側面——そのようなロマン化を「神話的」（mythical）や「神秘的」（mystical）とみなすことは妥当かもしれないが——がある。現代産業社会の災難に対する救済策としてこの社会秩序を賛美することがないように，イングランド地域の前産業社会的な生活の望ましくない数多くの要素を考察しなければならない。歴史的な議論においても，20世紀後半の読者たちに，前産業社会時代のイングランド地域の家族や労働条件，強固に階層的な階級間の社会関係，個人の健康や公衆衛生の点で，産業社会と比較して「失われた」世界の悲惨さを伝えようとしている。その知見は，先進産業社会における問題点としての社会的な代用品を前産業社会の生活に求めようとする，いかなる先進産業社会の批判者たちをも大変驚かせるものである。

> 　私たちが失った世界は私がそう呼ぶことにしたのだが，平等や寛容，情愛のパラダイスでもなければ，黄金時代でもない。産業社会の到来が経済的抑圧や搾取をもた

第Ⅳ部　超産業社会的価値観

らしたとみることはできない。それはすでにそこにあったのだ。[5]

　この前産業社会時代のイングランド地域における生活の厳しい状態をはっきりとさせるための一つのデータがラスレットの主張の裏づけとなる証拠として使えるかもしれない（あたかも，貧しく前産業社会的な第三・第四世界の国々の生活を観察する現在のポスト産業社会の観察者がさらなる証拠を求めるように）。

　　私たち自身の日常生活の経験と私たちの［前産業社会時代の］祖先とを比較する際に，平均余命がいかに重要であるかということは今や明らかであろう。……（中略）……17世紀のイングランド地域の誕生時の平均余命は30歳代と低かったのである。[6]

　第二に，たとえここで与えられた前産業社会的なイングランド地域の社会生活の描写がそれほど否定的なものでないとしても，そして，たとえそのような前産業社会の生活への見方が，論争を経て指摘されたような社会問題があるにせよ，全体としては望ましいと判断されたとしても，前産業社会的な農耕社会の秩序を再構築することは50億人を超える地球規模の人口と恒常的にそれが増加し続けていることを考えると，現実的に可能ではない。そのような巨大な人間集団に生活のための基礎的な物質的必要物を供給することだけでも，先進産業社会の研究者たちや技術者たちが集めうる，あらゆる科学的知識と技術的手段が必要であろう。

　（集計値として）現在最も物質的に豊かな先進産業国家に，財の生産水準を減らして簡素な（そして，物質的に窮乏した）前産業社会時代の生活様式に戻るように対応方策を考えることは，ひどい見当違いであろう。そのような政策は先進産業社会的な物質的生産性に依存する数億人（数十億人ではないにしても）もの人々にとって死刑宣告のようなものであろう。したがって，私は古代ギリシアのポリスとその称賛しうる価値特性，特に，政治や公共的生活を最重要とすることについて好んで言及するけれども，私の見解は先進産業社会の世界に生きる私たちは古い前産業社会的なユートピアに回帰できることを——また，もしもできるならばそうすべきだということを——意味している，と誤解しては

第10章 結論

ならない。

　先進産業社会の人々が直面する巨大な挑戦は彼らの文化の止揚を達成しようとすることである。つまり，彼らの社会秩序の中の有害な規範的基礎を止める，あるいは，消す一方で，その社会秩序の特性の一部を保存するという，ヘーゲル的な意味においてアウフヘーベンさせるのである。このことは，限界なき経済成長と競争と物質主義にもとづいた社会的尊敬という産業社会の価値観を自己破壊と産業文明の社会的な害悪から回避し，より大きな人間の利益のために産業主義の生産性を利用するような（必ずしも全く新しいものではない）より受容可能な価値に置き換えることによって，達成可能であるように思われる。

　超産業社会には，「雪の降る森を散歩すること」から得られる審美的な喜びのような，物質的価値よりも高次の非物質的価値を鼓舞し，発展させ，実現する，より多くの余暇時間を生み出す可能性が存在する，と私は確信している。例えば，非物質主義的な超産業社会は，職場の民主主義的組織を取り巻く真の参加民主主義における共同体（コミュニティ）のような超産業社会的価値観や社会構造へと転換することによって，現に存在する計り知れない害悪や前産業社会的な労働疎外を取り除くことができるであろう。

　人類は，癌やエイズといった古くて新しい苦しみを根絶するために，より多くの技術的な創造や前進を必要としている。私たちはまた，産業化による物質的充実によって，基本的ニーズをまだ満たしていない人々にも物質的に満たされた生活の恩恵を経験してもらわなければならない。ローマクラブの最初の報告書の著者たちのように，ここでの議論を通して，私は世界の極貧地域においては，生存ニーズを満たすための経済成長が一刻も早く必要であることを認識している。というのも，それが現在の少数の先進産業社会を超えて超産業社会を世界中に展開させる前提条件だからである。世界中に適用される単一の正義の実現のためにはそれが必要なのである。

　オルタナティブな超産業社会的価値観をここで包括的に描き出すことはできないが，それでも手短に考察しておくべきであろう。支配的な産業社会的価値観の欠陥が認識され，私たちの産業社会的な幻想が撲滅され，そして，私たちの悲嘆――産業文明の危機――と結びついた社会的な絶望が終われば，オルタナティブな超産業社会的価値観は産業社会的価値の転換に関する私の議論の一

般的な特徴を反映するだろう。

　ロナルド・イングルハート（Ronald Inglehart）は、「ポスト物質主義が強固な現象である、ということを示す証拠がある。近年の不景気にもかかわらず、それは中高年齢層に根強く存続しているばかりか、ますますその浸透度が高まっている」という命題を経験的に支持しようと試みている。⁽⁷⁾

　同じ論文の中で、イングルハートは、以下のものをポスト物質主義者の目標として、あるいは、私がいうところの、「超産業社会的価値観」として定義している。すなわち、「仕事にもっと口出しすること」、「より人間味のある社会」、「政府にもっと口出しすること」、「思想が価値をもつ社会」、「より美しい都市」、「表現の自由」、などである。⁽⁸⁾　これらの質問票調査の選択肢には、私が焦点を当ててきた超産業社会的価値観が反映されている。つまり、職場民主主義や共同体（コミュニティ）、すべての人にとってのより満たされた自由な生活などである。イングルハートによるポスト物質主義的な、あるいは、超産業社会の運動の例には、女性運動や消費者のアドボカシー運動［訳注：消費保護を目的とすることを社会提唱していく消費者運動の市民運動のこと］、環境運動、反原子力運動などがある。⁽⁹⁾

　この点において、先進産業社会の内部でその転換を成し遂げる新しい社会運動の重要な役割について、後の議論のいくつかを先取りしよう。現在の支配的なポスト産業社会的価値に対する代替的な価値と社会構造の緊急性を最も包括的に理解し、かつ、認識していると思われるのは、新しい社会運動の構成員であると思われるため、超産業文明にとって示唆的なものとして、社会転換の価値に関する緑派の人々の考えを紹介したい。

　イングランド地域の緑の党（Green party）のあるリーダーが「エコロジーの政治」（the politics of ecology）と呼ぶ反産業社会的パラダイムをもつ緑派の人々は、産業社会的価値観と対照的な超産業社会的価値観について詳細な情報を与えてくれる。彼は二つの完結した世界観や社会パラダイムの相違と同様に、これら二つの価値の相違に何が関係しているのかを理解している。産業主義的価値観とエコロジー、ないし、超産業主義的価値観との差異について検討してみよう。

第10章 結論

産業主義の政治	エコロジーの政治
・精力的な個人主義のエートス	・協同を基盤とするコミュニタリアン社会
・純粋で，簡素な物質主義	・精神的な，非物質主義的価値への移行
・人間中心主義	・生命中心主義
・家父長的価値	・脱家父長的，男女同権的価値
・経済成長と GNP	・持続可能性と生活の質
・高い収入格差	・低い収入格差
・需要喚起	・ボランタリー・シンプリシティ（自発的簡素性）
・目的への手段としての仕事	・それ自体が目的としての仕事
・階層構造	・非階層構造
・専門家への依存	・参加的関与
・代表制民主主義	・直接民主主義
・国民国家の主権	・国際主義と地球規模の連帯
・資源としての環境管理	・資源の有限性への正確な認識[10]

　産業社会的価値観と超産業社会的価値観との間の重要な個別の規範的葛藤について十分に議論することは本章の範囲を超えているが，このリストが規範的な政治理論家や政治学者たちに刺激を与え，ポスト産業社会の人々がこのような超産業主義的価値のスキームによって提起された多くの論点をより深く追求するようになることを期待したい。例えば，精神性を達成する協同的な共同体(コミュニティ)の構築や人類にいかなる固有の優越性もなく，すべての生命が貴重である，と考える生命中心主義への転換，男女の性的平等の実現，経済的平等を達成することによって，すべての人に自己充足的な仕事を供給すること，参加民主主義の創設，地球規模の連帯と公正の実現，である。最後に，社会変動のための超産業社会的な構想と運動全体を喚起する特徴を認識しておく必要がある。それは地球上の資源と人間の条件の有限性であり，それがこれらの限界と整合的な新しい社会秩序を生み出すのである。

　イングランド地域の緑の党に加えて，アメリカの緑派の人々［訳注：環境主義的な市民活動団体］にも触れておくべきだろう。通信委員会（The Committees of Correspondence）——この名称はアメリカ革命における草の根の政治組織に由

第Ⅳ部　超産業社会的価値観

来している——として知られる，地域的な緑派の組織のアメリカ連合（the American confederation）が次の「10の基本的価値」（Ten Key Values）を提起しており，それが会員資格の基準を形成している。(11)特に，すでに述べた「産業的収斂のテーゼ」（the industrial convergence thesis）にとって，アメリカの緑派の人々がこれらの価値を「政治的左派も右派も十分に議論してこなかった」ものだと考えていることについて指摘しておくことが重要である。環境運動の世界中の「どちらの家にとっても厄介者」というアプローチは，緑の政治は「左でも右でもなく，前面の政治」である，という彼らのスローガンによってシンボル化されている。(12)

緑派の人々の「10の基本的価値」とは，「エコロジー的な叡智」，「草の根民主主義」，「個人的・社会的責任」，「非暴力」，「ポスト集権化」，「共同体（コミュニティ）を基盤とする経済」，「ポスト家父長的価値」，「多様性の尊重」，「地球への責任」，「未来への視点」(13)である。これら各々の価値の後に，何を意図しているのかをさらに描写し，これらの理念の拡張可能性と適用可能性を手短に示すという一連の問題が続く。この箇所の例示としては，一つの例をあげれば十分であろう。「エコロジー的な叡智」（ecological wisdom）について，アメリカの緑派の人々は次のように問う。

> 私たち人間は自然の頂点ではなく，その一員である，と理解すると，私たちは人間社会をどのように運営すればよいのだろうか。私たちの技術的知識をエネルギー効率のよい経済への挑戦に適用しつつ，地球上の環境的な限界と資源の限界の中で私たちが生きていくにはどうすればよいだろうか。私たちは都市と農村とのよりよい関係をどうすれば築くことができるのだろうか。私たちは人間以外の種の権利をどうすれば保証できるのだろうか。私たちはいかにして持続可能な農業を促進し，自己制御する自然システムを尊重することができるのだろうか。私たちは生活のあらゆる領域で生命中心主義の叡智をどうすれば促進できるのだろうか。(14)

超産業社会における社会秩序における，代替可能な価値を列挙し続けることだけでは生産的ではないし，読者が社会秩序の輪郭としてこれらの超産業社会的価値観についての考えを手に入れるには，これまでの議論ですでに述べたこ

第10章 結論

とに十分示唆されているだろう。(通常の意味での) 産業主義に対する「成長の限界」の立場からの批判がもつ価値観とオルタナティブな超産業社会の社会パラダイムと価値観を明示的に支持する人たちの価値観とは，相当重なりあう。このことは予想できるように，限界なき経済成長や限界なき競争的の物質主義といった産業社会的価値観にもとづくことは，その批判者や規範上の敵対者からの攻撃に晒されるということである。あらゆる反産業主義の理論家は通常，前産業社会的な約束が誤った望ましくない性質を有している，という認識を共有していることを述べておくべきだろう。その認識とは，つまり，実現不可能な限界なき物質的蓄積と自己矛盾した競争的なすべてのものにとっての成功である。

　超産業主義的価値観に関するこうした目録について考察する際に，ポスト物質的な価値観と「エコロジーと社会的責任，草の根民主主義，非暴力」[15]という緑派の人々の基本的な価値観，あるいは，私が第Ⅳ部のタイトルによって伝えようとしたことには，同じ中心的な主張が含まれていることに気づくことが重要である。それは，いずれも，新しく，かつ，より持続可能な人間が自己充足できる文明を創造するために，現在の前産業社会的な世界観や制度を転換することをめざしている，ということである。この転換は次のことを確実にするだろう。すなわち，人間以外の自然や地球上のあらゆる生物の環境的な相互依存性に深い敬意を払うことに加えて，次のエルンスト・F. シューマッハ (Ernst F. Schumacher) の副題，つまり，「人間の問題」(people matterd) や，イングランド地域の緑派のマニフェストにある「生命のための政治」[16]，あるいは，私がここで強調する，「生活と自己発展の方法としての政治」である。私が本書の副題を「先進産業社会の再政治化」とした際に思い描いていたのは，この種の政治である。

　超産業社会的価値観についての説明を次のことを引用することで結論づけたい。すなわち，ヨーロッパの緑派の人々の「ヨーロッパは緑の社会になるのか，それとも，全くそうならないかだ」[17]というモットーを言い換えれば，「人間の文明は，緑の社会や超産業社会になるのか，それとも，全くそうならないかである」。

　一つの説明が超産業社会とその価値観がもつ卓越した性質を明らかにするのに役立つであろう。オルタナティブな超産業的価値観に関する「成長の限界」論者の主張には，ある合意が形成されているように思われる。この規範的な合

意には，あらゆる成人がその社会の公共的な意思決定過程に参加する機会を十分にもつ，真の民主主義の創造を重視していることが含まれる。この参加はエコロジー的に持続可能で，望ましい超産業社会秩序の創設に必須の構成要素として考えられている。

しかし，超産業社会的価値観のスキームがもつ民主主義的な側面に加えて，他の要素，つまり，協同的な共同体(コミュニティ)や経済的な平等，自己充足的な仕事，国際的な正義も，「成長の限界」論者が産業主義に対して行ってきたのと同じように，幻想や不可能な目標という非難に対しては脆弱なように思われる。例えば，参加民主主義についていえば，現在のポスト産業社会的なヘゲモニーの擁護者である成長推進派——通常はエリート主義者——は決まって，大規模な先進産業社会に参加民主主義を導入する提案を，「非現実的」(unrealistic)，とか，「神話的で，神秘的」(mythical and mystical) な過去の「虚構の共同体性」(fictitious communality) の例証として中傷する。成長支持である現状を擁護する人たちは間違いなく，同じような非現実的という非難を他の超産業社会的価値観に対して行うであろう。

私はこのような非難に同意しないが，その理由が——「アウフヘーベン」というヘーゲル的な意味での——超産業社会の世界観と社会構造の卓越した性質に関して，すでに述べたいくつかのポイントを明らかにするかもしれない。この文化は全く望ましくない価値ではないとしても，ユートピア的で，幻想と不可能に満ちた前産業社会的な性質を引き合いに出す必要はない。むしろ，その先行者たるポスト産業社会の物質的な成果を利用する，真の超産業社会になりうる。例えば，先進産業社会においてすでに達成された技術的革新や予見可能な未来をめざして計画された革新は，アメリカのように大規模な人口間でのマス・コミュニケーション（双方向でさえも）のための技術的な手段を提供する。これによって，一般大衆が参加する民主主義は実際には不可能である，というよくある不満に対して効果的に異議を唱えることができる。「テレデモクラシー」(teledemocracy)（あるいは，「ビデオデモクラシー」〔video democracy〕）についての研究が発展しており，ケーブルテレビ技術を用いて，集団としての意思決定過程の議論や論争に必要なコミュニケーションの，かつては克服できなかった障害がいかに実際に克服されるかを説明している。[18] オハイオ州のコロンバス

第10章 結　論

におけるタイム・ワーナー社とアメリカン・エキスプレス社の現存するキューブ・システム（Warner-Amex CUBE System）やペンシルベニア州のレディングに敷設された双方向のビデオ・コミュニケーション・ネットワーク，ビデオ・テキスト・サービスはすべて，参加民主主義に反対する人たち――あるいは，参加民主主義の支持者ですら――夢にも思わなかったような様式で，大規模な政治的参加の手段があることを証明している。[19]

　現在の技術（コンピュータやFAXなど）やこれから到来する技術があれば，コミュニケーションやタウンミーティング，公開討論，集団としての意思決定はすべて何千マイルもの距離を越えて，何百万人もの人々の間で実行可能になるであろう。世界規模でのコミュニケーションの能力と可能性は，1985年の「ライブ・エイド」（Live Aid）のロックコンサートについて，伝えられるところによれば，地球全体で20億人と推定される観客が視聴したことによって証明されている。実現不可能であり，単なるユートピアと考えられてきた古い民主主義の価値観を実現するために，このようなコミュニケーション技術の進歩を活用すればよいではないだろうか。もし50億人以上がいる現在の世界で，超産業社会における中心的な価値の一つ――参加民主主義――を達成しようとするならば，科学技術の貢献に対する認識が必要不可欠であろうが，もちろん，それだけでは十分ではない。良質な教育や生活のための物質的ニーズを満たすといった他の領域における改善が同じように必要であろう。この第Ⅳ部を通して私が示そうとしてきたように，ポスト産業社会を超越することは，ある特性を保存する一方で，別の特性を拒絶することを意味するのである。

　超産業社会的価値観といわれるものの中には，真に新しい価値観というものはないというのは明らかだということについて，弁明すべきではない。私たちは地球規模で過去の前産業社会の社会構造に回帰することはできないし，それを望むべきではない。それでも，過去の社会の規範的な洞察や経験は来るべき超産業文化の諸制度のための価値観や示唆について豊かな源泉を与えてくれる。緑の党のあるリーダーは，この重要な点について次のように正直に打ち明けている。「環境問題(エコロジー)について知れば知るほど，私たちがいっていることには何も新しいことがないということがますますよくわかる。今日の緑の政治は，まさに異なる世代と関連した古い英知の再発見なのである」と。[20]

301

第Ⅳ部　超産業社会的価値観

　同じように，私は有効な先進産業技術を利用しながら，根本的に異なった社会的場面で実行されたギリシアのポリス（都市国家）に倣って，超産業文明の再政治化のための対応方策をモデル化した。社会思想の歴史を通じて，非物質的な価値と人間のニーズは通用していたし，また，存在することもできた。しかし，それを実現するために物質主義的とまた，生物物理学的な生存を乗り越えることができたのは，ごくわずかな人々だけであった。現在の産業文明の危機において人類が直面している危機を全く新しい価値観と制度の創造をもたらすものだと定義すべきではないのだ，と改めて述べよう。むしろ，私たちは過去の価値の中の叡智を認識し，人類が直面している現在の課題を以下の達成すべき目標の一部として定義すべきである，と思う。それは，「協同を基盤とするコミュニタリアン社会」，「直接民主主義」，「より精神的で，非物質的な社会への移行」，そして，「ボランタリー・シンプリシティ」（自発的簡素性）である。

　現代の社会理論家であるクラウス・オッフェ（Claus Offe）も，超産業社会時代の社会運動の価値観には新しさはない点について認識している。しかしながら，彼は私よりもさらに議論を進めている。

> 新しい政治的パラダイム［私がいうところの超産業主義］の支持者が提唱するあらゆる価値や道徳的規範はしっかりと過去2世紀にわたる近代の政治哲学（と美学理論）に根づいていて，中産階級と支配階級の進歩的な運動の遺産を受け継いでいる。[21]

　彼はこの価値は近代性(モダニティ)を共有しているので，新しい社会運動の規範的志向性は「脱近代的(ポストモダン)」でも，「前近代的(プレモダン)」でもない，と結論づけている。

> 新しい社会運動が提唱し，守っている価値観は，「新しい」（new）ものではなく，支配的な近代文化のレパートリーの一部である。このことが，明らかにこの運動を「前近代的(プレモダン)」と「脱近代的(ポストモダン)」のいずれかから生じてきたものとして考えることを困難にしている。[22]

　私の見解はこのオッフェの分析とは明らかに異なっている。オッフェとは対照的に，私はポスト産業主義に対する「成長の限界」批判の中に固有の強力な

第10章 結　論

反近代的な価値と緑派の人々や多くの世界規模の環境主義者のグループのような関連する新しい社会運動が存在している，と確信している。ここには，本書で議論してきたような価値が含まれている。例えば，自然への敬意と有限な自然や人間によって提示された限界や近代における限界の否定に対する反成長の立場からの拒絶，反個人主義，反競争，反物質主義である。端的にいえば，超産業主義の反ホッブズ的な，反自由主義的な価値観は実際のところ，その核心においては反近代的である，ということを私は論じてきた。さらに，政治生活への畏敬や過度の物質主義と個人主義に対する批判は超産業社会における社会秩序にとって非常に重要なものであるが，私たちが検討してきたように，近代の社会生活や経済思想・政治思想とは調和していない。

　私も超産業社会がもつ価値観のすべて——これには，完全には実現されなかった古い価値観もあるが，これがもしも採用され，また，実行されていれば，超産業社会時代の人々の生活の質を劇的に向上させていたであろう——が新しいとは思っていない。しかし，オッフェの新しい社会運動の記述には同意できない。私は圧倒的な数の運動が現在のポスト産業社会のパラダイムと限界を受け入れた超産業社会への根本的な変動のための社会組織である，と考えている。その構成員が自分たち自身の規範的基盤や産業主義の基盤を吟味できていなかったり，自身の政治的特徴を見落としていたりすることから，それほど特徴的にはみえない集団でさえも，実際はそのような変動を暗示しているかもしれない。

　新しい文明を計画するには，価値に関してゼロから始める必要はない，ということを認識しておくことが重要である。おそらく，そのような途方もない仕事が求める創造性は，現代の先進産業社会の社会的場面の特定の制度的構造や公共政策を通した，古い価値の履行に存在するであろう。オッフェの見解とは対照的に，超産業主義時代の社会運動は，実際は近代的(モダン)でもなく，完全に反近代(アンチモダン)というわけでもない，と主張したい。ジョン・イーリー (John Ely) が結論づけているように，新しい社会運動は，「反近代の価値観か，それとも，近代の価値観か」ではなく，「近代化が形成され創設されてきた条件の外部に，オルタナティブな近代」を提示しているのである。[23]

　私のみるところでは，超産業社会をめざす集団はアウフヘーベンされた近代

を求めている。そこでは，(科学・技術のような) 近代の社会構造と，(寛容や個人の自律のような) 近代の価値観のいくつかの要素が保たれている。この後者の意味において，また，この意味に限って，超産業社会は近代的，ないし，ヘーゲルの言葉でいうと「保存されている」(preserved) のである。しかしながら，これらの近代の諸相は限界なき経済成長のような根本的に近代の価値観が「失われている」(cancelled)，そうしたはっきりとした反近代的文明の中に存在するであろう。おそらくこれが，「オルタナティブな近代性」(alternative modernity) という言葉でイーリーがいわんとしているものではないだろうか。

　産業社会が，私がいうところの，超産業社会へと転換することは反近代でもあり，近代でもあるということを強調しておきたい。つまり，私たちは取り消して別の水準で保存するという，ヘーゲル的な意味での「アウフヘーベン」によって近代を乗り越えるのである。ここで二つの古い格言を引用しておこう。つまり，「籾殻と共に小麦を捨てるべからず！」であり，「産湯と共に赤子を流すべからず！」なのである。

2　新しい社会運動と産業社会の転換——終焉なきものの始まり

　「成長の限界」論の中の一つの典型的な要素，すなわち，誤った危険なパラダイムと社会秩序を修正するための代替的な社会構想を求める，産業文明の批評家の要求によって構成される立場は以前から提起されてきた。例えば，ローマクラブの代表のアウレリオ・ペッチェイ (Aurelio Peccie) は，1980年代初めに，来るべき「決定的な10年間」について書き，「人間革命」の必要性を訴えて，産業社会論が変革されない場合に人間が直面する，起こりうる大災害の分析を結論づけている。ペッチェイによれば，この必要な革命には次のことが含意される。

　　基本的に新しい思考様式……（中略）……それは，私たちの内部のバランスを矯正
　　する新しい価値システムや私たちの生活の空虚さを満たす新しい精神的・倫理的・
　　哲学的・社会的・政治的・審美的・芸術的な動機の高揚を促すに違いない。さらに，
　　それは私たちの最も貴重な所有物であり，ニード（必要性）である，愛情や友情，

第10章 結論

理解，連帯，犠牲心，賑わいといったものを私たちの内側に回復させることができるに違いない。[25]

ローマクラブの指導的な思索家の一人は，「成長の限界」論を有名にしたこの組織の国際的に影響をもった出版物について回顧録を書いており，「成長の限界」論の強みと弱みの両方を例証している。エコロジー的な意識［訳注：環境問題の中でも，自然の生態系の価値を重視していく考え方］を土台にした鋭い攻撃が産業主義的思考と社会構造の転換を必要とする人間の自己破壊という予測される脅威を伴いながら，産業文明とその世界観に向けられた。しかしながら，私がこれまで示そうとしてきたように，この重要な書物は手段の欠如の誤謬という欠陥によって特徴づけられる。「成長の限界」に関する著作物全体に典型的な，この不幸な弱点の一例は次の明確な記述に顕著にあらわれている。「価値観の根本的な変動」の必要性を主張した後で，ある「成長の限界」論者は次のように書いている。

> 本書は一度，人々がこれまでに辿ってきた経路を継続する危険を認識した後，いかに彼らがその行為に新しい認識を反映させたらよいのか，どのように現在の私たちの社会を支配し，指示する政策を変えることに精を出すべきなのかを助言するものではない。[26]

本研究の主要な目的の一つはこれまでのところ，全体としては「成長の限界」に関する論争が不在であった政治理論家たちに，産業社会の批判として経済的な「成長の限界」が提起した重要な政治的課題を認識させることによって，こうした深刻な政治的怠慢を修正することである。今やペッチェイのいう，「決定的な10年間」の終盤で1990年代が始まっており，1000年間の終わりに近づいているが，私たちは，「成長の限界」分析の最終章で示されている，新しい反産業社会の構想に関する善意の，しばしば称賛に値するが，政治的には幼稚な訴えを超えなければならない。社会変動の研究者やポスト産業社会の政策立案者，一般の人々と同様に，政治理論家たちは今や産業文明の転換に関する論争を扱わなければならないし，「成長の限界」論者たちの社会革命への懇願

が実際上の意義を欠いた，狭いアカデミックな領域に限定される単なるレトリック上の，ユートピア的な黙想ではない，ということを明らかにしていく必要がある。

これまでの私の議論では，私は「成長の限界」論の類型について検討してきた。そのほとんどがエコロジー的な診断をしており，おそるべき災害を数多く述べた後に，曖昧な改善方法を提示することに止まっており，いかにして緊急の社会変動を実現することができるのかという議論をほとんど，あるいは，全くしていない。私は基本的な価値観の何が間違っていて，どのようなオルタナティブな価値観に置き換えるべきなのか，という産業文明の規範的基盤に関する冒頭の重要性を強調することによって，「成長の限界」論の幅を拡張することを勧めたい。「成長の限界」に関する著作にみられる不作為的な誤りはその効果という点で，産業社会を転換する一つの源泉として不利に作用してきた。「成長の限界」論の支持者は産業主義に対する環境的な批判に集中しすぎて，その後の超産業文明の性質や構築のための手段を軽視してきたのである。

「成長の限界」論者の欠点に関して，現代のSF小説にある核の大破壊や大規模環境破壊といった，終末論的見方について述べたある政治学者は，「成長の限界」論の評価やそれが先進産業社会に提起する挑戦にとって重要と思われる次のような一文で締めくくっている。「私は，さまざまな現代の環境運動や平和運動はあまりにもその主張を絶望的な出発点に置きすぎてきたと思う」[27]と。彼は続けて，自身の平和運動への参加を記述し，「成長の限界」論の悲観的分析と比肩しうるその運動の災害観を述べている。

> このような巨大な死のシナリオは20世紀後半の核戦争の経験への理解を具体化してきたかもしれない。だが，それらはまた，聴衆の多くを心理的に麻痺させ，政治的な非流動化の効果を生み出しがちであった。……（中略）……否定的な批判では十分ではないのである。
>
> この絶望を超える第一歩は核戦争の危害や脅威に関する批評を政治的な基盤へ導入し，人々に，「そのような危険がいかにアメリカ社会の深い政治構造と不可分のものであるか，を熟考する」ように促すことである。[28]

第10章 結 論

　上記の論考を現在のポスト産業社会の危機と「成長の限界」分析に当てはめてみると，本質的な意味において，本書の主題の一つを照らし出してくれる。「産業文明の死」を提示することによって，私は限界なき経済成長という産業社会的価値観が生み出した脅威の性質を理解しようと試みてきた。平和運動についての上記の本の著者が述べているように，産業社会に対する「成長の限界」論の「最後の審判の日」(doomsday) 論の多くが，「心理的に麻痺させ，政治的な非流動化の効果」をもっていることを私も意識している。それゆえに，差し迫った災害を回避するために何をなすべきかについての，前向きで実現可能な提案が伴わなければならない。こうした脅威の政治的な基盤とその崩壊の政治的な性質に最も大きな重要性を与えるべきなのは，このためなのである。産業文明への脅威はアメリカの資本主義的な政治や成長に基盤を置く社会主義社会だけでなく，より広範な——そして，より深い——産業社会的な政治それ自体の中で「深い政治構造」と連動しているということを示すことによって，私はこの点を説明しようと試みてきた。

　いかに超産業社会の社会秩序を生み出すのかという問題は，産業主義に対する「成長の限界」批判を政治的な基盤とその深い構造に持ち込む場合に固有のものである。この第Ⅳ部で，私はオルタナティブで，理想化された産業社会，あるいは，超産業社会の規範的な基盤の素描を開始した。この議論をまとめる前に，この超産業社会が現実になる可能性を考察しておく必要がある。端的にいえば，先進産業社会は本当に転換できるのだろうか，ということである。

　私はすでにそのような壮大な政治的プロジェクトに対する悲観主義の数多くの源泉を忠実に列挙してきた。それでもなお，致命的な産業社会の価値や制度，思考様式を延命させるような，政治に対する全体的な絶望や運命論的な現実逃避主義しか生み出さない，過度に否定的な印象を与えたくはない。次の点について問うてみよう。強力な保守的な力を無効化するために，どのような超産業社会主義の力が現在，存在しているのだろうか，と。

　限界なき経済成長を含む私たちの産業社会的な幻想の死を認識することは，第一に啓発的であり，第二に，そのような認識がどれほど苦しいものであっても，個人的な転換と社会的な転換が可能なのは危機の場合だけである。中国人やフィリップ・J．スレイター (Philip J. Slater) が認識しているように，危険に

第Ⅳ部　超産業社会的価値観

もかかわらず，認識があれば機会がやってくる。

　私は先進産業社会を転換する，世界規模の社会運動の役割を強調してきた。[29]運動の創造と拡大，運動を生み出し参加する人々の目標が産業文明を持続可能で限界を認識するような望ましい社会秩序へと転換する努力についての，楽観主義の実質的な根拠を与えてきたと思う。私は産業社会の転換を鼓舞するさまざまな源泉についても述べてきた。例えば，1987年の選挙におけるドイツの緑の党（German Greens）への投票や1989年のヨーロッパ議会選挙におけるヨーロッパ中での緑の党への投票の増加である。イングルハートの実証研究によれば，脱物質主義者の「静かなる［価値観の］革命」——「静かなる」（silent）という言葉が成長に基盤を置く産業メディアによってほとんど特筆されていないことは驚くべきことではないが——が誕生したが，おそらくより重要なことは選挙区の荒れ果てた経済的発展にもかかわらず，その支持者が現在も増加し続けていることである。レスター・ミルブレイス（Lester Milbrath）の直近のデータでは，環境活動団体におけるアメリカ人会員数は1500万人から3000万人であるが，そのうち40万人から50万人が環境主義者（environmentalists）として活動をしており，さらに世界規模での環境主義の普及を支えていることを示している。[30]またさらに，別の調査データはアメリカに代表されるように，先進産業社会の人口の相当数が超産業社会的価値観を採用していることを裏づけている。[31]また，1988年のアメリカの異常な夏の間，深刻な環境問題の脅威が一般の人々に明らかになったこともあげられる。

　頑なに成長を支持する産業社会的価値観の擁護者はおそらく，産業社会の未来への転換可能性の始まりという指摘に対して，たとえそれが1980年代後半に観察できるとしても，1970年代の「成長の限界」に対する一般の人々の関心のピークに続く出来事という観点から，時代遅れだと異議を唱えるであろう。こうした反対者は続けて，次のようなその後の困難さを提示することによって，「成長の限界」に関する調査報告書の中心的な狙いと革命的変動への暗示的な要求を拒絶するであろう。「ロナルド・W. レーガン（Ronald W. Reagan）（と副大統領だったジョージ・H. W. ブッシュ〔George H. W. Bush〕の1988年の勝利）とマーガレット・H. サッチャー（Margaret H. Thatcher）の驚異的な選挙での勝利，ヤッピーが象徴化する明らかな物質主義と自己没入，『貪欲さの時代』（greed in) などみられた。これらはすべて，産業社会の人々が産業社会的で競争的な，また，物質主義的な成長を支持する世界観へと大量に回帰することによって，超産業社会運動が敗北したことを示しているのではないのか」と。この仮説的な批判は，さらにこう続ける。「ジミー・カーター (Jimmy Carter) の1979年の『停滞』(malaise) 演説は，今や根本的に不適当な，政権の誤った否定主義——1980年の選挙において，成長を支持する対立候補による攻撃が成功したことが示しているように——としてみなされており，その欠陥はレーガン政権の極端な成長優先政策によって訂正されたのではないのか。さらに，原油価格の急激な下落と1980年代の石油の過剰供給に加えて，内部の不和による OPEC の明らかな力の衰退はすべて「成長の限界」の立場からの批判が「最後の審判の日」を唱えた先人たちと同じように誤った分析をしていることを示しているのではないのか」と。さらに，成長支持者の異議を考えることはできるが，ここで止めておこう。というのも，その異議の性質は本質的に変わらないからである。つまり，説明は変化するかもしれないが，限界なき経済成長という産業社会的価値観を基本的に支持するという点では同じなのである。

　時代遅れという非難に対して，ワールドウォッチ研究所 (the Worldwatch Institute) が刊行している『地球白書』(*The State of The World*) の年次報告を引用しよう。1984年に創刊された同書は，ローマクラブの報告書が最初に提示した環境の大破壊の脅威は現在も，人口や資源，環境に関して非常に多くの地域で有効であることを示している。明らかに環境危機は増大化しており，成層圏のオゾン層の破壊のような新しい危機が発見されつつある。——環境問題に関する本の売り上げや学術的文献や大衆紙での引用に反映されているように——年次報告が示した強い関心からは，成長を擁護する批判者が否定した成長の生物物理学的限界についての，一般の人々の関心や学問的関心が増大していることがわかる。海洋汚染や地球温暖化や廃棄物除去の危機，カリフォルニア州における経済成長反対運動（現在は他の西海岸の諸都市にも広がっている）はすべて1988年に起こったことであるが，これらに関する記事やテレビ報道の洪水についても考えてみればよい。

　これらの発展がもたらした政治的影響を補強したのは，ブッシュ大統領が環境問題を強調し，政策修正を提起して，1988年の大統領選挙期間中には自身が

「一人の環境主義者」(an environmentalist) であると宣言したことである。1989年の春,「大気浄化法」(Clean Air Act) の修正を提起したことで,彼は単なる美辞麗句を超越したのである。

私たちは日々,「騒音や大気汚染,水質汚染,人口過剰,ゴミ処理,有害廃棄物,核廃棄物,土地や街並みの破壊,自然資源やエネルギーの枯渇」における環境的・人間的な限界に近づいており,それを超えはじめている。こういった負の影響が避けがたくなり,ワイルド流の悲劇,ハーシュ流の不満,ハーシュマン流の絶望,などが広がるにつれて,先進産業社会の人々は次第に社会転換の必要性を感じるようになるだろう。私たちは革命的変化を通じた社会的な矯正の方法だけでなく,私たちの関心や不満を組織的に表明することを求めるであろう。もし先進産業国家の内部に基本的な変動が生じる可能性や深刻な脅威によって引き起こされた社会的反応の相対的な速度に疑問をもつ者がいれば,AIDS危機とその際の一般の人々とエリート層の両方の反応の幅や速度,深さを検討すればよい。基本的な価値観や行動,公共政策の変化がすでに起きており,2～3年という短い期間内に生じると予測されている。

ルーファス・E. マイルズ, Jr. (Rufus E. Miles, Jr.) は成長の社会的・政治的な限界（複雑な先進産業社会を管理する,という本質的に行政的な問題）に関する自らの著書を次のような主張で締めくくっている。「アメリカ人に必要なのは,生存のための青写真ではなく,価値の根本的な変動と彼らを新しい方向へ導くコンパスである」と。エズラ・J. ミシャン (Ezra J. Mishan) はこれらの変動的な気分を繰り返している。

> 読者の中には,詳細な提案がないこと,さらには,政治的に実行可能な提言がないことに不満をもつ人もいるかもしれない。しかし,文明化された人並みの生活を急速な物質的発展の要求が日常的に取り巻いている時には,詳細な提案というのは,私が主要な仕事と考えているもの――経済的な出来事に対する私たちの習慣的な見方に根本的な変化が必要である,ということを人々に納得してもらうこと――の次の問題である。

マイルズの主張を発展させて,あらゆる先進産業社会の人々を対象に含めた

第10章 結論

いし,急進的な変動を経済的出来事に止まらず,より広い範囲に拡大したいが,次の二つの一節の基本点には同意する。産業社会の危機の核心には,産業文明の基本的な価値観が存在する。産業社会的価値観を転換しなければ,私たち自身も地球も救うことができない。マイルズやミシャンと同じように,私も制度や政策の変化に関する具体的な政治的プログラムの「青写真」(blue print) を描いてこなかった。これらの問題は,重要ではあるけれども,価値判断から引き出されるため,青写真を描くことは時期尚早であろう。私たちの制度を前進させる価値こそが最初に決められなければならない。どのような超産業社会的な共同体(コミュニティ)ができたとしても,ここで提示した超産業社会的価値観に続いて,この問題を民主主義的に形成し,さらに,決定していく必要がある。

　私たちは経済成長と物質的豊かさに関して,「成長の限界」の認識や地球レベルで定常状態になるために付随する必要性の認識を超えなければならないし,非経済的・非物質的な領域における成長を強調していく必要がある。私たちには,物質的事象や物質が示す競争的な地位の追求をすべての者にとって,環境的に健全で,協力的で,かつ,自己充足的で,自己発展的な民主主義的価値に置き換える「超産業社会」が必要なのである。

　本書では,次の二つの重要な課題に答えようとしてきた。すなわち,限界なき経済成長という産業文明の主要な目的をどのような価値観と置き換えるべきなのかという課題と超産業社会時代の人々がポスト産業社会の転換を達成するために,私たちが重視すべき理念をどのように実行していくのか,という課題である。

　まず,私は,「成長の限界」論争の政治的な重要性をより深く理解する手助けとなるように,政治哲学者を刺激して,これらの課題を取り上げさせようとしてきた。このことによって,「政治哲学者からほとんど指導がないままで,私たちは革命を起こしつつある」という主張がもはや真実ではなくなるであろう。ミルブレイスは1989年に出版した著書の中でこの挑戦を取り上げているし,私もこの試みに多少の貢献をしようと努めてきた。次に,私は一般の人々や政策立案者に対して,私たちが人生の目標や社会生活,他者との関係,競争と協力の役割を定義する方法にかかわる,産業社会的な世界観の根本的変化の必要性を意識させようとしてきた。さらに,私は,私たちの社会の中の還元主義や

第Ⅳ部　超産業社会的価値観

政治の抑圧を克服しようと試みる,人間の満足や発展に向けた政治の性質とその重要性を説明しようとしてきた。

　私には,産業文明に対する「成長の限界」批判が提起した,生死にかかわる複雑,かつ,広範な問題群を完全に解明することはできない。たとえ本書が同じ考えをもつ政治哲学者に,こういった問題に対する彼らの分析技術や思考の伝統を適用させるという目標を達成することに成功したとしても,私たちにはそのような広範な仕事を完結することはできないであろう。前述の課題の性質は非常に広範にわたる。つまり,それは人間の性格と社会生活の仕組みに関係がある。この課題は西欧文明の原初から存在してきたことであり,これを扱うには私たちの文化全体の最良の知（精神）が求められる。

　「成長の限界」論争が提起した根本的な問題とその後に続いて起こる産業主義に対する批判,超産業社会への転換のための対応方策,「繰り返し出現する課題」(37)を伴った政治哲学の全歴史は,ある賢人の言葉を思い出させてくれる。ユダヤ教の聖書である,トーラー（Torah—律法）についての研究において,ラビ・タルフォン（Rabbi Tarfon）は次のようにいったと書かれている。

　　「仕事を終わらせるのはあなたではないが,しかし,あなたはそれから解放されるわけではない(38)」。

この引用句に先立つ以下の一節で,本書を結論づけておこう。

　　「ラビ・タルフォンはいう。1日［人生］は短く,仕事は大きい。労働者［人間］は怠慢である。報酬は大きく,師は執拗である,と(39)」。

　確かに人生は短く,ポスト産業社会の人々が直面する仕事は巨大である。人間は実に怠惰であり,私たちはたやすく惰性に屈するし,変化とそれが生み出す苦痛や不安を恐れる。さらに,私たちは支配的な世界観と既存の社会秩序をもつ社会構造に挑戦したくないものである。しかしながら,もし啓発されたポスト産業社会の人々がこういった障害を克服し,骨の折れる仕事に立ち向かうならば,苦痛を与えない持続可能な世界がもたらす見返りもまた,巨大なもの

となる。ラビ・タルフォンにとって，師は執拗であった。私たちにとって，現代の人類が直面する差し迫った「成長の限界」問題も，無論，止むに止まれぬ強制的なものなのである。

〔注〕
(1) Lakey, 1973, p.28.
(2) Kaufmann, 1966, p.144.
(3) ヘーゲル『大論理学』(*The Science of Logic*) 1816年，第1章の注。引用はKaufmann, 1966のpp.180-181。
(4) Eder, 1985, p.890.
(5) Laslett, 1973, p.3.
(6) *Ibid*., p.96. 支持するデータは，p.97。
(7) Inglehart, 1977, p.890.
(8) *Ibid*., p.894, の表7など。
(9) *Ibid*., p.895.
(10) Porritt, 1985, pp.216-217. なお，この表は二つの世界観に関するジョナサン・ポーリットの対比のごく一部である。
(11) Spretnak and Capra, 1986, pp.229-230, を参照のこと。また，これらの「10の基本価値」はAmerican Greensの本部（通信委員会）でも入手可能。
(12) *Ibid*., p.xxvi.
(13) *Ibid*., pp.229-230. アメリカの「緑派の人々」(American Greens)の価値についての詳細な説明は，*Green Letter and Greener Times*の1989年秋の特別号「Green Program USA」，に書かれた，重要分野における彼らの戦略と政策アプローチを参照のこと。
(14) *Ibid*., p.230.
(15) 同書の第2章「新しい政治の原則」を参照のこと。そこでは，緑派の人々の四つの基本的な価値が議論されている。
(16) Porritt, 1985, p.223.
(17) *Ibid*., p.219.
(18) Becker and Scarce, 1984, および, Barber, 1984, pp.273-279, を参照のこと。
(19) Barber, 1984, pp.276-279.
(20) Porritt, 1985, p.xvi.
(21) Offe, 1985, p.849.
(22) *Ibid*., p.848.
(23) Ely, 1986, p.46.
(24) Peccei, 1982. なお，「決定的な10年間」(decisive decade)は，第2部第1章のタイトル（p.125）から引用している。
(25) *Ibid*., p.180.
(26) Miles, 1976, p.236.

(27) Yanarella, 1984, p.34.
(28) *Ibid*. なお，後半の引用句は Sheldon Wolin の論文による。同書の注 (113) (p. 43) を参照のこと。
(29) 新しい社会運動組織の革命的な政治的性質に関する興味深い分析は，Luke, "The New Social Movements: An Analysis of Conflict, Social Cleavages and Class in the Emergent Informational Society" (1984), を参照のこと。彼はこの集団の七つの特徴を述べている。「ポストマルクス主義」「ポストプロレタリアート」「ポスト産業社会的」など (pp.10-11)。ルークの結論はここで提示した見方と大いに関連する。すなわち，「新しい社会運動の合同プログラムは概して政治化の一つであり」，大衆運動の新しい動員は，長期にわたる社会変動に対する単なる新ロマン主義的／ネオポピュリスト的反応とは全く次元を異にする」と (*Ibid*., pp.39, 52)。
(30) Milbrath, 1989, p.361.
(31) ここで示されたイングルハートとミルブレイスのデータに加えて，この経験的主張の出典は，Spretnak and Capra, 1986, p.195, Yankelovich, 1982, Elgin, 1981, を参照のこと。
(32) Brown *et al*., 1985.
(33) Milbrath, 1984, p.83.
(34) Miles, 1976, p.236.
(35) Mishan, 1977, p.x.
(36) Milbrath, 1984, p.64.
(37) Tinder (1986), を参照のこと。
(38) Bell, 1982, p.523を参照のこと (Bell 自身は引用していない)。私の手元にある『父祖の教訓』(*Ethics of the Fathers*) によれば，正確な引用は次の通りである。「彼 (ラビ・タルフォン) は次のようにいった。『(トーラー研究という) 仕事を完成させることを求められてはいないが，自由にそれを止めることはできない」。詳細は Birnbaum, 1949, chapter 2, verse 21, p.16, を参照のこと。
(39) *Ibid*., chapter 2, verse 20, p.16.

参考文献

Abramson, Paul R. and Ronald Ingelhart. "Generational Replacement and Value Change in Six West European Societies." Paper delivered at the Annual Meeting of the American Political Science Association, 1984, Washington, D. C.

Aiken, William. "World Hunger and Foreign Aid: The Morality of Mass Starvation," in Burton M. Leiser (ed.), *Values in Conflict: Life, Liberty and the Rule of Law*. New York: Macmillan, 1981, pp.189-201.

Albin, Peter S. *Progress without Poverty: Socially Responsible Growth*. New York: Basic Books, 1978.

Alexander, Sidney S. "Human Values and Economists' Values," in Sidney Hook, *Human Values and Economic Policy: A Symposium*. New York: New York University Press, 1967, pp.101-116.

Allen, Woody. Quotation in: Robert Byrne, *The 637 Best Things Anybody Ever Said*. New York: Atheneum, 1982, p.79, #386.

Almond, Gabriel A., Marvin Chodorow, and Roy Harvey Pearce (eds.), *Progress and Its Discontents*. Berkeley: University of California Press, 1982.

Amin, Samir, Giovanni Arrighi, Andre Gunder Frank, and Immanuel Wallerstein. *Dynamics of Global Crisis*. New York: Monthly Review Press, 1982.

Applebaum, Eileen. "Radical Economics," in Sidney Weintraub (ed.), *Modern Economic Thought*. Phila.: University of Pennsylvania Press, 1977, pp.559-574.

Arendt, Hannah. *The Human Condition: A Study of the Central Dilemmas Facing Modern Man*. Garden City, N. Y.: Doubleday/Anchor Books, 1959.（志水速雄訳『人間の条件』筑摩書房，1994年）

Aristotle. *The Politics of Aristotle*. Ernest Barker (ed.) and (trans). New York: Oxford University Press, 1962.（山本光雄訳『政治学』岩波書店，1962年。＊ただし，『政治学』のみ）

Arndt, H. W. *The Rise and Fall of Economic Growth: A Study of Contemporary Thought*. Chicago: University of Chicago Press, 1978.

Arnold, Matthew. *Stanzas from the Grande Chartreuse,* in G. B. Harrison *et al.* (eds.), *Major British Writers*. Enlarged Edition, Two Volumes. New York: Harcourt, Brace, 1959, Vol. 2, pp.612-615.

Arthur, Herman. "The Japan Gap: A Country Moves Ahead—But At What Price?" *American Educator*, Summer 1983, pp.38-44.

Bahro, Rudolf. *Building the Green Movement*. Mary Tyler (trans.) Phila.: New Society Publishers, 1986.

Baier, Kurt and Nicholas Rescher (eds.), *Values and the Future : The Impact of Technological Change on American Values*. New York : Free Press, 1971.

Bakunin, Mikhail. *Bakunin on Anarchy : Selected Works by the Anarchist-Founder of World Anarchism*. Sam Dolgoff (ed.), New York : Vintage Books/Random House, 1972.

Barber, Benjamin. *Strong Democracy : Participatory Politics for a New Age*. Berkeley : University of California Press, 1984. (竹井隆人訳『ストロング・デモクラシー――新時代のための参加政治』日本経済評論社, 2009年)

Barber, William J. *A History of Economic Thought*. New York : Penguin Books, 1977.

Barker, Ernest. Introduction to *The Politics of Aristotle*. Ernest Barker (ed.) and (trans). New York : Oxford University Press, 1962, pp.xi-lxxvi.

Barney, Gerald O., study director. *The Global 2000 Report to the President : Entering the Twenty-First Century*. Charlottesville : Blue Angel, 1981. (逸見謙三・立花一雄訳『西暦2000年の地球1 人口・資源食料編』アメリカ合衆国政府特別調査報告, 光の家協会, 1980年, 同『西暦2000年の地球2 環境編』家の光協会, 1981年)

Becker, Ted and Richard Scarce. "Teledemocracy Emergent : State of the Art and Science." Paper delivered at the Annual Meeting of the American Political Science Association, 1984, Washington, D.C.

Beckerman, Wilfred. *Two Cheers for the Affluent Society : A Spirited Defense of Economic Growth*. New York : Saint Martin's Press, 1975.

Bell, Daniel. *The Coming of the Post-Industrial Society : A Venture in Social Forecasting*. New York : Basic Books, 1976. (内田忠夫他訳『脱工業社会の到来――社会予測の一つの試み』上・下巻, ダイヤモンド社, 1975年)

――. *The Cultural Contradictions of Capitalism*. New York : Basic Books, 1976. (林雄二郎訳『資本主義の文化的矛盾』上・中・下巻, 講談社学術文庫, 講談社, 1976-1977年)

――. "Models and Reality in Economic Discourse," in Daniel Bell and Irving Kristol (eds.), *The Crisis in Economic Theory*. New York : Basic Books, 1981, pp.46-80. (中村達也・柿原和夫訳『新しい経済学を求めて』日本経済新聞社, 1985年)

――. "The Return of the Sacred : The Argument about the Future of Religion," in Gabriel A. Almond, Marvin Chodorow, and Roy Harvey Pearce (eds.), *Progress and Its Discontents*. Berkeley : University of California Press, 1982, pp.501-523.

―― and Irving Kristol (eds.), *The Crisis in Economic Theory*. New York : Basic Books, 1981. (中村・柿原, 前掲訳書, 1985)

Bellah, Robert N., Richard Madsen, William M. Sullivan, Ann Swidler, and Steven M. Tipton. *Habits of the Heart : Individualism and Commitment in American Life*. Berkeley : University of California Press, 1985. (島薗進・中村圭志訳『心の習慣――アメリカ個人主義のゆくえ』みすず書房, 1991年)

Berger, Peter L. and Thomas Luckmann. *The Social Construction of Reality : A Treatise in the Sociol-*

ogy of Knowledge. Garden City : Doubleday, 1966.（山口節郎訳『現実の社会的構成――知識社会学論考』新版，新曜社，2003年）

――― and Brigitte Berger, and Hansfried Kellner. *The Homeless Mind : Modernization and Consciousness*. New York : Random House, 1973.（高山真知子他訳『故郷喪失者たち――近代化と日常意識』新曜社，1977年）

Berlin, Isaiah. *Four Essays on Liberty*. London : Oxford University Press, 1969.（小川晃一他訳『自由論』みすず書房，1971年）

Bernstein, Richard J. *Beyond Objectivism and Relativism : Science, Hermeneutics, and Praxis*. Phila. : University of Pennsylvania Press, 1985.（丸山高司・木岡伸夫・品川哲彦・水谷雅彦訳『科学・解釈学・実践――客観主義と相対主義を超えて』全2巻，岩波書店，1990年）

Birnbaum, Norman. *The Crisis of Industrial Society*. New York : Oxford University Press, 1969.

―――. (ed.), *Beyond the Crisis*. New York : Oxford University Press, 1977.

Birnbaum, Philip (trans.), and annotator. *Ethics of the Fathers*. New York : Hebrew Publishing, 1949.

Blaug, Mark. "Kuhn versus Lakatos, or Paradigms versus Research Programmes in the History of Economics," in Gary Gutting (ed.), *Paradigms and Revolutions : Applications and Appraisals of Thomas Kuhn's Philosophy of Science*. Notre Dame : University of Notre Dame Press, 1980, pp.137-159.

Bookchin, Murray. *Toward an Ecological Society*. Montreal : Black Rose Books, 1980.

―――. *The Modern Crisis*. Phila. : New Society Publishers, 1986.

Botkin, James W., Mahdi Elmandjra, and Mircea Malitza. *No Limits to Learning : Bridging the Human Gap : A Report to the Club of Rome*. Oxford : Pergamon Press, 1981.（大来佐武郎監訳『限界なき学習――ローマ・クラブ第6レポート』ダイヤモンド社，1980年）

Boulding, Kenneth E. *The Meaning of the Twentieth Century : The Great Transition*. New York : Harper and Row, 1964.（清水幾太郎訳『20世紀の意味――偉大なる転換』岩波書店，1967年）

―――. "New Goals for Society?" in Sam H. Schurr (ed.), *Energy, Economic Growth, and the Environment*. Baltimore : Johns Hopkins University Press, 1973, pp.139-151.

Boyle, Robert H. "Forecast for Disaster." *Sports Illustrated*. November 16, 1987, pp.78-92.

Brewster, J. Alan, director. *World Resources 1988-1989*. A Report by The World Resources Institute and The International Institute for Environment and Development. New York : Basic Books, 1988.

Brown, K. C. (ed.), *Hobbes Studies*. Cambridge : Harvard University Press, 1965.

Brown, Lester R. *The Twenty-Ninth Day : Accommodating Human Needs and Numbers to the Earth's Resources*. New York : W. W. Norton, 1978.（高榎堯訳『地球29日目の恐怖――人間と資源の調和を求めて』ダイヤモンド社，1979年）

―――. "Stopping Population Growth," in Lester R. Brown *et al*. *State of the World* 1985. New York : W. W. Norton, 1985, pp.200-221.（本田幸雄監訳『地球白書――持続可能な社会をめざして』福

武書店, 1986年)

――. "Analyzing the Demographic Trap," in Lester R. Brown *et al. State of the World 1987*. New York: W. W. Norton, 1987, pp.20-37. (本田幸雄監訳『地球白書――2000年・人間と環境への提言』ダイヤモンド社, 1988年)

―― and Christopher Flavin, and Sandra Postel. "A World at Risk," in Lester R. Brown *et al. State of the World 1989 : A Worldwatch Institute Report on Progress Toward a Sustainable Society*. New York: W. W. Norton, 1989, pp.3-20.

―― *et al. State of the World Annuals*. New York: W. W. Norton, 1985, 1987, and 1989. (本田, 前掲訳書, 1986;同, 前掲訳書, 1988)

Bruce-Biggs, B. "Against the Neo-Malthusians," *Commentary*, July 1974, pp.25-29.

Byrne, Robert (ed.), *The 637 Best Things Anybody Ever Said*. New York: Atheneum, 1982.

Cahn, Robert. *Footprints on the Planet : A Search for an Environmental Ethic*. New York: Universe Books, 1978.

Caldwell, Lynton K. *Man and His Environment : Policy and Administration*. New York: Harper and Row, 1975.

Camilleri, Joseph A. *Civilization in Crisis : Human Prospects in a Changing World*. Cambridge: Cambridge University Press, 1976.

Camus, Albert. *The Myth of Sisyphus and Other Essays*. Justin O'Brien (trans.), New York: Alfred A. Knopf, 1955. (清水徹訳『シーシュポスの神話』新潮社, 1996年。＊ただし, シーシュポスの神話のみ)

――. *The Rebel : An Essay on Man in Revolt*. Anthony Bower (trans.), New York: Alfred A. Knopf, 1956. (佐藤朔・白井浩司訳『反抗的人間』新潮社, 1976年)

Caporaso, James A. "Pathways Between Economics and Politics : Possible Foundations for the Study of Global Political Economy." Paper delivered at the Annual Meeting of the Amercian Political Science Association, 1983, Chicago.

Carter, Jimmy. "Address to the Nation," July 15, 1979. Transcript, *New York Times*, July 16, 1979, p. A 10.

Catton, William R. Jr. *Overshoot : The Ecological Basis of Revolutionary Change*. Urbana: University of Illinois Press, 1982.

Chafe, William H. *Women and Equality : Changing Patterns in American Culture*. New York: Oxford University Press, 1978.

Cohan, A. S. *Theories of Revolution : An Introduction*. New York: John Wiley, 1975.

Cohen, G. A. "The Structure of Proletarian Unfreedom." *Philosophy and Public Affairs*, 12, Winter 1983, pp.3-33.

Cohen, Jean L. (ed.), "Social Movements." *Social Research*, Special Issue, Vol. 52, Winter 1985.

Cohen, Joshua and Joel Rogers. *On Democracy : Toward a Transformation of American Society*. New York: Penguin Books, 1983.

Cole, H. S. D., Christopher Freeman, Marie Jahoda, and K. L. R. Pavitt. *Models of Doom : A Critique of the Limits to Growth*. New York : Universe Books, 1975.

Crosby, Faye. "Relative Deprivation Revisited : A Response to Miller, Bolce and Halligan, " *American Political Science Review*, 73, March 1979, pp.103-112.

——. "Rejoinder," in "Communications." *American Political Science Review*, 73, September 1979, pp.822-825.

Daly, Herman E. "The Steady-State Economy : Toward a Political Economy of Biophysical Equilibrium and Moral Growth," in Herman E. Daly (ed.), *Toward a Steady-State Economy*. San Francisco : W. H. 1973, pp.149-174.

——. "Electric Power, Employment, and Economic Growth : A Case Study in Growthmania," in Herman E. Daly (ed.), *Toward a Steady-State Economy*. San Francisco : W. H. Freeman, 1973, pp.252-277.

——. *Steady-State Economics : The Economics of Biophysical Equilibrium and Moral Growth*. San Francisco : W. H. Freeman, 1977.

——. "Entropy, Growth, and the Political Economy of Scarcity," in V. Kerry Smith (ed.), *Scarcity and Growth Reconsidered*. Baltimore : Johns Hopkins University Press, 1979, pp.67-94.

——, ed. *Toward a Steady-State Economy*. San Francisco : W. H. Freeman, 1973.

——, ed. *Economics, Ecology, Ethics : Essays Toward a Steady-State Economy*. San Francisco : W. H. Freeman, 1980.

David, Paul A. and Melvin W. Reder (eds.), *Nations and Households in Economic Growth : Essays in Honor of Moses Abramovitz*. New York : Academic Press, 1974.

Davies, James C. "Toward a Theory of Revolution," *American Sociological Review*, 27 Feb. 1962, pp.5-19.

——. *When Men Revolt and Why*. New York : Free Press, 1971.

——. "Comment," in "Communications." *American Political Science Review*, 73, September 1979, pp.825-830.

Davis, Joan and Samuel Mauch. "Strategies for Societal Development," in Dennis L. Meadows (ed.), *Alternatives to Growth-I : A Search for Sustainable Futures*. Cambridge, Mass. : Ballinger, 1977, pp.217-242.

Davis, Lane. "The Cost of Realism : Contemporary Restatement of Democracy." *Western Political Quarterly*, 17, March 1964, pp.37-46.

Davis, W. Jackson. *The Seventh Year : Industrial Civilization in Transition*. New York : W. W. Norton, 1979.

Dobb, Maurice. *Theories of Value and Distribution since Adam Smith : Ideology and Economic Theory*. Cambridge : Cambridge University Press, 1973. (岸本重陳訳『価値と分配の理論』新評論, 1976年)

Dolgoff, Sam (ed.), *Bakunin on Anarchy : Selected Works by the Anarchist-Founder of World Anar-*

chism. New York: Vintage Books/Random House, 1972.

Douglas, Mary and Baron Isherwood. *The World of Goods: Towards an Anthropology of Consumption*. New York: W. W. Norton, 1979. (浅田彰・佐和隆光訳『儀礼としての消費——財と消費の経済人類学』新曜社, 1984年)

Dreitzel, Hans Peter. "On the Political Meaning of Culture," in Norman Birnbaum (ed.), *Beyond the Crisis*. New York: Oxford University Press, 1977, pp.83-129.

Dryzek, John S. *Rational Ecology: Environment and Political Economy*. New York: Basil Blackwell, 1987.

Duesenberry, James S. *Income, Saving and the Theory of Consumer Behavior*. Cambridge: Harvard University Press, 1949. (大熊一郎訳『所得・貯蓄・消費者行為の理論』厳松堂書店, 1964年)

Dumont, Louis. *From Mandeville to Marx: The Genesis and Triumph of Economic Ideology*. Chicago: University of Chicago Press, 1977. (渡辺公三訳『社会人類学の二つの理論』弘文堂, 1977年)

Dye, Thomas R. and Harmon Zeigler. "Socialism and Equality in Cross-National Perspective." *PS: Political Science and Politics*, XXI, Winter 1988, pp.45-56.

Easterlin, Richard A. "Does Economic Growth Improve the Human Lot? Some Empirical Evidence," in Paul A. David and Melvin W. Reder (eds.), *Nations and Households in Economic Growth: Essays in Honor of Moses Abramovilz*. New York: Academic Press, 1974, pp.89-125.

Eder, Klaus. "The 'New Social Movements': Moral Crusades, Political Pressure Groups, or Social Movements?" *Social Research*, 52, Winter 1985, pp.869-890.

Edwards, Richard C. "The Logic of Capital Accumulation," in Richard C. Edwards, Michael Reich, and Thomas E. Weisskopf (eds.), *The Capitalist System: A Radical Analysis of American Society*. Second Edition, Englewood Cliffs, N. J.: Prentice-Hall, 1978, pp.99-105.

——, Michael Reich, and Thomas E. Weisskopf (eds.), *The Capitalist System: A Radical Analysis of American Society*. Second Edition, Englewood Cliffs, N. J.: Prentice-Hall, 1978.

Egan, Timothy. "Like the West Coast City It is, Seattle is Tired of Developing." *New York Times*, May 7, 1989, Week in Review section.

Ehrlich, Paul R. and Anne H. Ehrlich. *The End of Affluence: A Blueprint for Your Future*. New York: Ballantine Books, 1974. (鈴木主税訳『繁栄の終り』草思社, 1975年)

——. "Humanity at the Crossroads," in Herman E. Daly (ed.), *Economics, Ecology, Ethics*. San Francisco: W. H. Freeman, 1980, pp.38-43.

——, and John P. Holdren. *Ecoscience: Population, Resources, Environment*. San Francisco: W. H. Freeman, 1977.

Elgin, Duane. *Voluntary Simplicity: Toward a Way of Life That is Outwardly Simple, Inwardly Rich*. New York: William Morrow, 1981. (星川淳訳『ボランタリー・シンプリシティ (自発的簡素) ——人と社会の再生を促すエコロジカルな生き方』ティビーエス・ブリタニカ, 1987

年)

Ellis, Adrian and Krishan Kumar (eds.), *Dilemmas of Liberal Democracies: Studies in Fred Hirsch's SOCIAL LIMITS TO GROWTH*. London: Tavistock Publications, 1983.

Ely, John. "The Greens of West Germany: An Alternative Modernity (or, How German is It?)." A Paper delivered at the Annual Meeting of the American Political Science Association, 1986, Washington, D.C.

Ewen, Stuart. *Captains of Consciousness: Advertising and the Social Roots of the Consumer Culture*. New York: McGraw-Hill, 1977.

Executive Committee of the Club of Rome. "Commentary," in Donella H. Meadows, Dennis L. Meadows, Jorgen Randers, and William W. Behrens, III.*The Limits to Growth: A Report for the Club of Rome's Project on the Predicament of Mankind*. Second Edition, Revised. New York: New American Library, 1975, pp.189-200. (大来, 前掲訳書, 1972年)

Falk, Richard A. Foreward to: David W. Orr and Marvin S. Soroos (eds.), *The Global Predicament: Ecological Perspectives on World Order*. Chapel Hill: University of North Carolina Press, 1979, pp. ix-xvi.

Fallers, L. A. "A Note on the Trickle Effect." *Public Opinion Quarterly*, 18, Fall 1954, pp.314-321.

Ferkiss, Victor. "Nature, Technology and Political Society." A Paper delivered at the Annual Meeting of the American Political Science Association, 1982, Denver.

Feuer, Lewis S. (ed.), *Marx and Engels: Basic Writings on Politics and Philosophy*. Garden City: Doubleday, 1959.

Finnin, William M. Jr. and Gerald Alonzo Smith (eds.) *The Morality of Scarcity: Limited Resources and Social Policy*. Baton Rouge: Louisiana State University Press, 1979.

Firor, John. "Interconnections and the 'Endangered Species' of the Atmosphere." World Resources Institute, *Journal' 84*, pp.16-26.

Flavin, Christopher. "Reassessing Nuclear Power," in Lester R. Brown *et al. State of the World 1987*. New York: W. W. Norton, 1987, pp.57-80. (本田, 前掲訳書, 1988)

Forrester, Jay. "New Perspectives on Economic Growth," in Dennis L. Meadows (ed.), *Alternatives to Growth-I*. Cambridge, Mass.: Ballinger, 1977, pp.107-121.

Frank, Andre Gunder. "Crisis of Ideology and Ideology of Crisis," in Samir Amin, Giovanni Arrighi, Andre Gunder Frank, and Immanuel Wallerstein. *Dynamics of Global Crisis*. New York: Monthly Review Press, 1982, pp.109-165.

Frankel, Boris. *The Post-Industrial Utopias*. Madison: University of Wisconsin Press, 1987.

Frankland, E. Gene. "Does Green Politics Have a Future in Britain?" A Paper delivered at the Annual Meeting of the American Political Science Association, 1989, Atlanta.

Friedmann, John. *The Good Society: A Personal Account of Its Struggle with the World of Social Planning and a Dialectical Inquiry into the Roots of Radical Practice*. Cambridge: MIT Press, 1982.

Froman, Creel. *The Two American Political Systems: Society, Economics, and Politics*. Englewood Cliffs, N. J.: Prentice-Hall, 1984.

Fromm, Erich. *To Have or to Be?* New York: Harper and Row, 1976. (佐野哲郎訳『生きるということ』紀伊國屋書店, 1985年)

Galbraith, John Kenneth. *The New Industrial State*. Second Edition, Revised. New York: New American Library, 1972. (都留重人・石川通達・鈴木哲太郎・宮崎勇訳『新しい産業国家』河出書房新社, 1968年)

Galtung, Johan. "'The Limits to Growth' and Class Politics," *Journal of Peace Research*, 1-2, 1973, pp.101-114.

Gappert, Gary. *Post-Affluent America: The Social Economy of the Future*. New York: Franklin Watts, 1979.

Goldsmith, Edward, Robert Allen, Michael Allaby, John Davoll, and Sam Lawrence. *Blueprint for Survival*. New York: New American Library, 1972.

Gorz, Andre. *Ecology as Politics*. Patsy Vigderman and Jonathan Cloud (trans.), Boston: South End Press, 1980. (高橋武智訳『エコロジスト宣言』技術と人間, 1980年)

Gouldner, Alvin W. *Enter Plato: Classical Greece and the Origins of Social Theory, Part II*. New York: Harper and Row, 1971.

Green, Philip. *Retrieving Democracy: In Search of Civic Equality*. Totowa, N. J.: Rowman and Allanheld, 1985.

Gurley, John G. "The Theory of Surplus Value," in Richard C. Edwards, Michael Reich, and Thomas E. Weisskopf (eds.), *The Capitalist System*. Englewood Cliffs, N. J.: Prentice-Hall, 1978, pp.80-92.

Gurr, Ted Robert. *Why Men Rebel*. Princeton: Princeton University Press, 1972.

Gutting, Gary (ed.), *Paradigms and Revolutions: Applications and Appraisals of Thomas Kuhn's Philosophy of Science*. Notre Dame: University of Notre Dame Press, 1980.

Habermas, Jürgen. *Legitimation Crisis*. Thomas McCarthy (trans.), Boston: Beacon Press, 1973. (細谷貞雄訳『晩期資本主義における正統化の諸問題』岩波書店, 1979年)

Hagopian, Mark N. *The Phenomenon of Revolution*. New York: Dodd, Mead, 1974.

Hardin, Garrett. "The Tragedy of the Commons," in Herman E. Daly (ed.), *Economics, Ecology, Ethics*. San Francisco: W. H. Freeman, 1980, pp.100-114.

Hardoy, Jorge E. and David E. Satterthwaite. "Third World Cities and the Environment of Poverty," in Robert Repetto (ed.), *The Global Possible: Resources, Development and the New Century*. New Haven: Yale University Press, 1985, pp.171-210.

Harman, Willis W. *An Incomplete Guide to the Future*. New York: W. W. Norton, 1979.

Harrington, Michael. *The Twilight of Capitalism*. New York: Simon and Shuster, 1976.

Harrison, G. B. *et al.* (eds.), *Major British Writers*. Enlarged Edition, Two Volumes. New York: Harcourt, Brace, 1959.

Heilbroner, Robert L. *The Limits of American Capitalism*. New York: Harper and Row, 1967.

――. *An Inquiry into the Human Prospect*. New York: W. W. Norton, 1975.

――. *Business Civilization in Decline*. New York: W. W. Norton, 1976.（宮川公男訳『企業文明の没落』麗澤大学出版会，2006年）

Heller, Walter W. "Coming to Terms with Growth and the Environment," in Sam H. Schurr (ed.), *Energy, Economic Growth, and the Environment*. Baltimore: Johns Hopkins University Press, 1973, pp.3–29.

Henderson, Hazel. *The Politics of the Solar Age: Alternatives to Economics*. Garden City: Anchor Press/Doubleday, 1981.

Hirsch, Fred. *Social Limits to Growth*. Cambridge: Harvard University Press, 1976.（都留重人訳『成長の社会的限界』日本経済新聞社，1980年）

―― and John H. Goldthorpe (eds.), *The Political Economy of Inflation*. Cambridge: Harvard University Press, 1979.（都留重人監訳『インフレーションの政治経済学』日本経済新聞社，1982年）

Hirschman, Albert O. *The Passions and the Interests: Political Arguments for Capitalism Before Its Triumph*. Princeton: Princeton University Press, 1978.（佐々木毅・旦祐介訳『情念の政治経済学』法政大学出版局，1985年）

――. *Essays in Trespassing: Economics to Politics and Beyond*. Cambridge: Cambridge University Press, 1981.

――. *Shifting Involvements: Private Interest and Public Policy*. Princeton: Princeton University Press, 1982.（佐々木毅・杉田敦訳『失望と参画の現象学――私的利益と公的行為』法政大学出版局，1988年）

――. "Rival Interpretations of Market Society: Civilizing, Destructive or Feeble?" *Journal of Economic Literature*, XX, Dec. 1982, pp.1463–1484.

Hobbes, Thomas. *Man and Citizen*. Bernard Gert (ed.), Garden City: Anchor Books, 1972.

――. *De Cive, The English Version*. Howard Warrender (ed.), Oxford: Oxford University Press, 1983.（本田裕志訳『市民論』京都大学学術出版会，2008年）

――. *Leviathan*. Herbert W. Schneider (ed.), The Library of Liberal Arts Edition. Indianapolis: Bobbs-Merrill, 1958.（水田洋訳『リヴァイアサン（改訂版）』1・2巻，岩波書店，1992年）

Hook, Sidney (ed.), *Human Values and Economic Policy: A Symposium*. New York: New York University Press, 1967.

Horne, Thomas A. *The Social Theory of Bernard Mandeville: Virtue and Commerce in Early Eighteenth Century England*. New York: Columbia University Press, 1978.（山口正春訳『バーナード・マンデヴィルの社会思想――18世紀初期の英国における徳と商業』八千代出版，1990年）

――. "Envy and Commercial Society: Mandeville and Smith on 'Private Vices, Public Benefits.'" *Political Theory*, 9, November 1981, pp.551–569.

Hospers, John. *Human Conduct: An Introduction to the Problems of Ethics*. New York: Harcourt, Brace and World, 1961.

Hulsberg, Werner. *The German Greens: A Social and Political Profile*. Gus Fagan (trans.), London: Verso, 1988.

Hunt, E. K. "The Transition from Feudalism to Capitalism," in Richard C. Edwards, Michael Reich, and Thomas E. Weisskopf (eds.), *The Capitalist System*. Englewood Cliffs, N. J.: Prentice-Hall, 1978, pp.55-64.

Inglehart, Ronald. *The Silent Revolution: Changing Values and Political Styles Among Western Publics*. Princeton: Princeton University Press, 1977. (三宅一郎他訳『静かなる革命――政治意識と行動様式の変化』東洋経済新報社, 1978年)

Irving Kristol. "Rationalism in Economics," in Daniel Bell and Irving Kristol (eds.), *The Crisis in Economic Theory*. New York: Basic Books, 1981, pp.201-218. (中村・柿原, 前掲訳書, 1985)

Isaak, Robert A. and Ralph P. Hummel. *Politics for Human Beings*. North Scituate, Mass.: Duxbury Press, 1975.

Kahn, Herman. *World Economy Development: 1979 and Beyond*. New York: William Morrow, 1979. (風間禎三郎訳『大転換期』ティビーエス・ブリタニカ, 1980年)

――, William Brown, and Leon Martel. *The Next 200 Years: A Scenario for America and the World*. New York: William Morrow, 1976.

Kaplan, Abraham. *The Conduct of Inquiry: Methodology for Behavioral Science*. San Francisco: Chandler, 1964.

Kassiola, Joel Jay. "The Limits to Economic Growth: Politicizing Advanced Industrialized Society." *Philosophy and Social Criticism*, 8, Spring 1981, pp.87-113.

Kaufmann, Walter. *Hegel: A Reinterpretation*. Garden City: Anchor Books/Doubleday, 1966. (柿原敏房・斎藤博道訳『ヘーゲル――再発見・再評価』理想社, 1975年)

Kelly, Petra. *Fighting for Hope*. Marianne Howarth (trans.), Boston: South End Press, 1984. (高尾利数他訳『希望のために闘う』春秋社, 1985年)

Key, Wilson Bryan. *Subliminal Seduction: Ad Media's Manipulation of a Not so Innocent America*. New York: New American Library, 1974. (管啓次郎訳『潜在意識の誘惑』リブロポート, 1992年)

Keynes, John Maynard. "Economic Possibilities for Our Grandchildren," in John Maynard Keynes, *Essays in Persuasion*. New York: W. W. Norton, 1963, pp.358-373. (救仁郷繁訳『説得評論集(新装版)』ぺりかん社, 1987年)

Kitschelt, Herbert. "The West German Green Party in Comparative Perspective: Explaining Innovation in Competitive Party Systems." A Paper delivered at the Annual Meeting of the American Political Science Association, 1986, Washington, D. C.

Klein, Rudolph. "Growth and Its Enemies." *Commentary*. June 1972, pp.37-44.

Koestler, Arthur and J. R. Smythies (eds.), *Beyond Reductionism: New Perspectives in the Life Sci-

ences. New York: Macmillan, 1969. (池田善昭監訳『還元主義を超えて――アルプバッハ・シンポジウム'68』工作舎, 1984年)

Kohn, Alfie. *No Contest: The Case Against Competition*. Boston: Houghton Mifflin, 1986.

小森伸一・束原昌郎「「Voluntary Simplicity〔創造的シンプル生活〕」思想と教育――野外教育の視点を含めて」『東京学芸大学紀要芸術・スポーツ科学系 57』東京学芸大学紀要出版委員会, 2005年。

Kraft, Michael E. "Political Change and the Sustainable Society," in Dennis Clark Pirages (ed.), *The Sustainable Society: Implications for Limited Growth*. New York: Praeger, 1977, pp.173-196.

Krauthammer, Charles. "On Nuclear Morality," in James E, White (ed.), *Contemporary Moral Problems*. Second Edition. St. Paul: West, 1988, pp.403-409.

Kuhn, Thomas S. *The Structure of Scientific Revolutions*. Second Edition, Enlarged. Chicago: University of Chicago Press, 1970. (中山茂訳『科学革命の構造』みすず書房, 1971年)

Lakey, George. *Strategy for a Living Revolution*. San Francisco: W. H. Freeman, 1973.

Lancaster, Kelvin. *Consumer Demand: A New Approach*. New York: Columbia University Press, 1971. (桑原秀史訳『消費者需要――新しいアプローチ』千倉書房, 1989年)

Landes, David S. *The Unbound Prometheus: Technological Change and Industrial Development in Western Europe from 1750 to the Present*. Cambridge: Cambridge University Press, 1977. (石坂昭雄・富岡庄一訳『西ヨーロッパ工業史――産業革命とその後1750-1968』1・2巻, みすず書房, 1980, 1982年)

Lane, Robert E. "Markets and the Satisfaction of Human Wants," *Journal of Economic Issues*, 12, December 1978, pp.799-827.

Lasch, Christopher. *The Culture of Narcissism: American Life in an Age of Diminishing Expectations*. New York: Warner Books, 1979. (石川弘義訳『ナルシシズムの時代』ナツメ社, 1981年)

Laslett, Peter. *The World We Have Lost: England Before the Industrial Age*. Second Edition. New York: Charles Scribner's Sons, 1973. (川北稔他訳『われら失いし世界――近代イギリス社会史』三嶺書房, 1986年)

Laszlo, Ervin *et al. Goals for Mankind: A Report to the Club of Rome on the New Horizons of Global Community*. New York: New American Library, 1978. (伊藤重行訳『人類の目標――地球社会への道:ローマ・クラブ第5レポート』ダイヤモンド社, 1980年)

Lefort, Claude. "On the Concept of Politics and Economics in Machiavelli," in C. B. Macpherson (comp.), *Political Theory and Political Economy*. Papers from the Annual Meeting of the Conference for the Study of Political Thought, April 1974.

Leiser, Burton M. (ed.), *Values in Conflict: Life, Liberty and the Rule of Law*. New York: Macmillan, 1981.

Leiss, William. *The Limits to Satisfaction: An Essay on the Problem of Needs and Commodities*. Toronto: University of Toronto Press, 1976. (阿部照男訳『満足の限界――必要と商品についての考察』新評論, 1987年)

Leonard, George. "Winning Isn't Everything, It's Nothing." *Intellectual Digest*, October 1973, pp.45-47.

Letter, Green/Greener Times. Newsletter of the U. S. Greens Committees of Correspondence. Autumn 1989.

Levy, Frank. "We're Running Out of Gimmicks to Sustain Our Prosperity: Decline Began in 1973, But We Have Concealed It." *Washington Post National Weekly Edition*, December 26, 1986, pp.18-19.

Levy, Marion J. Jr. *Modernization and the Structure of Societies: A Setting for International Affairs*. Two Volumes. Princeton: Princeton University Press, 1966.

Lewis, Arthur O. Jr. (ed.), *Of Men and Machines*. New York: E. P. Dutton, 1963.

Linder, Staffan Burenstam. *The Harried Leisure Class*. New York: Columbia University Press, 1970. (江夏健一・関西生産性本部訳『時間革命――25時間への知的挑戦』好学社, 1971年)

Lowe, Adolphe. *On Economic Knowledge: Toward a Science of Political Economy*. Enlarged Edition. Armonk, N. Y.: M. E. Sharpe, 1983.

Luke, Timothy W. "The New Social Movements: An Analysis of Conflict, Social Cleavages and Class in the Emergent Informational Society," A Paper delivered at the Annual Meeting of the American Political Science Association, 1984, Washington, D.C.

――. "The Political Economy of Social Ecology and Voluntary Simplicity," A Paper delivered at the Annual Meeting of the American Political Science Association, 1984, Washington, D.C.

Lutz, Mark A. and Kenneth Lux. *The Challenge of Humanistic Economics*. Melo Park, Cal.: Benjamin/Cummings, 1979.

Machiavelli, Niccolo. *The Prince*. Luigi Ricci (trans.), New York: New American Library, 1962. (池田廉訳『君主論』中央公論社, 1992年)

Macpherson, C. B. *The Political Theory of Possessive Individualism: Hobbes to Locke*. Oxford: Oxford University Press, 1965. (藤野渉他訳『所有的個人主義の政治理論』合同出版, 1980年)

――. *Democratic Theory: Essays in Retrieval*. Oxford: Oxford University Press, 1973. (西尾敬義・藤本博訳『民主主義理論』青木書店, 1978年)

――. "The Economic Penetration of Political Theory," in C. B. Macpherson (comp.), *Political Theory and Political Economy*. Papers from the Annual Meeting of the Conference for the Study of Political Thought, April 1974.

―― (comp.), *Political Theory and Political Economy*. Papers from the Annual Meeting of the Conference for the Study of Political Thought, April 1974.

Maddox, John. *The Doomsday Syndrome*. London: Macmillan, 1972. (中山善之訳『人類に明日はあるか――反終末論』佑学社, 1974年)

Maier, Charles S. "The Politics of Inflation in the Twentieth Century," in Fred Hirsch and John H. Goldthorpe (eds.), *The Political Economy of Inflation*. Cambridge: Harvard University Press, 1979, pp.37-72. (都留, 前掲訳書, 1982)

Marcuse, Herbert. *One-Dimensional Man : Studies in the Ideology of Advanced Industrial Society.* Boston : Beacon Press, 1970.

Markham, James M. "West German Vote : Kohl Wins 4 Years as Umpire." *New York Times*, January 27, 1987, p. a 3.

Marx, Karl and Friedrich Engels. "Manifesto of the Communist Party," in Robert C. Tucker (ed.), *The Marx-Engels Reader.* New York : W. W. Norton, 1979, pp.335-362. (村田陽一訳・注解『共産党宣言』大月書店, 1983年)

Mason, Ronald. *Participatory and Workplace Democracy : A Theoretical Development in Critique of Liberalism.* Carbondale : Southern Illinois University Press, 1982.

Mathews, Jessica Tuchman, Project Director. *World Resources 1986.* A Report by the World Resources Institute and the International Institute for Environment and Development. New York : Basic Books, 1986.

Maurice, Charles and Charles W. Smithson. *The Doomsday Myth : 10,000 Years of Economic Crises.* Stanford, Cal. : Hoover Institution Press, 1984.

May, Clifford D. "Pollution Ills Stir Support for Environment Groups," *New York Times*, August 21, 1988, p.30.

McGraw, Dickinson and George Watson. *Political and Social Inquiry.* New York : John Wiley, 1976.

McHale, John and Magda Cordell McHale. *Basic Human Needs : A Framework for Action.* New Brunswick, N. J. : Transaction Books, 1978.

McKendrick, Neil, John Brewer and J. H. Plumb. *The Birth of a Consumer Society : The Commercialization of Eighteenth-Century England.* Bloomington : Indiana University Press, 1985.

McKenzie, Mary M. "Toward a New Political Consciousness : A Preliminary Report on New Social Movements in the Federal Republic of Germany," A Paper delivered at the Annual Meeting of the American Political Science Association, 1986, Washington, D. C.

Meadows, Dennis, L. (ed.), *Alternatives to Growth-I : A Search for Sustainable Futures.* Cambridge, Mass. : Ballinger, 1977.

Meadows, Donella H., Dennis L. Meadows, Jorgen Randers, and William W. Behrens III. *The Limits to Growth : A Report to the Club of Rome's Project on the Predicament of Mankind.* Second Edition. New York : New American Library, 1975.

Mermelstein, David. Introduction to part 3, in David Mermelstein (ed.), *Economics : Mainstream Readings and Radical Critiques.* Second Edition. New York : Random House, 1973, pp.29-30.

―――. (ed.), *Economics : Mainstream Readings and Radical Critiques.* Second Edition. New York : Random House, 1973.

Mesarovic, Mihajlo and Eduard Pestel. *Mankind at the Turning Point : The Second Report to the Club of Rome.* New York : E. P. Dutton, 1974. (大来佐武郎・茅陽一訳『転機に立つ人間社会』ダイヤモンド社, 1975年)

Milbrath, Lester W. *Environmentalists : Vanguard for a New Society.* Albany : State University of

New York Press, 1984.

―. *Envisioning a Sustainable Society: Learning Our Way Out*. Albany: State University of New York Press, 1989.

Miles, Rufus E. Jr. *Awakening from the American Dream: The Social and Political Limits to Growth*. New York: Universe Books, 1976.

Mill, John Stuart. *On Liberty*. Currin V. Shields (ed.), Indianapolis: Bobbs-Merrill, 1956. (山岡洋一訳『自由論』日経BP社, 2011年)

―. "The Spirit of the Age," in J. B. Schneewind (ed.), *Mill's Essays on Literature and Society*. New York: Collier, 1965, pp.27-78.

―. *Principles of Political Economy with some of Their Applications to Social Philosophy*. Two volumes. New York: D. Appleton, 1872. (末永茂喜訳『経済学原理』1～5巻, 岩波書店, 1973～1979年)

Miller, Abraham H., Louis H. Bolce, and Mark Halligan. "The J-Curve Theory and the Black Urban Riots: An Empirical Test of Progressive Relative Deprivation Theory." *American Political Science Review*, 71, September 1977, pp.964-982.

―. "Reply to Crosby," in "Communications." *American Political Science Review*, 73, September 1979, pp.818-822.

Mishan, E. J. *Technology and Growth: The Price We Pay*. New York: Praeger, 1970.

―. *The Economic Growth Debate: An Assessment*. London: George Allen and Unwin, 1977.

Moore, Wilbert E. *Social Change*. Englewood Cliffs, N. J.: Prentice-Hall, 1965. (松原洋三訳『社会変動』至誠堂, 1977年)

Mumford, Lewis. *The Myth of the Machine*. Two Volumes. New York: Harcourt, Brace Jovanovich, 1967, 1970. (樋口清訳『機械の神話――技術と人類の発達』河出書房新社, 1981年)

Myrdal, Gunnar. *Against the Stream: Cultural Essays in Economics*. New York: Random House, 1975. (加藤寛・丸尾直美訳『反主流の経済学』ダイヤモンド社, 1976年)

Nagel, Ernest. *The Structure of Science: Problems in the Logic of Scientific Explanation*. New York: Harcourt, Brace and World, 1961. (松野安男訳『科学の構造』1・2巻, 明治図書出版, 1968・1969年)

Neuhaus, Richard. *In Defense of People: Ecology and the ˆSeduction of Radicalism*. New York: Macmillan, 1971.

Newman, Katherine S. *Falling from Grace: The Experience of Downward Mobility in the American Middle Class*. New York: Free Press, 1988.

New Republic. "How to Cool Off the Earth." September 12 and 19, 1988, pp.5-8.

Newsweek. "The Greenhouse Effect." July 11, 1988, pp.16-20.

―. "Don't Go Near the Water." August 1, 1988, pp.42-48.

Offe, Claus. "New Social Movements: Challenging the Boundaries of Institutional Politics." *Social Research*, 52, Winter 1985, pp.817-868.

Olson, Mancur. Introduction to: Mancur Olson and Hans H. Landsberg (eds.), *The No-Growth Society*. New York: W. W. Norton, 1973, pp. 1-13.

———, Hans H. Landsberg, and Joseph L. Fisher. Epilogue to: Mancur Olson and Hans H. Landsberg (eds.), *The No-Growth Society*. New York: W. W. Norton, 1973, pp.229-241.

——— (eds.), *The No-Growth Society*. New York: W. W. Norton, 1973.

Ophuls, William. *Ecology and the Politics of Scarcity: A Prologue to a Political Theory of the Steady State*. San Francisco: W. H. Freeman, 1977.

———. "Leviathan or Oblivion?" in Herman E. Daly (ed.), *Toward a Steady-State Economy*. San Francisco: W. H. Freeman, 1973, pp.215-230.

———. "The Politics of the Sustainable Society," in Dennis Clark Pirages (ed.), *The Sustainable Society: Implications for Limited Growth*. New York: Praeger, 1977, pp.157-172.

Orr, David W. and Marvin S. Soroos (eds.), *The Global Predicament: Ecological Perspectives on World Order*. Chapel Hill: University of Noith Carolina Press, 1979.

Orwell, George. *1984*. New York: New American Library, 1961. (新庄哲夫訳『1984年』早川書房, 1982年)

Our Common Future. Report by the United Nations' Appointed World Commission on Environment and Development. Oxford: Oxford University Press, 1987. (環境と開発に関する世界委員会編『地球の未来を守るために———Our common future』福武書店, 1987年)

Passell, Peter and Leonard Ross. *The Retreat from Riches: Affluence and Its Enemies*. New York: Viking Press, 1974.

Pateman, Carole. *Participation and Democratic Theory*. London: Cambridge University Press, 1972. (寄本勝美訳『参加と民主主義理論』早稲田大学出版部, 1981年)

Pavitt, K. L. R. "Malthus and Other Economists: Some Doomsdays Revisited," in H. S. D. Cole et al. (eds.), *Models of Doom*. New York: Universe Books, 1975, pp.137-158.

Peccei, Aurelio. *One Hundred Pages for the Future: Reflections of the President of the Club of Rome*. New York: New American Library, 1982. (大来佐武郎監訳『未来のための100ページ———ローマ・クラブ会長の省察』読売新聞社, 1981年)

Pickering, Thomas R. and Gus Speth. "Letter of Transmittal," in Gerald O. Barney, Study Director, *The Global 2000 Report to the President: Entering the Twenty-First Century*. Charlottesville: Blue Angel, 1981, pp. iii-v. (逸見・立花, 前掲書, 1980; 同, 前掲訳書, 1981)

Pirages, Dennis. *The New Context for International Relations: Global Ecopolitics*. North Scituate, Mass.: Duxbury Press, 1978.

———. "Introduction: A Social Design for Sustainable Growth," in Dennis Clark Pirages (ed.), *The Sustainable Society Implications for Limited Growth*. New York: Praeger, 1977, pp.1-13.

——— (ed.), *The Sustainable Society: Implications for Limited Growth*. New York: Praeger, 1977.

——— and Paul R. Ehrlich. *Ark II: Social Response to Environmental Imperatives*. San Francisco: W. H. Freeman, 1974.

Plato. *The Republic of Plato*. Allan Bloom, trans. New York: Basic Books, 1968.（藤沢令夫訳『国家』岩波書店, 2008年）

Pokorny, Dusan. "Professor Shulsky on Aristotle's Economic Doctrine," in C. B. Macpherson (comp.), *Political Economy and Political Theory*. Papers from the Conference for the Study of Political Thought, April 1974.

Polanyi, Karl. *The Great Transformation: The Political and Economic Origins of Our Time*. Boston: Beacon Press, 1957.（吉沢英成訳『大転換——市場社会の形成と崩壊』東洋経済新報社, 1975年）

Popper, Karl R. "The Nature of Philosophical Problems and Their Roots in Science," in Karl R. Popper. *Conjectures and Refutations: The Growth of Scientific Knowledge*. New York: Harper and Row, 1968, pp.66-96.（「哲学的諸問題の性格と科学におけるその根源」藤本隆志・石垣壽郎・森博訳『推測と反駁——科学的知識の発展』法政大学出版局, 2009年）

——. "Truth, Rationality and the Growth of Scientific Knowledge," in Karl R. Popper. *Conjectures and Refutations: The Growth of Scientific Knowledge*. New York: Harper and Row, 1968, pp.215-250.（「心理・合理性・科学的知識の成長」藤本隆志・石垣壽郎・森博訳『推測と反駁——科学的知識の発展』法政大学出版局, 2009年）

——. "On the Sources of Knowledge and of Ignorance," in Karl R. Popper. *Conjectures and Refutations: The Growth of Scientific Knowledge*. New York: Harper and Row, 1968, pp.3-30.（「知識と無知の根源について」藤本隆志・石垣壽郎・森博訳『推測と反駁——科学的知識の発展』法政大学出版局, 2009年）

——. "Science: Conjectures and Refutations," in Karl R. Popper. *Conjectures and Refutations: The Growth of Scientific Knowledge*. New York: Harper and Row, 1968, pp.33-65.（「科学——推測と反駁」藤本隆志・石垣壽郎・森博訳『推測と反駁——科学的知識の発展』法政大学出版局, 2009年）

——. *Objective Knowledge: An Evolutionary Approach*. Oxford: Oxford University Press, 1972.（森博訳『客観的知識——進化論的アプローチ』木鐸社, 1974年）

Porritt, Jonathon. *Seeing Green: The Politics of Ecology Explained*. New York: Basil Blackwell, 1985.

Rainwater, Lee. "Equity, Income, Inequality, and the Steady State," in Dennis Clark Pirages (ed.), *The Sustainable Society*. New York: Praeger, 1977, pp.262-273.

Repetto, Robert. *World Enough and Time: Successful Strategies for Resources Management*. New Haven: Yale University Press, 1986.

——. "Population, Resource Pressures and Poverty," in Robert Repetto (ed.), *The Global Possible: Resources, Development, and the New Century*. New Haven: Yale University Press, 1985, pp.131-169.

—— (ed.), *The Global Possible: Resources, Development, and the New Century*. New Haven: Yale University Press, 1985.

Rescher, Nicholas. "What is Value Change? A Framework for Research," in Kurt Baier and Nicholas

Rescher (eds), *Values and the Future : The Impact of Technological Change on American Values*. New York : Free Press, 1971, pp.68-109.

Reynolds, Morgan and Eugene Smolensky. "Welfare Economics : Or, When is a Change an Improvement?" in Sidney Weintraub (ed.), *Modern Economic Thought*. Phila. : University of Pennsylvania Press, 1977, pp.447-466.

Rifkin, Jeremy(with Ted Howard). *Entropy : A New World View*. New York : Bantam Books, 1981. (竹内均訳『エントロピーの法則──21世紀文明観の基礎』祥伝社, 1982年)

Rohatyn, Felix. "On the Brink." *New York Review of Books*, June 11, 1987, pp.3-6.

Rosenbladt, Sabine. "Is Poland Lost? Pollution and Politics in Eastern Europe." *Greenpeace*, 13, November/December 1988, pp.14-19.

Rousseau, Jean Jacques. "A Discourse on the Origin of Inequality," in Jean Jacques Rousseau, *The Social Contract and Discourses*. G. D. H. Cole (trans.), New York : E. P. Dutton, 1950, pp.175-282. (中山元訳『人間不平等起源論』光文社, 2008年)

──. *The Social Contract and Discourses*. G. D. H. Cole (trans.), New York : E. P. Dutton, 1950. (作田啓一訳『社会契約論』白水社, 2010年。＊ただし,『社会契約論』のみ)

──. *Emile*. Barbara Foxley, trans. London : J. M. Dent, 1963. (今野一雄訳『エミール』上・下巻, 岩波書店, 1976年)

Sabine, George H. *A History of Political Theory*. Fourth Edition, Revised by Thomas Landon Thorson. Hinsdale, Ill. : Dryden Press, 1973. (丸山真男訳『西洋政治思想史』岩波書店, 1965年)

Sale, Kirkpatrick. *Human Scale*. New York : G. P. Putnam's Sons, 1982. (里深文彦訳『ヒューマンスケール──巨大国家の崩壊と再生の道』講談社, 1987年)

Samuels, Warren J. "Ideology in Economics," in Sidney Weintraub (ed.), *Modern Economic Thought*. Phila. : University of Pennsylvania Press, 1977, pp.467-484.

Sandel, Michael J. *Liberalism and the Limits of Justice*. New York : Cambridge University Press, 1983. (菊池理夫訳『自由主義と正義の限界』三嶺書房, 1992年)

Schilpp, Paul Arthur (ed.), *The Philosophy of Karl Popper*. Two Volumes. La Salle, Ill. : Open Court, 1974.

Schmemann, Serge. "Environmentalists and Socialists Gain in European Vote." *New York Times*, June 19, 1989, pp. al, a6.

Schneewind, J. B. (ed.), *Mill's Essays on Literature and Society*. New York : Collier Books, 1965.

Schultze, Charles L. "Is Economics Obsolete? No, Underemployed," in David Mermelstein (ed.), *Economics : Mainstream Readings and Radical Critiques*. New York : Random House, 1973, pp.16-23.

Schumacher, E. F. *Small is Beautiful : Economics as if People Mattered*. New York : Harper and Row, 1975. (小島慶三・酒井懋訳『スモール・イズ・ビューティフル──人間中心の経済学』講談社, 1986年)

Schumpeter, Joseph A. *Capitalism, Socialism and Democracy*. Third Edition. New York : Harper and

Row, 1962.（中山伊知郎・東畑精一訳『資本主義・社会主義・民主主義（新装版）』東洋経済新報社，1995年）

Schurr, Sam H. (ed.), *Energy, Economic Growth, and the Environment*. Baltimore : Johns Hopkins University Press, 1973.

Scitovsky, Tibor. *The Joyless Economy : An Inquiry into Human Satisfaction and Consumer Dissatisfaction*. Oxford : Oxford University Press, 1976.（斎藤精一郎訳『人間の喜びと経済的価値——経済学と心理学の接点を求めて』日本経済新聞社，1979年）

Segal, Jerome. "Income and Development." *QQ—Report from the Center for Philosophy and Public Policy*. University of Maryland, 5, Fall, 1985, pp.9-12.

Sekora, John. *Luxury : Vie Concept in Western Thought, Eden to Smollet*. Baltimore : Johns Hopkins University Press, 1977.

Sen, Amartya K. *Collective Choice and Social Welfare*, Elsevier Science, 1979.（志田基与師監訳『集合的選択と社会的厚生』勁草書房，2000年）

Sennett, Richard. *The Fall of Public Man : On the Social Psychology of Capitalism*. New York : Random House, 1978.（北山克彦・高階悟訳『公共性の喪失』晶文社，1991年）

Shefrin, Bruce M. *The Future of U.S. Politics in an Age of Economic Limits*. Boulder : Westview Press, 1980.

Shi, David E. *The Simple Life : Plain Living and High Thinking in American Culture*. New York : Oxford University Press, 1986.（小池和子訳『シンプルライフ——もうひとつのアメリカ精神史』勁草書房，1987年）

Shulsky, Abram N. "Economic Doctrine in Aristotle's *Politics*, "in C. B. Macpherson (comp.), *Political Economy and Political Theory*. Papers from the Annual Meeting of the Conference for the Study of Political Thought, April 1974.

Simon, Julian L. *The Ultimate Resource*. Princeton : Princeton University Press, 1981.

—— and Herman Kahn (eds.), *The Resourceful Earth : A Response to Global 2000*. New York : Basil Blackwell, 1984.

Slater, Philip. *Earthwalk*. Garden City. Anchor Books, 1974.

——. *Wealth Addiction*. New York : E. P. Dutton, 1980.

Smith, Adam. *An Inquiry into the Nature and Cause of the Wealth of Nations*. Richard F. Teichgraeber, III (ed.), New York : Random House, 1985.（大河内一男監訳『国富論Ⅰ・Ⅱ・Ⅲ』中公文庫，1978年）

Smith, Gerald Alonzo. "The Teleological View of Wealth : A Historical Perspective," in Herman E. Daly (ed.), *Economics, Ecology, Ethics : Essays Toward a Steady-State Economy*. San Francisco : W. H. Freeman, 1980, pp.215-237.

——. "Epilogue : Malthusian Concern from 1800 to 1962," in William M. Finnin, Jr. and Gerald Alonzo Smith (eds), *The Morality of Scarcity : Limited Resources and Social Policy*. Baton Rouge : Louisiana State University Press, 1979, pp.107-128.

Smith, V. Kerry (ed.), *Scarcity and Growth Reconsidered*. Baltimore: Johns Hopkins University Press, 1979.

Southwick, Charles H. (ed.), *Global Ecology*. Sunderland, Mass.: Sinauer Associates, 1985.

Spretnak, Charlene and Fritjof Capra. *Green Politics*. Sante Fe: Bear and Co., 1986.（吉福伸逸他訳『グリーン・ポリティクス』青土社，1986年）

Springborg, Patricia. *The Problem of Human Needs and the Critique of Civilization*. London: George Allen and Unwin, 1981.

Sprout, Harold and Margaret Sprout. *The Ecological Perspective in Human Affairs with Special Reference to International Politics*. Princeton: Princeton University Press, 1965.

——. *The Context of Environmental Politics: Unfinished Business for America's Third Century*. Lexington: The University Press of Kentucky, 1978.

Stavrianos, L. S. *The Promise of the Coming Dark Age*. San Francisco: W. H. Freeman, 1976.

Stivers, Robert L. *The Sustainable Society: Ethics and Economic Growth*. Phila.: Westminster Press, 1976.

Strauss, Leo. *The Political Philosophy of Hobbes: Its Basis and Its Genesis*. Elsa M. Sinclair (trans.), Chicago: University of Chicago Press, 1966.（添谷育志他訳『ホッブズの政治学』みすず書房，1990年）

Tatlock, J. S. P. and R. G. Martin. Introduction to: Oscar Wilde, *Lady Windermere's Fan*, in J. S. P. Tatlock and R. G. Martin (eds.), *Representative English Plays: From the Miracle Plays to Pinero*. Second Edition, Revised and Enlarged. New York: Appleton-Century-Crofts, 1938, pp.843-844.

——. (eds), *Representative English Plays: From the Miracle Plays to Pinero*. Second Edition, Revised and Enlarged. New York: Appleton-Century-Crofts, 1938.

Tawney, R. H. *The Acquisitive Society*. New York: Harcourt, Brace and World, 1948.

——. *Religion and the Rise of Capitalism*. New York: New American Library, 1961.（出口勇蔵・越智武臣訳『宗教と資本主義の興隆——歴史的研究』上・下巻，岩波書店，1956年）

Thomas, Keith. "The Social Origins of Hobbes's Political Thought," in K. C. Brown (ed.), *Hobbes Studies*. Cambridge: Harvard University Press, 1965, pp.185-236.

Thoreau, Henry David. *Walden in Walden and Civil Disobedience*. Owen Thomas (ed.), New York: W. W. Norton, 1966, pp.1-221.（飯田実訳『森の生活——ウォールデン』上・下巻，岩波書店，1995年。飯田実訳『市民の反抗——他五篇』岩波書店，1997年）

Thurow, Lester C. *The Zero-Sum Society: Distribution and the Possibilities for Economic Change*. New York: Basic Books, 1980.（岸本重陳訳『ゼロ・サム社会』ティービーエス・ブリタニカ，1981年）

Tilly, Charles. *Big Structures, Large Processes, Huge Comparisons*. New York: Russell Sage Foundation, 1984.

Time. "Our Filthy Seas." August 1, 1988, pp.44-50.

Times, Los Angeles. "A Slow Growth Revolt." July 31, 1988–August 3, 1988. Fourpart, front-page series.

Tinbergen, Jan (coord.), *RIO: Reshaping the International Order: A Report to the Club of Rome*. New York: New American Library, 1976. (茅陽一・大西昭訳『国際秩序の再編成』ダイヤモンド社, 1977年)

Tinder, Glenn. *Community: Reflections on a Tragic Ideal*. Baton Rouge: Lousiana State University Press, 1980.

——. *Political Thinking: The Perennial Questions*. Fourth Edition. Boston: Little, Brown, 1986.

Toffler, Alvin. *The Eco-Spasm Report*. New York: Bantam Books, 1975. (福島正光訳『エコスパズム——発作的経済危機』中央公論社, 1982年)

Tolba, Mustafa. Introduction to: John McHale and Magda Cordell McHale. *Basic Human Needs*. New Brunswick, N. J.: Transaction Books, 1978, pp.1-2.

Trigg, Roger. *Reality at Risk: A Defence of Realism in Philosophy and the Sciences*. Sussex, Great Britain: The Harvester Press, 1980.

Trilling, Lionel. Introduction to works by Matthew Arnold, in: G. B. Harrison *et al. Major British Writers*. Two Volumes. Enlarged Edition. New York: Harcourt, Brace, 1959. Volume Two, pp.579-592.

Trombley, William. "Slow-Growth Sentiment Builds Fast." *Los Angeles Times*, July 31, 1988, p.1.

Tucker, Robert C. (ed.), *The Marx-Engels Reader*. New York: W. W. Norton, 1972.

Valaskakis, Kimon *et al. The Conserver Society: A Workable Alternative for the Future*. New York: Harper and Row, 1979.

VandenBroeck, Goldian (ed.), *Less is More: The Art of Voluntary Poverty*. New York: Harper and Row, 1978.

Vaughan, Frederick. *The Tradition of Political Hedonism: From Hobbes to J. S. Mill*. New York: Fordham University Press, 1984.

Veblen, Thorstein. *The Theory of the Leisure Class: An Economic Study of Institutions*. New York: New American Library, 1963. (高哲男訳『有閑階級の理論』筑摩書房, 1998年)

Vogel, David. "Business and the Politics of Slowed Growth," in Dennis Clark Pirages (ed.), *The Sustainable Society*. New York: Praeger, 1977, pp.241-256.

von Lazar, Arpad. Foreward to: Dennis Pirages. *The New Context for International Relations*. North Scituate, Mass.: Duxbury Press, 1978, pp. vii-viii.

von Mises, Ludwig. "Introduction: Why Read Adam Smith Today?" in Adam Smith, *An Inquiry into the Nature and Causes of the Wealth of Nations*. Chicago: Henry Regnery, 1953, pp. v-x. (大河内一男監訳『国富論I』中公文庫, 1978年)

Vonnegut, Kurt, Jr. "Only Kidding Folks?" *Nation*, May 13, 1978, p.575.

Wallerstein, Immanuel. "Crisis as Transition," in Samir Amin, Giovanni Arrighi, Andre Gunder Frank, and Immanuel Wallerstein, *Dynamics of Global Crisis*. New York: Monthly Review Press,

1982, pp.11-54.

Wallich, Henry C. "Zero Growth." *Newsweek*, January 24, 1972, p.62.

──. "More on Growth." *Newsweek*, March 13, 1972, p.86.

Walter, Edward. *The Immorality of Limiting Growth*. Albany: State University of New York Press, 1981.

Watts, William. Foreward to: Donella H. Meadows *et al. The Limits to Growth*. Second Edition, Revised. New York: New American Library, 1975, pp. ix-xii. (大来, 前掲訳書, 1972)

Weintraub, Sidney. Introduction to: Distribution Theory Section, in Sidney Weintraub (ed.), *Modern Economic Thought*. Phila.: University of Pennsylvania Press, 1977, pp.391-393.

──. (ed.), *Modern Economic Thought*. Phila.: University of Pennsylvania Press, 1977.

Weisskopf, Thomas E. "The Irrationality of Capitalist Economic Growth," in Richard C. Edwards, Michael Reich, and Thomas E. Weisskopf (eds.), *The Capitalist System*. Second Edition. Englewood Cliffs, N. J.: Prentice-Hall, 1978, pp.395-409.

Weisskopf, Walter A. "Economic Growth versus Existential Balance," in Herman E. Daly (ed.), *Toward A Steady-State Economy*. San Francisco: W. H. Freeman, 1973, pp.240-251.

──. *Alienation and Economics*. New York: Dell, 1971. (小口忠彦監訳『人間性と経済思想』産業能率短期大学出版部, 1975年)

White, James E. (ed.), *Contemporary Moral Problems*. Second Edition. St. Paul: West, 1988.

Whitely, C. H. *An Introduction to Metaphysics*. London: Methuen, 1966.

Wiener, Martin J. *English Culture and the Decline of the Industrial State: 1850-1980*. Cambridge: Cambridge University Press, 1981.

Wilde, Oscar. *Lady Windermere's Fan*. in J. S. P. Tatlock and R. G. Martin (eds), *Representative English Plays: From the Miracle Plays to Pinero*. Second Edition, Revised and Enlarged. New York: Appleton-Century-Crofts, 1938, pp.844-871. (西村孝次訳『サロメ・ウィンダミア郷夫人の扇』新潮社, 1973年)

Windelband, Wilhelm. *A History of Philosophy*. Two Volumes. New York: Harper and Row, 1958. (井上忻治訳『一般哲学史』1〜4巻, 第一書房, 1933年)

Wolfe, Alan. *America's Impasse: The Rise and Fall of the Politics of Growth*. New York: Pantheon, 1981.

Wolin, Sheldon S. *Politics and Vision: Continuity and Innovation in Western Political Thought*. Boston: Little, Brown, 1960. (杉本正哉訳『現代アメリカ政治の軌跡──袋小路に入った超大国』日本経済新聞社, 1982年)

Yanarella, Ernest J. "Slouching toward the Apocalypse: Visions of Nuclear Holocaust and Eco-Catastrophe in Contemporary Science Fiction." Paper delivered at the Annual Meeting of the American Political Science Association, 1984, Washington, D.C.

Yankelovich, Daniel. *New Rules: Searching for Self-Fulfillment in a World Turned Upside Down*. New York: Bantam Books, 1982. (板坂元訳『ニュールール』三笠書房, 1982年)

Youth, Howard. "Boom Time for Environmental Groups." *World Watch*, 2, November/December 1989, p.33.

Zinam, Oleg. "The Myth of Absolute Abundance: Economic Development as a Shift in Relative Scarcities." *American Journal of Economics and Sociology*, 41, January 1982, pp.61-76.

監訳者あとがき

　西欧の近代社会は，18世紀の啓蒙主義や産業革命を基軸とした，政治的・経済的・文化的変動等を経て，形成されてきた。近代社会は，基本的には四つの社会変動，(1)政治的近代化→市民革命→民主主義社会の出現，(2)経済的近代化→産業革命→近代産業社会の形成，(3)社会的近代化→都市革命→都市社会の登場，(4)文化的近代化→科学革命→科学社会の浸透，によって形成されたとされている（富永健一『近代化の理論』講談社，1996年）。しかし，現実には，経済的近代化が近代社会の形成に大きな力を発揮してきたことは，産業革命によって欧州各国の経済力が飛躍的に向上し，いわゆる，「大量生産―大量消費」型の社会経済システムや近代文明としての産業文明が構築されたことからも理解されよう。

　本書，『産業文明の死―経済成長の限界と先進産業社会の再政治化』を通じて，近代社会が争って追求してきた経済的豊かさやその価値基盤となる物質主義が，今日の最も深刻な社会病理現象である「地球環境問題」を生み出してきたという事実を，筆者のジョエル・カッシオーラ博士（サンフランシスコ州立大学教授）は経済的近代化，すなわち，近代産業社会の登場と近代経済学によるその発展の促進，さらに，その価値基盤である物質主義への人間の欲望が公害問題・環境問題・都市問題等のさまざまな負荷現象を生み出し，ひいては，今日の地球環境危機をもたらしているとして，物質主義や産業主義を厳しく批判している。本来は社会形成の基本である政治学が，近代社会の構築に主導的な役割を果たさなかったことが近代経済学の独走を許し，産業社会的価値観としての物質主義が一般市民に浸透し，「限界なき経済成長」(unlimited economic growth) という幻想的神話を創出させ，自然と人間との均衡を無視した，人間中心主義的な経済的欲望を持続させ続けてきたことを彼は批判的に捉え，経済成長に依存した経済理論・経済政策ではなく，自然環境・人間環境に配慮した環境政治思想・環境政治理論の構築こそが，現在の地球環境危機を克服してい

くための処方箋になりうると考えている。

　翻ってみれば，18世紀のイギリスの産業革命が登場した時代，近代産業社会がこれからの社会にどのような社会的影響をもたらすのか，については，経済史的観点からは，(1)産業革命を経済的利益の増大をもたらしたものとして，楽観的に捉えていく考え方（クラッパム学派），(2)産業革命の経済的利益は多くの社会的害悪，もしくは，社会的損失という犠牲の上にもたらされたものとして，社会改良的な産業主義を構築すべきである，という考え方（ハモンド学派），という二つの見方がみられる。この根底には，経済的豊かさ＝人間文明の豊かさ，という社会進化論的，社会進歩論的な社会発展思想が散見される。こうした対立した考え方は近代産業社会の成熟段階の1970年代においても，経済成長による社会発展を基本とする，D.ベルの「脱工業化社会論」やJ.A.シュンペーターの「社会発展段階論」，は近代産業社会の高度化は社会の成熟化による「より豊かで，快適な社会」をもたらし,さらに，モノの付加価値を重視する情報を基盤とした「情報社会」の到来が人間文明をより豊かにしていくという楽観的な社会発展論を示した（①Bell, D., *The Coming of Post—Industrial Society*, Basic Books, 1973 ＝内田忠雄訳『脱工業化社会』ダイヤモンド社，1975年），②Schumpeter, J.A., *The Theory of Economic Development*,Oxford University Press, 1951＝塩野谷祐一他訳『経済発展の理論』岩波書店，1977年）。他方，近代産業社会の発展を主導した経済学の独走に歯止めをかけ，経済学を超えて，社会科学全体として，「自然（生態系）と人間文明（経済成長）のバランス」に配慮した新しい社会進化のあり方を提唱した，アメリカの経済学者である，K.E.ボールディングは人間社会の発展は地球環境問題の解決と密接な関係をもち，環境に配慮した経済学を構築しなければ，「宇宙船地球号」は破滅していくのではないかという強い懸念をもっていた（①Boulding, K.E., *Ecodynamics : A New Theory of Social Evolution*,University of Michigan Press, 1968＝長尾史郎訳『地球社会はどこへ行く』講談社，1980年），②Boulding, K.E., *Beyond Economics : Essays on Society, Religion and Ethics*, University of Michigan Press, 1968＝公文俊平訳『経済学を超えて――社会システムの一般理論』竹内書店，1970年）。

　近代産業社会の出現以来の社会目標である「限界なき成長」の価値基盤である物質主義的価値観（materialistic values）に対して，経済学者の立場からでは

監訳者あとがき

なく，政治学者の立場から，人々の価値観の変化を実証的に分析した研究者として，R.イングルハートがあげられる。彼は1960年代より，産業社会の高度化に伴う人々の価値の変容に着目し，「欧米の人々の価値観は，物質的な繁栄や身の安全への圧倒的なこだわりから，生活の質（Quality of Life）に強い力点を置く方向に変わってきている」として，欧米の先進産業社会では，モノの豊かさを求める物質主義的価値観から，生活の快適性やライフスタイルの充実を求める脱物質主義的価値観へと移行しつつあることを自らの著作『静かな革命――西欧の一般大衆における諸価値と政治的ライフタイルの変容』を刊行し，人々の価値観が経済的競争から，生活の快適性やライフスタイルの充実へとゆるやかに，かつ，静かな政治的価値観へと転換を遂げていることを実証的に明らかにした（Inglehart, R.F., *The Silent Revolution: Changing Values and Political Styles Among Western Publics*, Princeton University Press, 1977＝三宅一郎他訳『静かなる革命――政治意識と行動様式の変化』東洋経済新報社，1978年）。

著者のカッシオーラは，近代産業社会の「限界なき成長」思想がもたらした負荷現象，すなわち，公害問題・環境問題・都市問題の増大化等に強い懸念を示し，経済の論理に依存した社会発展が誤りであることを多角的に考察するとともに，ローマクラブの報告書『成長の限界』が警告した，地球環境危機に対して，政治哲学の立場から応答し，ポスト産業社会の一つの方向性として物質的事象や物質が示す競争的な地位の追求をすべての者にとって，環境的に健全で，協力的で，かつ，自己充足的で，自己発展的な民主主義的価値に置き換える〈超産業社会〉（Transindustrial Society）を新しいオルタナティブな社会として提示している（本書の第10章「結論」を参照のこと）。こうした社会構想を推進していく学問的な主体は経済学ではなく，政治哲学であり，政治学であるべきであるとするのが彼の主張なのである。本書が1990年に刊行された前後の時代は，環境政治思想・環境政治学分野でも，A.ドブソン（英国・キール大学）の『緑の政治思想（*Green Political Thought*）』（1990年），R.E.グッディン（豪州・オーストラリア国立大学）の『緑の政治理論』（1992年），R.エッカースレイ（豪州・メルボルン大学〔刊行時はタスマニア大学〕）の『環境主義と政治理論』（1992年）等が刊行され，環境政治思想・環境政治学・環境政治理論の重要性が高まってきた。著者，カッシオーラが本書の「日本語版への序文」の中で，本書『産業文

339

明の死』がもたらした社会貢献の一つとして，環境危機に対する人間の取り組みに際して，「限界なき成長」に反対する立場から，「再政治化」(repoliticization) の必要性を主張してきたこと，さらに，そのことが新しい学問分野としての「環境政治理論」(Environmental Political Theory) の創出をもたらしたとしている（注：「再政治化」とは，リベラリズムを基盤とした政治学へ回帰することである。この考え方は環境危機に対する「限界なき成長」への危惧の結果から登場した考え方で，一般大衆や政策決定担当者が政治的な選択ができるような政治過程をつくり出していくことである）。

こうした著者の地球環境危機に対する深刻な危惧の念と産業主義 (Industrialism) を基盤とした「経済の論理」によって支配されてきた，今日の産業社会をどのように変革させていくべきか，という問いに対して，環境政治学者としての著者が『産業文明の死』という衝撃的なタイトルを通じて，読者に訴えようとしたことは何か。こうした問いに対して，本書で考察されている内容にもとづいて，以下の五点に要約してみたので，読者の皆さんに参考にしていただければ幸である。

(1) 今日の地球環境危機は技術的な改善，あるいは，人間の創意工夫の問題ではなく，競争的な物質主義を重視する〈産業主義〉に関わる人間のさまざまな価値観に問題がある。したがって，環境危機は本質的には，環境科学ではなく，規範的な言説に起因していることを提示したこと。

(2) 環境危機に関するさまざまな価値観は事実上，政治的なものであることを明示したこと。

(3) 規範的な政治理論，ないし，政治哲学は環境危機を理解し，応答していく場合の最も重要な要素であることを例証しようとした。したがって，政治理論家たちは環境問題に関心を寄せ，専門家としての知的スキルや知識を活用して，問題解決のための適切な政策を提示すべきであること。

(4) 人間は「限界のある地球」に住んでいるのだから，「限界なき経済成長」の産業社会的な中心的価値は不可能，かつ，ユートピア的であることを読者に説得していくこと。こうしたことが政治的，社会的，道

徳的な規範にもとづいた，産業社会におけるさまざまな制度を変革させることができること。経済成長は物質的な必需品を求めている世界の数多くの貧困層の人々には必要であるが，世界の富裕層の人々は貧困層の人々が必要とする稀少資源を消費すべきではないこと，すなわち，世界の多くの不平等を受忍している人たちは公正なレベルの世界へと減少させなければならないこと。
(5) したがって，21世紀において人類が直面している最も大きな課題は本書で焦点を当ててきたように，現在の産業社会から，オルタナティブなエコロジー的に持続可能で，社会的に公正な社会へと社会変革ができるように人々に影響を与えていくこと。

　本書は，米国・サンフランシスコ州立大学の政治学担当教授（前行動・社会科学部長）である，ジョエル・J・カッシオーラ博士（Joel J. Kassiola）の著作，『産業文明の死―経済成長の限界と先進産業社会の再政治化』(*The Death of Industrial Civilization—The Limits to Economic Growth and the Repoliticization of Advanced Industrial Society*, State University of New York Press, 1990)の全訳である。今から，20年以上前の著作であるが，今日の地球環境危機を「経済学の論理」ではなく，「政治学の論理」から見直し，近代産業社会が追求してきた「限界なき成長」がユートピアであったことを経済学的視点，政治哲学的視点，政治理論的視点から分析し，産業社会における物質主義的価値観を捨象していくことの必要性を多角的に説いていることに大きな意義があるとともに，既存の産業社会に代わる新しい社会構想に〈超産業社会〉概念（Transindustrial Society）を位置づけ，究極的には，自然と人間の文明が共生する〈エコロジー的に持続可能な社会〉（Ecologically Sustainable Society）を構築すべきことを提唱している，希有な著作である。したがって，彼の産業社会に対する批判的論点やポスト産業社会としての，新しい社会構想は今なお，傾聴に値するものである。
　著者のカッシオーラ教授は哲学・心理学・経済学・政治学・生物物理学等のさまざまな分野に関する該博な知識を縦横無尽に駆使して，産業社会の詳細，かつ，多角的な分析を行っているために，難解な専門用語や言語表現等が本書全体を通じて散見されるため，今回の訳業に参加された方々は専門用語の理

解・解釈，日本語としての表現等の面で，大変な苦労をされていたようである。
本書の分担は，第Ⅰ部の第1章～第2章は日本大学商学部教授の所　伸之氏，第Ⅱ部の第3章～第6章，第一次調整，索引作成等は明海大学経済学部専任講師の岡村龍輝氏，第Ⅲ部の第7章～第8章は高崎商科大学商学部講師（兼任）の孫　榮振氏，第Ⅳ部の第9章～第10章は甲南大学文学部准教授の帯谷博明氏，の諸氏が担当された。翻訳の手順はまず，各訳者がそれぞれの担当部分を訳出し，その一次的調整を岡村氏が行い，監訳者（松野）が最終的には，それらの原稿の誤訳や日本語表現等を大幅に，かつ，詳細に修正していった。不明な箇所については，正確な訳出を行うべく，著者のカッシオーラ教授と何度もメールを通じてやりとりをし，確認を行ってきた。そのおかげで，本書の内容は可能な限り，日本語として理解しやすい訳文に仕上がったのではないかと思っている。しかしながら，翻訳には思わぬ誤解や誤訳がつきもので，こうした誤りを完全になくすことは不可能である。読者の方々の賢明なるご指摘があればと思う次第である。

　また，日本における計量経済学，エネルギー・環境経済学の第一人者としてご活躍されている，滋賀大学学長（京都大学名誉教授）の佐和隆光先生には，ご多忙の中，本書の「推薦のことば」をご寄稿いただき，心より感謝を申し上げます。

　最後に，今日のような地球環境の危機的状況に鑑み，本書，『産業文明の死』の社会的な意義を十分に理解され，日本語版の刊行を快諾された，ミネルヴァ書房の杉田啓三社長，的確，かつ，周到な編集作業を担当された梶谷　修氏に心より感謝申し上げたい。本書が地球環境危機の解決に少しでも寄与し，著者のいう，〈超産業社会〉を実現していくための社会変革が行われることになれば，本書の刊行に関わった責任者として望外の喜びである。

2014（平成26）年3月1日

監訳者　松野　弘

人名索引

ア 行

アーノルド，マシュー（Arnold, Matthew）20, 248, 250
アーレント，ハンナ（Arendt, Hannah）85, 88, 92, 169
アデイマントス（Adeimantos）237
アリストテレス（Aristotle）86, 90, 199, 259, 265, 270, 271, 283
アレン，ウッディ（Allen, Woody）3, 56, 247, 282
イーウェン，スチュワート（Ewen, Stuart）217
イースターリン，リチャード・A.（Easterlin, Richard A.）174, 213
イーリー，ジョン（Ely, John）303
イエス＝キリスト（Jesus Christ）49, 171, 255
イングルハート，ロナルド（Inglehart, Ronald）174, 296, 308
ウェイズ，マックス（Ways, Max）25
ヴェブレン，ソースタイン（Veblen, Thorstein）16, 159, 208, 273
ウォーラーステイン，イマニュエル（Wallerstein, Immanuel）17
ヴォーン，フレデリック（Vaughan, Frederick）186
ウォリン，シェルドン・S.（Wolin, Sheldon S.）129, 135, 136
ヴォルテール（Voltaire）92
ウォルフ，アラン（Wolfe, Alan）125
エーリック，アン・H.（Ehrlich, Anne H.）34, 97, 246
エーリック，ポール（Ehrlich, Paul）34, 97, 246
エックハルト，マイスター（Eckhart, Master）49
エピクロス（Epikouros）199
エルギン，デュエイン（Elgin, Duane）178
エンゲルス，フリードリヒ（Engels, Friedrich）269, 272, 283
オーウェル，ジョージ（Orwell, George）247, 254
オッフェ，クラウス（Offe, Claus）302
オフュールス，ウィリアム（Ophuls, William）246

カ 行

カーター，ジミー（Carter, Jimmy）8, 12, 115, 309
カーン，ハーマン（Kahn, Herman）7, 22, 38, 71, 229
カウフマン，ウォルター（Kaufmann, Walter）290
カッシオーラ，J.J.（Kassiola, Joel Jay）158
カミュ，アルベール（Camus, Albert）59, 60, 62, 193, 207, 255
ガルブレイス，ジョン・ケネス（Galbraith, John Kenneth）65, 101, 147, 151, 274
キー，ウィルソン・ブライアン（Key, Wilson Bryan）217
キッシンジャー，ヘンリー（Kissinger, Henry）260, 264
グールドナー，アルビン（Gouldner, Alvin）237
クーン，トマス・S.（Kuhn, Thomas S.）100, 238
グラウコン（Glaucon）236
クラウサマー，チャールズ（Krauthammer, Charles）18
クラフト，マイケル・E.（Kraft, Michael E.）245
グリーン，フィリップ（Green, Philip）251
クリストル，アービング（Kristol, Irving）

343

187
グレッグ,リチャード(Gregg, Richard) 178
ケインズ,ジョン・メイナード(Keynes, John Maynard) 83, 87, 141, 146
ケネー,フランソワ(Quesnay, François) 91
コールドウェル,リントン・K.(Caldwell, Lynton K.) 246
コーン,アルフィー(Kohn, Alfie) 268
コフィン,ウィリアム・スローン(Coffin, William Sloane) 19
ゴルツ,アンドレ(Gorz, Andre) 150, 276
ゴルバチョフ,M.S.(Gorbachev, Mikhail Sergeevich) 67

サ 行

サイモン,ジュリアン・L.(Simon, Julian L.) 13, 38, 71, 229
サッチャー,マーガレット・H.(Thatcher, Margaret H.) 308
サロー,レスター・C.(Thurow, Lester C.) 127, 174
ジェヴォンズ,W. S.(Jevons, W. S.) 110
シトフスキー,ティボル(Scitovsky, Tibor) 204
シモンド・ド・シスモンディ,J. C. L.(Simonde de Sismondi, J. C .L.) 20
シューマッハ,エルンスト・F.(Schumacher, Ernst F.) 178, 299
シュルスキィ,エイブラム・N.(Shulsky, Abram N.) 199
シュンペーター,ジョセフ(Schumpeter, Joseph) 24, 26
ジョンソン,リンドン(Johnson, Lyndon) 25
スタブリアノス,L. S.(Stavrianos, L. S.) 34
スミス,アダム(Smith, Adam) 20, 90, 92, 116, 130, 190, 195, 277
スレイター,フィリップ・J.(Slater, Philip J.) 3, 36, 38, 39, 62, 70, 180, 202, 203, 251, 272, 307
セイル,カークパトリック(Sale, Kirkpatrick) 5, 37

セービン,ジョージ(Sabine, George) 189
セガール,ジェローム(Segal, Jerome) 265
セネカ,ルキウス・アンナエウス(Seneca, Lucius Annaeus) 199
セン,アマルティア(Sen, Amartya) 121
ソクラテス(Socrates) 237, 284
ソロー,ヘンリー・デビッド(Thoreau, Henry David) 27

タ・ナ 行

タルフォン,ラビ(Tarfon, Rabbi) 312
ディケンズ,チャールズ(Dickens, Charles) 20
デイリー,ハーマン・E.(Daly, Herman E.) 68, 70, 96, 112, 114, 139, 255, 267
デービーズ,ジェームズ・C.(Davies, James C.) 271, 273
デュモン,ルイ(Dumont, Louis) 93, 105, 172, 185
トーニー,リチャード・H.(Tawney, Richard H.) 20, 153, 220, 278
トクヴィル,アレクシス(de Tocqueville, Alexis) 260
ドッブ,モーリス(Dobb, Maurice) 97
トフラー,アルビン(Toffler, Alvin) 39
ドライツェル,ハンス・ペーター(Dreitzel, Hans Peter) 105
トリリング,ライオネル(Trilling, Lionel) 249
ノイハウス,リチャード(Neuhaus, Richard) 102, 117, 122, 239

ハ 行

バーカー,アーネスト(Barker, Ernest) 86, 90
パークス,ローザ(Rosa "Lee" Louise McCauley Parks) 256
ハーシュ,フレド(Hirsch, Fred) 119, 145, 151, 156, 159, 185, 208, 214, 230, 267, 268, 272
ハーシュマン,アルバート・O.(Hirschman, Albert O.) 25, 53, 62, 92, 113, 197, 261,

264, 266, 267, 275
ハーディン，ギャレット（Hardin, Garret）29
ハーバーマス，ユルゲン（Habermas, Jürgen）124, 136, 276
ハーマン，ウィリス・W.（Harman, Willis W.）227, 251
バーンスタイン，リチャード・J.（Bernstein, Richard J.）76
ハイルブローナー，ロバート・L.（Heilbroner, Robert L.）13
バクーニン，ミハイル（Bakunin, Mikhail）234
パッセル，ピーター（Passell, Peter）157
ハリス，ルイ（Harris, Louis）7
ヒューム，デヴィッド（Hume, David）190
ピラージェス，デニス（Pirages, Dennis）26, 232, 236, 246
フェスティンガー，レオン（Festinger, Leon）53
フォーク，リチャード（Falk, Richard）18
フォレスター，ジェイ（Forrester, Jay）22, 171
ブックチン，マーレイ（Bookchin, Murray）104, 139
ブッシュ，ジョージ（Bush, George）9, 160, 308
ブラウン，レスター・R.（Brown, Lester R.）42, 77, 78, 134
プラトン（Plato）63, 181, 192, 230, 235, 259
フランク，アンドレ・グンダー（Frank, Andre Gunder）35
フレーレ，パオロ（Freire, Paolo）254
フロイト，ジークムント（Freud, Sigmund）49
フロム，エーリッヒ（Fromm, Erich）49, 58, 180, 188
ペイジ，サッチェル（Paige, Satchel）206, 275
ヘーゲル，ゲオルグ・ヴィルヘルム・フリードリヒ（Hegel, Georg Wilhelm Friedrich）210, 290

ペステル，エドゥアルド（Pestel, Eduard）23, 72
ベッカーマン，ウィルフレッド（Beckerman, Wilfred）15, 22, 38
ペッチェイ，アウレリオ（Peccie, Aurelio）304
ヘラー，ウォルター（Heller, Walter）115
ベル，ダニエル（Bell, Daniel）33, 61, 139, 227, 273
ベンサム，ジェレミー（Bentham, Jeremy）190
ヘンダーソン，ヘイゼル（Henderson, Hazal）83, 101, 102, 108
ホーン，トーマス・A.（Horne, Thomas A.）267
ホッブズ，トマス（Hobbes, Thomas）158, 173, 188, 267, 271, 274
ボネガット，Jr.，カート（Vonnegut, Jr., Kurt）11, 33, 247, 250
ポパー，カール・R.（Popper, Karl R.）28, 50, 76
ホブソン，ジョン・A.（Hobson, John A.）20
ポランニー，カール（Polanyi, Karl）94, 103, 117, 167, 169

マ 行

マーシャル，アルフレッド（Marshall, Alfred）96
マイルズ，Jr.，ルーファス・E.（Miles, Jr., Rufus E.）310
マキャヴェッリ，ニッコロ（Machiavelli, Niccolò）189, 240
マクファーソン，C. B.（Macpherson, C. B.）135, 171, 202
マズロー，アブラハム・ハロルド（Maslow, Abraham Harold）212, 263
マルクーゼ，ヘルベルト（Marcuse, Herbert）36, 38, 167, 220, 251
マルクス，カール（Marx, Karl）24, 49, 105, 185, 190, 269, 272, 283
マルクス，グルーチョ（Marx, Groucho）156

345

マルサス，トマス・ロバート（Malthus, Thomas Robert）20, 92, 96
マンデヴィル，バーナード（Mandeville, Bernard）190, 267
マンフォード，ルイス（Mumford, Lewis）61, 62, 96, 201
ミシャン，エズラ・J.（Mishan, Ezra J.）310
ミシャン，エドワード・J.（Mishan, Edward J.）3, 10, 156, 171, 247, 250, 273
ミュルダール，グンナー（Myrdal, Gunnar）101
ミル，J. S.（Mill, J. S.）190
ミル，ジョン・スチュアート（Mill, John Stuart）92, 177, 248
ミルブレイス，レスター（Milbrath, Lester）237, 266, 284, 308, 311
メサロヴィッチ，ミハイロ（Mesarovic, Mihajlo）23, 72
メドウズ，デニス・L.（Meadows, Dennis L.）171, 242
メドウズ，ドネラ・H.（Meadows, Donella H.）151, 234
毛沢東 67

ラ・ワ 行

ライス，ウィリアム（Leiss, William）187, 214
ラスキン，ジョン（Ruskin, John）20
ラスレット，P.（Laslett Peter）294
ラッセル，バートランド（Russell, Bertrand）174
ランカスター，ケルヴィン（Lancaster, Kelvin）216
リカード，デーヴィッド（Ricardo, David）92, 98

リフキン，ジェレミー（Rifkin, Jeremy）57
リンダー，ステファン・ブレンスタム（Linder, Staffan Burenstam）214
ルソー，ジャン＝ジャック（Rousseau, Jean-Jacques）63, 145, 147, 148, 158, 167, 188, 190, 194, 267, 273
ルフェーブル，アンリ（Lefebvre, Henri）174
レイキー，ジョージ（Lakey, George）289
レヴィ，Jr.，マリオン・J.（Levy, Jr., Marion J.）152
レヴィ，フランク（Levy, Frank）9, 10
レーガン，ロナルド・W.（Reagan, Ronald W.）8, 38, 56, 115, 152, 160, 308
レッシャー，ニコラス（Rescher, Nicholas）264, 266
レム，スタニスラフ（Lem, Stanislaw）11
ロウ，アドルフ（Lowe, Adolph）116
ローウェン，アレスサンダー（Lowen, Alexander）37−39
ロス，レオナルド（Ross, Leonard）157
ロック，ジョン（Locke, John）129, 138, 185, 190
ロハティン，フェリックス（Rohatyn, Felix）10
ロマンズ，ジョージ・C.（Romans, George C.）174
ワーリック，ヘンリー・C.（Wallich, Henry C.）23, 112
ワイスコップ，ウォルター・A.（Weisskopf, Walter A.）139
ワイルド，オスカー（Wild, Oscar）259, 264, 266, 278
ワイントラウブ，シドニー（Weintraub, Sidney）99

事項索引

あ 行

アジェンダ 70
アソシエーション →人為的集団
『新しい産業国家』 162
新しい社会 xiii
アメリカ大統領経済諮問委員会 84
アラスカ沖原油流出事故（バルディーズ号事件） 28
安心感（comfort） 184
威信（prestige） 184
一般大衆 66, 68, 84, 89, 131, 181, 196, 241
イデア 180, 181, 183, 230
AIDS 310
エコロジー的持続可能性 ix
エコロジーの政治 296, 297
エネルギー危機 28
エピクロス派 267
エリート 16, 23, 57, 58, 65, 68, 74, 89, 120, 124, 131, 149, 151, 153, 238, 246, 279, 300
エリート財 162
オイルショック 257
オーウェル主義 253
オルタナティブな価値観 33, 69
オルタナティブな近代 303
オルタナティブな世界観 252
オルタナティブな超産業的価値観 299
オルタナティブな非産業社会的価値観 168
終わりなき競争 219
終わりなき成長政策 140
終わりなき欲求 212

か 行

カークパトリックの危機のリスト 5
懐疑主義 50, 51
階級 195
階級構造 125
階級支配の匿名化（性） 124, 136
階級利害 102
会社資本主義 100
『科学革命の構造』 110
科学的物質主義 189
科学哲学 28
核軍備競争 29
革命階級 276
革命的な政治化プロセス 292
過剰人口 30
下層階級 105, 154, 204, 269, 276
価値観の革命 95
価値観の構造 58
価値システム 231
価値の侵食 261, 264
価値の非認知主義 33, 95, 98, 139, 143, 187, 236, 249
価値変動 266
家父長制 106
貨幣 209
下流階級 153
環境運動 12, 254
環境主義（者） 252, 258, 308
環境政治理論 xiii
環境の質に関する諮問委員会 12
環境の質に関する大統領の諮問機関 46
関係財 142, 146, 150, 153
還元主義 108, 112, 122, 132, 135, 311
観念主義 215
観念論 210
危機（crisis） 24, 34
偽装された社会戦争 153
基礎づけ主義 50
『来たるべき暗黒時代への展望』 34
規範的言説 193
規範的次元の抑圧 139
規範的特性 217

共産主義　227
教条主義　50, 51
競争財　156, 199, 265
競争的な経済システム　269
競争的な社会　158
競争の保守的な性質　269
共同体（コミュニティ）　85, 116, 159, 160, 164, 169, 208, 243, 265, 270, 280, 287, 290, 295, 297, 300, 311
共有地の悲劇　29
虚栄心（vainglory）　266, 274
極大化志向　141
ギリシア政治哲学　286
金銭の競争　159
近代経済学　84, 90, 92, 96, 100, 102, 104, 112, 117, 122, 129, 196, 264
近代市民　84
近代社会秩序　129
近代主義（モダニズム）　227
近代性（モダニティ）　23, 139, 194, 255, 302, 304
近代政治哲学　184, 189
『グローバル2000報告書』　43
君主　63
経済学　27, 100, 169
『経済学原理』　96
経済還元主義　125, 138
経済成長論争　27
形而上学的反抗　60
限界効用逓減　122, 155, 264
限界効用逓増　99
限界なき競争的（な）物質主義　168, 179, 195, 228
限界なき経済成長　10, 13, 17, 20, 32, 38, 39, 49, 55, 104, 113, 129, 131, 202, 230, 250, 292, 299
限界なき個人的欲望　219
限界なき集計的な経済成長　72
限界なき進歩　38, 64
限界なき成長　148
限界なき欲望　171
限界の除去　222

限界の哲学　59
限界の否定　61
現実の再構築　54
幻想　37, 49, 54
　　限界概念の――　127
　　成長の――　113
現代産業社会　4
交換価値　183
公共政策　230
厚生経済学　175
幸福　174, 176, 178, 179, 195, 212, 213, 259
強欲原理　141
『国際秩序の再編成』　41
国際連合気候変動枠組条約締約国会議（第15回締約国会議，COP15）　xii
国際連合の気候変動に関する政府間パネル（IPCC）　xii
極貧社会　151, 162
『国富論Ⅰ』　128
国民国家　73, 258
個人主義　72, 189, 303
個人的アイデンティティ　248
個人的選好　216
古代ギリシア　85, 87, 88, 286
国家　102
『国家』　235
古典派経済学（思想）　92, 96, 97, 99, 109
コミュニタリアン社会　302
コミュニティ　→共同体

さ　行

サービス　182
財産権　130
再政治化　xiii, 40, 89, 133, 160, 233, 247, 299
財政的な崩壊（アメリカ）　11
再生不可能なエネルギー資源　52
再組織化　227
財の適正価格　93
再分配　18, 76, 118, 125, 131, 204
　　――の代用品　114, 122
再分配プロセス　113, 115
参加民主主義　243, 283, 289, 295

事項索引

産業エリート 116
産業汚染 214
産業革命 167
産業化のプロセス 201
産業資本主義 26, 170
産業社会的価値観 x, 15, 17, 18, 27, 33, 39, 49, 55, 56, 65-67, 219, 296, 311
産業社会的（資本主義的）な文化 64
産業社会的消費理論 217
産業社会的な収斂のテーゼ 65
産業社会的な世界観と価値観 28
産業社会的物質主義 203, 206, 219
産業社会の危機 17, 39
産業主義的イデオロギー 129
産業主義の政治 297
産業人 62, 180
産業的収斂のテーゼ 298
産業物質主義 185
産業文明の規範的基盤 306
産業文明の転換 244
『シーシュポスの神話』 60, 207
GDP競争 287
ジェヴォンズ主義者の革命 99
自己愛 191
自己調整的市場 94, 105, 135, 143
自己破壊 25
自己反省の社会学 237
市場システム 106
市場メカニズム 135
静かなる［価値観の］革命 308
自然人 192
持続可能な社会 237, 242
自尊心（amour propre） 191, 266
実現の侵食 261, 286
シティコープ 146, 155
資本家 137
資本家階級 64, 65, 105
資本主義 24, 210, 307
資本主義システム 24
資本主義社会 65
資本主義政治経済的な社会 179
資本主義体制 13

『資本論』 209
市民 29, 63
市民生活 102
『市民論』 221
社会革命のジレンマ 245
社会財 142, 146, 147
社会主義 307
社会主義政治経済的な社会 179
社会主義体制 13
社会設計（social design）のプロセス 231
社会秩序 18, 126
社会的アイデンティティ 248
社会的価値観 10, 51, 172
社会的競争 207
「社会的」限界 230
社会的差別 282
社会的自由 200
社会的正義 76
社会的尊敬 194
社会的人間 145
社会的分配プロセス 134
社会的名誉 195, 218
社会統制 278
社会変動アプローチ 284
社会変動の戦略 246
奢侈品市場の飽和 154
収穫逓減の法則 17, 19, 212
習慣 204
宗教 63
集計の誤謬 160
自由市場 85, 93, 135
自由主義（リベラリズム） 209, 277, 281
自由主義経済 130
自由主義者 131
自由主義的政治哲学 129
重商主義（者） 91, 95
自由な人間 130
重農主義者 91
終末論的悲観主義 11, 17, 18, 34
重労働 282
手段の目的化 104
循環システム 255

349

消費社会　45
消費人類学　214
消費の物質主義的アプローチ　214
商品（commodities）　182
　　——の物神崇拝　209, 210
上流階級　153, 155, 276
職場民主主義運動　258
『諸国民の富』　90, 91
所得　149
所得弾力性　207
所有（having）　49
人為的集団（アソシエーション）　65, 283
人口統計学　27
新古典派経済学　97-100, 132
新自由主義者　16
人種差別主義社会　239
身体的飢餓　265
新マルサス主義者　171
新ロマン主義　314
スコラ哲学　185, 189
ストア派　267
西欧思想　171, 208
西欧哲学　50, 76
Jカーブ　271
生活の質　159
生活様式（a way of living）　56, 233
政策決定者　19
政策立案者　29, 54, 66, 116
政治学　27, 93, 100
　　——の脱規範化　104
『政治学』　86, 199, 271, 288
政治経済学　96, 140, 157
政治参加　283
政治的快楽主義　185
政治的還元主義者　133
政治的権利　64
政治的パラダイム　302
政治哲学　40, 69, 253
政治哲学的なプロセス　30
政治の代用品　138
政治の脱規範化　139
政治プロセスの明示性　137

政治プロセスの目的　86
精神的飢餓　265
精神的な財　207, 269
精神病理学　203
生存競争　159
生存ニーズ　274
生態学　27, 69, 145
成長推進派　13
成長の限界　x, 3, 7, 9, 12, 15, 27, 36, 38, 41,
　　47, 55, 56, 64, 83, 107, 229, 232, 308
　　経済的な——　34, 59
　　社会的な——　161
　　生物物理学的な——　51, 161, 172
『成長の限界』　18, 21, 29, 41, 242
成長反対症候群　23
成長反対派　16, 68
成長マニア　68
成長優先政策　309
生物圏　255
生物物理学　32, 37, 47, 52, 145
生物物理的成長の限界論　285
『西暦2000年の地球』　12, 107
絶対主義　50
絶対的利得　162
ゼロ経済成長　174
ゼロサム競争　274
ゼロサムゲーム　202
ゼロサム社会　148
前近代的（プレモダン）　302
前産業社会　233
前産業社会的価値観　33
先進産業社会　ix, 4-6, 14, 23, 58, 83, 103,
　　155
先進産業的な秩序　36
先進産業文明　39
全体主義論争　72
全体論者（ホーリスト）　72
創造的進化　240
想像的な財　198
創造的破壊　234
相対的富　119, 121, 122, 160, 274
相対的剥奪（競争的損失）　158, 271, 273, 279,

281
相対的貧困　150
相対的優位性　15
ソビエト連邦　66
存在（being）　49

た　行

第三世界　74, 287
大衆運動　251
大衆社会秩序　95
大衆消費社会　187
大衆文化　14
大衆メディア　57
対象（objective）　216
『大転換』　109
第2次世界大戦　28, 119
太陽エネルギー　231
大量生産の経済性　152, 162
『大論理学』　291
脱近代的（ポストモダン）　302
脱政治化　84, 88, 136, 137, 161, 173, 185
　　階級関係の——　124, 136
脱物質主義　174
脱ポスト産業　33, 290
地位的な財　159
チェルノブイリ　11, 12, 22
『地球白書』　77, 309
地勢学　27
知的行為の本質　49
中産階級　16, 204, 276
中世思想　94
中流階級　154, 244
超産業社会　33, 34, 227, 233, 247, 259, 270, 282, 289, 292, 311
超産業社会的価値観　295, 296
直接民主主義　302
『賃労働と資本』　272, 288
追加所得の効用　212
通貨浸透効果　151, 163
帝国主義　172
テレデモクラシー　300
『転機に立つ人間社会』　41

伝統的社会　185
天然資源　21, 214
『道徳感情論』　91, 142, 197
道徳上（観）の危機　48, 95
道徳的価値観　87
道徳哲学　91, 185
特性のバンドル　224
独占資本主義　105
匿名的な非個人的市場　138
都市国家　169
『富依存症』　203
富と所得の政治的再分配　85
富と所得の不均等分配　105
富の乗数効果　119
トリクル効果　163
トリクルダウン　151, 152, 153

な　行

ナルシシズム　223
ニーズ　69, 140, 141, 144, 146, 176, 187, 202, 212, 216, 219, 265, 270
　　社会的な——　273
　　絶対的な——　141
　　相対的な——　141
人間革命　304
『人間悟性論』　132
人間の条件　60, 130
『人間の条件』　108
人間の絶望　264
人間の悲劇　264
人間の本質　176
『人間不平等起源論』　147, 162, 191
認識論　76
認識論的悲観主義　132
認知的不協和　53
ネオポピュリスト　314
ネオ・マルサス主義　5, 7, 21
ネオ・リベラリズム　xi
農耕社会　294
ノーベル経済学賞　84, 108

は 行

排他的な所有制限　157
パレート最適　117, 121, 128, 140
反核運動　254
反産業社会　233, 285, 296
反産業主義　299
反産業的社会運動　279
反成長の価値観　44
万人の万人に対する闘争　220
非エリート　137, 161
東日本大震災　ix
悲観主義　59
非経済的価値　103
非生物物理学的な限界　145
ビデオデモクラシー　300
非人間的な社会　52
批判的合理主義　50
表現の自由　296
費用便益分析　101
貧困　74, 207
貧困層　120, 123, 142
フェミニスト運動　186
福祉国家　261
不条理（absurdity）　59, 60
プチブル　293
物質主義（materialist）　175, 181, 189, 209, 215, 224, 281, 303
物質的な繁栄　49
物神　211
物的特性　217
物理学　27
不道徳（evil）　170
不平等の起源　222
富裕層　142
フランス革命　60
ブルジョア的［産業］社会　273
分化されていない成長　72
分化した有機的な成長　75
文化的権利　64
文化的パラダイム　248
文化の喪失　249
分配　100, 155
ヘーゲル哲学　290
ベトナム戦争　29, 257, 260
封建主義　95
封建制　106
ホーリスト　→全体論者
ポジティブサムゲーム　202
保守主義　38
ポスト経験主義　76
ポスト産業エリート　116
ポスト産業社会　4, 5, 21, 25, 32, 33, 43, 56, 57, 69, 70, 87, 88, 106, 116, 125, 136, 148, 149, 151, 168, 183, 190, 212, 239, 241, 242, 275, 279, 289, 314
ポスト産業社会思想　36
ポスト産業社会の価値観　58, 118, 184, 229
ポスト産業主義　277
ポスト産業福祉国家　118
ポスト産業文化　172
ポスト［超＝（trans）］産業文明　39, 89, 167, 292
ポスト物質主義　296
ポストプロレタリアート　314
ポストマルクス主義　214, 314
ポスト毛沢東主義　79
ポストモダン　→脱近代的
ポスト・レーガン　10
ホッブズ主義　173, 176, 192, 257
ボランタリー・シンプリシティ（自発的簡素性）　178, 254, 257, 302
ポリス　134, 286, 294, 302

ま 行

マーケティング・キャラクター現象　180
マクロ理論　99
マスコミ（マス・コミュニケーション）　217、300
マスメディア　240
松下電器（現，パナソニック）　67
マルクス主義　269
満足　174
ミクロ経済学　98

緑の運動　257
緑の政治　301
緑の党　241, 285, 296
民主化運動　47
民主主義　300
メガマシン　201
メディア　217
モダニズム　→近代主義
モダニティ　→近代性
モノの関係の空想的な形態　211

や 行

唯物論　223
憂鬱な政治学　113
『有閑階級』　16
『有閑階級の理論』　163
「有機的な」成長　72
有形財　220
有産階級　105
ユートピア　172, 232, 294, 300

要素還元主義（者）　67, 175, 197
善き生活　50, 87, 88, 93, 188, 265
欲望　69, 148, 183, 267
欲求　174

ら 行

楽観主義（者）　9, 11, 242
ラッダイト運動　293
『リヴァイアサン』　158, 163, 189, 219
利己主義（selfishness）　188, 191
リベラリズム→自由主義
ルソー主義　176
レーガン革命　8
労働者　137, 138, 273, 282, 312
労働の疎外　265
ローマクラブ　4, 18, 21, 22, 41, 74, 79, 120, 151, 167, 234, 305
　——の第2報告書　23
論理実証主義者　98

《著者紹介》

ジョエル・ジェイ・カッシオーラ (Joel Jay Kassiola)
　現在，アメリカのサンフランシスコ州立大学リベラル・クリエイティブアーツ学部の政治学担当教授。ニューヨーク市立大学（CUNY）を優等で卒業（政治学士）し，プリンストン大学大学院で政治哲学の修士号，同大学院博士課程で，政治哲学の博士号を取得。博士学位取得後，ニューヨーク市立大学の政治学担当の講師・助教授・准教授を経て，同大学の教養学部の学部長を歴任（ニューヨーク市立大学名誉教授）。その後，サンフランシスコ州立大学に移り，行動・社会科学部長を長年，歴任。専門領域は政治学，環境政治理論であるが，1980年代より，環境問題と政治学との関係を環境政治理論という形で構築することをめざし，1990年に本書，『産業文明の死』，2003年には，環境政治理論の体系化を意図した編著，『環境政治理論の探求—人間の価値観の考察』(*Explorations in Environmental Political Theory: Thinking about what we value*, Armonk, N.Y.; M.E. Sharpe) を刊行し，環境政治理論の理論構築に貢献した。彼の主要著作は以下の通りである。

［主要著作と論文］
1．著作
① *THE DEATH OF INDUSTRIAL CIVILIZATION: THE LIMITS TO ECONOMIC GROWTH AND THE REPOLITICIZATION OF ADVANCED INDUSTRIAL SOCIETY.*（Albany: The State University of New York Press, 1990).
② *EXPLORATIONS IN ENVIRONMENTAL POLITICAL THEORY: THINKING ABOUT WHAT WE VALUE.* Editor and Contributor.（Armonk, N.Y.: M.E. Sharpe, 2003).
③ *ENVIRONMENTAL PROTECTION POLICY AND EXPERIENCE IN THE U.S. AND CHINA'S WESTERN REGIONS.* Co-editor and Contributor. （Lanham, MD: Lexington Books, Rowman and Littlefield Publishers, 2010).

2．主要論文等
① "Foreword: Offering a Genuine Political Theory of the Environment: The Imperative for a Concrete Political Strategy for Ecological Revolution," to Carl Boggs' *Ecology and Evolution*, New York: Palgrave Macmillan Publishers, September, 2012.
② "The Social Power of Environmental Ethics: How Environmental Ethics Can Help Save the World Through Social Criticism and Social Change," *Dialogue and Universalism*, Volumes 11-12, 2010: 51-76.
③ "Effective Teaching and Learning in Introductory Political Theory: It All Starts with Challenging and Engaging Assigned Readings," *PS: POLITICAL SCIENCE AND POLITICS.* Volume XL, Number 4, October, 2007: 783-787.

《訳者紹介》

松野　　弘（監訳者紹介参照：全体調整，日本語版への序文，監訳者あとがき）

岡村　龍輝（明海大学経済学部専任講師，日本語版への序文，第3章～第6章，第一次訳全体調整，索引）

所　　伸之（日本大学商学部教授，第1章，第2章）

孫　　榮振（高崎商科大学商学部兼任講師，第7章，第8章）

帯谷　博明（甲南大学文学部准教授，第9章，第10章）

《監訳者紹介》

松野　弘（まつの・ひろし）
　1947年岡山県生まれ。早稲田大学第一文学部社会学専攻卒業。山梨学院大学経営情報学部助教授，日本大学文理学部教授／大学院文学研究科教授／大学院総合社会情報研究科教授，千葉大学大学院人文社会科学研究科教授／千葉大学CSR研究センター長等を経て，現在，千葉商科大学人間社会学部教授／大学院政策情報学研究科教授。博士（人間科学，早稲田大学）。日本学術会議第20期・第21期連携会員（特任―環境学委員会）。
　専門領域としては，環境思想論／環境社会論，産業社会論／CSR論・「企業と社会」論，地域社会論／まちづくり論。現代社会を思想・政策の視点から，多角的に分析し，さまざまな社会的課題解決のための方策を提示していくことを基本としている。

［主要著訳書］
(1)『現代環境思想論』（単著，ミネルヴァ書房，2014年）
(2)『実践応用編　大学教授の資格』（単著，VNC，2014年）
(3)『大学教授の資格』（単著，NTT出版ライブラリーレゾナント，2010年）
(4)『大学生のための知的勉強術』（単著，講談社現代新書，講談社，2010年）
(5)『環境思想とは何か』（単著，ちくま新書，筑摩書房，2009年）
(6)『地域社会形成の思想と論理』（単著，ミネルヴァ書房，2004年）
(7)『現代地域問題の研究』（編著，ミネルヴァ書房，2009年）
(8)『「企業の社会的責任論」の形成と展開』（編著，ミネルヴァ書房，2006年）
(9)『企業と社会（上・下）』（J.E.Post 他，監訳，ミネルヴァ書房，2012年）
(10)『ユートピア政治の終焉』（J.Gray，監訳，岩波書店，2011年）
(11)『緑の国家』（R.Eckersley，監訳，岩波書店，2010年）
(12)『ハイパーカルチャー』（S. Bertman，監訳，ミネルヴァ書房，2010年）
(13)『環境社会学』（J.A.Hannigan，監訳，ミネルヴァ書房，2007年）他多数。

ロデリック・F・ナッシュ著　松野　弘訳	A5・400頁
自然の権利	本体 4000円

A.ドブソン著　松野　弘監訳	A5・376頁
緑の政治思想	本体 4000円

C.シュターマー編著　良永康平訳	A5・280頁
環境の経済計算	本体 3800円

A.シュネイバーグ／K.A.グールド著 満田久義訳者代表	A5・372頁
環境と社会	本体 3500円

C.シュターマー編著　良永康平訳	A5・272頁
持続可能な社会への2つの道	本体 4500円

A.ドブソン編著　松尾　眞ほか訳	A5・328頁
原典で読み解く　環境思想入門	本体 3500円

――――― ミネルヴァ書房 ―――――

http://www.minervashobo.co.jp/